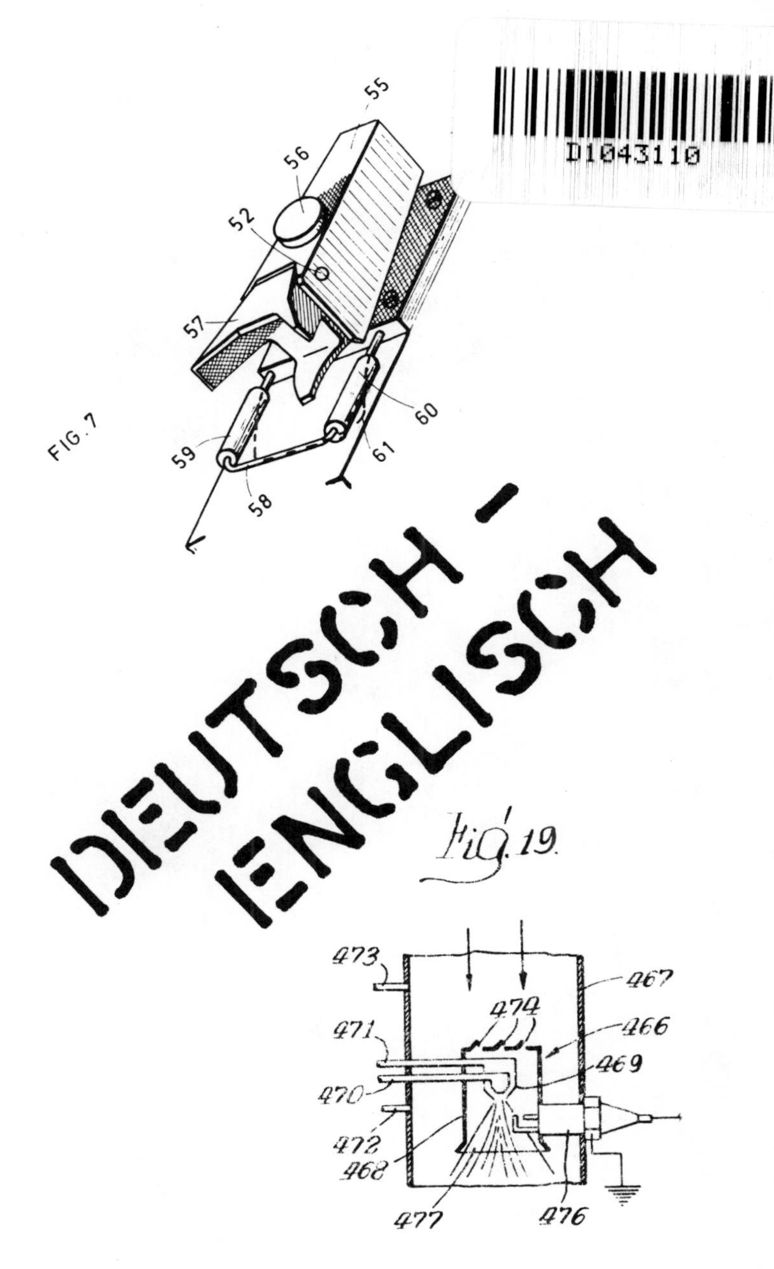

FIG. 7
55
56
52
57
59
58
60
61
DEUTSCH -
ENGLISCH
Fig. 19.
473
467
474
471
466
469
470
472
468
477
476

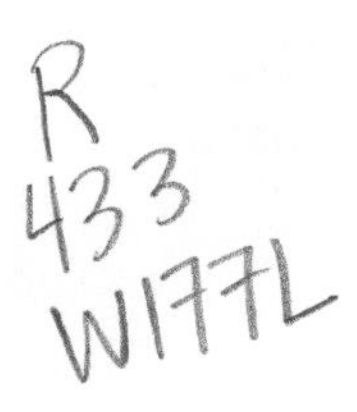

++

LETZTE ZUFLUCHT FÜR TECHNISCHE ÜBERSETZER

DEUTSCH-ENGLISCH/ENGLISCH-DEUTSCH

MEINEM LIEBEN MANN GEWIDMET:

OHNE DEINE LIEBE, HILFE UND GEDULD

WÄRE DIESES BUCH NIE WIRKLICHKEIT GEWORDEN

++

LAST RESORT DICTIONARY FOR TECHNICAL TRANSLATORS

GERMAN-ENGLISH/ENGLISH-GERMAN

DEDICATED TO MY HUSBAND

WITHOUT WHOSE LOVE, PATIENCE, AND SUPPORT

THIS BOOK WOULD STILL BE IN THE PLANNING STAGE

++

V O R W O R T

In der modernen Technologie ist der Wortschatz im Deutschen und Englischen so umfangreich geworden, dass oft eingehende Recherchen notwendig sind, um einen präzisen Ausdruck zu finden. Auch die vielen guten Fachwörterbücher können hier nicht immer helfen. Aus diesem Grunde habe ich aus einer reichen Auswahl von technischen Artikeln und US-Patenten eine Wörtersammlung schwer zu übersetzender Begriffe zusammengetragen. Dank langer Besprechungen mit Patentanwälten und Sprachexperten wurde diese Liste noch erweitert und ist jetzt zu einem Wörterbuch herangereift, das etwa zehntausend Ausdrücke in einem Deutsch-Englischen und einem Englisch-Deutschen Teil umfasst.

Der Name "Letzte Zuflucht für technische Übersetzer" lässt den ganz besonderen Zweck dieses Wörterbuches erkennen, nämlich meinen Kollegen und Kolleginnen viele Stunden mühevoller Nachforschung nach einem ungewöhnlichen oder seltenen Begriff zu ersparen. Die gängigen Wörterbücher (wie z.B. DeVries-Herrmann, Technical and Engineering Dictionary und Ernst, Wörterbuch der industriellen Technik) können hier nicht helfen, denn sie sind ja auf die Übersetzung präziser Begriffe konzentriert. Ich dagegen habe Wörter mit aufgenommen, die ziemlich sonderbar sind, und mich bemüht, sie durch die richtigen Ausdrücke in der anderen Sprache zu definieren. Mein Buch ist also kein Ersatz für diese bewährten Texte. Daran bitte ich zu denken, wenn dieses Buch zu Rate gezogen wird.

Manche deutschen Begriffe in diesem Buch sind zum Beispiel irrtümliche Bezeichnungen oder verfälschte Ausdrücke, die man nicht in einem gewöhnlichen Wörterbuch finden würde. Das Wort "Harmoniefolge" (harmonic series) ist ein unpassender Name für den mathematischen Ausdruck "harmonische Reihe"; das Wort "Raleigh-Streuung" (Rayleigh scattering) ist sogar ein orthographischer Fehler und sollte "Rayleigh-Streuung" heissen. Solche Worte findet man aber in deutschen Beschreibungen von Erfindern, die mehr mit der Werkstatt als mit Fachausdrücken vertraut sind.

Da meine Wörtersammlung zum grössten Teil amerikanischen Ursprungs ist, wurde in diesem Buch die amerikanische Schreibweise verwendet.

Deutsche chemische Ausdrücke sind meist mit e anstatt ä, c anstatt z und i anstatt y geschrieben, so wie es der modernen Schreibweise entspricht.

Ein Nachtrag enthält die zu allerletzt noch gefundenen Wörter.

Deutsche Hauptwörter sind mit m = männlich, f = weiblich und n = sächlich bezeichnet; pl bedeutet Mehrzahl. Verben sind mit v charakterisiert; Adjektive und Adverbien sind nur wo es nötig erschien durch adj und adv gekennzeichnet. Erklärungen sind in Klammern; ein Gleichheitszeichen (=) bedeutet ein äquivalentes Wort. Abkürzungen und Kurznamen erscheinen in alphabetischer Reihenfolge im Text. Warenzeichen sind mit (R) angedeutet, aber es wird keine Gewähr dafür übernommen, dass ein Handelsname ohne (R) nicht geschützt ist.

Die folgenden Abkürzungen zeigen ein besonderes Fachgebiet an:

aut	Kraftfahrtechnik	mech	Maschinenbau
bio	Biologie	med	Medizin
bot	Pflanzenkunde	met	Metallurgie
chem	Chemie	opt	Optik
comp	Computertechnik	pat	Patentsprache
el	Elektrotechnik	petr	Erdölindustrie
expl	Explosivstoffe	plast	Kunststoffe
gen	Genetik	text	Textilindustrie

Mein besonderer Dank gilt Herrn I. William Millen der Firma Millen, White and Zelano, Arlington, Virginia, der mich mit grosser Geduld in die Geheimnisse der Chemie und Kunststofftechnik einweihte und mir ausserdem die Patentsprache beibrachte. Allen anderen Patentanwälten und Experten, die mir bei der Suche nach dem "idealen Wort" in freundlicher und uneigennütziger Weise Unterstützung leisteten, sei an dieser Stelle herzlich gedankt, insbesondere Herrn Rupert J. Brady, Herrn Paul Cappellano von Merriam-Webster Inc., Herrn Robert J. Patch, Herrn Raymond C. Stewart, Herrn David T. Terry, Herrn Stanley A. Wal, Herrn John L. White, Herrn Anthony J. Zelano, sowie Dr. Dieter Bartling, Merck in Darmstadt und Dr. Joachim Bergmann, Hüls AG in Marl. Besonderer Dank gebührt Frau Helen K. Gibble für die freundliche Überlassung ihrer Stahl-Wörtersammlung.

St. Petersburg Beach, Florida   Brigitte M. Walker

PREFACE FROM THE AUTHOR

There are many fine German/English dictionaries on the market covering all scientific areas with great precision. Yet, the Last Resort Dictionary serves a very special need and stands alone in its field. It is offered as an aid for translating not only new words but also obscure, hybrid and anomalous terms rarely found in even the most prestigious reference works. The Last Resort Dictionary will save the busy translator hours of frustrating research to locate an oddly used expression, or a word never heard of or seen in written form before. The dictionary is not intended as a short-cut substitute for DeVries-Herrmann, Technical and Engineering Dictionary, or Ernst, Dictionary of Industrial Technics. Rather, it is a last-resort reference for technical translators whose libraries, though extensive, still lack a precise translation of a highly specialized word.

Rapidly advancing technology keeps introducing words and phrases for which a translation has not as yet been published, or which lack a precise dictionary translation. Exhaustive research to find authoritative terminology in technical journals and United States patents, and countless discussions with patent attorneys, linguists and scientific scholars yielded a word list for difficult-to-translate terms, initially intended merely as a memory aid for my personal use. This list has grown over many years to more than ten thousand words in every field of art and has now been compiled in dictionary form.

Some of the German terms included in this work are obviously illiterate misnomers or corruptions of common terminology not found in any standard reference book. Examples include "Harmoniefolge" (harmonic series) which is a meaningless term for the mathematical expression "harmonische Reihe"; and "Raleigh-Streuung" (Rayleigh scattering) which is a corruption (actually a misspelling) of "Rayleigh-Streuung". Such words do appear in specifications written by inventors more familiar with their workshops than with technical writing.

The American spelling was adopted for this dictionary in accordance with its origin.

German chemical expressions are set forth with a preference of e over ä, c over z, and i over y, corresponding to modern usage.

An Addenda Section contains the words acquired just before the book went to press.

For greater clarity, nouns in German are indicated by gender (m for masculine, f for feminine, n for neuter, pl meaning plural), and verbs are defined by a v after both the German and English words. Adjectives and adverbs are identified by adj and adv only where necessary. Explanations are added in parentheses, and an equal sign (=) means an equivalent word. Abbreviations and acronyms are listed alphabetically within the text. Trademarks are indicated by (R), but no responsibility is assumed as to protection of an individual name.

The following abbreviations are used throughout to define a particular field of art:

aut	automobile industry
bio	biology
bot	botany
chem	chemistry
comp	computer technology
el	electrical engineering
expl	explosives
gen	genetics
mech	mechanics
med	medicine
met	metallurgy
opt	optics
pat	patent language
petr	petroleum industry
plast	plastics
text	textile industry

My very special thanks go to I. William Millen of Millen, White and Zelano, Arlington, Virginia, who patiently taught me the intricacies of chemical engineering and U.S. patent terminology. I am also deeply indebted to other patent attorneys and scholars who helped me find the "perfect word": Rupert J. Brady, Paul Cappellano of Merriam-Webster Inc., Robert J. Patch, Raymond C. Stewart, David T. Terry, Stanley A. Wal, John L. White, Anthony J. Zelano; and also Dr. Dieter Bartling of Merck in Darmstadt, Germany, and Dr. Joachim Bergmann of Hüls AG, Marl, Germany. My grateful appreciation goes to Mrs. Helen K. Gibble who gifted me with her steel terminology collection.

St. Petersburg Beach, Florida Brigitte M. Walker

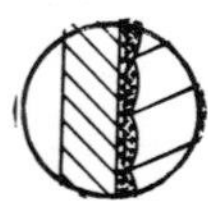

A = Ausbeute f	yield
AAC = Aminoalkylcellulose f =	aminoalkyl cellulose
AAS = Atomabsorptionsspektroskopie f =	atomic absorption spectroscopy
abakteriell	abacterial; nonbacterial
Abart f	variant
abatmen v	eliminate by exhaling
Abbau m	degradation
abbauen v	degrade v
Abbaubarkeit f, biologische	biodegradability
Abbé-Zahl f (opt)	Abbé number
abbilden v	image v
Abbildungsgas n	imaging gas
Abblasegas n	blowoff gas
Abblendung f	glare reduction
ABBN = Azoisobuttersäurenitril n	= azobisisobutyronitrile
Abbrand m	burnoff
abbrandhemmend	burn-inhibiting
Abbrandmoderator m	flame retarder
Abbrandregler m	burn control agent
abbrennen v (expl)	deflagrate v
Abbruch m (Polymerkettenlänge wird reduziert)	scission (polymer chain length reduction)
Abbruchblutung f	hormone-withdrawal bleeding
Abel-Pensky-Flammpunktprüfer m	Abel-Pensky closed cup tester
Abdeckcreme f	cover-up cream
Abdichtung f	sealant
Abdrehstahl m	turning tool
Abdruckmasse f	impression material
Abflauung f	bevel
abfragen v (comp)	elicit v
Abgabesystem n (Depotmedizin f)	delivery system
Abgangsgruppe f (chem)	leaving group (chem)

Abgaskanal m	exhaust manifold
Abgaskühler m	waste gas cooler
abgeben v (Ionen)	release v
abgestorben	necrotic
abgetafelt	in folds; stacked in folds
abgewinkelt (Hebel)	cranked
abgrenzen v	distinguish v
Abguss m	casting
Abheftung f	tack
abimpfen v (Bakterienkultur)	spot v
Abisolierverhalten n	insulation characteristic
Abklopfbarkeit f	fracture tendency under impact blow
Abklopfeinrichtung f	rapper
Ablagen f pl (auf) (PVC auf Apparateteilen)	plate-out (on)
Ablagerung f - siehe Ablagen	
Ablagewinkel m	angular deviation
Ablassventil n	let-down valve
Ablauf m (Prozess)	course
Ablauf m (Flüssigkeit)	efflux
Ablaufplatte f	runoff plate
Ablaufschacht m (Kolonne)	flowing-off downcomer
Ablaufschema n	schedule
Ableger m (Pflanze)	layer
Ablegerüssel m	depositing trunk
Ableitung f (el)	lead
Ablenker m	deflector
abnähen v	tuck v
Abnäher m	tuck
Abortivum n -va pl	abortifacient
abplatzen v	peel off
Abreaktion f	exhaustive reaction

abregulieren v (ausschleusen) discharge via regulating means v; discharge via valves v

abreiben v grind down v

abreichern v deplete v

Abreissen n flow interruption

abreissen v (Strömung) disrupt v

Abreisszünder m friction igniter

Abrieb m abrasion

Abrollfläche f tread

Abrollager n = Wälzlager n roller bearing

Abruf m call-up

Absatz m product sales

absaugen v evacuate v; suction off v

abschanzen v bulwark v

abscheiden v congeal v

Abscheidung f plate-out (PVC)

Abscherkraft f shear force

abschlammen v (galvanisches Element) shed v (galvanic cell)

abschleppen v (Distillation) remove azeotropically v

abschmelzen v melt-seal v

Abschusshülse f launching tube

Abschwemmung f supernatant broth; supernatant liquid

Absetzen n settling out

Absetzer m settler

Absetzung f ledge

ABS-Gerät n = Ausbildungsschiessgerät n = firing practice device

ABS-System n = Antiblockiersystem n = anti-lock braking system (aut)

Absorbens n absorbent

Absorptionsmittel n absorbent

Absorptionsskala f absorbance scale

abspalten v (Proton)	abstract v
Abspaltung f "	abstraction
absplittern v	chip v
abspülen v	rinse v
Abspulvorrichtung f	pay-off device; pay-out device
Abstand Düse - Kalibrierung m	air gap die to calibration
Abstellzeit f	turn-off time
Abstinenz f	withdrawal
Abstoppgefäss n	short-stop vessel
Abstossungsterm m (Laser)	repulsive state
Abstrahlverlust m	radiant loss
abstrecken v	stretch-form v
Abstreifer m	skimmer
Abströmraum m	exhaust port
Abströmseite f	downstream side
abtafeln v (in Falten legen)	cuttle v
Abteilungsdirektor m	department manager
Abtrag m	ablation
Abtriebskegelrad n	output bevel gear
Abwärtsstrom m	downflow
Abwasserreinigung f	effluent treatment
Abwasserrichtlinien f pl	wastewater quality standards
Abweisfläche f	deflection zone
Abweisung f	resist (coating); stopping medium; masking medium (screen printing)
Abwickler m	executive
Abwicklung f	planar projection (drawing)
abziehen v	evaporate v
Abzinsung f	amortization
Abzug m (Spinnen)	takeup
Abzugsgatter n (text)	unwinding frame (text)
Abzugsgeschwindigkeit f	take-off speed

Ac = Acetyl n = acetyl

Acac = Acetylacetonat n = acetylacetonate

Acetyl-HMT = 7-Acetyl-1,1,3,4,4,6-hexamethyl-1,2,3,4-tetrahydronaphthalin n (Moschusriechstoff) = 7-acetyl-1,1,3,4,4,6-hexamethyl-1,2,3,4-tetrahydronaphthalene (musk fragrance)

acetalisieren v	acetalize v
Acetanhydrid n	acetic anhydride
Acetessigsäure f	acetoacetic acid
Acethydrazon n	acethydrazone
Acethydroxamsäure f	acethydroxamic acid
Acetobutyrat n	acetobutyrate

Acetol n = 1-Hydroxy-2-propanon n = Hydroxyaceton n acetol = 1-hydroxy-2-propanone = hydroxyacetone

Acetoncyanhydrin n	acetone cyanohydrin
Acetonid n	acetonide
Acetonitril n	acetonitrile
Acetophenid n	acetophenide
Acetophenon n	acetophenone
Acetylchlorid n	acetyl chloride
acetylenisch	acetylenic
Acetylid n	acetylide
acetylieren v	acetylate v
Acetylcellulose f	cellulose acetate
Achsgetriebegehäuse n	axle gear housing
achsgleich	coaxial
achsialsymmetrisch	axisymmetric
Achstragrohr n	axle bearing sleeve
Acidimetrie f	acidimetry
acidimetrisch	acidimetric
Acidolyse f	acidolysis
acidolytisch	acidolytic
Acisalz n	aci salt
Aconitsäure f	aconitic acid

Acridinsäure f	acridinic acid; acridic acid
Acrylnitril n	acrylonitrile
Acrylsäureamid n	acrylamide
ACS = 7-Aminocephalosporansäure f	ACA = 7-aminocephalosporanic acid
Actinomycin n	actinomycin
Acylat n	acylate
acylieren v	acylate v
Acyltransferase f	acyltransferase
ADA = Anthrachinondisulfonsäure f	ADA = anthraquinonedisulfonic acid
A/D-Umsetzer m (ADU)	analog-to-digital converter (ADC)
ad (Lateinisch; auffüllen bis zur vollen Menge)	up to (fill up to full quantity)
Adams-Katalysator m (Platintetroxid)	Adams' catalyst [platinum(IV) oxide]
Additions-Polymer n	addition polymer
Adenylcyclase f	adenyl cyclase
Aderisolierung f	(cable) core insulation
adiabatisch	adiabatic
Adipinat n	adipate
Adipinoyl n	adipoyl
Adjuvans-Arthritis-Test m	adjuvant arthritis test
Adkins-Katalysator m (enthält Kupferchromoxid)	Adkins catalyst (contains copper chromium oxide)
Adonit n	adonitol
adrenerg	adrenergic
Adsorbat n	adsorbate
Adsorber m	adsorber
Adsorptionsmittel n	adsorbent
ADT = Agar-Diffusionstest m	ADT = agar diffusion test
Advastab(R) n = Dibutylzinnmercaptid (Plaststabilisator)	= dibutyltin mercaptide (plastic stabilizer)

Adynamie f (med)	adynamia
Aequorin n (Protein)	aequorin
Aeroballistik f	aeroballistics
aeroballistisch	aeroballistic
aeroelastisch	aeroelastic
Aeroelastizität f	aeroelasticity
Aerogel n	aerogel
Affektion f	affliction
Aflatoxin n	aflatoxin
afokal (Brennpunkt im Unendlichen)	afocal (focal point infinitely distant)
AG = Anmeldungsgegenstand m	subject matter of patent application
Aggregation f	clustering
aggressive Chemikalien f pl	chemical attack
Aglykon n	aglycon
Agmatin n	agmatine
Agonist m	agonist
Agrarfolie f	mulching film
Ah = Ampere-Stunde f	ampere hour
Ahorn-Sirup-Krankheit f	leucinosis
AIBN = Azoisobuttersäure-nitril n	= azobisisobutyronitrile
AIDS n (erworbene Immun-schwäche f) (im Deutschen auch oft: Aids n)	AIDS (acquired immune deficiency syndrome)
Akardit m = 1,1-Diphenylharnstoff m = Methyldiphenylharnstoff m (Schiesspulverstabilisator m)	acardite = 1,1-diphenylurea = methyldiphenylurea (gunpowder stabilizer)
Akaziengummi m	acacia gum
Akkumulator m	storage cell
Akkusativ m	direct object
Akkusäure f	storage-battery acid
A-Kohle f	activated carbon

akropetal	acropetal
Akteninhalt m	file wrapper
Aktenwolf m	shredder
AktG = Aktiengesetz n	corporation act; corporation law
akustooptisch	acousto-optical
Akzeptanz f (Laser)	acceptance
AL = Achslage f	axial position
Ala = Alanin n	Ala = alanine
alaktisch	alactic = agalactic
Alanat n -e pl (Metallhydrid)	alanate (metallic hydride)
Alan n -e pl (Al-Hydrid und seine Derivate)	alane (Al hydride and its derivatives)
Alapa n = Alanin-p-nitranilid n	alapa = alanine-p-nitranilide
Albogel(R) n = Kreide f	= chalk
Albucer n = Bienenwachs n	cera alba = beeswax
ALCHEM = Computersprache f für chemische Synthesen	= computer language for chemical syntheses
ALD = Aldolase f	ALD = aldolase
Aldehydsäure f	aldehydic acid
Aldimin n	aldimine
aldolisieren v	aldolize v
Aldolisierung f	aldolization
Aldolisierungsapparatur f	aldol reactor
Alfin-Katalysator m	alfin catalyst
Alfol(R) n = Alkoholmischung f	= alcohol mixture
Algimeter n	algesimeter
Alkadiin n	alkadiyne
Alkalifehler m	alkali deficiency; sodium ion error
Alkalihydrogensulfid n	alkali disulfide
Alkalilauge f	alkali (-ne) solution
alkalisieren v	alkalinize v

Alkalisierung f	alkalinization
Alkalizahl f (mg Alkali/ g Verbindung)	alkali number
Alkanal n	alkanal
Alkanoylsäure f	alkanoyl acid
Alkansäure f	alkanoic acid
Alkazidwäsche f (TM)	Alkazid(R) scrubbing step
Alken n	alkene
Alkinol n	alkynol
Alkinyl n	alkynyl
Alkoxid n	alkoxide
alkoxylieren v	alkoxylate v
Alkoxylierung f	alkoxylation
Alkylaromat m	alkyl aromatic
Alkylat n	alkylate
Alkylidin n	alkylidyne
Alkyloxy n (veraltet)	alkoxy
Alleinverkauf m	franchise
allenfalls	optionally
Allen n = Propadien n	allene = propadiene
Alliin n	alliin
Allose f (Zucker)	allose
allosterisch	allosteric
Alloxy n	allyloxy (<u>not</u> alloxy)
allylisch	allylic
allylständig	allyl-positioned; in the allyl position
allzweck	all-purpose
Alopezie f (Haarlosigkeit)	alopecia
alorgan	organoaluminum
Alpha-Clan(R) = α-Chlor-acrylnitril n	= α-chloroacrylonitrile
alpha-ständig	alpha-positioned
ALS = amyotrophe Lateral-sklerose f=Lou-Gehrig-Krankheit f	ALS = amyotrophic lateral sclerosis = Lou Gehrig's disease

älterer Anmelder m (pat)	senior party (pat)
Alterspruritus m	pruritus senilis
Alterungsschutzmittel n	antiaging medium; age retarder
Altromin(R) = Pressfutter n	= pressed feed
ALU = arithmetisch-logische Einheit f	= arithmetic and logic unit
Alufolie f	aluminum foil
Alugel n	alumina gel; aluminum hydroxide gel
aluminieren v	aluminize v
Aluminiumalkyl n -e pl	aluminum alkyl -s pl
Aluminiumdiisobutylhydrid n	diisobutyl aluminum hydride
Aluminiumgel n	alumina gel; aluminum hydroxide gel
Aluminiumisoprenyl n	isoprenylaluminum
Aluminiumoxidgel n	alumina gel; aluminum hydroxide gel
Aluminiumoxidhydroxid n	aluminum hydroxide; hydrous aluminum oxide
Aluminiumoxidtrihydrat n	alumina trihydrate
Alumino-Silikat n	aluminosilicate
Alumosilikat n	aluminosilicate
AN = Aktennotiz f	file memo
Am = Ammonium n	ammonium
Amberlyst(R) m =Ionenaustauscher m	ion exchanger
ambiphil (Mischung Fettphase mit Wasserphase) (siehe amphiphil)	ambiphilic (mixture lipid phase with aqueous phase)
ambroid	amber-type; ambroid; amberoid
ambulant	outpatient
AmCl = Ammoniumchlorid n =	ammonium chloride
Ametropie f	ametropia
Amidin n	amidine
amidieren v	amidate v
Amidierung f	amidation

Amidacetal n	amidoacetal
Amidotrizoat n	amidotrizoate
Amidotrizoesäure f	amidotrizoic acid
Aminal n	amine-type ester
Amine-Aldehydharz n	amino-aldehyde resin
Aminhydrochlorid n	amine hydrochloride
aminieren v	aminate v
Aminierung f	amination
Aminoacidurie f	amino-aciduria
Aminocephalosporansäure f	aminocephalosporanic acid
Aminoethylsilan n	aminoethylsilane
Aminolyse f	aminolysis
Aminoplast m -e pl (Aldehyd-Aminverbindung f)	aminoplast; aminoplast resin (aldehyde and amino compound)
Aminoxid n	amine oxide
Aminstickstoff m	aminonitrogen
Aminwasserstoff m	aminohydrogen
AML = akute myelogene Leukämie f	AML = acute myelogenous leukemia
AMMA = Acrylnitril-Methylmethacrylat-Copolymer n	AMMA = acrylonitrile-methyl methacrylate copolymer
Ammelin n (Melamin-ähnlich)	ammeline
Ammoniaksodaprozess m	ammonia-soda process
Ammoniakstickstoff m	ammonia nitrogen
ammoniakalisch	ammoniacal
ammonialkalisch	ammonialkaline
Ammonit(R) m = Sprengmittel n	= blasting agent = Ammo-nite(R)
Ammonolyse f	ammonolysis
ammonolysieren v	ammonolyze v
Ammonsalz n	ammonium salt
Ammonseife f	ammonium soap
Amperemeter n	ammeter

amphiphil (Mischung Fettphase mit Wasserphase; enthält hydrophile und lipophile Gruppen) (siehe ambiphil) — amphiphilic (mixture lipid phase with aqueous phase; containing hydrophilic and lipophilic moieties) (see ambiphilic)

Amphocerin(R) n = W/O-Emulgator m = w/o emulsifier

Amtsgericht n — lower district court

Amylum compositum n = Stärke mit 10% Kokosbutter f = starch with 10% cocoa butter

AN = AND-NOT (Computer)

ANACON = Gerät zum Messen der Wärmeleitfähigkeit n = device for measuring heat conductivity

analgetisch — analgesic; analgetic

anbackungsverhindernd — anti-caking

Anbrand m (Treibmittel) — ignition

Andal n = Sulfadiazin und Sulfamerazin = sulfadiazine and sulfamerazine

andauernd — persistent

andersphasig — heterophase

andestillieren v — strip v (in special cases)

Andockung f — docking

Andrehung f — offset portion

Androcur(R) n = Cyproteronacetat n = cyproterone acetate

Andrücketikett n — pressure-sensitive label

Andrückverbindung f — pressure-sensitive bond

Anellierung f — anellation; fusion (ring structure)

Anemostat m — baffle

Anergie f — anergy

Anethol n — anethole

Anfahrnicken n — startup pitching

Anfahrtauchen n — startup dive

Anfahrtspauschale f — minimum service charge

Anfall m (von Produkten) — occurrence

anfallen v — show up v

Anfälligkeit f — vulnerability

Anfallsleiden n	convulsive disorder
Anfangskosten f pl	first cost
Anfangswindung f	starting turn
Anfärbbarkeit f	dye receptivity
Anfärbung f	staining
Anfettmittel n	emollient
Anformung f	integral element
Angebotspreis m	quotation
angefast	chamfered
angefedert	spring-loaded
angelieren v	pre-gel v; gel slightly v
Angelierung f	pre-gelling
angespitzt	pointed
Angiess m	casting inlet
angleichen v	match v
Angleichvorrichtung f	adapter
Anglergefühl n	angler's sense
Anguss m	gate; sprue
Angussabfälle m pl	sprue scrap
Angusstechnik f	gating technique; gating conditions
Anhydratase f	anhydrase
anhydrieren v	hydrogenate partially v
anhydrisieren v	anhydrize v
Anhydrisierung f	anhydrization
Anhydroglucose f	anhydroglucose
Anil n	anil
animpfen v	seed v (crystal)
anionaktiv	anionic
Anionseife f	anionic soap
Anisaldehyd m	anisic aldehyde
anisodiametral	anisodiametric
Anissäure f = p-Methoxybenzoesäure f	anisic acid = p-methoxybenzoic acid

ankeimen v	incubate v
Ankergruppe f	anchoring group
ankratzen v (chem)	skim v
ankurbeln v	boost v
Anlaufkrone f	rubbing crown
anlegen v (Gurt)	buckle v
Anleger m (Aufrollen)	feeder
Anlegung f	emplacement
Anleitungsschlauch m	transfer hose
anlösen v	dissolve superficially v
anmischen v	premix v
Anodenkammer f	anolyte compartment
Anol n	anol
Anomer n	anomer
anomer	anomeric
Anorthit m	anorthite
anpflatschen v	precoat v
anpolymerisieren v	polymerize on v; polymerize partially v; add by polymerization v
anprallweich	impact-resilient
Anpressrolle f	pressure roller
anpunkten v	spot-weld v
anquellen v	steep v
Anquellung f	slight swelling
anreiben v	paste v
Anrollwalze f (Druckerei)	applicator roller
Ansatz m (Material)	composition; preparation
Ansatz m (Bauteil)	stem
ansaugen v	entrain by suction v
Ansaugrohr n	intake manifold
anschalten v	turn on v
anscheinend	ostensible

Anschläge m pl (Schreibmaschine)	strikes per minute
anschlagen v (Waffe)	aim v
Anschlagleiste f	stop bar
anschlämmen v	slurry v
Anschlusszapfen m	connecting stem
Ansicht f (Zeichnung)	plan view (seen from above); elevation (seen perpendicularly from horizon)
Ansicht f, weit verbreitet	opinion, widely held
Anspinnen n	spinning-in
Anspringtemperatur f	activating temperature
anstechen v (Zünder)	strike v
Anstellzeit f	turn-on time
ansteuern v	activate v
Anstich m (Zünder)	striking
Anstichnadel f	striker pin
Anstichzündhütchen n	puncture-type primer cap
Anstrahlung f	radiant emittance
Anstrichmittel n	paint
Anströmseite f	upstream side
Anströmung f	oncoming flow
Anta f -en pl (Tempelfront)	anta, -as pl
Antabuse(R) n = Disulfiram n = Tetraethylthiuramdisulfid n (Mittel gegen Alkoholsucht)	= disulfiram = tetraethylthiuramdisulfide
Anthocyan n	anthocyanin; anthocyan
Anthocyanidin n	anthocyanidin
Anthrachinon n	anthraquinone
Anthropometrie f	anthropometry
Anti-Absetzmittel n	sedimentation inhibitor
antiadhäsiv	antiadhesive; abherent
Antiandrogen n	antiandrogen

Antiausschwimmittel n	anti-ghosting agent; unmixing inhibitor
anticholinerg	anticholinergic
antidepressiv	antidepressant; antidepressive
antidiarrhoeogen	antidiarrheogenic
antielektrostatisch	antistatic
antifertil	antifertile
Antifouling-Anstrich m	antifouling paint
antifungal	antifungal; fungistatic
Antigenität f	antigenicity
antigonadotrop	antigonadotropic
Antihautbildungsmittel n	pellicle-preventing agent; pellicle inhibitor
Antihypertensivum n -a pl	antihypertensive agent
Antihypertonikum n -a pl	antihypertonic agent
antihypoton	antihypotonic
Antiidiotype f (idiotypischer Antikörper)	antiidiotype
Antikicker m	inhibitor; antikicker
Antiklebmittel n	tackiness-preventive; antiadhesive
Antikleber m	parting agent; antiblock agent; release agent
antikonvulsiv	anticonvulsive
Antikonvulsivum n -a pl	anticonvulsant
Antikonzeptionsmittel n	contraceptive; antifertility agent; antiproliferative agent
antikonzeptiv	antiproliferative; contraceptive
antilipolytisch	antilipolytic
anti-Maus (adj)	anti-mouse (adj)
Antimikrobium n -a pl	antimicrobic; antimicrobic agent
Antimineralcorticoid n	antimineralocorticoid
antimineralcorticoid	antimineralocortocoid

Antimonat n	antimonate
Antimykotikum n -a pl	antifungal agent
antimyzetisch	antimycotic
Antineoplastikum n -a pl	antineoplastic
antinocizeptiv	antinoniceptive
Antioxidans n -tien pl	antioxidant
antipectanginös	against angina pectoris
Antipode f	antipode; opposite
antiproliferativ	antiproliferative
antiquiert	vintage
Anti-Reserpin-Test m	anti-reserpine test
Antischaummittel n	antifoaming agent; defrother
Antischuppenmittel n	antiseborrheic
Antischuppen-Shampoo n	dandruff treatment shampoo
antisekretorisch	antisecretory
Antiserotonin n	antiserotonin
antiständig (chem) (vgl. synständig)	anti-positioned (cf. syn-positioned)
Antistatikum n -a pl	antistat
Antiweinsäure f	mesotartaric acid
Anthracenyl n	anthracenyl
Antriebsarmut f	lack of initiative; lack of drive
Antriebswirtel n (Spinnen)	drive whorl

Antron(R) n Nylon = satinartiger Stoff m = satin-like fabric of nylon

Anvulkanisationszeit f	Mooney scorch time
Anweisung f (pat)	teaching
anwendungstechnisch	application-related
anwendungstechnische Prüfung f	practical application test; practical usage test
anxiolytisch	anxiolytic
Anxiolytikum n -a pl	anxiolytic
anzeigen v	register v; display v

anziehen v (Parkbremse)	set v
anziehen v (Anstrich)	adhere to v; set v; bind v
Anzucht f	germination culture; also: culture period
Anzug m (Magnet)	attraction
Ao = Proteingrösse f = protein size	
Aortenklappe f	aortic valve
apallisch	lacking pallium; decerebrated
APAPA = Anisyliden-p-aminophenylacetate n (nematische Substanz) = anisylidene-p-aminophenyl acetate	
Apatit m	apatite
aper	snowless; snow-free
APHA = American Public Health Association (Farbzahl f) =	color number
APK = Ethylen-Propylen-Kautschuk m	EPR = ethylene-propylene rubber
Apostilb m (Einheit für Leuchtdichte) = 1 cd/m^2	lambert
asb = Apostilb m (siehe oben)	
Apparaturkosten f pl	equipment cost; plant investment costs
Applikation f (med)	administration; application (for topical use only)
Appreturmaschine f	sizing machine
aprotonisch	aprotic
APUK = ungesättigter Ethylen-Propylen-Kautschuk m = unsaturated ethylene-propylene rubber	
aq. = Wasser n =	water
aqua bidestillata (Lat.) = zweimal destilliertes Wasser n	double distilled water
aquaplanen v	aquaplane v
Aquat n	aquated compound; hydrate; hydrous compound
äquilibrieren v	equilibrate v
äquiv. = äquivalent	eq. = equivalent

Aquodysprosium n	aquodysprosium
Arachidonsäure f	arachidonic acid
Arachinsäure f	arachic acid; arachidic acid
Arachinyl n; Arachyl n	arachidyl; arachyl
Araldit(R) m = Epoxidharz n =	epoxy resin
Aramidfaser f	aramid fiber
Arb.-Br. = Arbeitsbreite f	operating width
Arbeiter m	workman
Arbeitergruppe f	team
Arbeitsflüssigkeit f	working fluid
Arbeitskräfteverknappung f	labor shortage
arbeitsleistende Entspannung f	engine expansion (expansion with production of external work)
Arbeitsmaschine f	working engine
Arbeitsmittel n	operating medium
Arbeitssicherheit f	on-the-job safety
Arg = Arginin n (Aminosäure)	Arg = arginine (amino acid)
Argentaffinoma n (Magengeschwür)	argentaffinoma (stomach tumor)
arithmetisches Mittel n	arithmetic mean
Armaturenteile n pl	equipment fittings
Ärmelkugel f; Armkugel f	armhole
Armmanschette f	arm band
Armpolster n	padded armrest
AROCOLOR(R) n = Chlorterphenyl n =	chlorinated terphenyl
Aromaschutz m	flavor protection
Aromatase f	aromatase
Aroxyl n	aryloxy
Arretiervorrichtung f	detent means
Arrhythmie f -n pl	arrhythmia -s pl
Arsenoxy n	arsenic oxy
Art f	species; category
Art f, der verschiedensten	wide variety of types

Arteriographie f (med)	arteriography
arthrotisch	arthritic
Art. Nr. = Artikel-Nummer f	Cat. No. = catalogue number
Arzneimittelgesetz n	Drug Act
Arzneimittelspezialität f	special medicinal agent; specialty drug
Arzneimittelwirkstoff m	medicinal agent; medically active agent
AS = aktive Substanz f =	active ingredient
Asbestmehl n	pulverized asbestos
ASCPI (French) = Association Suisse des Conseils en propriété industrielle = Schweizer Patentanwaltsverband m = Swiss Patent Attorneys' Association	
Asn = Asparagin n (Aminosäure)	Asn = asparagine (amino acid)
Asp = Asparaginsäure f (Aminosäure)	Asp = aspartic acid (amino acid)
Aspartame(R) n = Süssmittel n = sweetener	
Asparaginat n	aspartate
Asservate f -n pl (Akten)	files
Astrocyt m; Astrozyt m	astrocyte
ata = absolute Atmosphäre f	atm. abs. = atmosphere absolute
atherovenös	atherovenous
Ätherextrakt m (in %)	extractable by ether (in %)
Atmosphärilien f pl	atmospheric constituents
atmungsaktiv (Kunstleder)	breathable
Atmungsaktivität f (mit)	breathing
Atmungsfrequenz f	respiration rate
Atomabsorptionsspektrometrie f	atomic absorption spectrometry
Atomabsorptionsspektroskopie f	atomic absorption spectroscopy
Atombombe f	fission bomb
Atome n pl am Ring m	atoms on the ring

Atomprozent n	atom percent
Atom-% n	atom %
Atophan(R) n = Cinchophen n = 2-Phenylchinolin-4-carbonsäure f	cinchophen = 2-phenylquinoline-4-carboxylic acid
ATP = Adenosintriphosphat n	= adenosine triphosphate
ATPase = Adenosintriphosphatase f	= adenosine triphosphatase
Atro n (Darrgewicht n in %)	dry weight (in %) = atro
Atromid n	atromid
Attika f (Dachboden m)	attic
atü = Atmosphäre Überdruck =	atmosphere gauge
Ätzalkalien n pl	caustic alkalies
Audiometer n	audiometer
Audiometrie f	audiometry
Aufbauschritt m	structural stage
aufbereiten v	condition v
Aufblasverhältnis n (Blasfolie)	blow-up ratio
aufbringen v	apply v; draw down v (coat)
aufdämmen v	overfeed v
Auffahrunfall m	rear-end collision
auffettend	fat-restoring
Auffettungsmittel n	superfatting agent
auffüllen auf v	make v; reconstitute v (med)
Auffüllungsschweissen n	backfill welding
Aufgabe f	challenge
aufgegliedert	subdivided
aufgerichtet	aligned
aufgeschnitten	cut away
Aufguss m	extract; steep liquor
Aufhängelasche f	suspension tab
Aufhängeöse f	hanger hole
Aufheller m	brightener

aufklappbar	unfoldable
Aufladung f	booster charge
Auflage f	quantity applied
Auflagerkraft f	load stress
Auflandebecken n	aggradation tank
auflaufen v	stall v
Auflösewalze f	opening roller
Aufmarschweg m	marching route
Aufnahme f (Tomographie)	image; scan
aufpilzen v (Geschossnase)	mushroom v
aufpolymerisieren v (ein Polymer wird mit einem Monomer polymerisiert; eine Art Propfpolymerisation)	polymerize onto; polymerize by grafting v
Aufprallkörper m	buffer member
Aufprallgeschwindigkeit f	impact speed
Aufprallunfall m	direct collision
aufrahmen v	cream v
aufrakeln v	knife-coat v
Aufrankung f (Metalloberfläche)	vein (metal surface)
Aufsättigung f	concentration by saturattion
aufsäuern v	raise acid number v
Aufschäumen n	expansion
Aufschlagsprengkörper m	impact-detonating explosive device
aufschlämmen v	slurry v
aufschliessen v (Bakterien) (Erz)	break down v (bacteria) dress v (ore)
aufschlussreich	telling
aufschwingen v	reprise v
Aufsetzpunkt m	touchdown point
aufspleissen v	split up v
Aufsteigemittel n	mobile phase developing agent

Aufstellungsplan m	floor plan
Aufstossglied n (Strickmaschine)	pusher member
Aufstromflüssigkeit f	ascending stream
Auftragsschweissen n	overlay welding
auftrommeln v	mix by pug mill v
aufwalzen v	roll coat v
Aufwärtsstrom m	upflow
Aufzeichnung f	recording
aufziehen v (Falten)	eliminate folds by stretching v
Auf-Zu-Ventil n	open-shut valve
Augeneinlage f	ocular insert
Augenellipse f	eye ellipse
Augenfehler m	eye imperfection
Auriculin n = Blutdruckregulator m = blood pressure control compound (trade name)	
Ausbaublock m	supporting trestle
ausbrechen v	crumble at the edges v
Ausbreitwalze f	expander roll
auseinanderfliessen v	deliquesce v
ausfedern v (aut)	rebound v
ausfliessen lassen v	decant v
Ausformung f	contoured section
Ausformwerkzeug n (Extruder)	die
Ausfrierkühler m	freezer cooler
Ausdruck m (comp)	printout
ausfallen v	settle out v
Ausfluss m	effluent
ausgasen v	degas v; degasify v; exhaust v
ausgelaugt	spent
ausgelieren v	fuse v

Ausgleicher m	counterbalancing means
Ausgleichskorb m	differential gear cage
Ausgusskanal m (Form f)	sprue
ausknöpfen v	unbutton v
auskochen v	extract by boiling v
auskondensieren v	treat to complete condensation v
Auskondensierung f	condensative removal
Auskoppelende n (Laser m)	output coupling end (laser)
auskracken n (Petroleum n)	separate by cracking v
Auskracken n (Brennstoffzerfall in Brennerdüsen)	cracking (fuel decomposition in burner nozzles)
auskreisen v	remove from circulation v
auskristallisieren v	crystallize from v
Auslagen f pl	capital equipment costs
Auslaufbecher m	efflux beaker
Auslaugenbehälter m	leach tank
Auslegung f	layout
Auslegungspunkt m	design basis; rated operating point
ausmuscheln v (Kante f)	scallop v
ausmustern v	phase out v
ausplatten v	spread flat v
ausplattieren v (Bakterien n pl)	plate out v
auspolymerisieren v	polymerize completely v
Ausprägung f	embossing
ausrahmen v	cream out v
ausrücken v (Kupplung f)	disengage v
ausrühren v	extract with agitation v
Ausrüstungsstand m	equipment status
aussagefähig	meaningful
Aussagekraft f	interpretational capacity; power of expression
Aussagewert m	informative value

Ausscheidung f	exudate
Ausscheidungsgeschwindigkeit f	elimination rate
Ausscheidungsprodukt n	excretion product
Ausscheidungsvermögen n	excretory capability
Ausscheidungsweg m	elimination route
ausschieben v	expel v
ausschleusen v	remove from system v; transfer out v
Ausschub m	expulsion
ausschütteln v	extract by shaking v
ausschwingen v (Anhänger)	swerve v
ausschwitzen v	bleed out v; bloom v
Aussenbrenner m (Rakete)	externally burning grain
Aussendienst m	sales force
Ausseneinsatz m	use out of doors
Aussenschale f	outer shroud
Aussenschalung f	external form
Aussenspiegel m	outside mirror
ausspeichern v (comp)	read out v
ausspülen v	flush v
ausstechen v	outrival v
Ausstellhebel m	swing-out lever
Ausstossleistung f (Extruder)	extrusion capacity
Ausstossplatte f	ejection plate
Ausstrich m	thin-drawn film
Austastpuls m; Austastimpuls m	blanking pulse; gating pulse
Austauschkapazität f (in mVal/ml oder mäq/ml)	exchange capacity (in meq/ml)
Austrag m	reaction product
Austrittskante f	trailing edge
Auswaage f	weight of final product
Auswahlerfordernis n (pat)	election requirement

auswaschen v	bleed out v (dye); scrub out v (gases)
Auswertegerät n	analyzer
ausziehbar	extractable
ausziehen v (plast)	draw down v
Ausziehmittel n	extractant
Ausziehschieber m (Spritzgiessen)	pull pin
Ausziehtusche f	drawing ink
Autoelektronik f	automobile electrotechnology
Autohimmel m	dome; headliner; headlining
Autoimmunerkrankung f	autoimmune disorder
Autoklaven m, in den - geben v	autoclave v
Autolack m	car paint
autolog	autologous
Automobilsektor m (im)	automotive
Autoxidation f	autoxidation
Autoradiographie f	autoradiography
autoradiographisch	autoradiographic
Autostereoskopie f	autostereoscopy
autostereoskopisch	autostereoscopic
Autotitrator m	automatic titration device
autotroph	autotrophic
autoxidieren v	autoxidize v

$AVDO_2$ = atherovenöse Sauerstoffdifferenz f = atherovenous oxygen difference

Avidin n	avidin
Avivage f (text)	smoothing agent
avivieren v (text)	revive v; smooth v

AVP = automatische Vergleichsperimetrie f = automatic comparison perimetry

Azathioprin n (immunsuppressives Mittel n)	azathioprin (immunosuppressive agent)
Azepin n	azepine

Azetidin n = Trimethylenimin n — azetidine = trimethyleneimine

Azetidinol n — azetidinole

Azetin n — azetine

Azin n — azine

Azisalz n — aci salt

AZL = Analytisches Zentrallabor n = Analytical Central Laboratory

Azlacton n — azlactone

Azobisisobuttersäurenitril n oder Azodiisobuttersäurenitril n — azobisisobutyronitrile

Azodicarbonsäure f — azodicarboxylic acid

Azomethin n — azomethine

Azotemie f — azotemia

AZT = Azidothymidin n = Retrovir(R) (gegen Aids) — AZT = azidothymidine = Retrovir(R) (anti-AIDS drug)

Azubi m/f = Auszubildender m/Auszubildende f = apprentice; trainee

Azulenogen n — azulenogen

azulenogen — azulenogenic

* * *

backend	caking-prone
Backofenreiniger m	oven cleaner
Baggerband n	cleated belt
Bahn f (Atom)	orbit
bahnförmiges Tuch n	length of fabric
Bakteriostatikum n -a pl	bacteriostat; bacteriostatic
Balgwaage f	proportional bellows
Balken m (Zeichnung)	bar
Ballastgas n	inert gas
Ballen m (Fuss)	ball of foot
Ballonhosen f pl	harem pants
Ballonkatheter m	balloon catheter; Foley catheter
Ballspielgerät n	ball game device

BAM = Bundesanstalt für Materialprüfung f = Federal Institute for Materials Testing

Bande f (NMR)	band
Bandfilter n (chem)	belt filter
Bandgeschwindigkeit f	line speed
Bandklemme f	clamping strap
Bandpresse f	belt press
-bar (z.B. messbar)	adapted to (e.g. adapted to be measured)
Barthaar n	whisker
Bartwichse f	moustache wax
Baryon n (Nukleon n)	baryon (nucleon)
Basenstärke f	alkaline strength; basicity
Basizität f	alkalinity; basicity
Basidiomyceten f pl	basidiomycetes
basipetal	basipetal
Basiskontrolle f	overall control group
Bauchbildung f	bulging
Bauchlage f	prone position
Baueinheit f	module

Bauelement n	structural component
Bauglas n	structural glass
Baukastensystem n	module system
Baumwollsaatöl n	cottonseed oil
Bauraum m	space for components
Bausatz m	assembly kit; building kit
Bauschgarn n	high-bulk yarn

Baygon(R) n = 2-(l-Methylethoxy)-phenolmethylcarbamat n = 2-(l-methylethoxy)phenol methyl carbamate

Bé = Baumé n (Schwerkraftmass n)	Bé - Baumé (specific gravity unit)
Beanspruchung f	loading
Bearbeitung f	tooling
Beatmung f	artificial respiration
Beatmungspumpe f	respiration pump
beaufschlagen v (Brenner)	fire v
bebrüten v	incubate v
Becherwand f	cup wall

Beckamine(R) n = Vernetzungsmittel n = crosslinking agent

Beckengurt m	lap belt
Beckenschaufel f	ilium

Beckopox(R) n = aliphatisches Epoxidharz n = aliphatic epoxy resin

Bedeutung f (pat)	relevance
Bediensteter m	officer
bedingt (adj)	determined; necessitated
bedingt (adv)	to a limited extent
Bedüsung f	jet-blow treatment
Beefsteakhack n	ground steak
beeinflussen v	condition v
befallen v (transitiv)	show affinity for v
Befeuchtungsanlage f	humidifier
beflocken v	flock v
Befragung f	polling

Befruchtungshemmtest m	contraception test
befüllen v	refuel v
begasen v	gas-treat v
Begasungsschaum m	mechanically blown foam
Begleitheizung f	subsidiary heating
Behandlungssystematik f (med)	therapeutical systematics
Beilagscheibe f	washer
Beinahe-Industrieland n	incipient industrial country
beizen v (Samen)	dress v
Beizmittel n (Leder)	tanning agent
Belag m (Apparateteil)	coating (do not use "plaque")
belastbar	functional
belasten v	challenge v; expose to v
belastend	causing discomfort
Belastung f (Enzym)	load
belastungssicher	stress-free
Belastungstest m	load test
Belebtschlammflocke f	flocculent sludge
Belebung f	oxygenation; aeration
Beleimungseinrichtung f	glue applicator
Beleuchtungsmast m	light post
Belichtungsgrösse f	exposure size
beliefern v	fill orders v
Bell-Test m (Spannungsriss-bildung)	Bell (Telephone) test (tension crack formation)
Belleville-Feder f (tellerförmig mit offener Mitte)	Belleville spring
Belüftungskreisel m	rotary aerator
Benommenheit f	drowsiness; numbness; stupor
Benoxaprofen n (gegen Arthritis)	benoxaprofen (arthritis medicine)
Benzalkonium n	benzalkonium
Benzazin n	benzazine

Benzhydrol n	benzohydrol
Benzimidazol n	benzimidazole
Benzin n	naphtha; petroleum ether (solvent); benzine is obsolete
Benzmorpholin n	benzomorpholine
Benzodiazepin n	benzodiazepine
Benzodioxan n	benzodioxane
Benzoesäuremethylester m	methyl benzoate
Benzolphase f	benzene phase
Benzolthiol n	benzenethiol
Benzomorphan n	benzomorphan
Benzosuberon n	benzosuberone
Benzoxazin n	benzoxazine
benzoylieren v	benzoylate v
Benzoyloxy n	benzoxy; benzoyloxy
Benzthiazin n	benzothiazine
Benztriazol n	benzotriazole
Benzthiomorpholin n	benzothiomorpholine
benzylieren v	benzylate v
Benzyloxy n	benzyloxy, not benzoxy
Beobachtungsstrahl m	scanning beam
berechnete Menge f (chem)	stoichiometric quantity
Beregnung f	sprinkling
bereichsweise	regional
bereinigen v	correct v
Bereitschaftsschrank m	make-ready cabinet; preparation cabinet
Bergamottöl n	bergamot oil
Bergefahrt f	up- and downhill driving
Bergestrom m	waste stream
Berieselungsadsorber m	spray adsorber

Berliner Blau n = Eisen(III)hexacyanoferrat(II) n = ferric hexacyanoferrate(II) = Berlin blue

Bernoullische Gleichung f	Bernoulli's theorem

Berufsverbrecher m	career criminal
Berufungsausschuss m	Board of Appeals
beruhigen v	stabilize v
Beruhigungsgefäss n	settling vessel
berührungsfrei oder berührungslos	noncontactual; zero-contact; noncontact
Beryllat n	beryllate
Besatzdichte f (Fischfarm)	stocking density
Besatz-Flecken m	sew-on patch; iron-on patch
Beschaffenheit f	constitution
Beschäftigungstherapie f	occupational therapy
Beschaufelung f (Turbine)	blading
beschleiern v	expose to a gas v; blanket with gas
Beschwerde einlegen gegen v	appeal from v
Beschwerdeführer m -in f	appellant
Beschwerdegegner m -in f	appellee
besetzt	stocked
Besetzungsinversion f	population inversion
besintert	having a sintered coating
bespannen v	pressurize v
Besprechung f (Buch)	review
bestampft	tamped
Beständigkeit f (chem)	resistivity
Besteckpresse f	silverware embossing press
Betaendorphin n	betaendorphin
Betätigungseinrichtung f	actuator
Beta-Tonne f (Zelle)	beta barrel (cell)
BET-Methode f (BET = Brunauer-Emmett-Teller)	BET method
betonieren v	pour concrete v
betoniert	concrete-lined
Betonschalung f	concrete form

Betracht m, in ... kommen v	be relevant v
Betriebsgrösse f	production entity
Betriebsunfall m	industrial accident
betriebswarm	warmed up for operation
Beugungsmesser m	diffractometer
Beugungsmessung f	diffractometry
Beurteilungsnote f	score
Bewegungsablauf m	motor activity (med); motion sequence
Bewegungsabschnitt m	motion increment
Bewegungskoordination f	motor coordination (med)
Bewegungsstillstand m	motionless condition
Bewegungsstörung f	motor disability (med)
Beweisbeschluss m	order to show cause
Beweisvereitelung f	obstruction of justice
Bewuchs m	cover of vegetation; shrubbery
Bewuchsfläche f	growth area
Bezafibrat n	bezafibrate
bezogen auf	in terms of
Bezug m	cover
Bezugsraster n	reference grating
BGB n = Bürgerliches Gesetzbuch n =	German Civil Code
BGH m = Bundesgerichtshof m =	German Federal Court
Bichinolin n	diquinoline
bicyclisch	bicyclic
bidestilliert	double-distilled
Biegefeder f	flat spring
Biegefestigkeit f	flexural stiffness; flexural strength; flexural stress at break, N/mm²
Biegerissbeständigkeit f	resistance to crack growth upon flexing
biegeschlaff	low flexural strength
Biegespannung f (%)	tensile stress (e.g. at 3.4% strain)

Biege-Wecheslfestigkeit f	resistance fo flex-fatigue
biegeweich	low flexural strength
Biegezugsfestigkeit f	flexural tensile strength
biegsam machen v	flexibilize v
biegungselastisch	flexurally elastic
bifunktionell	difunctional
Biguanid n	biguanide
Bikomponentenfaser f	bicomponent fiber
Bilanzsumme f	total assets
biliär	via the bile
Bildauffangsfläche f	screen
bildgebend	imaging
Bildschirmmaterial n	picture screen material
Bildträger m (Schablone f)	overlay
Bildebene f	focal plane
Bildversatz m	image displacement
Bildwandler m	image converter

Biligram(R) = (Kontrastmittel n) Diglycolsäure Bis(3-carboxy-2,4,6-triiodanilid) n = (contrast medium) diglycolic acid bis(3-carboxy-2,4,6-triiodoanilide)

bimodal	bimodal
bimolekulär	bimolecular
Bindung f (Schi m)	binding (ski)
Bindungsquote f	binding rate
Bindungsstelle f (gen)	binding site
Bindungswinkel m	bond angle
bioaktiv	bioactive
Biocoenose f	biocenosis, -es pl
bioenergisch	bioenergetic
biogen	biogenic
Bioingenieur m	bioengineer
Biokeramik f	bioceramics

biologische Absitzung f	bioprecipitation
Biolumineszenz f	bioluminescence
Biomasse f	biomass
biomechanisch	biomechanical
Biomolekül n	biomolecule
Biopolymer n	biopolymer
Biostabilität f (gegen Mikroorganismen)	biostability
biosynthetisch	biosynthetic
Biotechnologie f	bioengineering
Biotransformation f	biotransformation
Bioverfügbarkeit f	bioavailability
Biphenyl n	biphenyl; diphenyl
Biphenylyl n	biphenylyl
Bipyridyl n	bipyridyl; dipyridyl
Bisepoxid n	bisepoxide
Bisergosterin n	bisergosterol
Bischler-Napieralski-Reaktion f	Bischler-Napieralski reaction (Org. Reactions VI : 74-150)
bisher	hitherto
Bismuthin n	bismuthine
Bissilyl n	disilyl; bissilyl
Bisteroid n	bisteroid
bimolekulär	bimolecular
Bitumen n, geblasenes	blown bitumen
Bjerrum-Schirm m (Perimeter)	Bjerrum screen (part of perimeter)

BKF(R) n (Stabilisator) = 2,2'-Methylenbis(6-tert-butyl-p-cresol) n = 2,2'-methylenebis(6-tert-butyl-p-cresol)

BKR m = Bremskraftregler m	brake force controller
Blähglas n	bloated glass
Blähglimmer m	bloated mica
Blähton m	bloated clay
blank (Blech)	untreated;
blank (Lösung)	clear

Bläschen n	vesicle; minute bubble
Blasdorn m	blowing pin
Blasenpackung f	blister card; blister pack
Blasensäule f	bubble column
Blasenviskosimeter n	bubble viscometer
Blasfolie f	blown film
Blasorchester n	brass band
Blattausfall m	lack of leaf formation
Blattbildner m (Papierherstellung)	fourdrinier; Fourdrinier
Blättchen n	leaflet
Blättchentest m (Mikroben)	plate test
Bläuepilz m (Pilzart)	Pullularia pullulans (fungus)
Blechumformung f	sheet-metal forming
Blechzuschnitt m	sheet-metal blank cut to size
bleibende Dehnung f	permanent elongation
bleibende Verformung f (%)	compression set
Bleichton m	bleaching clay
Bleichwachs n	bleached wax
Bleipicrat n (expl)	lead picrate
Bleistifthärte f; Bleistiftritzhärte f	pencil scratch hardness
Bleistyphnat n = Trinitroresorcinat n	lead styphnate = trinitroresorcinate
Blende f	facing (roof); molding (decorative part); partition (part of apparatus); restrictor (hydraulic); slotted diaphragm (optics)
Blendenautomatik f (Kamera)	automatic diaphragm setting
Bleomycin n	bleomycin
Blindversuch m	blind experiment
Blindwert m	blank value
Blisterkupfer n	blister copper
Blitzlichtlampe f	flashgun

Blitzlichtröhre f	flashtube
Blocadren(R) n = Betarezeptorenblocker m = beta-blocker	
Blockermanschette f	blocking cuff
Blockierung f (med)	blockade
Blockierverhinderung f (aut)	antiskid device; antilock device
Blockpolymer n	block polymer
Block-Schmelzpunkt m	melting point by block method
Blockversuch m	block trial
Blondiercreme f	cream-in lightener
Blutbahn f	bloodstream
blutdrucksenkend	hypotensive
Blut-Hirn-Schranke f	blood-brain barrier
Bluthochdruck m	high blood pressure
Blutraum m	intravascular region
Blutspiegelverlauf m	blood level profile
Blutzelle f	blood cell
BN = Bornitrid n = boron nitride	
Boden m (Kolonne)	plate
Bodenfläche f (Kolben) (aut)	top surface
bodengleich	level with ground
Bodenhaftung f (aut)	tire to road contact
Bodenheizung f	floor heating
Bodenhöhe f (Kolonne)	plate level
Bodenkolonne f	plate-equipped column
Bodenleuchte f	ground flare
Bodenphysik f	soil physics
Bodenplatte f	trapdoor
Boden-zu-Boden-Zeit f	floor-to-floor time
Bogenumfang m	arc
Bohle f	plank
Bohrflüssigkeit f	drilling fluid

Bohr-/Förderinsel f (Öl)	drilling/hoisting platform
Bohrloch n	well bore
Bolzensetzgerät n	stud driving tool
Bomblet n	bomblet
bonitieren v	assess v
Boran n (B_nH_{n+4})	borane
Boranat n	boranate
Borazan n	borazane; aminoborane
Bordeaux-Mischung f = Kupfersulfat + hydratisierter Kalk	bordeaux mixture = copper sulfate + hydrated lime
Bordkante f	contour edge
Bordleitungsnetz n	dashboard wiring network
Bordnetz n	built-in power supply; vehicle power supply
Bordnetzbatterie f	vehicle battery
Borhydrid n (allgemeiner Name für BH_4-Verbindungen)	borohydride
borieren v	boronize v
Borin n	borine
Boronsäure f	boronic acid
Borsilikat n	borosilicate
Bortrifluorid n	boron trifluoride
Borwasserstoff m	boron hydride
Boson n	boson
Bottich m	tub
Bourdonfeder f	Bourdon spring
BR = Butadienelastomer n = butadiene rubber	
br (im IR-Spektrum) = breit	br (in IR spectrum) = broad
Brandfüllung f	incendiary charge
brandgeschützt	flameproofed
Brandschutzmittel n	flame retardant
Brandsohle f	insole
Brandverhalten n	flammability characteristic; incendiary property

brandverhütend	flameproof
brandwidrig	fire-resistive
Branntkalk m	quicklime
Brassicasterin n	brassicasterol
Brassylsäure f = 1,11-Hendecandicarbonsäure f	brassylic acid = 1,11-hendecanedicarboxylic acid
Brät n (rohe Fleischmasse f)	raw sausage or hamburger meat
Bräter m	roasting pan
Brausetablette f	effervescent tablet
BRD = Bundesrepublik Deutschland f	FRG = Federal Republic of Germany
Breccie f -n pl oder Brekzie f -n pl (grobes Gestein)	breccia -s pl
Brechpunkt m (nach Fraass; in ° C)	brittle point (according to Fraass; in ° C)
breitquetschen v	crush v; squash v
Breitschlitzextrusionswerkzeug n	fishtail die
Bremsbelagplatte f	backing plate for brake
Bremsdruck m	brake pressure
Bremsgebläse n	compression blower
Bremsnicken n	brake dive
Bremszange f	brake caliper
Brennbarkeit f	flammability
Brenndruck m (in N/mm²)	burn pressure
Brennerloch n	burner hole
Brennfront f	flame front
Brenngeschwindigkeit f	burning rate
Brennstoff m (Kernreaktor)	fissionable material; nuclear fuel
Brestan(R) n = Triphenylzinnacetat n = triphenyltin acetate (fungizides Mittel n) (fungicide)	
brettartig	board-like
BRG = blau-rot-grün = (Grundfarben f pl)	blue-red-green (basic colors)

Bride f	bridle; clamp
Brillenbügel m	earpiece
Brisanz f	brisance; explosive power
bromal	bromal
Bromallyl n	bromoallyl
Bromanilin n	bromoaniline
Bromelain n	bromelain; bromelin
Bromessigsäure f	bromoacetic acid; bromacetic acid
Brommonochlorid n	bromine monochloride
Bromocriptin n = 2-Bromo-α-ergokryptin n (Prolactinhemmer m)	bromocriptine = 2-bromo-α-ergocriptine
Bromonium n	bromonium
Brompheniramin n (Antihistaminikum n)	brompheniramine (antihistamine)
Bromthalein n	bromthalein
Bromwasser n (Br in H_2O)	bromine water
Bromzyan n; Bromcyan n	cyanogen bromide; bromine cyanide
Bronchialdilatator m	bronchodilator
bronchialdilatatorisch	bronchodilatory
bronchienentkrampfend	bronchial-antispasmodic
bronchodilatatorisch	bronchodilatory
bronchokonstriktorisch	bronchoconstrictive
Brönsted-Base f (auch: Bronsted)	Bronsted base; Brønsted base
Brönsted-Säure f	Bronsted acid; Brønsted acid
Bruchausgangsstelle f	starting site of rupture
Bruchdehnung f (%)	elongation at rupture; elongation at yield (%)
Bruchfestigkeit f	tensile impact strength
Brüchigkeitstemperatur f	brittleness temperature
Bruchlast f	rupture load
Bruchstelle f	breakaway zone
Brücke f	crosspiece

Brüdenabgang m	vapor outlet
Brummer m	semi; semitrailer truck
brünieren v	alkaline blacken v; black finish v
Brünierung f	alkaline blackening; black finishing
B-Säule f (aut)	B-pillar
BSB = biologischer Sauerstoffbedarf m (z.B. BSB_5 = nach 5 Tagen)	BOD = biological oxygen demand (e.g. BOD_5 = after 5 days)
B-Sechsring m	six-membered B-ring
BSF = B-Zellen stimulierender Faktor m	BSF = B-cell stimulating factor
BSG = Blutsenkungsgeschwindigkeit f	ESV = erythrocyte sedimentation velocity
BSR = Blutsenkungsreaktion f	ESR = erythrocyte sedimentation reaction
buccooral	bucco-oral
Büchse f	rifle (not shotgun)
Büchsen, f pl, in	tinned
Buchstabendrucker m	character-at-a-time printer
Buformin(R) n = 1-Butylbiguanid n (Diabetikermedizin f)	= 1-butylbiguanide (antidiabetic)
Bug m	front end
Bugaufbau m (aut)	front end structure
Bügel m (Handgranate)	safety lever
Bügelflecken m	iron-on patch
Bühne f	attic
Bundachse f	saddle collar
Bundesamt für Umweltschutz n	= Environmental Protection Agency
Bundespatentgericht n	= German Federal Patent Court
Bunker m (Flüssigkeit)	tank
Buntesalz n oder Buntesches Salz n (z.B. Natriumethylthiosulfat n)	Bunte salt (e.g. sodium ethylthiosulfate)

Burkeit m = Carbonat-Sulfat—Doppelsalz n = $Na_6(CO_3)(SO_4)_2$	burkeite = carbonate-sulfate double salt = $Na_6(CO_3)(SO_4)_2$
Busulfan n	busulfan
Butadiin n	butadiyne
Butanonsäure f	butanone acid
Butenin n	butenyne
Butensäure f	butenoic acid
Butindiol n	butynediol
butylieren v	butylate v
Butyloxy n	butoxy
Butyramid n	butyramide
Butzen m	bead (thickened portion)
Byssochlamsäure f	byssochlamic acid

bz = Benzol n = benzene

Bzz. = Bezugszeichen n = reference numeral

* * *

C
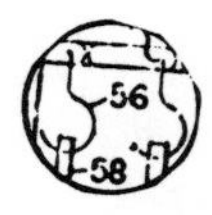

C = Curie n = curie (veraltet; neu: Ci)

c = Konzentration f = concentration

CAB = Celluloseacetatbutyrat n = cellulose acetate butyrate

Cadaverin n	cadaverine
cadmieren v	cadmium-plate v
Cadmierung f	cadmium plating
Calcitonin n (Schilddrüsenhormon n)	calcitonin
Calrod m (Heizapparat m)	(heater) (trade name)
Campesterin n	campesterol
Camphan n (hydriertes Terpen)	camphane
Camphidorin n = N-(Trimethylammoniumpropyl)-N'-methylcamphidiniumdimethylsulfat n	Camphidorin n = N-(trimethylammoniumpropyl)-N'-methylcamphidinium dimethyl sulfate
Candellilawachs n (aus Pflanzen)	candellila wax
Caprinaldehyd m	capraldehyde
Caprinat n	caprate
Caprinoyl n	caprinoyl
Caprinsäure f	capric acid
Capronaldehyd m	caproaldehyde
Capronat n	caproate
Capronyl n	caproyl
Caprylsäure f	caprylic acid
Caprylyl n	caprylyl
Carbacyclin n	carbacyclin
Carbacyclinamid n	carbacyclinamide
Carbaminat n	carbamate
carbamoylieren v	carbamoylate v
Carbanilsäure f	carbanilic acid

Carbenicillin n	carbenicillin
Carbenium n	carbenium
Carbäthoxy n oder Carbethoxy n	carbethoxy
Carbidopa n	carbidopa
Carbolin n	carboline
Carbonamid n	carbonamide
Carbonatierung f	carbonation
Carbonatisierung f	carbonatization
carbonylieren v	carbonylate v
Carbonylsauerstoff m	carbonyl oxygen

Carbopol(R) = hochmolekulares Carboxyvinylpolymer n = high-molecular carboxyvinyl polymer

carboximethylieren v	carboxymethylate v
Carboximidsäure f	carboximidic acid
Carboxyalkyl n oder Carboxialkyl n	carbalkoxy
Carbyl n	carbyl
Cardanolid n	cardanolide
Carrierfärbung f	carrier dyeing
Carr-Purcell-Impulsfolge f	Carr-Purcell pulse sequence
Carvacrol n	carvacrol
Casamino-Säure f (Säure-hydrolysiertes Casein n)	casamino acid
Cassiaflores f pl	cassia flowers
CAT = besser: CT in Deutsch (Computer-Tomographie f)	CAT (computed axial tomography)
cavitär	cavitary
CD = kurative Dosis f	CD = curative dose

$CDCl_3$ = Deuterochloroform n = deuterochloroform

CD-Plattenspieler m	compact-disc player

CDR = cis-Doppelbindung f = cis-double bond

CDT = Cyclododecatrien n	CDT = cyclododecatriene
CEA = Carcinoembryonales Antigen n	CEA = carcinoembryonal antigen

Cecropin n (ein Peptid)	cecropin (a peptide)
Celestan-Depot(R) n (Steroidmedizin)	(steroid drug)
Cellosolve(R)=Ethylglycol n = ethyl glycol	
Cellulose- (adj.)	cellulosic (adj.)
Celogen(R) n = Schäummittel n = blowing agent	
centraldepressiv	central-depressant
Centralit m	centralite
Cephalexin n (Antibiotikum n)	cephalexin (antibiotic)
Cephalosporansäure f	cephalosporanic acid
Cephem n	cephem
Ceramid(R) n = Wachs n = wax	
Cerberin n (Alkaloid n)	cerberin (alkaloid)
Cerebralparese f	cerebral palsy
cerebrospinal	cerebrospinal
Ceresin n (Wachs n)	ceresin; ceresine (wax)
CERN = Europäische Organisation für Kernforschung f = European Organization for Nuclear Research	
Cerotinsäure f	cerotic acid
Cetiol(R) n = Ölsäureoleylester m = oleic acid oleyl ester	
chalcedonartig	chalcedonic
Chalcomycin n	chalcomycin
Chalkogenid n	chalcogenide
Chalkon n	chalcone
Chalkose f (Kupfer im Körpergewebe)	chalcosis (copper in body tissue)
changieren v	move to and fro v; reciprocate v
changierend (Stoff m)	iridescent (fabric)
Changiereinrichtung f	traversing mechanism; reciprocating unit
Channel-Verfahren n	channel method
charakteristisches Merkmal n	hallmark
Charge f	batch
Chargenmixer m	batch mixer

chargenweise	batchwise
Charmazulen n (Öl n)	charmazulene (oil)
Charpy-Tester m (Pendelhärte f)	Charpy tester (pendulum hardness)
Chaulmoograsäure f	chaulmoogric acid
Chelatbildner m	chelating agent
chelatometrisch	chelatometric
Chemikalienbeständigkeit f	chemical resistance
Chemilumineszenz f	chemiluminescence
Cheminée f (Schweizerdeutsch für Kamin m)	fireplace
chemische Absorption f	chemisorption
chemischer Sauerstoffbedarf m	chemical oxygen demand
chemisches Prägen n	chemical embossing
chemisches Schäumen n	chemical blowing
Chemosil(R) n = Haftmittel n	= bonding agent
Chemosterilant n -ien pl	chemosterilant
Chemosterilisierung f	chemosterilization
Chenodesoxycholsäure f	chenodeoxycholic acid
Chinacridon n	quinacridone
Chinaldinsäure f = 2-Chinolincarbonsäure f	quinaldic acid; quinaldinic acid; = 2-quinolinecarboxylic acid
Chinarinde f	cinchona
Chinol n	quinol
Chinolinsäure f = 2,3-Pyridindicarbonsäure f	quinolinic acid = 2,3-pyridinedicarboxylic acid
Chinolon n	quinolone
Chinophthalon n	quinophthalone
chiral (Fähigkeit zum Rotieren der Polarisationsebene)	chiral (ability to rotate polarizing plane)
Chladni-Figuren f pl (akustische Figuren)	Chladni's figures (acoustic patterns)
Chladnische Klangfiguren f pl	Chladni sonorous figures

Chlophen(R) n = chloriertes Diphenyl n = chlorinated biphenyl

chloral	chloral
Chloralose f	chloralose
Chlor-Alkali-Elektrolyse f	alkali chloride electrolysis
Chlorambucil n	chlorambucil
Chloramphenicol n	chloramphenicol
Chloranil n	chloranil
Chloracetamid n	chloracetamide
Chlorcholin n	chlorocholine
Chlorcyan n	cyanogen chloride
Chlorjodid n oder Chloriodid n (JCl oder ICl)	iodine monochloride (ICl)
Chlorkohlenwasserstoff m	chlorinated hydrocarbon; chlorohydrocarbon
Chlormadinon n	chlormadinone
Chlormethyl n	methyl chloride
chlormethylieren v	chloromethylate v
Chlormethylierung f	chloromethylation
Chlormonofluorid n	chlorine monofluoride
Chloroquin n (Mittel gegen Malaria)	chloroquine (antimalarial)
Chlorparaffin n	chlorinated paraffin
chlorphosphinieren v	chlorophosphinate v
Chlorpromazin n	chlorpromazine
Cholan n	cholane
Cholecalciferol n (Vitamin D_3)	cholecalciferol (vitamin D_3)
Cholecyst-Cholangiographie f	cholecystocholangiography
Cholecystokinin n	cholecystokinin
Cholestan n	cholestane
Cholesten n	cholestene
cholesterisch	cholesteric
Cholestyramin n	cholestyramine

Cholin n	choline
Cholsäure f	cholic acid
Chondrosamin n	chrondrosamine
Choriongonadotrophin n oder Choriongonadotropin n	chorionic gonadotrophin or chorionic gonadotropin

Chromagram(R) n = Polyesterbogen für Chromatographie = polyester sheets for chromatography

Chroman n	chroman
Chromanon n	chromanone
chromatieren v	chromatize v
Chromatin n	chromatin
Chromcatgut n	chromic catgut; chromicized catgut
Chromen n	chromene
chromieren v	chromize v; chromicize v
Chromschwefelsäure f	chromosulfuric acid

Ci = Curie n = curie (nicht mehr C oder c)

Cinchomeronsäure f = 3,4-Pyridindicarbonsäure f	cinchomeronic acid = 3,4-pyridinedicarboxylic acid
Cinchonidin n	cinchonidine
Cinchoninsäure f	cinchoninic acid

Circosol(R) n = Weichmacher m = plasticizer

cisförmig	cisoid
Cistron n (gen)	cistron (gen)
Citrinin n	citrinin
Citronellsäure f	citronellic acid
Citrusaromastoff m	aromatic citrus flavoring
Civet n	civet (= a ragout)
CK-MB = Muskel/Gehirn-Kreatinkinase f	CK-MB = muscle/brain creatine kinase

CKW = Chlorkohlenwasserstoff m = chlorinated hydrocarbon

Clathrat n (Zwischenräume sind geschlossene Kammern) vgl. Einschlussverbindung f	clathrate; cage compound (interspaces form closed chambers) cf inclusion compound

Claus-Prozess m, Claus-Verfahren n	Claus process
($2H_2S + SO_2 \rightleftarrows 3S + 2H_2O$)	
Clelands Reagens n = Dithiothreitol n	Cleland's reagent = dithiothreitol
Clemmensen-Reaktion f (Reduktion von Carbonylverbindungen)	Clemmensen reaction (reduction of carbonyl compounds)
Clindamycin n	clindamycin
Clocortolon n	clocortolone
Clofibrat n	clofibrate
Clofibrinsäure f = 2-(p-Chlorphenoxy)-2-methylpropionsäure f	clofibric acid = 2-(p-chlorophenoxy)-2-methylpropionic acid
Clomiphencitrat n	clomiphene citrate
Clownwangen f pl	clown's cheeks
Clusius'sches Trennverfahren n	Clusius separating column process
Coacervat n	coacervate
Coagens n	coagent
Cobb-Test m (plast)	Cobb test
Cocaslösung f (0.5 g NaCl; 0.25 g $NaHCO_3$; 0.4 g Phenol)	Cocas solution
Cocosvorlauffettsäure f	first-run coconut acid
COD = Cyclooctadien n	COD = cyclooctadiene
codieren für v	encode v
codimerisieren v	co-dimerize v
Codon n (Aminosäurekode m)	codon (amino acid code)
Cohydrolyse f	cohydrolysis
Coion n	co-ion
Cokatalysator m	cocatalyst
Colchicein n	colchiceine
Colicin n	colicin

Collacral(R) n = 30%ige Lösung eines Vinylpyrrolidon-Copolymers = 30% solution of vinylpyrrolidone copolymer

Collidin n — collidine

Collins-Reagens n — Collins reagent

Composition B f — Composition B
= 39.5% TNT, 59.5% Cyclotrimethylentrinitramin n, 1% Wachs n

conc. = konzentriert — concd. = concentrated

Converter m (aut) — converter (aut)

Conray(R) n = Iothalamat n oder Iotalamat n (Kontrastmittel n) = iothalamate (radiopaque medium)

Copoly(penten-okten)amer n — copoly(pentene-octene)amer

Corax(R) n = Russfüllmittel n = carbon black filler

Corfam(R) n = dampfdurchlässiges Polymer n = vapor-merpeable polymer

Corinth n (rotes Farbmittel n) — corinth (red dye)

Coronardurchfluss m — coronary blood flow; coronary circulation

Correllogenin n — correllogenin

Cortexolon n — cortexolone

Corticalis f — cortex

Couette-Strömung f — Couette flow

Cp = Centipoise n — cp = centipoise

CR = Chloropren n = chloroprene

Crematest(R) n = Parfümöl n = perfume oil

Cromargan(R) n = Chromstahllegierung f = chromalloy steel

Cromoglycat n — cromoglycate

Cromoglicinsäure f oder Cromoglycinsäure f — cromoglycic acid

Crotonöl n — croton oil

CRP = C-reaktives Protein n (C = Gattung Pneumococcus) = C-reactive protein (C = pneumococcus strain)

Cryochirurgie f — cryosurgery

Cryoscopie f — cryoscopy

cryptobiotisch — cryptobiotic

CSA = Citraconsäureanhydrid n — CAA = citraconic acid anhydride

CSB = chemischer Sauerstoffbedarf m — COD = chemical oxygen demand

cST = Centistoke n — cs = centistoke

CT = Computer-Tomographie f — CAT = computerized axial tomography

CT-Aufnahme f — CAT scan

CT-Scanner m — CAT scanner

Culmannsche Gerade f (Spannungslinie f) — Culmann line (stress line)

Cumarin n — cumarin; coumarin

Cumaronharz n — coumarone resin

Cuproin n — cuproine

Curettage f — curettage

curettieren v — curet v (curetted)

Curtiusabbau m — Curtius rearrangement

Custa(R) n =verkupferter Stahldraht m = copper-clad steel wire

CV = Variationskoeffizient m (Garn n) = coefficient of variation (yarn)

CVD = chemical vapor deposition = Aufdampfen dünner Schichten (auch im Deutschen)

seltener: cathode vapor deposition (bedeutet dasselbe)

C-Wert m (Luftwiderstandsbeiwert m) — C value (drag coefficient)

Cyanhydrin n — cyanohydrin

Cyanurtrichlorid n — cyanuric trichloride

Cyclase f — cyclase

Cyclomonoen n — cyclomonoene

cyclooligomerisieren v — cyclooligomerize v

Cyclooligomerisierung f — cyclooligomerization

Cyclopolyen n — cyclopolyene

Cyclosteroid n — cyclosteroid

Cyklosit(R) n = Cyclokautschuk m = cyclorubber

Cymel(R) n = Hexa(methoxymethyl)melamin n (Vernetzungsmittel) = hexa(methoxymethyl)melamine (crosslinking agent)

-	-
Cymol n	cymene
Cyproteron n	cyproterone
Cysteamin n = 2-Amino-ethanthiol n	cysteamine = 2-aminoethane-thiol
Cys = Cystein n (Amino-säure f)	Cys = cysteine (amino acid)
Cystinstein m	cystine calculus
Cytarabin n	cytarabine
Cytofluorographie f	cytofluorography
Cytokin n -e pl	cytokine
Cytokinin n	cytokinin; cell kinin
Cytomegalie-Virus n	cytomegalovirus

* * *

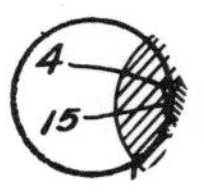

D = Dehnung f (%) — elongation (%)

D = Deutsches Symbol für Schergeschwindigkeit = German symbol for shear rate

D = Darcy (Einheit für Ölpermeabilität des Gesteins) = darcy (unit for permeability of rock) <u>or</u> Darcy

D = Diffusionskoeffizient m = diffusion coefficient

D, d = Wichte f — sp = specific gravity

DAB = Deutsches Arzneibuch n = German Pharmacopoeia

DABCO = 1,4-Diazabicyclo[2,2,2]octan n = 1,4-diazabicyclo[2.2.2]octane <u>oder</u> Triethylendiamin n = triethylenediamine

Dachanspruch m (pat) — generic claim

Dachhimmel m (aut) — headliner

Dachholm m — roof spar

Dachlinie f — roofline

Dachumfassung f — cornice

Dactinomycin n — dactinomycin

Dalton n = Einheit für Atommasse (Molgewicht eines H-Atoms) — dalton = atomic mass unit (molecular weight of one H atom)

Dammar n (Harz n) — damar; dammar (a resin)

Dämmerungsmyopie f — twilight myopia

Dämmplatte f — insulating panel

Dampfbremse f — moisture barrier

Dampfdruckosmose f — vapor pressure osmosis

Dampfdruckosmose f, gemessen durch- — measured by vapor pressure osmometer

Dampfreformierung f — steam reforming

Dampfsättiger m — steam saturator

Dampfstrahlverdichter m — steam-jet ejector

Dämpfungsflüssigkeit f — damping liquid

DAR = Differentialresorptionsverhältnis n = differential absorption ratio

Darbietungsfläche f — projection surface
Darlington-Schaltung f — Darlington circuit
Darmlumen n — intestinal lumen
Darocur(R) n = UV-Härtemittel n = photoinitiator
Darrzustand m — kiln-dried condition
darstellen v — visualize v; expose v; portray v
Darstellung f — visualization; exposure; portrayal
darüberliegend — superjacent
darunterliegend — subjacent
DAS = Deutsche Auslegeschrift f = German published patent application
DAS = Dialdehydstärke f = dialdehyde starch
Datenflusstor n — data flow bus
Dativ m — indirect object
Datumstaste f — date push button
DAU = Digitalanalogumwandler m — DAC = digital-to-analog converter
Dauerversuch m — long-term experiment; long-term test
DAUG = Deutsche Automobilgesellschaft mbH f (German firm)
Dauerlüfter m — permanent ventilator
dauernd — enduring
Dauerstandswert m — resistance to creep rupture
Dauersauna f — constant steam atmosphere
Dauerschwingversuch m — endurance vibration test
Dauertemperatur f — long-term temperature
Dauertropf m — continuous drip
Dauerwärmebeständigkeit f — long-term thermal resistance; long-term heat resistance
Davis-Kanone f (rückstossfreie Waffe f) — Davis gun (recoilless gun)
DBN = Diazabicyclononen n = diazabicyclononene
DBU = Diazabicycloundecen n = diazabicycloundccene

DC = Dünnschichtchromatographie f — TLC = thin-layer chromatography

DCC = Dicyclohexylcarbodiimid n = dicyclohexylcarbodiimide

DC-Fertigplatte f — precoated TLC plate

DC-Cellulose f — TLC cellulose

DDQ = Dichlordicyanobenzochinon n = dichlorodicyanobenzoquinone

DE = Defoelastizität f = defo elasticity

DE_{min} = minimale effektive Dose f — ED_{min} = minimum effective dose

DEAC = Diethylaluminiumchloride n = diethylaluminum chloride

DEAI = Diethylaluminiumjodid n = diethylaluminum iodide

debenzylieren v — debenzylate v

Debilität f (= Schwachsinn m) — feeble-mindedness

deblockieren v — unblock v

Debrisoquin n — debrisoquine

debutanisieren v — debutanize v

Decalon n — decalone

Deckblatt n — fly sheet

Deckfläche f (z.B. Prisma n) — top base surface (prism, e.g.)

Deckstrich m — top coat (paint)

Deckungsgrad m — covering power (paint)

Declorane(R) = dimeres Hexachlorcyclopentadien n = dimeric hexachlorocyclopentadiene

deethanisieren v — deethanize v

Deethanisierer m — deethanizer

Deethanisierung f — deethanization

Defokussierung f — defocusing

deformylieren v — deformylate v

Deformylierung f — deformylation

Degalan(R) n = Acrylverbindungen f pl = acrylic compounds

degradieren v — degrade v

degressiv — degressive

Degressivität f	degression
DEHA = Diethylhydroxylamin n	= diethylhydroxylamine
dehalogenieren v	dehalogenate v
Dehnspannung f	tensile elongation
Dehnung beim Bruch f	elongation at break
Dehnung bei Streckspannung f	elongation at yield point (in %); percentage elongation at yield; stretch elongation (in %)
Dehnungsausgleicher m	strain equalizer
Dehnungsverhalten n	elastic behavior
Dehydag(R) n = Amphocerin(R)	n = Emulgator m = emulsifier
dehydrohalogenieren v	dehydrohalogenate v
Dehyquart(R) n = Gummihilfsmittel n = rubber adjuvant	
Dekantierzentrifuge f	decanting centrifuge; sedimentation centrifuge
Dekolletage f	cleavage
dekarboxylieren v (auch mit c)	decarboxylate v
Dekorationsblatt n	decorative poster
delogarithmieren v	form antilogarithm v
Deltaflieger m	hang glider
demethanisieren v	demethanize v
Demethanisierer m	demethanizer
Demethanisizerung f	demethanization
Dendrit m	dendrite
denitrieren v (Nitrogruppen entfernen)	denitrate v (remove nitro groups)
denitrifizieren v (Reduktion von Nitraten oder Nitriten zu N_2)	denitrify v (reduction of nitrates or nitrites to N_2)
Denitrifikant n	denitrifying agent
Deoxostickstoff m oder Deoxo-Stickstoff m (Deoxo(R) = Verfahren zur Stickstoffherstellung)	Deoxo nitrogen (Deoxo(R) = process for nitrogen production)
Deponie f	sanitary landfill; dump

deponieren v	dump v
Depotmedizin f	controlled-release medicine; sustained-release medicine
Depot-Steroid n	depot steroid
Depression f	dip
depressiv	depressant
depropanisieren v	depropanize v
deprotonieren v	deprotonate v
Deprotonierungsmittel n	deprotonating agent

Derakane(R) n = Epoxyacrylat n = epoxy acrylate

dermatophil	skin-compatible
dereprimieren v	derepress v
Derivatisierung f	derivatization
desacylieren v	deacylate v
Desacylierung f	deacylation
Desaktivator m	deactivator
desalkylieren v	dealkylate v
Desalkylierung f	dealkylation

Desavin(R) n = Di(phenoxyethyl)formal n = di(phenoxyethyl)formal (Weichmacher m) (plasticizer)

desbenzylieren v	debenzylate v
Descarboxy n	decarboxy
Deschlorsteroid n	deschloro steroid
Desmethylsteroid n	desmethyl steroid

Desmocoll(R) n = Klebstofflösemittel n = solvent for adhesive

Desmosterin n	desmosterol
Desorbat n	desorbate; desorbed substance
Desorptionsmittel n	desorption agent
Desoxy n	deoxy
Desoxybenzoin n	deoxybenzoin
Desoxymonosaccharid n	deoxymonosaccharide
despinalisieren v	despinalize v
Destillationsapparatur f	still
Destillationsteer m	distillation tar

destillativ	distillatory
Destillierungsweg m	distillation route
Desyl n	desyl
Detonation f (Explosion oberhalb Schallgeschwindigkeit)	detonation (explosion above sonar velocity)
Detonationswelle f	shock wave
deuterieren v	deuterize v; deuterate v
Deuterochloroform n ($CDCl_3$)	deuterochloroform ($CDCl_3$)
deutsche Gründlichkeit f	Teutonic thoroughness

DFBO = Deutsche Forschungsgesellschaft für Blechverarbeitung und Oberflächenbehandlung e.V. (German Research Society for Sheet-Metalworking and Surface Treatment, Registered Association)

d.g. = dadurch gekennzeichnet (characterized by)

D-Galactit n	D-galactitol
dgd = dadurch gekennzeichnet, dass ...	(characterized in that)

DH = Defohärte f = defo hardness

dH = deutsche Härte f (Wasser) = German hardness (water)

dHG = Grad deutsche Härte m = degree German hardness

DHT = Dihydrotestosteron n = dihydrotestosterone

Diacylapomorphin n	diacylapomorphine
Diagnostikum n -a pl	diagnostic agent

Diaion(R) n = Adsorbiermittel n = adsorbent

Dialkohol m	dialcohol; diol
Diallyl n	diallyl
Dialysat n	dialyzate
Diamminacetat n	diammine acetate
Dian n	dian
Dianion n	dianion
Diaphanium n	transparency
Diaphanoskopie f	diaphanoscopy
diarrhoeogen oder diarrheogen	diarrheogenic

Diastereomer n	diastereomer; diastereoisomer
Diatrizoat n	diatrizoate
Diatrizoesäure f	diatrizoic acid
Diazabicyclooctan n	diazabicyclooctane
Diazepam n	diazepam
Diazepin n	diazepine
Diazocin n	diazocine
Diazokohlenwasserstoff m	diazohydrocarbon
Diazopin n	diazopine
diazotieren v	diazotize v
Diazotierung f	diazotization
DIBAH = Diisobutylaluminiumhydrid n	DIBAL-H = diisobutyl aluminum hydride
DIBAH-T = DIBAH in Toluol n	DIBAL-H/T = DIBAL-H in toluene
Dibenzazepin n	dibenzazepine
Dibenzothiazolyldisulfid n (Vulkanisationsbeschleuniger m)	Dibenzothiazolyl disulfide (vulcanization accelerator)
Diboran n	diborane
Dicalite(R) n = Mineralfüllmittel n	mineral filler
dicht	leakproof
Dichte f (in g/cm^3)	density (in g/cc or g/cm^3)
Dichthalten n	tight shutoff; leakproof status
Dichthülse f	grommet
Dichtungsstulpe f	sealing sleeve
Dickschichtchromatographie f	thick-layer chromatography
Dicoumarol n oder Dicumarol n	dicoumarol
Dicyclopentadienyleisen n	dicyclopentadienyl iron
Dicykan(R) n = 2,2-Bis(4'-aminocyclohexyl)propan n (Härter m)	2,2-bis(4'-aminocyclohexyl)propane (curing agent)
dielektrischer Verlustfaktor m	dissipation factor

Dielektrizitätszahl f	relative permittivity
Diels-Alder-Addukt n	Diels-Alder adduct
Dienamin n	dieneamine
Diensäure f	dienoic acid
Diensterfindung f	in-service invention
Diester m	diester
Diethylborazan n	diethylborazane

Difco = Hirn-Herz-Infusionslösung f (bakteriologisches Nährmedium n) = brain-heart infusion broth (growth medium for microorganisms) (Difco = Firma f)

Differenzialabtast-kalorimeter n	differential scanning calorimeter
Differentialgesperre n	differential lock (aut)
Diffusibilität f	diffusibility
Diffusionsfenster n	diffusion window
difunktionell	difunctional
m-Digallussäure f	m-digallic acid
digerieren v	digest v (decompose without heating)
digitalisieren v	digitize v
Digoxigenin n	digoxigenin
Dihalogenalkan n	dihaloalkane
Dihydropyran n	dihydropyran
Dihydroxycodeinon n (Morphinderivat n)	dihydroxycodeinone (morphine derivative)
Dikation n	dication

Dimanin(R) n = Algenvertilgungsmittel n = algicide

Dimazol n	dimazole
Dimedon n = 5,5-Dimethyl-1,3-cyclohexandion n	dimedone = 5,5-dimethyl-1,3-cyclohexanedione
Dimegluminsalz n	dimeglumine salt
dimerisieren v	dimerize v
Dimerisierung f	dimerization
Dimethyldiboran n (Kältemittel n)	dimethyldiborane (cryophoric agent)

Dimethylsulfon n	dimethylsulfone
DIN-Bezeichnung f (früher: DIN = Deutsche Industrie-Norm f, jetzt: Deutsches Institut für Normung n)	German ASTM designation
DIN-Ent. = DIN-Entwurf m	German ASTM draft
Dinatriumedetat n	disodium edetate
Dinatriumhydrogenphosphat n	disodium hydrogen phosphate
Dinitril n (organische Verbindung mit zwei Cyangruppen)	dinitrile (organic compound with two cyano groups)
Dioestrus m	diestrus
Diosgenin n	diosgenin
Dioxazin n	dioxazine
Dioxepan n	dioxepane
Dioxol n	dioxole
Dioxolan n	dioxolane
Dioxostickstoff m	nitrogen dioxide
Diphenochinon n	diphenoquinone
Diphenol n	diphenol
Diphensäure f	diphenic acid
Diphenylnitron n	diphenylnitrone
Diphenylreinblau n	pure diphenyl blue
Diphyl(R) n = Wärmeübertragungsmittel n	heat transfer agent
dipolar	dipolar
dipolfrei	dipole-free
Diquaternisierung f	diquaternization
Direktspülung f	direct flushing
Disagio m	discount
Disäure f aber: ...disäure f (z.B. Pentandisäure f)	diacid but: -dioic acid (e.g. pentanedioic acid)
Disazofarbstoff m (zwei Azogruppen)	disazo dye (two azo groups)

Dischwefeldichlorid n = S_2Cl_2	sulfur chloride; sulfur monochloride = S_2Cl_2
"Dish" m = Erdstation f	dish = earth station
Disilazan n	disilazane
Disilyl n	disilyl
Disilylat n	disilylate
Disparlure n = cis-7,8-Epoxy-2-methyloctadecan n (Pheromon)	disparlure = cis-7,8-epoxy-2-methyloctadecane (pheromone)
Dispergator m	dispersant; disperser
dispergierbar	dispersible
Dispergiergerät n	disperser
Dispergierhilfsmittel n	auxiliary dispersant
Dispergierungsmittel n	dispersant
dispers	dispersed
Dispersionsfarbstoff m	disperse dye
dispersiv	dispersive
disproportionieren v	disproportionate v
Disproportionierung f	disproportionation
Dissolver m (schnelllaufender Mischer m)	dissolver
Distanzorgan n	spacing element; spacer member
Distickstoffmonoxid n	dinitrogen monoxide
Distickstofftetroxid n	dinitrogen tetroxide
disubstituieren v	disubstitute v
Dithiaanthrachinon n	dithiaanthraquinone
Dithian n	dithiane
Dithiothreitol n	dithiothreitol

DK = Dielektrizitätskonstante f = dielectric constant

DKA = dieleketrische Anisotropie f = dielectric anisotropy

DKB(R) n = Antibiotikum n = antibiotic

DL = Diplom-Landwirt m = Graduate - Agricultural Studies

dl p.c. = Tag Nummer eins nach Koitus m = day one post coitum; day one after mating

DMAP = Dimethylaminopyridin n = dimethylaminopyridine

DMBS = Dimethylbuttersäure f DMBA = dimethylbutyric acid

DMCM = 6,7-Dimethoxy-4-ethyl-β-carbolin-3-carbonsäure-methylester m = 6,7-dimethoxy-4-ethyl-β-carboline-3-carboxylic acid methyl ester

DME = Dimethoxyethan n = dimethoxyethane

DMI = Dimethylisophthalat n = dimethyl isophthalate

DMOE = 1,2-Dimethoxyethylen n = 1,2-dimethoxyethylene

DMR = Doppelmembranrelais n TDR = twin diaphragm relay

DMS = Dehnungsmesstreifen m = strain gauge

DMS = Deutsche Sammlung von Mikroorganismen f = German Culture Collection

DMS = Dokumentation der Molekülspektroskopie f = documentation of molecular spectroscopy (Information auf Lochkarten) (data on punched cards)

DNA = Deutscher Normenausschuss m = German ASTM (veraltet) (obsolete)

DNA = jetzt anstatt DNS (Desoxyribonukleinsäure f) auch im Deutschen gebraucht

DNS = Desoxyribonukleinsäure f oder DNA DNA = deoxyribonucleic acid

DNS-Vorlage f oder DNA-Vorlage f DNA template

DNP = Dinitrophenol n ; Dinitrophenyl n = dinitrophenol; dinitrophenyl

DNT = Dinitrotoluol n = dinitrotoluene

DOC = gelöster organischer Kohlenstoff m = dissolved organic carbon (auch im Deutschen gebraucht)

Dodecansäure f dodecanoic acid

Domizilausweis m certificate of domicile

Domperidon n (Brechverhütungsmittel n) domperidone (antiemetic)

Donarite(R) n = Explosivstoff m = explosive

Dopamin n = Hydroxytyramin n	dopamine = hydroxytyramine
dopaminerg	dopaminergic
Doppelblindversuch m	double blind experiment; double blind test; double blind trial
Doppelfenster n	double-pane window
Doppelimpulsraketenmotor m	double-impulse rocket engine
Doppelkonusmischer m	double cone mixer
Doppelmikroskop n	split-field microscope
Doppelschnecke f (Extruder m)	twin screw (extruder)
dosieren v	measure out v
Dosierungsform f	dosage formulation
Dosimeter n	dosimeter
Dosimetrie f	dosimetry
Dosisabstufung f	staggered dose

Dosmodur(R) n = trifunktionelles Polyisocyanat n = trifunctional polyisocyanate

Doxycyclin n	doxycycline

DPH = Diphenylhydantoin n = diphenylhydantoin

DP = lähmende Dose f	PD = paralyzing dose

dpm (auch im Deutschen) = Zerfall pro Minute m = decay per minute

dpt = Diopter n (Einheit für Brechkraft f)	dpt = diopter (refractive power unit)
Drachenfliegen n	hang gliding
Dragiertrommel f	pelletizing drum

Dragotex(R) n = Riechstoff m = perfuming agent; fragrance

Drähtchen n	filament
Drahtnetz n	knitted wire
Drahtummantelung f	cable core sheathing
Drahtverhaugebiss n	twisted-grown teeth; barbed-wire teeth
Draize-Test m (Reizwirkung f)	Draize test (irritant effect)

-	-
Drall m	swirl
drallbremsen v	spin-brake v
Drallgeschoss n	spin projectile
Dralon(R) n = Polyacrylatfaser f = polyacrylate fiber	
Dramix(R) n = Baustahlfasern f pl = steel fibers for construction	
Drehbankspitze f	turning center
Drehbewegung f (aufgehängter Körper m)	gyratory motion (suspended member)
Drehfederstange f	torsion bar
drehfest	adapted to rotate in unison
Drehflügel m	vane
Drehfrequenz f	frequency of rotation
Drehhärte f	torsional strength
Drehimpulserhaltungssatz m	axiom of conservation of angular momentum
Drehkolben m (Pumpe f) (aut)	rotor (pump) (aut)
Drehlagengeber m	rotary position indicator
Drehmomentabgabe f	torque output
Drehumkehr f	rotation reversal
Drehwählsystem n	rotary dialing system
Drehzahl f	engine rpm
Drehzellenfilter n	rotary cellular filter
dreiarmiger Hebel m	three-armed lever
dreibasig (Treibmittel n)	triple-base (propellant)
dreiblockig; dreiblöckig	triblock
dreifach substituieren v	trisubstitute v
dreifach ungesättigt	triple-unsaturated
Dreihalskolben m	three-necked flask
von Dreiringstruktur f	triannulate
Dreisprung m	triple jump
Dreistoffgemisch n	ternary mixture
Dreiwalzenstuhl m	three-roll mill

dreiwertig	trivalent
dreizähnig (Ligand m)	tridentate (ligand)

Droncit(R) n = Praziquantel n (Entwurmmittel n) = praziquantel (dewormer)

Drossel f	saturable reactor
Drosselstelle f	restricted passage
Drosselzapfen m	throttle pin
Drosselzustand m	throttle phase
Druckabwasserleitung f	pressurized effluent pipe
Druckaufnehmer m	pressure pickup
Druckaufprägung f	pressure application
Druckbalken m	printing platen
Druckball m	compressible ball
Druckbolzensetzer m	ramset (pressure-operated stud driver)
Druckchromatographie f	pressure chromatography
druckempfindlicher Klebstoff m	pressure sensitive adhesive
Druckentlastung f	depressurization
druckentlasten v	depressurize
Druckentwässerung f	pressurized sewage piping
Druckfilter n	pressure filter
Druckflasche f	pressure bottle
Druckformzylinder m (Drucken n)	plate cylinder (printing)
druckführend	pressurized
Druckguss m	die casting
Druckguss m aus Metall n	made from die cast metals
Druckhalteventil n	pressure-maintaining valve
Druckkissen n	pressure cushion
drucklos	pressureless
Druckmessdose f	pressure pickup
Druckmodulator m	pressure modulator
Drucknutsche f	forced suction filter
Druckpaste f	duplicating ink

Drucksackmethode f	pressure bag molding process
Druckscherfestigkeit f	compressive shear strength
Druckspannung f	compressive strength
Druckstandsfestigkeit f	pressure creep resistance
Druckstange f	push rod
drucksteif	pressure-resistant
Druckstoss m	pressure shock
Druckteiler m	pressure distributor
Druckteller m	thrust washer
Druckträger m	item to be imprinted; print-carrying substrate
Druckverformungsrest m	compression set
Druckverformungstest m	compression test
Druckverlauf m	pressure profile; pressure development
Druckwechsel m	pressure swing
Druckwechselabsorption f	pressure swing absorption
Druckwelle f	shock wave
Druckwellenmaschine f	thrust shaft engine
Druckzylinder m	printing cylinder

DS = Dextransulfat n = dextran sulfate

DSB = Doppelseitenband n DSB = double sideband

DSC = Differential-Thermocalorimetrie f = differential scanning calorimetry (Abkürzung im Deutschen benutzt)

DSC = Dünnschichtchromatographie f TLC = thin-layer chromatography

DS(R) n = dibasisches Bleistearat n (Stabilisator m) = dibasic lead stearate (stabilizer)

DS = Drehstrom m = three-phase current

d.s. = das sind = i.e.

DSM = Deutsche Sammlung für Mikroorganismen f = German Culture Collection

DTA = Differentialthermoanalyse f (siehe DSC) DTA = differential thermoanalysis (see DSC)

DTPA = Diethylentriamin-pentaessigsäure f	DTPA = diethylenetriamine-pentaacetic acid

DTMA = dynamische thermomechanische Analyse f = dynamic thermomechanical analysis

Dtsch. Ges. Wesen n = Deutsches Gesundheitswesen n = German health care

Dublett n	doublet
Duft-Schaumbad n	scented bubble bath
Düker m	siphon; siphon pipe
Dumping-Syndrom n	dumping syndrome
Dunkelfeldmikroskop n	dark-field microscope
Dunkelziffer f	obscuration figure
Dunlop-Verfahren n (Vulkanisierung von Schaumlatex)	Dunlop process (vulcanization of foamed latex)
dünnflüssig	runny
Dünnsäure f	diluted acid; dilute acid
Dünnschichtverdampfer m	thin-film evaporator
Duo-Bus m	duo-bus

Duomeen(R) n = Gruppe von Fettsäureaminen f = amines of fatty acids

Duranit(R) n = Styrol-Butadien-Copolymer n = styrene-butadiene copolymer

durch, wie in "durchreduzieren"	all the way, e.g. "reduce all the way"
durchblutet	blood-suffused
durchblutungsfördernd	circulation-improving
Durchbruch m (Adsorptionsfront f)	breakthrough (adsorption front)
Durchbruchspunkt m (Chromatographie f)	break point (chromatography)
Durchbruchsspannung f	breakdown voltage
Durchbruchswert m	break-point value
Durchbruchszeit f	breakthrough time
durchdringen v	interpenetrate v
Durchdrückpackung f	blister pack
Durchfallstanze f	guillotine

durchfixieren v	fix throughout v
Durchflussrate f	actual flow rate
Durchflusszahl f	flow rate
Durchflusszeit f	efflux time
Durchflusszelle f	flow cell
Durchgangsloch n	through hole
Durchgangswiderstand m (Viskosität f)	efflux resistance (viscosity)
durchgehend	throughgoing; throughout; unintermittent
durchgezogen (Linie f)	solid (line)
Durchlassfilter n	band-pass filter
Durchlassfrequenzbereich m	pass wave range
Durchlässigkeitsfaktor m (UV-Licht n)	transmittance (UV light)
Durchlauf m	pass
Durchlaufgerät n	mixer
Durchlaufrichtung f	flow direction
durchlöchern v	riddle v
Durchpendelsperre f (el)	surge guard
durchregnen v	leak v
Durchregnen n (Kolonne f)	weeping (column)
Durchreiche f (Küche-Wohnzimmer)	pass-through
Durchsatz m	processing rate; throughput; volumetric flow rate
durchschalten v	become conductive v
Durchschlag m	penetration
Durchschlagen n	strike through
Durchschlagsfestigkeit f	puncture strength; dielectric strength (el)
Durchschmelzen n	melt breakthrough
durchsetzen v (Warenzeichen n)	acquire secondary meaning v (trademark)

Durchstossfestigkeit f — penetration

Durchwachsung f — permeative growth

Duren n — durene

Duromer n oder Duroplast m — thermosetting polymer; thermoset; curable synthetic resin

Duryl n — duryl

Düsenkanal m — jet tunnel

Düsenkerndurchmesser m — die mandrel diameter

Düsenseparator m — nozzle-type separator

Düsenstock m — nozzle socket

Düsenwerkzeug n (Extruder m) — die (extruder)

Dyflor(R) n =Polyvinylidenfluoridprodukt n = polyvinylidene fluoride product

dyn/cm — dyn/cm; dynes/cm pl

dynamische Streuung f — dynamic scattering

dynamische Zähigkeit f — dynamic viscosity

dysmenorrhöisch — dysmenorrheic; dysmenorrheal

Dystonie f — dystonia

Dytron(R) n = Isolierung f = insulation

* * *

E = Extrusionsqualität f = extrusion quality

EADC = Ethylaluminiumdichlorid n = ethyl aluminum dichloride

EAE = Enzephalomyelitis f = encephalomyelitis

EASC = Ethylaluminiumsesquichlorid n = ethyl aluminum sesquichloride

Ebecryl(R) n = Polyesteracrylat n = polyester acrylate

ebenda	loc. cit.
Ebenheit f	planarity
Echinocyt m	echinocyte

Echtblausalz n = tetraazotisiertes Di-o-anisidin n = tetraazotized di-o-anisidine

ECM = elektrochemisches Metallabtragsverfahren n = electrochemical machining

ECoG = Elektrocorticogramm n = electrocorticogram

ECT = Emissions-Computer-Tomographie f = emission computerized tomography

EDA = Ethylendiamin n = ethylenediamine

Edelcorticoid n	thoroughbred corticoid
Edestin n (Protein n)	edestin (protein)
Edetinsäure f (Ethylendiamintetraessigsäure f)	edetic acid (ethylenediamine-tetraacetic acid)
Edetat n (Salz der Edetinsäure)	edetate (salt of edetic acid)

EDTA = Edetinsäure f = edetic acid

Edukt n	educt
E-Faktor m (Emissionskraft f)	E-factor (emissivity)
Effekt-Einfärbung f	fancy coloring; fancy dyeing
effektive Ordnungszahl f	actual atomic number
Effektor m	effector

EFTA = Europäische Freihandelszone f = European Free Trade Association

EG = Europäische Gemeinschaft f = European Community

EGDN = Ethylenglykoldinitrat n = ethylene glycol dinitrate

E-Glasfaser f = Glasfaser mit elektrischen Eigenschaften n = glass fiber having electrical properties

EGR = elektrostatischer Gasreiniger m = electrostatic mist precipitator

EHT = Einsatzhärtungstiefe f = carburizing depth; depth of case

Eichenmoos n (Riechstoff m) oakmoss (fragrance)

Eicosatriensäure f eicosatrienoic acid

Eicosinsäure f eicosinic acid

Eidgenössisches Amt für geistiges Eigentum n (Schweizer Patentamt n) = Federal Bureau of Intellectual Property (Swiss Patent Office)

Eigenklebrigkeit f tackiness

eigener Test m in-house test

Eigenreaktion f spontaneous reaction

Eigenschaftsbild n array of properties; spectrum of properties

Eigenspannung f internal stress

Eigenspannungsauslösung f internal stress release

Eigenviskosität f inherent viscosity; intrinsic viscosity

Eimerkettenschaltung f bucket brigade circuit

einachsig monaxial

einbasisch (Treibstoff m) oder einbasig single-base (propellant)

Einbettung f embedment; matrix

Einbettungsmittel n (Leiterplatte f) potting agent (printed circuit board)

Einbrennen n stoving

Einbrennlack m stoving paint; stoving varnish

Einbrennrückstand m stoving residue

Einbruch m cave-in

einbürgern v (Pflanze f) naturalize v (plant)

eindeutig	unambiguous
Eindickverhalten n	viscosity stability
eindosieren v	meter into v
eindrosseln v	introduce via throttle valve v
Eindruckhärte f	indentation hardness
eindüsen v	inject v; nozzle-feed v
Eine-Nacht-Beziehung f	one-night stand
einengen v	concentrate v
Einfachfenster n	single-pane window
Einfachpyrophosphat n	simple pyrophosphate
einfach substituiert	monosubstituted
Einfaden m	single thread
einfangen v	entrap v
einfarbig	unicolored
einfedern v (aut)	jounce v
eingeformt	molded-in
Eingelenkwelle f	single-jointed shaft
eingeprägter Wechselstrom m	impressed alternating current
eingeschnitten	notched
eingewöhnen v	become acclimated v; familiarize v
Eingewöhnungszeit f	acclimatization period; familiarization period
eingliedrig	single-membered; one-membered
eingrenzen v	define v
Eingriffsgrösse f	influencing value
Einhänger m	suspension file
Einheitspatrone f	standard cartridge
Einkaufsgenossenschaft f	buying group
Einkaufswagen m	shopping cart
einkernig	mononuclear
Einkoppelende n (Laser m)	input coupling end (laser)
einlaborieren v	install v
Einlaborierung f	installation

einlagern v	mothball v
Einlauftrichter m	downspout
Einlegebolzen m	feeding bolt
Einlegemittel n (Haar n)	setting lotion; setting gel
Einmal .... (z.B. Einmalflasche f)	disposable (e.g. disposable bottle)
einmischen v	mix in v
einmodig	single-mode
einmolekulär	unimolecular
einordnen v (aut)	move into proper lane v; yield v
einpflanzbar	implantable
einreihen v	rank-order v
einrücken v (Kupplung f)	engage v (clutch)
Einsatz m	batch; starting material; feedstock
Einsatzgas n	gaseous charge; feed gas
Einsatzmaterial n	feedstock
Einsatzzweck m	intended application
einschlagen v (Schaum m)	to whisk in v
einschleichend	gradual
Einschluss m	clause
Einschlussverbindung f (Zwischenräume sind nicht allseitig geschlossen) vgl. Clathrat n	inclusion compound (specifically; inclusion not a complete cage all around) cf. clathrate; generally: clathrate
Einsetzkennlinie f	add-on characteristic
einsparen v	render superfluous v
einspeichern v (comp)	read in v (comp)
einsprengen v	snap into v
Einsprengling m	embedded particle; phenocryst
Einspruch m	counterclaim
Einspruchstestprogramm n (pat)	trial voluntary protest program (pat)

Einspruchsverfahren n	protest proceedings
Einspülverfahren n	water jetting method
einsteckbar	pluggable
Einstechbereich m	stitching zone
einstellen v (Wert m)	be assumed by (value) v
Einstellung f	formulation (material); quality (product); status (condition); set range (value, factor)
einsteuern v (Wert m)	insert v (a value)
Einstich m	spout
Einstrahlungspunkt m	point of irradiation
Einstreuung f (Telefon n)	cross talk (telephone)
einstückig	formed integral with
einstülpen v	turn outside in v
Eintauchnährboden m	immersed nutrient substrate
Eintopfen n (Einkapselung in Kunststoff)	potting (encapsulate by plastic)
Eintrag m	feedstock; deposition (feeding step)
einträpfeln v	drip into v
Eintürfahrzeug n	two-door vehicle
Einwegartikel m	disposable article
Einwegehahn m	one-way cock
einweihen v (Fabrik f)	place on stream v (factory)
Einweisen n	routing
einweisen v	route v
einwellig (Extruder m)	single-screw (extruder)
einzähnig	monodontal
Einzeller m	protozoan
einzellig	unicellular
Einzelmodus m (opt)	single mode (opt)
Einzelpol m	monopole
Einzelradaufhängung f	independent wheel suspension

Einzelschicht f (Zelle f oder Molekül n)	monolayer (cell or molecule)
einziehen v (Metall n)	swage (metal) v
Einzugsverfahren n	drawing-in method
Ei-Phosphatidylcholin n	egg phosphatidylcholine
Eisenbahnkesselwagen m	rail tank car
Eisenhut m (Pflanze f = Aconitum)	wolfsbane (plant = Aconitum)
Eisenpulver n	powdered iron
Eisenrückschluss m	ferric short circuit
eisfest	iceproof
Eispickel m	ice pick
Eistemperatur f	freezing point
eitrig	suppurative
eiweissabbauend	proteolytic
Eiweissverarmung f	protein depletion; protein deficiency
Ekonomiser m	economizer
ekzematisieren v	eczematize v
ekzematisch	eczematic
EL = extra leichtflüssig (Öl n)	= extra thin (oil)
Elaidinsäure f	elaidic acid
Eläostearinsäure f	eleostearic acid
Eläostersäure f	eleosteric acid
elastifizieren v	elasticize v
Elastifizierung f	elasticizing
Elastifizierungsmittel n	elasticizer
elastischer Widerstand m	elastoresistance
Elastizitätsmodul n (Zugversuch m)	modulus of elasticity (tensile test)
elektrische Werte m pl	electrical properties
elektroakustisch	electroacoustic
Elektrobeschichtung f	electrodeposition
elektrobeschichten v	electrodeposit v

elektrodenlos	electrodeless
Elektrodentechnik f	electrodics
Elektroelution f	electroelution
elektroformen v	electroform v
elektrofug	electrofugal
Elektrofug n	electrofugal entity; electrofugal group; electrofugal residue
elektrohydraulisch	electrohydraulic
Elektroinsulierlack m	electric insulating varnish
elektrokatalytisch	electrocatalytic
elektrolackieren v (aut)	electrocoat v; electropaint v
Elektromagnesia f	electromagnesia
Elektronenaustauscher m	electron exchanger
Elektronenoptik f	electron optics
Elektronenrückstreu-verfahren n	electron ray backscattering method
elektronenziehend	electron-withdrawing
Elektroofen m	electric furnace
elektrooptisch	electrooptic; electrooptical
elektroorganisch	electroorganic
Elektrophil n	electrophile
elektrophil	electrophilic
elektrophoretisches Beschichten n	electrocoating
elektrophoretisch beschichten v	electrocoat v
elektropolieren v	electropolish v
Elektroschlaf m	electrosleep
Elektroschmelzen n	arc melting
elektroschmelzen v	arc-melt v
elektrosensitiv	electrosensitive
Elektrostahl m	electrosteel

Elektrostriktion f — electrostriction
Elektrotauchlackierung f — dip-electrocoating
Elektrotauchüberzug m — electrophoretic dip coat
elektrovalent — electrovalent
Elektrowaage f — electrobalance
Elektrozugmagnet m — electric traction magnet
elementar (z.B. Na) — elemental (e.g. Na)
Elementarfaden m — monofilament
Elementarschutz m — elemental protection
Elutionsmittel n — eluant; eluent (preferred)
elutrieren v — elutriate v
EM = Erfindungsmeldung f = notification of invention
Embacel(R) n = GC-Träger m = support for gas chromatography
Embonat n — embonate
Embonsäure f — embonic acid
Emissionsschutzgesetz n — antipollution law
Emittent n — emission source
E-Modul n — modulus of elasticity
EMV = elektromagnetische Verträglichkeit f — EMC = electromagnetic compatibility
enaminieren v — enaminate v
Enaminierung f — enamination
enantiotrop — enantiotropic
enddiastolisch — end diastolic
endexspiratorisch — endo-expiratory
Endgas n — final gas
endgültige Formgebung f — final shaping
Endharn m — final urine
Endlagenschalter m — end position switch
Endodontie f — endodontia
Endomirabil(R) n = Iodoxamsäure f = iodoxamic acid
Endorphin n — endorphin

Endragit(R) n = Lackträger m = paint vehicle

endreaktiv	terminally reactive
endständig reaktiv (an einem Ende)	semi-telechelic (terminally reactive on one end)
endständig reaktiv (an beiden Enden) (Polymere n pl)	telechelic (terminally reactive on both ends) (polymers)
eng (Kurve f)	sharp (curve)
Engelhard-Katalysator m (Pd auf Al_2O_3)	Engelhard catalyst (Pd on Al_2O_3)
Engel'sches Salz n ($MgCO_3 \cdot KHCO_3 \cdot 4H_2O$)	Engel's salt
Enkephalin n (Morphin-rezeptor m)	enkephalin (morphine receptor)
enkephalinerg	enkephalinergic
Enolether m	enol ether
enolisieren v	enolize v
Enolisierung f	enolization
ensilieren v	ensile v

Ent. = Entwurf m = draft

entacylieren v	deacylate v
entbenzoylieren v	debenzoylate v
entbinden v (chem)	liberate v
entbleien v	delead v
entblockieren v	unblock v
entbluten v	exsanguinate v
enteiweissen v	deproteinize v
Entemulgator m	demulsifier
enterisch	enteral
entethanisieren v	deethanize v
Entethanisierer m	deethanizer
Entethanisierung f	deethanization
entfalten v	deploy v
Entfärbemittel n	decolorizer
Entfärbung f	decolorization

entflammen v	burst into flame v
Entformungshilfe f	release agent
Entgaser m	degasser
entglasen v	deglaze v
Entgleisung f	disorder (disease)
enthalogenieren v	dehalogenate v
Enthalogenierung f	dehalogenation
Entladetiefe f	discharge intensity
Entladungslampe f	discharge lamp
entlasten v (Druck im Reaktor)	depressure v; depressurize v
entleuchtet	nonluminous
entlüften v	deaerate v
Entlüftung f	deaeration
Entlüftungsleitung f	breather pipe
entmarken v	despinalize v
entmetallisieren v	demetallize v (remove metal from an item); demetalate v (remove metal atom from a compound)
entmethanisieren v	demethanize v
Entmethanisierer m	demethanizer
Entmethanisierung f	demethanization
entmischen v	unmix v
Entmischung f	phase separation; unmixing
entmonomerisieren v	demonomerize v
Entmonomerisierung f	demonomerization; monomer removal
entnebeln v	defog v
Entölung f	oil extraction
entoxidieren v	deoixidize v
Entpolymerisation f	depolymerization
entpolymerisieren v	depolymerize v
entsalzen v	desalinate v; desalt v; demineralize v; deionize v

entschäumen v	defoam
Entschäumer m	defoamer
entschlacken v	clarify v
entschwefeln v	desulfur v
Entschwefelung f	desulfuration
Entsorger m -in f	waste treatment employee
Entsorgung f	waste disposal; discharge
Entspannungsmaschine f	expansion engine
entsticken v	denitrate v (remove nitro group); denitrify v (remove nitrogen)
Entwässerungsleitung f	sewage pipe
entwurmen v	deworm v

Envirite(R) n = Baumaterial aus Glas und Dung = building material from glass and manure

Enzymdefekt m	enzymatic defect
Enzymimmunoassay m	enzymoimmunoassay
Enzymquelle f	enzyme source

EO = Ethylenoxid n = ethylene oxide

Eosinophilentest m	eosinophile test

EP = Europäisches Arzneibuch n = European Pharmacopoeia

Ep = Endpunkt m = end point

EP-A = Europäische Patentanmeldung f = European patent application

EPC = European Patent Convention (Europäisches Patent-übereinkommen n)

ephr = Äquivalente pro 100 Teile Gummi n pl = equivalents per 100 parts of rubber (auch im Deutschen benutzt)

epileptogen	epileptogenic
epimerisieren v	epimerize v
Epimerisierung f	epimerization
E-Polymerisat n	emulsion polymer
Epoxianion n oder Epoxidanion n	epoxy anion
Epoxyd n ; Epoxid n	epoxide
Epoxydgruppe f ; Epoxidgruppe f	epoxy group

Epoxydring m ; Epoxidring m — epoxide ring

Epoxyzahl f (Verhältnis der Epoxydgruppen zum Molgewicht der Epoxydverbindung) — epoxy number (ratio of epoxy groups to molecular weight of epoxy compound)

EPR = Elektronparamagnetresonanz f = electron paramagnetic resonance

EPS = Polystyrolschaum m; expandierbares Polystyrol n = polystyrene foam; expandable polystyrene

E-Punkt m = Erweichungspunkt m = softening point

EPÜ = Europäisches Patentübereinkommen n = European Patent Treaty (different from GPÜ and PCT)

E-PVC n = Emulsions-Polyvinylchlorid n = emulsion polyvinyl chloride

Equilenin n	equilenin
equilibrieren v	equilibrate v
Equimat n (Luteolytikum n)	equimate (luteolytic)
Erbmaterial n	genetic material
Erdaustauschgas n	substitute natural gas
Erderschütterung f	seismic event
Erdgasersatz m	substitute natural gas
Erdmantel m	mantle of earth
Erdnussfettsäure f	peanut oil fatty acid
erdnussig	peanutty
Erdnussöl n	peanut oil; arachis oil
Erdölförderung f	petroleum extraction
Erdstrahlung f	ground radiation
Erfahrungswert m	empirical value
erfassen v	serve v; control v
Erfassungsgrenze f	detection limit
erfinderische Leistung f	unobviousness
Erfindungseigenschaft f	inventor identity
Erfindungsgedanke m	inventive concept
Erfindungsqualität f	patentability
Erfolgsorgan n	affected organ; target organ
Erfrischungsdienst m	snack bar

ERG = Elektroretinogramm n	= electroretinogram
ergeben v	give v
Ergobasinin n	ergobasinine
Ergolen n	ergolen
Ergolenyl n	ergolenyl
Ergolin n	ergoline
Ergometrin n	ergometrine
Ergometrinin n	ergometrinine
ergonomisch	ergonomic; human-engineered
Ergonovinin n	ergonovinine
Ergotaminin n	ergotaminine
Ergotanilid n	ergotanilide
Ergotin n	ergotine
Erichsen-Tiefung f	Erichsen cupping test
Erinit m [$Cu_5(OH)_4(AsO_4)_2$]	erinite
Erionit m (ein Zeolith n)	erionite (a zeolite)
Erkennung f durch Immunsystem n	immune detection
Erledigungsrubrik f	column for action taken
Ermessen n, nach menschlichem	to the best of anyone's knowledge (or power)
Erreger m	causative agent; pathogen
Erscheinungsbild n	signature
Erschwerniszulage f	hazard pay
erstes Anfahren n	placing on stream (factory; product)
Ertragslage f	profit situation
Erucasäure f	erucic acid
Erythrinan n	erythrinane
Erythrocuprein n	erythrocuprein
ES = extra schwerflüssig (Öl)	= extra heavy (oil)
ESR = Elektronenspinresonanz f	= electron spin resonance
ESR-Spektroskopie f	ESR spectroscopy

Essmantel m	bib
Etagenheizung f	multiple-floor heating
Ethandithiol n	ethanedithiol
ethanisieren v	ethanize v
Ethanisierung f	ethanization
Etherat n	etherate
Etherextrakt m (in %)	extractable by ether (in %)
Ethersäure f	ether acid
Ethidiumbromid n	ethidium bromide
Ethinyl n	ethynyl
Ethoxylat n	ethoxylate
ethoxylieren v	ethoxylate v
Ethylenamino n	ethylenamino
Ethylenimino n	ethylenimino
Ethylschwefelchlorid n	ethylsulfuric chloride
Ethynodiol n	ethynodiol

Eucerin(R) n = Wollfettalkohol und aliphatische Kohlenwasserstoffe = lanolin alcohol and aliphatic hydrocarbons

Eukephalin n (Neurotransmitter m)	eukephalin (neurotransmitter)

Eumulsan(R) n = Glyceride n pl = glycerides

Euratom = Europäische Atomgemeinschaft f = European Atomic Energy Cooperative

Euromatic(R) m = Durchlaufmischer m = continuous mixer

eutaktisch	eutactic

e.V. = eingetragener Verein m = registered association

Evans-Lösung f (für Allergenextraktion f)	Evans solution (extraction of allergens)

EVK = einwelliger Verteilungskneter m = cold-fed single-screw extruder with special shear zones

exaltieren v	intensify v
Exergie f	exergonic property
Exergieverlust m	loss of exergonic property; exoergic loss

Exoelektron n	exoelectron
Exon n -s pl	exon
Expertengutachten n	declaration of an expert (pat)
Explosionsstärke f	yield of explosion
Explosivplattieren n	explosive cladding
Exponierung f	exposure
exprimieren v (gen)	express v (gen)
Ex-Schutz m	explosion protection
Extender m (plast)	blending resin (plast)
Extraktionsmittel n	extractant
Extraktivdestillation f	extractive distillation
Extraktor m	extractor
Extrudat n	extrudate
extrudierbar	extrusible
Extrusionsbeschichtung f	extrusion laminating
Extrusionsblasen n	extrusion blow molding

* * *

F

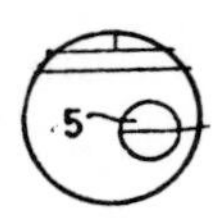

F = Filmqualität f (plast) = film grade (plast)

f = Molaritätsfaktor m, bestimmt durch Filtration = factor for molarity, determined by filtration

Fachblatt n	trade journal
Fackel f	jet of flame
fackeln v	torch v
fadenbildend	thread-forming
Fadenerodieren n	filament electromachining
fadenfrei	nonfilamentous
Fadenschar f	fiber strand; filament group
Fadenstärke f	fineness of thread
Fade-o-Meter m (Farbmesser m) oder	Fade-o-Meter (color meter)
Fade-Ometer n	Fade-Ometer
fadisieren v (= langweilen v)	bore v
Fahrantrieb m	drive mechanism
fahrbar	mobile
Fahrdraht m	trolley wire
Fahreigenschaft f	vehicle handling characteristic
Fahrgeschwindigkeit f (Fabrik f)	processing speed
Fahrgeschwindigkeitsbegrenzer m	cruise control
Fahrtrichtungsblinkgeber m	directional flasher
Fahrwerk n	drive mechanism
fahrzeugfest	vehicle-mounted
Fahrzeuginsasse m	car occupant; vehicle occupant
Fahrzeugkennummer f	vehicle ID number
Fahrzeugoberbau m	vehicle superstructure
Fakturenwert m	invoice value

Fallfilmdestillation f	falling-film distillation
Fallgewicht n	dropping weight
Fallprüfung f	falling-weight test
Fallschacht m	gravity chute
Fällsuspension f	suspension of precipitate
fallverzögernd	descent-retarding
fallweise	according to circumstances
Falschdrall m	false twist
Falschfarbenbild n	false-color image
falschrund	quasi-round
fälschungssicher	forgery-proof
faltbar	knockdown
Faltenbalg m	accordion bellows
Familie f (mehrere Gattungen f) (bot)	family (several genera) (bot)
Fänger m (Isotopen n pl)	getter (isotopes)
Fangkorb m	screening basket
Fangnase f	safety catch; stop lug
Fangriemen m	safety strap
färbbar	dyeable
Färbebaum m	dyeing beam
färbend	coloring
Farbenspiel n	play of colors
Farbenstreuung f	color dispersion
farbentüchtig oder farbtüchtig	trichromatic
Farbkraft f	brilliance
Farbmittel n	colorant; coloring agent; dye; dyestuff
Farbmusterkette f	standard color chips
Farbnachstellung f	color matching
Farbnuance f	nuance; shade
Farbreagens n oder Farbreagenz n	color reagent

Farbruss m	pigment black
Farbstabilität f	color stability
Farbstoff m	colorant; coloring agent; dye; dyestuff
Farbstoffausbeute f	color yield
Farbtiefe f	chroma
Farbton m	hue
farbtonbeständig	color-stable
Farbträger m	chromophore
Farbumschlag m	color change
Färbung f (gefärbter Zustand m)	coloration (state of being dyed)
Farbzahl f	color value
Fase f	bevel
Faserflug m	lint
Faserkunststoffrohr n	fiber-reinforced plastic pipe
Faserlänge f	molecular chain length
Faseroptik f	fiber optics
Faserplatte f	fiberboard
faserrein	fiber-grade (raw material)
Faserreinheit f	fiber-grade purity
Faserverbundstoff m	fibrous composite
Faservlies n	fibrous mat; mat of random fibers; matted fibers
Faser-Wickelverfahren n	filament winding process
Fasshahn m	barrel tap
Faujasit m (ein Zeolith m)	faujasite (a zeolite)
Faulschlamm m	digestion sludge
Faulturm m	sludge digestion tower

Fc = Ferrocen n = ferrocene

FCA = Freunds komplettes Adjuvans n = Freund complete adjuvant

Federbügel m	spring clip

Federkasten m	box spring
Federkonstante f (spezifische Rückstellkraft f = p/f p = Federkraft f f = Federweg m)	modulus of resilience (specific restoring force f = p/f p = spring force f = spring stroke); modulus of resistance
federlos	springless
Federpaket n	spring set
Federrate f	spring rate
Federteller m	spring seat disk
Federtopf m	cup spring
Feder und Nut f	feather and groove; key and groove
Fehlerbreite f	margin of error
Fehlhaltung f	posture defect
Fehlkorn n	wrong-size grain
Feinband n (met)	thin-gage strip (met)
feindispers	finely dispersed
feingeschnitten	finely chopped
Feinheit f (Lösung f)	degree of purity (solution)
Feinmessuhr f	micrometer
Feinmotorik f	fine motor ability
Feinwaschmittel n	light detergent; light-duty detergent; detergent for fine washables
FEL = Freie-Elektronen-Laser m	= free-electron laser
Feld n (Zeichnung f) (Bildschirm m)	box (drawing); demarcated zone (screen)
Feldflughafen m	military airfield
Feldsonde f	field probe
Fellrolle f	padded roller
FE-Membran f = Festkörperelektrolytmembran f	= solid electrolyte diaphragm
Fermenter m (Apparat m)	fermentor
Fermi = 10^{-13} cm (Atomkernschale f)	fermi = 10^{-13} cm (atomic nucleus shell)

fernes Infrarot n	far infrared
Fernrohr n (einfaches)	monoculars pl
Fernsehspiel n	TV presentation; TV drama
Fernwärmenetz n	long-distance heating system
Ferricinium n	ferricinium
Ferrimagnetikum n -a pl	ferrimagnetic

Ferro(R) n = Barium-Cadmium-Komplex m (stabilisator m) = barium-cadmium complex (stabilizer)

Ferrocen n = Biscyclopentadienyleisen n	ferrocene = biscyclopentadienyliron(II)
Fersenautomat m (Schi m)	automatic heel binding (ski)
Fertigelement n	prefabricated part
Fertigsäule f	prepacked column
Fertigungsstrasse f	finishing line
Fesselschnur f	shroud line
Festelektrolyt m	solid electrolyte
festgesetzt	scheduled
Festigkeit f	strength
Festion n	fixed ion
Festlager n	fixed bearing
Festlegung f	fixed positioning
Festpunkt m (Gas n)	freezing point (gas)
Feststoffanteil m	solids proportion
Feststoffgehalt m	solids content
Feststoffverhältnis n	solids ratio
festverdrahtet	permanently wired
fest verwachsen v	grow into a firm bond with v
Festwalze f (Ringspinnmaschine f)	fixed boss top roller (ring spinning machine)
Fetizon(R) n (Reagens n)	Fetizon(R) (reagent)
Fettalkohol m	fatty alcohol
Fettkörper m	fatty substance
Fettpech n	fatty acid pitch

Fettpolster n	fat pad
Fettrot n (Disazofarbstoff m)	rich red (disazo dye)
Feuchtegeber m	humidifier
Feuchthaltemittel n	humectant; moisturizer
Feuchthaltewirkung f	humistatic activity
feuchtwischen v	wet-mop v
feuerhemmend	flame-retardant
Feuerleitrechner m	firing control computer
Feuerstellung f	firing implacement
Feuersturm m	fire storm
Feuerwehrkorb m	cherry picker

Fi = Fluoridion n = fluoride ion (F-Atom n plus ein Elektron n) (F atom plus one electron)

fibrillieren v	fibrillate v
Fibrin-Antibiotikum-Gel n	fibrin-antibiotic gel
Fibrinkleber m	fibrin adhesive

FID = Flammenionisationsdetektor m = flame ionization detector

fieberheilend	antipyretic
Fieberheilmittel n	antipyretic
Filiformkorrosion f	filiform corrosion
Film m (Flüssigkeit f)	sheet (liquid)
Filmbildner m	film-forming agent
Filmsteg m	perforated edge
Filtergut n (vor Trennung f)	prefilt (before separation)
Filterkerze f	filter candle
Filterrückspülung f	regenerative filter flushing
Filterrückstand m	filter cake
Filzstift m	felt marker
Finanzministerium n	Department of the Treasury
Fingerknöchelpolster n	knuckle pad
Finne f (Bandwurm m)	cysticercus, -i pl (tape worm)

Fischauge n (plast)	fisheye (plast) (imperfection)
Fischkasten m	fish crate
Fistelgang m	fistular canal
Fistelsystem n	fistular system

F.i.T. = Fettgehalt m in der Trockenmasse = dry fat content

FITC = Fluoresceinisothiocyanat n (Färbemittel n) = fluorescein isothiocyanate (dye)

FIR = fernes Infrarot n (Wellenlänge 25 µm - 1 mm) = far infrared (wavelength 25 µm - 1 mm)

Fixbett n	solid bed
fixe Säure f (nichtflüchtig)	fixed acid (nonvolatile)
Fixiermittel n (Parfüm n)	fixative (perfume)
(Farbstoff m)	setting agent (dye)
Fixierung f (plast)	setting (plast)
Flachdruck m	flat printing
Flächeneinheit f	unit area
Flächengewicht n	weight per unit area
Flächenheizungsrohr n	panel heating pipe
Flächenpressung f	stress per unit area
Flächenprozent n	percent per unit area
Flächenquerschnitt m	cross-sectional area
Flachfolie f	lay-flat tubing; flat film
flachgeschnitten (Schnecke f)	of shallow channel depth (screw)
flächig	sheet-like;
(gestreut)	at random (scattered)
Flachleiter m	flat conductor cable
Flachpresse f	flat press
Fladen m	splat
fladenförmig	flattened
Flak f	AR = anti-aircraft gun ; AAA
Flammbalken m	flame bar
Flammen n	flashover
Flammenbrenner m	flame burner

Flammendämpfer m	flash reducer
Flammensperre f	flame arrester
flammfest	flameproof; flame-resistant
Flammhalter m	flameholder
flammhemmend	flame-retardant
Flammhemmer m	flame retardant
flämmig (Leder n)	grainy (leather); textured (leather)
Flammkaschieren n	flame laminating
Flammkern m (Brenner m)	inner core (burner)
Flammschutzmittel n	flameproofing agent
Flammstartanlage f	intake air heater
flammwidrig	fire-resistant; flame-resistant
Flankenorgan n	flank organ
Flanschübergang m	reducing flange
Flaschenkasten m	bottle crate
Flaschenstickstoff m	bottled nitrogen
Flaschgas n	flash gas
Flatterkante f	wavy edge
Fledermausärmel m	batwing sleeve
Fleischbottich m	meat-processing vat; meat-processing vessel
flexibler Abstandshalter m (Fensterglas n)	swiggle strip (window glass)

Flexodrill(R) m = Bohrschlauch m = drilling hose

Flexodruckmaschine f	flexo press
Flexometer n (misst in Minuten und Graden) (Biegetester m)	flexometer (measures in minutes and degrees) (flexure tester)
fliegend	airborne
Fliessdehnung f	elongation at yield point
Fliessdiagramm n	flow chart
fliessfähig	free-flowing; pourable

Fliessfähigkeit f	flow characteristic
Fliessfestigkeit f (Probe wird langgezogen)	yield point (specimen is pulled)
Fliessmittel n	mobile phase (chromatography)
Fliesspunkt m	flow point; pour point (oil)
Fliessweg m (Form f)	runner (mold)
Fliesszustand m	liquid phase; pourable state
Flinte f	shotgun
Flobertmunition f	Flobert ammunition
Flocke f (Wolle f)	flock (wool)
Flockungsmittel n	flocculant
Flor m	tuft
Floridin(R)-Erden f pl	Floridin(R) earths
Florisil(R) n = Mg-Silikat n	= Mg silicate
Fluat n = Fluorsilikat n	fluate = fluosilicate
Fluchtgruppe f	fugitive group; leaving group (chem)
Flugdrachen m	hang glider
Flügelgruppe f (chem)	end group (chem)
Flugfaser f	airborne fiber
Flugfeuer n	flying sparks
Fluglotse m	air-traffic controller
Flugzeugindustrie f	aircraft industry
Fluidchromatographie f	fluid chromatography
Fluid-Motor m	fluid motor
Fluocinid n (Corticoid n)	fluocinide (corticoid)
fluorchromieren v	fluorochromatize v
Fluorenon n	fluorenone
Fluorhydrin n	fluorohydrin
Fluoridion n	fluoride ion
Fluorimetrie f	fluorometry; fluorimetry
fluorimetrisch	fluorometric; fluorimetric

Fluorit m = Flußspat m = Calciumfluorid n	fluorite = fluorspar = calcium fluoride
Fluorkieselsäure f (bevorzugte Bezeichnung) auch: Hexafluorkieselsäure f Wasserstofffluorkieselsäure f Wasserstoffhexafluorsilikat n Wasserstoffsilikafluorid n	fluosilicic acid (preferred term) also: hexafluorosilicic acid hydrofluosilicic acid hydrogen hexafluorosilicate hydrosilicofluoride
Fluorkunststoff m	fluorinated plastic
Fluorborat n ; Fluoborat n	fluoborate; fluoroborate
Fluorchrom n oder Fluorochrom n (Fluoreszenzsubstanz f)	fluorochrome (fluorescent compound)
Fluoroform n	fluoroform
Fluorometer n	fluorometer; fluorimeter
Fluothan n (Anästhetikum n)	fluothane (anesthetic)
Fluprednyliden n	fluprednylidene
Flusensieb n	lint screen
Flussbett n (met)	channel (met)
Flüssigchromatographie f	liquid chromatography
Flüssigfolie f (= PVC in Lösung)	liquid film (PVC dissolved in a solvent)
Flüssiggas n	liquid gas
flüssigkeitsdicht	fluid-tight; leakproof; liquid-tight
Flüssigkeitsgrenze f	saturated liquid line
Flüssigkeitsschlag m (Tropfen gegen Turbinenschaufel)	liquid impact (droplets against turbine vane)
Flüssigkeitsvorlage f	liquid seal
flüssigkristallin	liquid-crystalline
Flüssigkultur f	hydroponics
flüssig-und-sauer Reinigungsmittel n	liquid acid cleaner
Flussmittelbüchse f	flux box

Flussmotor m	fluid motor
Flußsäure f	hydrofluoric acid
Flußspat m = Fluorit n = Calciumfluorid n	fluorspar = fluorite = calcium fluoride
Fluxöl n	flux oil
Folgeschaden m	damaging consequence
Folie f (plast)	film (plast) if thinner than 1/4 mm; sheet, sheeting if thicker than 1/4 mm
Folienbildner m	film carrier
Foliendicke f	gauge
Folienschlauch m	blown film
Folienwickel m	sheeting roll
Folinsäure f	folinic acid
Folsäure f = Pteroylglutaminsäure f	folic acid = pteroylglutamic acid

Fomblin(R) n = Perfluorpolyetheröle n pl (Schmiermittel) = perfluoropolyether oils (lubricants)

forcierte Beatmung f	artificial respiration
Förderhub m	priming stroke
Förderturm m	hoisting tower
Formbeständigkeit in der Wärme f	deflection temperature under load
Formbildung f	morphogenesis
Formbildungsvorgang m	morphogenetic process
Formeinarbeitung f	mold profile
Formenaufspannplatte f	mold clamping plate
Formenkreis m	array of forms
Formkörper m	molded article; molded component; molding
Formmasse f	molding composition
Formnest n	mold cavity
Formoguanamin n	formoguanamine
Formraum m	mold cavity

Formsandbindemittel n	core binder for molding sand
formschäumen v	foam in mold v
Formschluss m	form fit; shape mating
formschlüssig verbunden	shape-mated
Formschwindung f	mold shrinkage
Formstation f	molding station
Formteil n	molded part; molding
Formwerkzeug n	die (extruder); forming tool (met)
Formwiedergabe f	shape retention

Foron(R) gelbbraun n (Dispersionsfarbstoff m) = Foron(R) yellow-brown (disperse dye)

Fotomikrografie f (anders als Mikrofotografie f: hier fotografiert man das vergrösserte Bild mikroskopisch kleiner Objekte)	photomicrography (different from microphotography: here, photographs are made of the enlarged image of microscopically small objects)
Foulard m (Bad mit Tauchrolle)	padder (bath with immersed guide roller)

Fr = Fraktion f = fraction

FRAC-Verfahren n (Erdölgewinnung f) = fracturing method (petroleum extraction)

Frachtbehälter m	freight container
Fragestellung f	objectives
Fraktal n	fractal
Fraktografie f	fractography
fraktografisch	fractographic
Französischer Zoll m (= 27.07 mm)	French inch
Fräse f	fraise
Frassgift n	ingestive poison
Frauenbefreiungsbewegung f	women's lib
frei	hands-free
Freibezeichnung f	arbitrary name

freibrennen v	clean by burning v
freiglühen v	clean by annealing v
Freiland n	open air; open terrain
Freilaufdiode f	freewheeling diode
Freilaufkupplung f	roller clutch
Freispiegelleitung f	free-flow pipeline
freitragend	free-standing
Fremdatom n	hereto arom
Fremdion n	foreign ion
Fremdkühlung f	external cooling
Fremdluft f	extraneous air
Fremdprotein n	extraneous protein; exogenous protein
Fremdstoff m auch:	contaminant
Fremdvernetzen n	intermolecular crosslinking
Fremdwärme f	external heat
Frequenzspannungsumsetzer m	frequency-voltage converter
Freunds Adjuvans n	Freund's adjuvant
Frigen(R) n (Kältemittel n)	Freon(R) (refrigerant)
Friktionsstabilität f	friction stability
Frischblut n	fresh blood
Frischkäse m	cream cheese
Frischluftkompressor m	fresh air compressor
Frisiergel n	hairdressing gel; styling gel
frisiergeschmeidig	manageable (hair)
Friteuse f	deep fryer
Fritte f	fritted disk; fritted plate; porous plate
fritten v	fuse v; sinter v
Frittenscheibe f oder Frittenplatte f	fritted disk or fritted plate
Frontalzusammenstoss m	head-on collision

frostfest	frostproof
Frostschutzmittel n	antifreeze
froststabil	frostproof
Fructamin n (Zuckeralkoholamin n)	fructamine (amine of sugar alcohol)
frühkindlich	infantile
FSH = follikelstimulierendes Hormon n = follicle-stimulating hormone	
Fucosterin n	fucosterol
Fugazität f (Sauerstoffaktivität f)	fugacity (oxygen activity)
fühlbare Wärme f	sensible heat
Führungsfläche f	leading surface
Führungsgeländer n	guide rail
Führungslenker m (aut)	control arm (aut); guide arm
Füllgut n	filling
Füllmasse f (Säule f)	packing (column)
Füllstelle f	filling point
Füllstück n	filling member
Füllungsfaktor m (Rakete f)	fueling factor (rocket)
Füllungsgewicht n (Rakete f)	fuel weight (rocket)
Füllventil n	charging valve
Füllzustand m	capacity condition; filling level
Fundstelle f	reference; source
Fungistase f	fungistasis
Fungistat n	fungistat
Fungistatikum n -a pl	fungistat
fungistatic	fungistatic
fungitoxisch	fungitoxic
Funkenerosion f	spark erosion
Funkenschlag m	sparkover
funktionieren v	perform v

Funktionsdiagnostikum n -a pl	functional diagnostic agent functional diagnosticum -a pl
Funktionsfähgikeit f	operability
Funktionshub m	operating stroke
Funktionstüchtigkeit f	operating ability
Furancarbonsäure f	furancarboxylic acid; furoic acid
Furchengitter n (opt)	ruled grating (opt)
Furolviskosität f (ca. 1/10 Saybolt-Viskosität) (für Öle)	Furol viscosity (about 1/10 Saybolt viscosity) (for oils)
Fusarinsäure f	fusaric acid
Fusidinsäure f	fusidic acid
Fuss m (Säule f)	foot (column)
Fussballen m	ball of foot
Fussboden m	flooring
Fussbodenreinigungsmittel n	floor cleaner
Fussbodenselbstglanzwachs n	self-polishing floor wax
Fussende n	bottom end
Fussrücken m	upper foot surface; dorsum pedis
Futteraufnahme f	food intake
Futtermenge f	ration
Futtermischung f	feeding mixture
Futtermittel n	feedstuff
Futterrübe f	common beet
Futterstein m	bottom lining

* * *

g = Einheit der Schwerkraft f	= unit of gravity
Gabelstapler m	forklift
Gadoleinsäure f	gadoleic acid
Gaiactamin n	gaiactamine
Galaktomannan n -e pl	galactomannan
Galaktosamin n, Galactosamin n	galactosamine
Galangin n	galangin
Galen von Bergamon m	Galen of Pergamum
Galette f (Glas- oder Plastikwalze zum Spannen von Fasern)	godet (glass or plastic roller for tensioning filaments)
Galactit n	galactitol
Galileisches Fernrohr n	Galilean telescope
Galingal n (aromatische Wurzel f)	galingale (sedge with aromatic root)
Gallamin n	gallamine
Gallengang m	bile duct
Gallengängigkeit f	bile excretion; biliary elimination rate
Gallenkontrastmittel n	biliary contrast medium
Galliumarsenidphosphid n (rotes Licht aussendender Halbleiter m)	gallium arsenide phosphide (red-light emitting semiconductor)
Gallulminsäure f = Metagallussäure f	gallulmic acid = metagallic acid
galvanische Ausfällung f	electrodeposition
Gang m (Schraube f)	channel (screw); thread (screw)
ganglos	unthreaded
Gangmechanismus m	stepping mechanism
Gangstufe f	gear stage
Gänsefuss m	goosefoot (Chenopodium)

Gantrez(R) n = PVM/MA = Polyvinylmethylether-Maleinsäureanhydrid n = polyvinylmethyl ether-maleic anhydride

ganz aus Aluminium	all-aluminum
ganzflächig	whole-area
ganzjährig	year-round
Garan(R)-Prozess m (Textilveredelung mit Vinylsilan)	Garan(R) process (textile finishing with vinylsilane)
Gardner-Farbe f (z.B. 7)	Gardner reading (e.g. 7)
Gardner-Holdt-Skala f (Farben f pl)	Gardner-Holdt scale (colors, dyes)
Garnitur f	kit; set
Garnpackung f	yarn package
Gasabspaltung f	gas release
Gasbrand m	gas gangrene
gasdicht	gastight
Gasdurchsatz m	gas handling capacity
Gasdurchtritts-geschwindigkeit f	gas passage velocity
Gaseinperlung f	sparging
Gaserzeugerturbine f	gas generator turbine
Gasfeder f	pneumatic spring
Gaskonvektionstrockner m	gas convection dryer
Gasmengenmesser m	gas flowmeter
Gasölspaltung f	gas oil cracking (not fractionation)
Gasometer n	gasometer
Gasphasenabscheidung f	vapor phase deposition
Gasphasenoxidation f	vapor phase oxidation
Gasraum m	gas space
Gassammelgehäuse n	gas collector housing
Gasschlupf m	gas leakage
Gasspürgerät n	gas detection apparatus; sniffer
Gasstau m	gas accumulation; gas stagnation

Gastherme f (= Umlauf-Gaswasserheizer m)	circulating gas water heater
Gastrographie f	gastrography
gasundurchlässig	gastight
Gasverteiler m	gas manifold
Gasweg m	gas flow path
Gaszug m (aut)	gas cable (aut)
Gattung f (bio)	genus, genera pl (bio)
Gattungsbegriff m	over-all definition
Gattungsteil m (pat) (Anspruch m)	preamble (pat) (claim)
gauche (Molekülkettenform mit 60° Verwindung)	gauche (molecular chain with 60° twist)
Gauss'sche Verteilung f	Gaussian distribution

GC = Gaschromatographie f = gas chromatography

Gd DOTA = GdIII Komplex der 1,4,7,10-Tetraazacyclododecantetraessigsäure f (Diagnostikum n) = GdIII complex of 1,4,7,10-tetraazacyclododecanetetraacetic acid (diagnostic medium)

Gd DTPA = GdIII Komplex der Diethylentriaminpentaessigsäure f (Diagnostikum n) = GdIII complex of diethylenetriaminepentaacetic acid (diagnostic medium)

g/den = Gramm/Denier n (Textilmass n) = grams/denier (textile dimension) (veraltet) (obsolete)

GDH = Glucosedehydrogenase f = glucose dehydrogenase

Geberorgan n	transmitter; donor organ (med)
geblockt	blocked
gebrannte Tonerde f	calcined alumina
Gebrauchseigenschaft f	utility property
Gebrauchstemperatur f	use temperature
gebunden an	linked to
Geburtsname m	maiden name
gedanklich	mental

GEE = grosse Einschussentfernung f (Gewehr n) = long aiming distance (gun)

Geer-Alterung f (plast)	Geer oven aging (plast)
Gefahrenabschaltung f	emergency shutdown
Gefahrklasse f	danger category
gefaltet	gathered in folds
gefärbt	colored
Gefässeinsprossung f	vascularization
Gefässkrankheit f	angiopathy
Gefechtskopf m	warhead
Gefechtskörper m	armed device
Geflechtknochen m	reticular ossification
Gefrierätzung f	freeze fracture
gefrierbeständig	iceproof; frostproof
Gefrierbrand m	freezer burn
Gefrierpunktserniedriger m	freezing point depressant
gegebenenfalls	as the case may be; optionally
Gegendruck m	back pressure
Gegendruckschnecke f	counterpressure worm; counterpressure screw
Gegendruckzylinder m (Druckerei f)	counterpressure cylinder (printing)
Gegenfläche f	matching surface
Gegenhalt m	prop
Gegenion n	counterion; gegenion
Gegenkreuzverhör n	recross examination
Gegenmaterial n (pat)	reference (pat)
Gegenmittel n	antidote
Gegenreaktion f	counterreaction
gegenständlicher Anspruch m (pat)	article claim (pat)
Gegenstandsanspruch m	article claim
gegenstandslos	superseded
Gegenströmer m	countercurrent heat exchanger; crosscurrent heat exchanger (if no countercurrent flow)

Gegenstromwascher m	countercurrent washer; countercurrent scrubber
gegurtet	belted
Gehalt m	concentration; potency
Gehaltsbestimmung f	content analysis
Gehäuseüberdruck m	crankcase overpressure (aut)
Geheimhaltungsgrad m	secrecy classification
Gehirnaufnahme f (med)	brain uptake (med)
Gehwerk n (Uhr f)	movement (clock, watch)
Geisterbahn f (Fabrik f)	robot train (factory)
geistiges Eigentum n	intellectual property; ownership of inventive idea
gekrippt	crimped
Gelanteil m	gel proportion; (or simply:) gel
Gelatinekapsel f (med)	gelcap (med)
gelbgold	golden yellow
Gelbildner m	gelling agent
Gelbwurz f = Kurkuma f	curcuma; turmeric
Geldausgabeautomat m	automatic money dispenser; automatic teller
Geldannahmeautomat m	automatic money acceptor; depository
Gelege n	random fiber structure; mat
Gelenkfahrzeug n	articulated vehicle
Gelenkkopf m	spherical joint
gelenklos	jointless
Gelenkomnibus m	articulated bus
Gelenkpfanne f	socket joint
Gelenkwölbung f	arched contour of joint
Gelenkzug m	articulated tractor-trailer
Gelenkzwickmaschine f (Schuhanfertigung f)	shank lasting machine (shoe manufacture)

gelfrei	gel-free
Gelierer m	gelling agent
Gelierkanal m	gelling tunnel
Gelierungsgrad m	degree of fusion
Gelkapsel f (med)	gelatin capsule; gelcap (med)
gelöster Stoff m	solute
Gel-Permeations-Chromatographie f	gel permeation chromatography
Gelstippe f	fisheye gel
Gemeinschaft f	cooperative
Gemengesatz m	mixture proportion
gemörsert	triturated
gemustert	patterned
genadelt	quilted; stitched
Genagen(R) n = Ethylenoxid + Fettsäuren = ethylene oxide + fatty acids	
Genamin(R) n = Ethylenoxid + Amine = ethylene oxide + amines	
Genapol(R) n = Ethylenoxid + Fettalkohole = ethylene oxide + fatty alcohols	
genarbt	embossed (artificial leather)
generieren v	generate v; produce v
genetisch	genetic
Gen-Expression f	gene expression
Genom n	genome
Genoplast(R) n = Polyethylenglycol n = polyethylene glycol	
genormt	unitized
Gentamicin n	gentamicin (U.S. Patent No. 3,091,572)
Gentechnologie f	genetic engineering
Genussmittel n	delicacy; semiluxury item
gepfeilt	V-shaped
ger = ber = gerechnet oder berechnet = calculated	
gerader Kegel m	right cone

Geranienöl n	geranium oil
gereckt	stretched
gerichtetes Erstarren n	controlled freezing
gerillt	fluted
Germanat n	germanate
germanisch	Teutonic
germinieren v	incubate v
gernig	inexpensive
Geruch m	fragrance
Geruchsmesser m	olfactometer
Geruchsverbesserer m	deodorizer; room freshener
gerüstbildend	sclerogenous; sclerogenic
Gerüstbildner m	sclerogenous agent; sclerogenic agent
Gerüstschwingung f (Molekül n)	skeletal oscillation (molecule)
ges. = gesucht = wanted	
gesandstrahlt	sandblasted
Geschäftswert m	value of transaction
Geschirr n	also: utensils
geschlechtsgebunden	sex-linked
geschlossenzellig	closed-cell
Geschmackskorrigens, -tien pl	flavor-correcting agent; flavor-ameliorating agent; flavoring agent; flavorant
Geschmacksverbesserer m	flavorant (etc., as above)
geschuppt	partially overlapping
geschweifte Klammern f pl	braces
Geschwindigkeitsenergie f	kinetic energy
Geschwindigkeitswechsel-getriebe n	transmission
Geschwindigkeitswechsel-schieber m	change-speed slide valve

Gesellschaftssitz m	corporate address
Gesicht n (Betrachtungsweise f)	facet (aspect)
gespannt (Dampf m)	pressurized (steam)
Gestagen n	gestagen (hormone with progestational activity); progesterone (most important progestational hormone); progestogen (any compound with progestational activity) progestin (only certain synthetic or natural progestational compounds)
gestagen	gestagen; progestational
Gesteinsmehl n	rock flour; glacier meal; glacial meal
Gesteinssplitt m	chipped stone
gestürzt	reversed
Gesundheitsschaden m	health hazard
gesundheitsschädlich	hazardous to health; physiologically harmful (generally:) toxic
Getränkebereiter m	beverage maker
Getränkebereitungsmaschine f	beverage maker
Getreidesyrup m , Getreidesirup m	fusel oil
Getriebewelle f (Ölturm m)	drill pipe (oil derrick)
getuftet	tufted
GeV = Gigaelektronenvolt n =	giga electron volt
gewaltig	furious
Gewebebahn f	length of cloth
Gewebeschnitt m	tissue section
Gewehrgranate f	rifle grenade
gewendet	overturned; turned inside out
Gewerbshygiene f	industrial hygiene
gewichten v	bias v; weight v

gewindelos	threadless
Gewinderollautomat m	automatic thread rolling machine
Gewindeschlag m	thread eccentricity
Gewirk n	knit
Gewirke n	mesh; meshwork
gezielt	localized; predetermined; purposeful; tailored to

GFK = glasfaserverstärkter Kunststoff m = GFRP = glass-fiber reinforced plastic

g/g = Gewicht pro Gramm n = weight per gram

Giebelsima f	pediment cornice
giessen v (Glas n) (Kunststoff m)	pour v (glass) slush-mold v (plastics)
giessfähig	freeflowing (powder)
giessfähiges Produkt n	castable (metal, plastic)
Giesskopf m	riser
Gilbungsbeständigkeit f	yellowing resistance
Gips-Pappeschicht f	plasterboard
Girardsches Reagens T n = Trimethylhydrazino-carbonylmethylammonium-chlorid n	Girard's reagent T = trimethylhydrazino-carbonylmethylammonium chloride
Gitterboxpalette f	crate pallet
Gitterschnitt m (Test für Beschichtung)	crisscross cut (test for coating)

Gkal = Gigakalorie f = gigacalorie

GKV = Gemeinschaft der Kunststoffverarbeiter f = Society of Plastics Processors

glanzausrüsten v	lusterize v
glänzend	high-gloss
Glanz nach Lange m	gloss by the Lange method
Glanzwinkel m	angle of reflection
Glasbauelement n	glass panel
Glasdrehbank f	glass lathe

Glasfaserstrang m	glass fiber strand
glasfaserverstärkt	glass fiber-reinforced
Glasfritte f	fritted glass (plate, tube, filter)
Glasheber m	glass pipette
Glaskeramik f -en pl	ceramic glass; glass-ceramic
glaskugelgefüllt	glass microspheres-filled
Glasleiste f	glass molding
Glaslot n	glass solder; sealing glass
Glasproduktion f	glassmaking
Glaspunkt m	glass point; glass transition temperature
Glasseide f	spun glass fibers
Glastemperatur f	glass transition temperature
Glaszustand m	glassy stage
Glättemittel n	polishing agent
glattmuskulär	smooth-muscular
Glaukom n	glaucoma
GlDH = Glutamindehydrogenase f	= glutamic dehydrogenase
gleichaktiv	equipotent
aus dem Gleichgewicht n	nonequilibrium
Gleichlaufgelenk n	universal joint
Gleichlaufring m (aut)	synchronizer ring (aut)
gleichschenkeliges Dreieck n	isosceles triangle
Gleichsignal n	equisignal
im Gleichstand m	tantamount
gleichstrom (Flüssigkeit f)	cocurrent (liquid)
gleitbondern v	friction bonderize v
Gleiteigenschaft f	antifriction property
gleitfähig	slick
Gleitfähigkeit f	slip
Gleitfahrzeug n	slidecraft
Gleitkappe f	antiskid cap

Gleitmittel n	slip agent
Gleitreibungsverhalten n	coefficient of friction
Gleitschlitten m	sled
Gleitschuh m	sliding block
Gleitverschluss m	slide fastener; zipper
Gleitwerkstoff m	antifriction material
Gletscher m (Kühler m)	ice cake (cooler)
global	generic
Glomerulum n oder Glomerulus m	glomerule; glomerulus
Glucamin n	glucamine
Glücksfall m	lucky break; stroke of luck; windfall
Glucosebelastung f	glucose load
Glucosephosphatisomerase f	glucose phosphate isomerase
Gluon n (Elementarteilchen n)	gluon (elementary particle)
Glutaconsäure f	glutaconic acid
Glutamat-Oxalat-Transaminase f	glutamic oxalacetic transaminase
Glutamat-Pyruvat-Transaminase f	glutamic pyruvic transaminase

Glu = Glutaminsäure f (Aminosäure f) = glutamic acid (amino acid)

Glutarimid n	glutarimide
Glycerinsäure f	glyceric acid

Gly = Glycin n (Aminosäure f) = glycine (amino acid)

Glycid n (Glycerinanhydrid n)	glycide (glycerol anhydride)
Glycidsäure f (α,β-Epoxypropionsäure f)	glycidic acid (α,β-epoxypropionic acid)
glycidylieren v	glycidylate v
Glycin n	glycine
glycolisieren v	introduce glycol v

Glycopyrrolat n (anti-cholinerge Medizin f)	glycopyrrolate (anti-cholinergic medicine)
glycosidieren v	introduce glycoside v
Glykogenspeicherkrankheit f	glycogenosis; glycogen storage disease
Glyoxylsäure f	glyoxylic acid
Glysantin(R) = Kältemittel n = coolant	
Gnadenfrist f	grace period
Gob n (Glasschmelze f)	gob (glass melt)
goldene Brücke f	happy medium
Goldhamster m	golden hamster
Goldspiegel m	gold-plated mirror
gonadotropinhemmend	having gonadotropic inhibitory activity
Gonan n (Steroid n)	gonane (steroid)
Gonen n (Steroid n)	gonene (steroid)
GOT = Glutamat-Oxalat-Transaminase f oder Glutamat-Oxalacetat-Transaminase f = glutamic oxalacetic transaminase or glutamate-oxalacetate transaminase	
GPC = Gelpermeationschromatographie f = gel permeation chromatography	
GPT = Glutamat-Pyruvat-Transaminase f = glutamic pyruvic transaminase or glutamate-pyruvate transaminase	
GPÜ = Gemeinschafts-Patentübereinkommen n = Cooperative Patent Treaty (different from PCT and EPÜ)	
graben v	trench v
Grabenausheber m	trenching sled
graduell	matter of degree
Grammäquivalent n	gram equivalent
Grammatom n	gram atom
Gramoxone(R) = Pflanzenvertilgungsmittel n = herbicide	
Granulator m	granulator
graphitieren v	graphitize v
Grashof-Zahl f (Mass für Gaskonvektion durch Gasauftrieb)	Grashof number (measure of gas convection produced by gas buoyancy)
Gratlinie f (Formen n)	flash line (molding)
Grauwert m	gray-level value

grd = Grd = Grad m = degree

Greenit(R) m = Klebstoff m = adhesive

Greiferwagen m gripper carriage

Gremium n board

Grenadille f (Passionsfrucht f) grenadilla or granadilla (passionflower fruit)

Grenzbiegespannung f critical flexural stress; flexural stress at break

Grenzform f (Tautomer n) interconvertible form (tautomer)

Grenztemperatur f interface temperature

Grenzviskosität f intrinsic viscosity

grex = Fasergewicht n (10,000 in Gramm) = textile unit for fibers (10,000 m in grams)

Griess-Titrations-Verfahren n (Glastest m) grain titration method (glass test)

Griff m (text) feel (text)

griffest not tacky when handled

grignardieren v conduct Grignard reaction v

Grill m grille

Grobmotorik f gross motor ability

grobporig also: coarse-celled

Grobsichtung f rough screening; cursory review

Grossbehälter m bulk container

Grösse f parameter

Grossmacht f superpower

Grossraumfläche f large-sized area

grösstenteils for the most part

GRS = gewerblicher Rechtsschutz m = commercial legal protection

Grt = Garnitur f = set; pair

Grundfarbe f primary color

Grundgewebe n backing; fabric base

Grundkörper m	base member
Grundmann-Kontakt m (Silber-Zink-Chromoxid-Katalysator m)	Grundmann catalyst (silver-zinc-chromium oxide catalyst)
Grundmol n	basic mole
Grundriss m	plan view
Grundschicht f	priming coat
Grundstein m	foundation stone
Grünblindheit f	green blindness; deuteranopia
grüner Star m	glaucoma
Grünkorn n (Calnitro(R) n) = Kalkammonsalpeter + Stickstoff m	calcium ammonium nitrate; lime-ammonium nitrogen
grünschwach	deuteranomalous
Grünschwäche f	deuteranomalopia
Gruppenreagenzien n pl	group indicators
Gruppierung f (chem)	grouping (chem)
Gt = Garnitur f	pair; set
GT II = Galaktosyl-Transferase-Isoenzym n = galactosyl-transferase isoenzyme	
Guanin n (Perlpigment n)	guanine (nacreous pigment)
Guarmehl n	guar powder
Gudolpulver n (dreibasischer Treibstoff m; enthält Nitroguanidin n)	"Gudol" powder (triple-base propellant; contains nitroguanidine)
Gugelhupf m	tube-pan cake
Gugelhupfform f	tube pan
gummiartig	rubberlike
Gurtanlegeindikator m	belt buckling indicator
Gurtautomat m	automatic belt buckling mechanism
Gürtellinie f	circumferential center line
Gürtelreifen m	belted tire
Gurtlose f	belt slackness

Gurtrollvorrichtung f belt retractor

Gussformzug m die-casting groove

g/v = Gramm Substanz in 100 ml Lösung = gram in volume

GWB = Gesetz gegen Wettbewerbsbeschränkung n = unfair trade act

Gyrotron n gyrotron

* * *

h_ν = Lichtenergie f = light energy

an den Haaren herbeiziehen v contrive v

Haarfuge f hairline crack

Haarkristall m filamentary crystal

Haarkur f hair conditioner

Haarnadel f (Flugfasern f pl) flag (fly fibers)

Haarwasser n hair tonic

Habasit(R) n = Material grosser Haftreibung für Förderbänder = high-friction material for conveyor belts

HAc = Essigsäure f = acetic acid

H-acide Verbindung f H-acidic compound

Haftetikett n pressure-sensitive label; stick-on label

Haftfestigkeit f bonding strength (adhesive); fixative power (perfume); traction (shoe sole, tire)

Haftmittel n bonding agent

Haftstrichpaste f adhesive coating paste

Haftvermittler m adhesion promoter; tackifier (internal); adhesion primer

Haftwassergehalt m bound water content

Hähnchen n chicken (cooked)

Hahnenkammtest m chicken comb test

Hai-Thao-Faser f (Algenfaser für Appretur f) hai-thao fiber (alga-type fiber for sizing)

Hakaphos(R) n = Düngemittel n (Harnstoff, Kalium, Diammoniumphosphat) = fertilizer (urea, potassium, diammonium phosphate)

Halba(R) n = halbalkalische Stärkeleime m pl = semialkaline starch glues

Halbamid n hemiamide

Halbester m monoester; half ester

halbfest semisolid

halbflüssig	semiliquid
Halbformal n	hemiformal
halbgesättigt	half-saturated; semisaturated
halbhart	semihard
halbhydriert	hemihydrogenated
Halbkegel m	half cone
halbmatt	semidull
Halbmercaptal n oder Halbmerkaptal n	hemimercaptal
halb rahmenlos	semi-sashless (window)
Halbschnitt m	half section
Halbstahl m	semisteel
halbsynthetisch	semisynthetic
halbtechnisch	semiworks level
Halbtombak m (Legierung 66-69% Cu und Zn)	semitombac (alloy 66-69% Cu, remainder Zn)
halbtrocknend	semidrying
halbverbrannt	half-combusted
halbverestert	monoesterified; half-esterified
Halbwelle f	split shaft
Halbwertspunkt m	half-value point
Halcinonid n (Corticoid n)	halcinonide (corticoid)
Halit m (NaCl)	halite (NaCl)
Hallgeber m	Hall generator
Haloform n	haloform
Halogenacyl n	acyl halide
Halogenalkohol m	haloalcohol
Halogenalkyl n	alkyl halide
Halogenaryl n	aryl halide
Halogencarbonsäure f	halocarboxylic acid
Halogencodid n	halogenocodide
Halogenessigsäure f	haloacetic acid

Halogenhydrin n	halohydrin
Halogenid n (allein)	halogenide (by itself)
Halogenkohlenstoff m	carbon halide
Halogenkohlenwasserstoff m	halogenated hydrocarbon
Halogenmorphid n	halogenomorphide
Halogenoergolinyl n	haloergolinyl
Halogenose f (Halogenzucker m)	halogenose (halogen sugar)
Halogenphenol n	halophenol
Halogensäure f	halogen acid
Halogenschwefel m	sulfur halide
halogensubstituiert	halosubstituted
Halogenwasserstoffsäure f	hydrohalic acid
Halogenzucker m	halogen sugar
halomethylieren v	halomethylate v
Halomethylierung f	halomethylation
Halothan n	halothane
Haltebremse f	stop brake
Haltung f	attitude
Haltungsanomalie f	anomalous attitude
hämatinisch	hematinic
Hämatokrit m (Bluttestwert m)	hematocrit (blood value)
Hämoanalyse f	hemoanalysis
Hammelblut n	sheep's blood
Hammelerythrozyt m	sheep erythrocyte
hämodynamisch	hemodynamic
Handauflegemethode f (plast)	hand lay-up process (plast)
händisch	manual; by hand
Handkreissäge f	circular handsaw
Handlanger m	go-fer; gopher
Handlauf m	railing
Handlungsbevollmächtigter m	authorized representative

Handskizze f	rough sketch
Handwerkzeugmaschine f	hand tool appliance
hängend (chem)	pendant (chem)
Hängegleiter m	hang glider
Hängeschlaufe f	suspended loop; festoon
Hängeschleife f	suspended loop; festoon
Hantierbarkeit f	handleability
Hapten n (Antigen n)	hapten or haptene (antigen)
Harmoniefolge f , -reihe f	harmonic series
harnableitend	excreted via urinary tract
Harnapparat m	urinary system
Harngang m	urinary tract
harngängig	excreted via urine
harnpathogen	uropathogenic
Harnröhre f	urethra
Harnsalz n	uric salt
harnsaures Salz n	urate
Harnweg m	urinary tract
Härtemittel n	curative; hardener
harter Gang m	rough engine
hartes Fahren n	harsh ride; rough ride
Hartgas n	solid carbon dioxide
Hartgeldausgabeautomat m	automatic coin dispenser
Hartmagnet m	permanent magnet
Hartplatz m	hard court
Hart-PVC n	nonplasticized PVC
Hartschaum m	durofoam; rigid foam; thermosetting foam
Härtungszone f	hardened zone
Hartverarbeitung f (PVC)	processing without plasticizer (PVC)
Harzbildner m	resinogenous agent; resin precursor
Harzpapier n	resin-impregnated paper

Haupthirn n	cerebrum
Hauptplanet m (aut)	primary planetary gear (aut)
Hauptregister n (Wz)	Principal Register (TM)
Hausabflussrohr n	domestic sewage pipe; household sewage pipe
Hausanschlussleitung f	domestic service pipe; household service pipe
Hausenblase f	isinglass
Hausentwässerung f	domestic waste disposal
Hausruf m	extension
Hautnährmilch f	skin-nourishing lotion
hautpathogen	dermatopathic
Hautspreitwert m (Creme f)	skin moisturizing value (cream)
Hautverhütungsmittel n	antiskinning agent; pellicle-preventive (paint)
Hautverschluss m	skin suture

HBCD = Hexabromcyclododecan n (Flammschutzmittel n) = hexabromocyclododecane (flame retardant)

HBZ = Hauptbremszylinder m = main brake cylinder

HCB = Hexachlorbenzol m (Teratogen n) = hexachlorobenzene (teratogen)

HD-Polyethylen n = Hochdruck-Polyethylen n	LD polyethylene = low-density polyethylene (not high-pressure polyethylene!)
HE = Hammelerythrocyt m	SE = sheep erythrocyte

H/E = Härte/Elastizitätswert m = hardness/elasticity value

Header m	header
Heckaufbau m	rear end structure
Hecogenin n	hecogenin
Heidelberger Kurve f (Messung des Antikörpertiters von Antisera)	"Heidelberg" curve (measures antibody titer of antisera)
Heileurhythmie f	therapeutic eurhythmics
Heilrate f	cure rate
Heimarbeiter m -in f	homeworker

Heimwerkmaschine f	home power tool
Heissanstrichmittel n	heat-cured paint
heissdrahtschweissen v	hot-wire weld v
heissflüssig	hot-fluid
heissgalvanisieren v	hot-galvanize v
Heissgasentnahmeteil n	hot-gas driven supply unit
heisshärten v	heat-cure v
Heisshärtung f	heat curing
Heisskleber m	hot-melt adhesive
Heissluftofen m	hot air oven
heisspressen v	hot-press v
Heissregenerierung f	thermal regeneration
Heissiegler m	heat sealer
heisssprühen v	hot-spray v
Heizdrahtwendel f	heating coil
Heizfläche f	heat-exchange surface; heat-transfer area
Heizflächenbelastung f	load on heat-transfer area
heizkeilschweissen v (plast)	V-blade heat seal v (plast)
Heizkerze f	torch
Heizmantel m	heating mantle
Heizregister n	heater
Heizsatz m	heating charge
Heizschrank m	heating cabinet
Heizspiegel m (Schweissen n)	heating plate (welding)
Hektar m	hectare (= 2.47 acres)
Heliostat m (Spiegel, folgt der Sonne)	heliostat (sun-tracking mirror)
Helligkeitsregler m	dimmer switch
hellmatt	translucent
Helltastsignal n	intensity modulation signal
Hematit m oder Hämatit m	hematite

Hemimercaptal n oder Hemimerkaptal n	hemimercaptal
Hemin n [Ferriprotoporphyrin(IX)chlorid n]	hemin [ferriprotoporphyrin(IX) chloride]
Hemmer m	inhibitor
Hemmgabel f	drag fork
Heneicosen n	heneicosene
Henschelmischer m	powder mixer with rotor; Henschel mixer
heparinisieren v	heparinize v
Heparinisierung f	heparinization
hepatotropisch; hepatotrop	hepatotropic
Heptansäure f	heptanoic acid
Heptin n	heptine; heptyne
Herbicolin n	herbicolin
Herbstzeitlose f	autumn crocus (Colchicum autumnale)
heredo-degenerativ	heredodegenerative
Herrenautomatik f (Herrenuhr f)	gent's watch
herumgezogen	wraparound
hervorrufen v	evoke v; induce v (med)
Herzbeschwerden f pl	cardiac disorders
Herzfrequenz f	heart rate
Herz-Gefässerkrankung f	cardiovascular disease
Herzglycosid n	cardiac glycoside
Herzhöhle f (= Herzbeutelhöhle f)	pericardial cavity
Herz-Kreislaufsystem n	cardiovascular system
Herzlungenpräparat n (Versuchsmaterial n)	heart-lung preparation (test material)
Herzmuskelschwäche f	myocardial weakness
herzrhythmusstörend	arrhythmic
Herzrhythmusstörung f	arrhythmia
herzwirksam	cardioactive

Hetaryl n (= Heteroaryl n)	hetaryl (= heteroaryl)
Heteroatom n	hetero atom
heterogenisieren v	make heterogeneous v; render heterogeneous v
heterolog	heterologous
heterolytisch	heterolytic
Heterophase f	heterophase
Heteropolysäure f	heteropoly acid
Heterozyklus m oder Heterocyclus m	heterocycle
HET-Säure f (= Hexachlorendomethylentetrahydrophthalsäure f)	chlorendic acid (= hexachloroendomethylenetetrahydrophthalic acid)
Hexa n	hexamethylenetetramine
Hexadecandisäure f	hexadecanedioic acid
Hexafluorkieselsäure f	hexafluorosilicic acid
= Fluorkieselsäure f	= fluosilicic acid
= Wasserstofffluorkieselsäure f	= hydrofluosilicic acid
= Wasserstoffhexafluorsilikat n	= hydrogen hexafluorosilicate
= Wasserstoffsilikafluorid n	= hydrosilicofluoride
Hexahärtung f	curing with hexamethylenetetramine
Hexametapol n	hexamethylphosphoric triamide
Hexanal n (= Capronaldehyd m)	hexanal (= caproaldehyde)
Hexanat n	hexanoate n
Hexansäure f	hexanoic acid
Hexenyl n	hexenyl
Hexin n	hexyne
Hexinol n	hexynol
Hexit m	hexitol
Hexose f	hexose
HF-Heizung f	HF heating (high frequency heating; in US also radio frequency heating)

HGÜ = Hochspannungs-Gleichstrom-Übertragung f = high-tension direct current transmission

Hiban(R) = Fertigsäule für Hochdruckflüssigchromatographie f = prepacked column for high-pressure liquid chromatography

Hilbert-Johnson-Reaktion f	Hilbert-Johnson reaction
Hilfskomputer m	backup computer
Hinterdruck m	back pressure
Hinterpfote f	hind paw
hinterschäumen v	apply foam backing v
Hinterschenkel m	hind leg
Hirnschaden m	brain damage; brain dysfunction

His = Histidin n (Aminosäure f) = histidine (amino acid)

histochemisch	histochemical
histologischer Schnitt m	histologic section
Histon n	histone
Hitzdrahtluftmengenmesser m	hot-wire air volumeter
in Hitze f	at high temperature
hitzebeständig (Bakterien n pl)	thermoduric (bacteria)
hitzefixieren v	thermofix v
hitzehärtbar	thermosetting
Hitzemischung f	heat-generating mixture
Hitzeöl n	thermal oil
hitzeschäumbar	heat-foamable
Hitzeschockfestigkeit f	heat shock resistance
Hitzeträgeröl n	thermal oil
Hitzewallung f	hot flash

HL = Hohlladung f = hollow charge

H-Lampe f = Hochdrucklampe f	HP lamp = superpressure lamp
HMD = Hexamethyldisilazan n	HMDS = hexamethyldisilazane
HMPT = Hexamethylphosphorsäuretriamid n	HMPA = hexamethylphosphoric triamide or hempa = hexamethylphosphoric triamide

HMX = Oktogen n = Cyclotetramethylentetranitramin n (Explosivstoff m) = octogen = cyclotetramethylenetetranitramine (explosive)

HNO = Hals-, Nasen- und Ohren (Arzt m) EENT = ear, eye, nose, and throat (doctor)

HNP = Halbneutralisationspotential n = half neutralization potential

HOAc = AcOH = Essigsäure f = acetic acid

hochbelastet	heavy duty
Hochdruck m	engraving; raised printing
Hochdrucklampe f	high-pressure lamp; superpressure lamp
Hochdruckpolyethylen n	low-density polyethylene
hochfeststoffhaltig	high-solid
Hochfrequenzschweissen n	HF welding; high-frequency welding
Hochhaus n	high-rise; multistory building
hochschalten v	upshift v
Hochsetzwandler m; Aufwärtstransformator m	step-up transformer
hochsperrend	of high breakdown voltage
Hochtrieb m	high gear ratio
hochwärmebeständig	high-heat resistant
Hocksche Phenolsynthese f	Hock's phenol synthesis
Hodenfunktion f	testicular function
Hof m	halo (bacteria)
Höhensonde f	high altitude probe
Hohlform f	mold cavity; cavity mold
Hohlkörper m	hollow molding
Hohlprofil n	hollow profile; hollow molding
Hohlschliff-Objektträger m	concave—ground object slide
Holographie f	holography
holzartig (Duft m)	woodsy (fragrance)
Holzfolie f	wood veneer

Homocystinurie f	homocystinuria
Homogenat n	homogenate
homokinetisch	homokinetic
homöotrop	homotropal <u>or</u> homotropous
honen v (ziehschleifen v)	hone v
Hooke'scher Bereich m	Hooke's range; range within Hooke's law
Höppler-Viskosimeter n	Höppler viscometer
Hordenreaktor m	hurdle-type reactor
Hordentrockenschrank m	hurdle-type dryer; hurdle drying cabinet
Hör-Sprech-Telefon n	two-way telephone
Horst m	buttress

Hostacor(R) n = Anticorrosivum n = anticorrosive

Hostalen(R) n = Niederdruckpolyethylen n = high density polyethylene

Hostapermblau(R) n = Kupfer-Phthalocyanin-Pigment n	Pigment Blue 15 = copper-phthalocyanine pigment

Hostaphan(R) n = Polyterephthalatfolie f = polyterephthalate film also: Hostaphane(R)

Hostaphat(R) n = tert- Ester der o-Phosphorsäure + Wachsalkoholtetraglycolether m = tert. ester of o-phosphoric acid + wax alcohol tetraglycol ether

Hotflue m (Walzenserien zum Textiltrocknen)	hot-flue (series of rollers for drying fabric); flue baker

HT = Hochtemperatur f = high temperature

HPD = Hämatoporphyrinderivat n = hematoporphyrin derivative

HPLC = high performance liquid chromatography, high pressure liquid chromatography (auch in Deutsch)

HPMC = hochmolekulare Hydroxypropylcellulose f = high-molecular hydroxypropylcellulose

HPSN = heissgepresstes Siliziumnitrid n = hot-pressed silicon nitride

HP-Sprache f = Hewlett-Packard-Sprache f (comp)	HP language = Hewlett-Packard language (comp)

HS = Hautspreitwert m = skin coverage value

HSA = Humanserumalbumin n = human serum albumin

H-Schnitt m	horizontal section
HSV = Herpes Simplex-Virus n	HSV = herpes symplex virus

HTS = Hexamethylcyclotrisilazan n = hexamethylcyclotrisilazane

H_u = unterer Heizwert m =	net calorific value
Hub m (Schwingung f)	amplitude (oscillation)
Hubbewegung f	reciprocating movement
Hubfänger m	valve guard
Hubfenster n	roll-up window
Hubgebläse n	lift fan
Hüftkappe f	hip cap
Hüftkopf m	femoral head; head of femur
Hüftpfanne f	acetabulum
Hühnertyphus m	chicken salmonellosis
Hülle f (Virus n)	membrane
Hüllenglycoprotein n oder Hüllenglykoprotein n	envelope glycoprotein
Hüllinie f	envelope line
Hülltrieb m	endless belt drive
humanpathogen	human-pathogenic
Humat n (Salz der Huminsäure f)	humate (salt of humic acid)
Huminsäure f	humic acid
Humocerinsäure f	humoceric acid
hundertfache Vergrösserung f	enlarged 100 diameters
Hundsgift n	dogbane; dog's-bane
Hünigbase f (Ethyldiisopropylamin n)	ethyldiisopropylamine
Hüttensand m	foundry sand

HV = Vickers-Härte f (met) = Vickers hardness (met)

HV = horizontal-vertikal (Walzengerüst n) = horizontal-vertical (rolling stand)

HVB = Hochvakuumbitumen m = high-vacuum bitumen

HVS = homovanillinsäure f = homovanillic acid

Hybridom n -e pl	hybridoma, -s pl
Hydracrylnitril n	hydracrylonitrile
Hydratation f	hydration
Hydratropasäure f	hydratropic acid
Hydrazoesäure f = Azoimid n = HN_3	hydrazoic acid = azoimide = HN_3
Hydridoborat n	hydridoborate; borohydride
hydriertes Benzin n	hydrogenated gasoline
Hydrin n	hydrin
Hydrindamin n	hydrindamine
hydroborieren v	hydroborate v
Hydroborierung f	hydroboration
Hydrobromid n = Salz von Hydrogenbromid n	hydrobromide = salt of hydrogen bromide
Hydrochlorid n = Salz von Hydrogenchlorid n	hydrochloride = salt of hydrogen chloride
Hydrocrackreaktion f	hydrocracking reaction
Hydrofluorid n = Salz von Hydrogenfluorid n	hydrofluoride = salt of hydrogen fluoride
hydroformylieren v	hydroformylate v
Hydroformylierung f	hydroformylation
Hydrogensilan n	silicon hydride; hydrogen silane; broadly: hydrogen-containing silicon compound
Hydrogensulfat n	bisulfate; hydrogen sulfate
Hydrogensulfid n	bisulfide; hydrogen sulfide
Hydrogensulfit n	bisulfite; hydrogen sulfite

Hydrolase f	hydrolase
Hydrolysat n	hydrolyzate; hydrolysate
Hydromotor m	hydraulic motor
Hydronium n (hydratisiertes H-Ion n)	hydronium (hydrated H-ion)
Hydroperoxyd n	hydroperoxide
Hydrophylisator m	hydrophylizer
Hydropres(R) n = Hydrochlorthiazid n = hydrochlorothiazide	
hydrosilieren v	hydrosilate v
Hydrosilierung f	hydrosilation
hydrosilylieren v	hydrosilylate v
Hydrosilylierung f	hydrosilylation
Hydrosorbinsäure f	hydrosorbic acid
hydrotrop	hydrotropic
Hydrotropikum n	hydrotropic agent
Hydroxamat n	hydroxamate
Hydroxamsäure f	hydroxamic acid
Hydroxyamidotrizoat n (Röntgenkontrastmittel n)	hydroxyamidotrizoate (radiopaque agent)
Hydroxyethylstärke f	hydroxyethyl starch
Hydroxyetiocarbonsäure f	hydroxyetiocarboxylic acid
Hydroximino n	hydroximino
Hydroxylapatit m	hydroxylapatite
hydroxylieren v	hydroxylate v
Hydroxylnummer f, -zahl f (in mg KOH/g)	hydroxyl number
Hydroxysäure f	hydroxy acid
Hydroxytryptophan n	hydroxytryptophan
Hyocholsäure f	hyocholic acid
Hy-O-Sheep(R) = Tennisschlägerschnur f = tennis racket string	
Hypaque(R) (Urografie f) = Diatrizoat n	diatrizoate (for urography)
Hyperglucagonämie f	hyperglucagonemia

Hyperemesis f	hyperemesis
Hyperfiltration f (Umkehrosmose f)	hyperfiltration (reverse osmosis)
Hyperhidrose f	hyperhidrosis
Hyperlipidämie f	hyperlipidemia
Hyperlipoproteinämie f	hyperlipoproteinemia
Hyperprolaktinämie f	hyperprolactinemia
hyperthyreole Krise f	hyperthyroid crisis
Hypervalinämie f	hypervalinemia
Hypoiodige Säure f	hypoiodous acid
Hypothermie f	hypothermia
Hypoxie f	hypoxia

Hytrel(R) = Polyestergummi m = polyester elastomer

HZF = Hazen-Farbzahl f = hazen unit

* * *

I^2 = Isotop n = isotope

i.a. = im allgemeinen = in general

IBA = Isobutyraldehyd m = isobutyraldehyde

IC = integrierte Schaltung f = integrated circuit (IC auch im deutschen Sprachgebrauch)

IC = Inhibitionskonzentration f = inhibitory concentration

I-Carbonsäure f	I-carboxylic acid; iodocarboxylic acid

ICSH = Interstitialzellenstimulierendes Hormon n = interstitial cell-stimulating hormone

i.d. = intraduodenal = intraduodenal

idiotypischer Antikörper m = Antiidiotype f	idiotypic antibody = anti-idiotype

i.e.S. = im engeren Sinne m = in a narrower sense

ideell	imaginary
IE = internationale Einheit f	IU = international unit

i.K. = in Kopie f = as a carbon copy; as a copy; as a photocopy

Ile = Isoleucin n = isoleucine

i.M. = im Mittel n = on the average

Imidat n	imidate
Imidazol n	imidazole
Imidazolessigsäure f	imidazoleacetic acid
Imidazolin n	imidazoline
Imidester m	imido ester
Imidsäure f	imidic acid (not imido acid)
Imin n	imine
Iminosäure f	imino acid
Imipramin n	imipramine
Immobilität f	suppression of motor activity
Immunantwort f	immune response

Immunbiologie f	immunobiology
immunchemisch	immunochemical
Immundiagnose f	immunodiagnosis
Immunfluoreszenz f	immunofluorescence
immunkompetent	immune-competent
immunogenetisch	immunogenetic
immunologische Funktion f	immune function
Immunotest m	immunoassay
Immunpathologie f	immunopathology
Immunpharmakologie f	immunopharmacology
Immunpräzipitat n	immunoprecipitate
Immunpräzipitation f	immunoprecipitation
Immunprophylaxis f	immunoprophylaxis
Immunreaktivität f	immunoreactivity
Immunschwäche f	immune deficiency; immunodeficiency
Immunschwäche-Virus n	immunodeficiency virus
Immunserum n	immune serum
immunstimulierend	immunostimulating
Imolan(R) = Wollschmälze f =	wool lubricant
Impellerrührer m	impeller agitator
Imprägnat n	impreg
Imprägnierkatalyst m	impregnated catalyst
Imprägnierungsmittel n	impregnant
Impulsölbrenner m	pulsed oil burner
Impulsschweissen n	impulse welding
Impulsstrom m	flow momentum
Indan n	indan
Indancarbonsäure f	indancarboxylic acid
Indansäure f = o-Aminomandelsäure f	hydrindic acid = orthoaminomandelic acid
Index m (z.B. 1')	prime
Indikatorstäbchen n	indicator stick

Indizienbeweis m	circumstantial evidence
indizieren v	obtain data v
Indolin n = 2,3-Dihydroindol n	indoline = 2,3-dihydroindole
Indophenin n	indophenin
Induktionshärtung f	induction hardening
Induktionsschleife f	induction loop
Induktionswärme f	induction heat
industriefrei	nonindustrial
Industriegebiet n	industrial park
induzierbar	inducible
Induziertest m (für Krebs m)	inductest (cancer test)
ineinanderpassen v	nest v
ineinanderpassbar	nestable
ineinandersteckbar	nestable
Inert n -e pl	inert -s pl
inertisieren v	render inert v
Indolin n	indoline
Infektionsherd m	infection site
Infravidicon n	infrared vidicon
Ingraplast(R) n = naphthenisches Mineralöl als Weichmacher = naphthenic mineral oil as plasticizer	
Inhalationsanästhetikum n	inhalation anesthetic
Inhaltsstoff m	ingredient
Inhibitor m	inhibitor
Initialzündstoff m	primary detonating composition; initiator
Injektionsglas n	glass injector
Inkrementgeber m	increment transmitter
Innenausbau m	interior decoration
Innenbrenner m (Rakete f)	internally burning grain (rocket); internal grain
Innendienst m	internal administration; office work

Innenläufer m	internal rotor
Innenmischer m	internal mixer (e.g. Banbury)
inneres Anhydrid n	inner anhydride
innerer Ester m	inner ester
Inolin(R) n = ein Polyol n =	a polyol
-insäure f	-ynoic acid
Insektenfrass m	insect attack
instationär	unstationary
Instillation f	instillation
Integralschaumstoff m (Porengrösse in einer Richtung geregelt)	integrated foam material (pore size controlled in one direction)
Intensivrührer m	high-power agitator
Interferenzfarbe f	interference color
Interferenzstrom m	interferential current
Interferometer n	interferometer
interkurrent, intercurrent	intercurrent
Interleukin n	interleukin
intern	private
interpolymerisieren v	interpolymerize v
Interpolymer n	interpolymer
interspezifisch	interspecific
interstationär	interstationary
interstitiell	interstitial
Intervallbetrieb m	intermittent operation
Intervallprobe f	sample taken at intervals; interval sampling
Intimpflege f	feminine hygiene
Intim-Waschtuch n	hygienic tissue

Int. Pat. Ü. G. = Gesetz über die internationalen Patentübereinkommen n = law regarding international patent conventions

intraspezifisch	intraspecific
Intravasalraum m	intravasal space

Intron n -s pl	intron, -s pl
intrudieren v	flow mold v
Intrudieren n	flow molding; intrusion
intumeszierend	intumescing (paint); intumescent
invertierender Eingang m	inverting input
Invertseife f (Kationseife f)	invert soap (cationic detergent)
Investitionskosten f pl	initial outlay
Iobenzaminsäure f	iobenzamic acid
Iocarminsäure f	iocarminic acid
Iodamid n	iodamide

Iod n = Jod n (Iod jetzt vorzugsweise gebraucht) = iodine

Iodipamsäure f	iodipamic acid
Iodoxaminsäure f	iodoxamic acid
Ioglycaminsäure f	ioglycamic acid
Iohexol n (Röntgenkontrastmittel n)	iohexol (radiopaque medium)
IO-Linie f = in Ordnung-Linie (Fliessband n)	OK-line (assembly belt)
Ionenbeschichtung f	ion deposition
Ionenradius m	ionic radius
Ionenschwarm m	ionic cloud
Ionenstärke f	ionic strength
Ionenträger m	ionophore
Ionenverzögerung f	ion retardation

Ionol(R) oder Jonol(R) = 2,6-Di-tert.butyl-p-cresol n (Antioxidans n) = 2,6-di-tert-butyl-p-cresol (antioxidant)

Ionomer n	ionomer

Ionon(R) oder Jonon(R) = Riechstoff m = fragrance

Iopamidol n	iopamidol
Iopansäure f	iopanic acid
Iotalamat n	iothalamate
Iotalamsäure f	iothalamic acid

Iotroxinsäure f	iotroxic acid
Ioxitalamsäure f	ioxithalamic acid
Ioxitalaminsäure f	ioxithalamic acid

ip = intraperitoneal = intraperitoneal

IPA = Isopentenyladenosin n = isopentenyladenosine

IPC = Internationale Patentklassifikation f = international patent classification

Iopodate n	ipodate [nicht: iopodate]

IR = international registriert (Wz) = internationally registered (TM)

Ircon n = infrarotes Thermometer n = infrared thermometer

Irganox(R) = Stabilisator m = stabilizer

Irgazinrot(R) n	isoindolinone pigment
Irisblende f (opt)	iris diaphragm (opt)
IR-Marke f	internationally registered trademark
Isatin n = 2,3-Indolindion n	isatin = 2,3-indolinedione
Ischämie f	ischemia
isenthalpe Expansion f = negative integrale Expansion f	isenthalpic expansion = negative integral expansion
isenthalpisch	isenthalpic
Isethionat n	isethionate
isochron	isochronous
Isoenzym n	isoenzyme; isozyme
Isoenzymmuster n	isozyme pattern
Isoeugenol n	isoeugenol
Isoflavanoid n	isoflavanoid
Isogonan n	isogonane
Isoindolin n	isoindoline
Isoindolinon n	isoindolinone
isokratisch	isocratic
Isolat n	isolate

isolierte Doppelbindung f	non-conjugated double bond; unconjugated double bond
Isoniazid n	isoniazid

Isopaque(R) n = Metrizoat n (Kontrastmitteln n) = metrizoate (radiopaque medium)

isoperm	isoperm
isoperme Eigenschaft f (U.S. Patent 3,168,476) (Magnetmaterial mit besonderer Hysterese-schleife)	isoperm characteristic (magnetic material having special hysteresis loop)
Isophoron n	isophorone
Isophthalamsäure f	isophthalamic acid
Isopolysäure f	isopoly acid
Isoptere f	isoptic curve
Isoptere f	isopter
isopterisch	isoptic (curve of equal light sensitivity on retina)
isosbestischer Punkt m	isosbestic point
Isospin m	isospin
Isoster n	isostere
Isotaxie f	isotacticity
Isothiazol n	isothiazole
Isothiazolylphosphor m	isothiazolylphosphorus
Isoxazol n	isoxazole
ITO-Schicht f (Indiumoxid-Zinnoxid-Schicht, z.B. auf Glas)	ITO layer (indium oxide - tin oxide layer, e.g. on glass)

i.v. = in vacuo = im Vakuum n = under vacuum; in a vacuum

I-Wert m (Schmelzindex m)	I value (melt index) ASTM 1238-57T, e.g. I_5 = load of 5 kg

* * *

J = Kopplungswert m = coupling constant (distance between peaks in a multiplet NMR; measured in Hz = cps)

J = Viskositätszahl f (in Lösung bei 25° C gemessen)	= viscosity number (measured in solution at 25° C)
Jahresbeginn m = von ... bis heute	YTD = year to date
Jalape f	jalap

jato = Jahrestonne f = tons/year (veraltet; sage: t/a = tons per annum)

Jaysolve(R) = Glykolether m = glycol ether

J-Box f = jotförmiger Kasten for Textil-nassbehandlung	J-box = J-shaped box for textile wet treatment
J-Carbonsäure f	I-carboxylic acid; iodocarboxylic acid
jeder von uns	we all
Jocarminsäure f	iocarminic acid

Jod n = Iod n (jetzt auch im deutschen Sprachgebrauch) = iodine

Jodamid n (3-Acetamido-methyl-5-acetamido-2,4,6-trijodbenzoe-säure f)	iodamid (3-acetamidomethyl-5-acetamido-2,4,6-triiodobenzoic acid)
Jodbenzoldichlorid n	iodine dichlorobenzene
Jodcatgut n	iodine catgut
Jodchlorid n	iodine chloride
Jodfluorescein n	iodofluorescein
jodieren v	iodate v (treat with iodine); iodinate v (introduce iodine); iodize v (treat with iodine of iodide)
Jodierung f	iodation; iodination; iodization
Jodnummer f	iodine value

jodphenylessigsaures Natrium n	sodium salt of iodophenylacetic acid
Jodzyan n	cyanogen iodide
Joggingschuh m	jogging shoe
Joglycaminsäure f	ioglycamic acid
Johannisbrotkernmehl n oder Johannisbrotmehl n	carob seed meal; locust bean flour; St.-John's-bread flour
Jones-Reagens n (CrO_3+H_2SO_4 in Wasser/Aceton)	Jones reagent (CrO_3+H_2SO_4 in water/acetone)
Jonol(R) siehe Ionol	
Jonon(R) siehe Ionon	
Jopamidol n (Kontrastmittel n)	iopamidol (radiopaque medium)
Josumetsäure f	iosumetic acid
JT = Joule-Thomson	J-T = Joule-Thomson
Juckpulver n	itching powder
Julolidin n (U.S. Patent 2,245,261)	julolidine
(aus) jüngerer Erdgeschichte f	geologically recent
Junktim n	joint proposal (one proposal linked to another clause or stipulation)
juristische Person f	juristic person

* * *

K

K_{30} (R) = Mischung aus Natriumparaffinsulfonaten f = mixture of paraffin sulfonates of sodium

Kabelader f	cable core
Kabelschutzrohr n	cable sheathing
Kadenz f	firing frequency
Kaki f (chinesische oder japanische Dattelpflaume f)	kaki (Japanese persimmon)
Kalbdärme m pl	calf intestine
Kalibriereinrichtung f (siehe "kalibrieren v")	calibrating device; (sometimes:) sizing device
kalibrieren v	calibrate v (keep same dimension); size v (change size)
Kalibrierung f	calibration; sizing
Kaliumhydrogenphosphat n	potassium hydrogen phosphate; dibasic potassium phosphate
Kaliumdihydrogenphosphat n	potassium dihydrogen phosphate; monobasic potassium phosphate
Kaliumnonaflat n (Salz n der Perfluorbutansulfonsäure f)	potassium nonaflat (salt of perfluorobutanesulfonic acid)
Kaliumrhodanid n	potassium rhodanate; potassium rhodanide; potassium thiocyanate (preferred)
Kalkfleck m	water spot
Kalksalpeter m	nitrate of lime
kalorisch	thermal
kaltaushärten v	cold-set v
Kältebelastbarkeit f	low-temperature stability
kältebiegefest	resistant to low-temperature flexion
Kältebruch m	low-temperature brittleness
kältebruchfest	resistant to low-temperature impact rupture

Kältebruchtemperatur f	low-temperature brittleness
Kältebrücke f	cold-conducting bridge
Kältefestigkeit f	low-temperature resistance
Kaltelastomer n	RTV elastomer (room temperature vulcanizing elastomer)
Kältehaushalt m	cold balance
kältekonservieren v	cold-preserve v
Kälteleistung f	refrigeration output
Kältemittel n	refrigerant; coolant
Kälteschlagzähigkeit f	cold impact strength; low-temperature impact resistance
Kältespeicher m	regenerator
Kälteversprödung f	low-temperature brittleness
Kaltgasantrieb m	cold gas propulsion
kaltgesättigt	saturated at room temperature
kalthärten v	cure at room temperature v
Kalthaus n	freezer warehouse
kaltverstrecken v	cold-stretch v; cold-work v
Kalziumblocker m	calcium blocker; calcium channel blocker
Kaminschirm m	fireplace screen
kämm-leicht	easy to comb through
Kämmspinnen n	comb-type spinning
Kammzugband n	combed yarn ribbon
Kampimeter n	campimeter
kampimetrisch	campimetric
Kandellilawachs n (aus Pflanzen f pl)	candellila wax (vegetable wax)
Kanomycin n	kanomycin
Kante f	fringe
Kantenbeschichtung f (plast)	edge throwing power (plast)
Kantenform f	outline

kantengleich	equal-edge; equal-sided
kantieren v	cant v
Kanüle f	cannula
Kapillarrheometer n	capillary rheometer
Kapitalverhältnis n	equity position
Kaposi-Sarkom n (Aids-Hautkrebs m)	Kaposi's sarcoma (AIDS skin cancer)
Kaposi-Sarkomatose f (metastasierter Hautkrebs m)	Kaposi's sarcomatose (metastasized skin cancer)

Kapovaz f = kapazitätsorientierte variable Arbeitszeit f (Arbeiter wartet zuhause, kommt auf Abruf, wird nur für Arbeitszeit im Betrieb bezahlt)
= on-call work (worker waits at home to be called to work, gets paid only for working time in office or plant)

Kappe f (mech)	ball end (mech)
kappen v	cut v
Kapstachelbeere f (Physalis)	cape gooseberry (Physalis)
Karambole f (Frucht f)	carambola (fruit)
karbidisieren v	carbidize v
Kardantunnel m	universal shaft tunnel; transmission hump; universal shaft well
Karde f	carder
Kardiotomie f	cardiotomy
Karenzzeit f	grace period
Karkasse f (Reifen m)	carcass (tire)
Karotte f (Raketentreibstoff m)	sliver (rocket grain)
kartieren v	map v
Kartierung f	mapping
Kartuschlager n	cartridge chamber
Kassette f	cartridge

Kastenboden m (Säule f)	box tray (column)
Kastenfenster n	casement window
Kastenspeiser m	hopper feeder
Kastoreum n (getrocknete Biberdrüsen f pl)	castoreum (dried beaver's testicles)
Kathete f (rechtwinkeliges Dreieck n)	leg (right triangle)
Kathetenfläche f (Prisma n)	lateral face (prism)
Katheter einführen v	catheterize v; intubate v
Kathodenkammer f	catholyte compartment
Kathodenleuchten n	cathodoluminescence
Katzengang m	catwalk

Katzschmannverfahren n = Dimethylterephthalatproduktion f = production of dimethyl terephthalate (DMT)

Käuferschicht f	circle of customers
Kaufrahmenvertrag m	over-all sales contract
Kaule f (text)	feeding reel (text); unwinding drum (text)
Kauri n (Kurzbezeichnung für Kaurikopal, ein Harz)	kauri (resin, short for kauri copal)
Kautablette f	chewable tablet
Kavalierstart m (aut)	rabbit start; jackrabbiting (aut)

KB(R) = 2,6-Di-tert.-butyl-p-cresol n = 2,6-di-tert-butyl-p-cresol

kb = Kilobase n = kilobase [Siehe Nachtrag]

kbar = Kilobar n = kilobar

KB-Geschoss n = Kurzbahngeschoss n = short-range projectile

Kcal = Kilokalorie f	kcal = kilocalorie

KDP = Kaliumdihydrogenphosphat n = potassium dihydrogen phosphate

kegelstumpfförmig	frustoconical
Keileffekt m	prism effect
Keilglas n	prism lens
Keilverzahnung f	spline gearing

Keim m	microbe; germ
Keimbildner m (Kristall m)	nucleator (crystal)
Keimdichte f	germ density
Keimepithel n (weiblich)	germinal epithelium (female)
(männlich)	seminal epithelium (male)
keimfrei	germfree
Keimzahl f	germ count
Keimzähllager n	germ count store
Kellerassel f	sow bug
Kemamide(R) = 12-Hydroxystearamid n (auch ohne die 12)	= 12-hydroxystearamide (also without number 12)
Kennfeld n	performance graph
Kennung f	identification
Kennungskondensator m	identifying capacitor
kennzeichnungspflichtig	subject to obligatory marking; identification required
Keramikwolle f	ceramic wool
Keratometer n	keratometer
Kerbempfindlichkeit f	notch sensitivity
Kerbschlagzähigkeit f	notched impact strength
Kerbzähigkeit f	notch toughness
Kernechtrot n	standardized dye of alizarin series - red color
Kern-Einlegestation f (met)	core laying station (met)
Kernelöl n (Ölsäure und Linolsäure f)	kernel oil (oleic and linoleic acid)
Kernglas n	core glass
Kernmembran f	nuclear membrane
Kernpapier n	kraft paper
Kernradius m	nuclear radius
Kernresonanz f	nuclear magnetic resonance
Kern/Schale-Typ m (plast)	core-shell type (plast) shell-core type (plast)
Kernspaltungszünder m	fission trigger

Kernspintomograph m	NMR tomograph; nuclear spin t.
Kernspintomographie f	NMR tomography; nuclear spin t.
kernständig	nuclear-positioned
Kernwaffe f	nuclear weapon
Kernwaffentest m	nuclear-weapon test
Kerrzelle f (elektro-optische Blende f)	Kerr cell (electrooptical shutter)
Kerzenstock m (Fettsäuren f pl)	candle stock (fatty acids)
Ketal n	ketal
ketalisieren v	ketalize v
Ketamin n	ketamine
Keten n	ketene
Ketimin n	ketimine
ketonisch	ketonic
ketonisieren v	ketonize v
Ketonisierung f	ketonization
Ketonkörper m	ketone body
Kettelblende f	looping edge
ketteln v	bind v; tambour v
Kettenabbruch m	chain termination
Kettenfaltung f (chem)	chain folding (chem)
Kettenübertragungsmittel n	chain transfer agent
KeV = Kiloelektronenvolt n	kev = kilo electron volt

Kevlar(R) n = aromatische Polyamidfaser f = aromatic polyamide fiber

K_F = Kompetitionsfaktor m (im Androgen-Rezeptor-Test m)	C_F = competition factor (in androgen receptor test)

KG = Körpergewicht n = body weight

Kg = Kristallwachstumsgeschwindigkeit f (μ/min/°C) = crystal growth rate

KGW = Körpergewicht n = body weight

Kicker m	kicker; decomposition promoter
Kieselglas n	silicate glass; silica glass

Kieselsäure f	(hydrated) silica
Kieselsäuresol n	silicic acid sol
Kieselwasserglas n	silicate of sodium
Kiesel-Xerogel n	silica-xerogel
Killerzelle f	killer cell
Kilobase n (Mass für Länge des DNA-Stranges n) [Siehe Nachtrag]	kilobase (measure of length of DNA strand) [See Addendum]
kinematische Viskosität f (in Centistokes n pl)	kinematic viscosity (in centistokes)
Kinin n	kinin
Kipphebel m	rocker arm
Kippstufe f	multivibrator
Kiss-Coater-Rolle f	kiss-coater roll
Kittmesser n	caulking knife
kJ = Kilojoule n; KJoule n =	kilojoule
KKM = Kreiskolbenmotor m =	rotary piston engine
Klammer f	staple (med)
Klanke f	gouge
Klappe f	hatch
klappen v	flip v
klarfiltern v	clarify by filtration v
Klärpunkt m (Flüssigkristall m)	clearing point (liquid crystal)
Klarschmelzpunkt m	clear melting point
Klarsichtpackung f	transparent packaging; plastic bubble package
Klebefaktor m	cohesive factor
Klebeharz n	tackifying resin
Klebehimmel m (aut)	cemented dome (aut)
Klebepistole f	glue gun
Kleber m (Protein n)	gluten (protein)
Kleberdüse f	plasticizing nozzle
Klebeverhalten n	tackiness

klebfrei	tack-free
Kleb-Gleit-Effekt m (Ventil n)	stick-slip effect (valve)

Kleer-Tuff(R) = Acrylplastikbahn f =acrylic sheeting

Kleiderbügeldüse f	coat hanger die
Kleingerät n	small appliance
Kleinverflüssiger m	small-scale liquefier
Klemmleiste f	connecting strip
Klemmlinie f	nip
Klemmung f (Rakete f)	nozzle area ratio (rocket)
Klettenverschluss m (U.S. Patent 3,128,514)	Velcro(R) fastener; burr-type fastener
klimatisieren v	climatize v
Klinge f	cutting edge
klingeln v	ping v (aut)
klinisch-chemisch	clinicochemical
klinische Prüfung f	clinical trial
Klips m -e pl	clip
Klischee n	cliche
Klon m	clone
Klopfen n (med)	percussion (med)
Klopfpeitsche f	crop
Klopfschmerzhaftigkeit f	pain upon percussion
Klopfstärke f	knock intensity
Klp = Klärpunkt m (Kristall m)	cp = clearing point (crystal)

Klucel(R) n = Hydroxypropylcellulose f = hydroxypropylcellulose

Km = m-Konstante f (Enzymwirkung f) = m constant (enzyme efficiency)

KMR = kernmagnetische Resonanz f	NMR = nuclear magnetic resonance

kN = Kilonewton n = kilonewton

knautschen v	crush v
Knautschverhalten n	crushing characteristic

Knautschzone f	buckling zone; crumpling zone
Knebelverschluss m	becket
Kneter m	masticator
Knetmasse f	modeling paste; modeling clay
Knetwulst m	kneading bulge
Knick m (Kurve f)	discontinuity (curve)
knicken v	jackknife v (aut); fold v (through 180°)
Knickstabzünder m	collapsible detonator
Kniegurt m	knee belt
Kniekehle f	back of the knee
Knirschen n (Seide f)	scroop (silk)
knittern v	crinkle v
Knochenmarkpunktion f	spinal tap
Knochenneubildung f	bone regeneration
Knochenreifung f	bone maturation
Knochenverbund m	bone bond
Knochenzement m	bone cement
Knotenabsteller m (text)	knot stopper (text)
Koagulationsmittel n	coagulant
koagulieren v (wieder, erneut)	recoagulate v
koalisieren v	coalesce v; join v
Koazervat n siehe Coacervat n (kolloides System in Schichtaufbau)	coacervate (colloidal system in layers)
Köbes m (Kellner m, rheinischer Dialekt m)	waiter
köcheln v	simmer v
Kochplatte f	hot plate
Kochsalzlösung f (physiologische)	saline solution (physiological)

Kodaflex(R) = Weichmacher m = plasticizer

Köder m (Abdichtung f)	keder (seal)
Koflerbank f (schnelle Schmelzpunktbestimmung f)	Kofler heating bench (rapid melting point measurement)
Koflerheizbank f	Kofler heating bench
Kohlefaser f	carbon fiber
kohlehaltig	carbonaceous
Kohlekraftwerk n	coal-fired power plant
Kohlenoxidsulfid n = Kohlenoxysulfid n = Kohlenoxisulfid n (COS)	carbonyl sulfide; carbon oxysulfide (COS)
Kohlensäureanhydrase f	carbonic anhydrase
kohlensaures Barium n	barium carbonate
Kohlensäureschnee m	carbon dioxide ice
Kohlenstoffatom 13 n	number 13 C atom
kohlenstoffhaltig	carbonaceous
Kohlenstoffoxid n	carbon oxide
Kohleringlager n	radial carbon bearing
Kohlestahl m	carbon steel
Kokosfettamin n	coconut acid amine
Kokosfettsäure f	coconut acid
Kolbenboden m	piston cap
Kolbenbrennkraftmachine f	piston internal combustion engine
Kolbenkompressor m	reciprocating compressor
Kolbenmotor m	reciprocating engine
Kolbenschlitz m	piston groove
Kolbenspitzendichtung f	apex seal (rotary engine)
Kolbenspritze f	plunger-type syringe
Kolbenströmung f	plug flow
Kolbenventil n	plug valve
Kolb-Synthese f (Nitrile aus Halogeniden mit Alkali- oder Erdalkalicyanid)	Kolb synthesis (nitriles from halogenides with alkali or alkaline earth cyanide)
kollabieren v	collapse v

Kollaps m	collapse
kollaborieren v	collaborate v
Kollaboration f	collaboration
Kollagen n	collagen
kollegialiter	between (among) colleagues
kollidieren v	conflict v
Kollidin n	collidine
koloniebildend	colony-forming; colonizing
Kolonnenboden m	column plate
Kolophonium n	wood rosin
Kölsch (adj)	(of) Cologne; Cologne-type
Kölsch n	Cologne beer
Kolumbia n (Land n)	Colombia (country)
Komforthydraulik f	hydraulic comfortization
Kommandoschieber m	control slide
Kommunalabwässer n pl	municipal sewage
Komplementär m	unlimited partner
Komplexbildner m	complexing agent
Kondensationsfähigkeit f	condensability
Kondensatorverdampfer m	condenser-evaporator
Kondensattopf m	steam trap
Kondensor m (Linse f)	condenser (lens)
Kondenswasser n	condensed moisture
konduktometrisch	conductometric
konfektionieren v	mass-produce v
Konfektionsklebrigkeit f	building tack
Konformation f	conformation
konformativ	conformal
Kongosäure-Reaktion f	Congo acid reaction
Konjuen n (Dien n usw)	conjuene; conjugated ene compount (diene etc.)

Konjugat n (konjugierte Verbindung f)	conjugate (conjugated compound)
konkurrierende Werkstoffe m pl	competing materials
Konserven f pl	preserved foodstuffs
Konstantan n (Ni-Cu-Legierung f)	constantan (Ni-Cu alloy)
Kontakt m	catalyst; contact catalyst;
(gedruckte Schaltung f)	termination (circuit board)
Kontaktanlage f (Schwefelsäure f)	contact plant (sulfuric acid)
Kontaktapparat m	catalytic reactor
Kontaktfahne f	contact lug
Kontaktgas n	contact gas
kontaktlos	noncontact; noncontacting; noncontactual
Kontaktoxidation f	catalytic oxidation
Kontaktsäure f (durch Kontaktkatalyse produzierte Schwefelsäure f)	contact acid (sulfuric acid produced by contact catalysis)
Kontaktspitze f	contact tongue
kontrastdicht	high-contrast
Kontrastglocke f (Kurve f)	contrast bell (curve)
Kontrastierung f (Röntgenstrahlen m pl)	radiopacity (X-rays)
kontrastlos	nonopaquing
Kontrastmittel n	contrast medium; radiopaque medium
kontrastreich	sharply defined; well-contrasting
Kontrollballon m	control balloon
Konvektionstrockner m	convection dryer
Konvertgas n	conversion gas; converter gas

konz. = konzentriert	concd = concentrated
Konzentrat n (plast) auch:	masterbatch (plast)
Konzeptionsschutz m	contraceptive effect
Konzern m	concern
Konzernabschluss m	consolidated financial statement
Kopal n (Harz n)	copal (resin)
Kopf m (Druckwelle f) (Geschoss n)	cusp (pressure wave) nose (projectile)
Kopfgas n	overhead gas
Kopfpresse f	first press
Kopfspitze f	nose cone
Kopfstickstoff m	overhead nitrogen
Kopftemperatur f (Extruder m)	die temperature (extruder)
Kopfwasser n	scalp lotion
Kopiergerät n	copier
Koppel f	link
Koppers-Totzek-Verfahren n (Kohle- oder Petroleumvergasung f)	Koppers-Totzek process (gasification of coal or petroleum)
Kopplungskarte f (Gentechnologie f)	linkage map (genetic engineering)
Kopräzipitat n	coprecipitate
Korb m (Reaktor m)	cage (reactor)
Korbscheider m	basket separator
Korkmehl n	ground cork
Korndichte f	grain density
Korngrösse f	grain size
Kornverteilung f	grain size distribution; particle size distribution
Koronarerkrankung f	coronary heart disease
körpereigen	assimilated into the body; occurring naturally in body
Körperkenntemperatur f	internal body temperature
körperverträglich	physiologically compatible

korrosionsfest	corrosion-proof; anticorrosive
Korrosivität f	corrosivity
Kosmetiktuch n	facial tissue
Kosmos 40$^{(R)}$ = Kohletyp m = HMF carbon black	
auf Kosten von	at the sacrifice of
Kostenerfassung f	cost accounting
kostengünstig	cost-effective
Kot m	fecal pellets (rodents, insects)
Kothalter m	stool receptacle
koupieren v	curtail v
kpc = Kiloparsec n = kiloparsec	
KPG$^{(R)}$ -Rührer m (aus Glas n) = stirrer made of glass	
kpl. = komplett = complete	
Kräcker m	cracker
Kraftdehnung f	dynamic elongation
Krafteinleitungselement n	force-applying element
Kraftfluss m	power flow
Kraftlaufmesser m (el)	force flux meter
Kraftmaschine f (Hitze wird in mechanische Arbeit umgewandelt)	prime mover (heat is converted into mechanical work)
Kraftmaschine f (mechanische Arbeit wird in Wärme umgewandelt)	working engine (mechanical work is converted into heat)
Kraftschlussbeiwert m	traction coefficient
kraftschlüssig	force-derived
kraftschlüssig verbunden	connected by external force
kraftstoffarm	lean
Kraftstofförderschlauch m	fuel hose
Kraftstoffstrahl m (aut)	fuel jet (aut)
Kraftweg m	power train
krampfauslösend	spasmogenic
Krampfphase f	convulsive phase

Krankengymnastik f	physical therapy
Krankenstand m	sickness rate
Krankenstation f	ward
Krankheitserreger m	pathogenic organism; pathogenic germ
Krankheitsforschung f	etiology
Krater m (Überzug m)	crater (coating)
kraterlos	non-cratered

Kraton(R) = Butadien-Styrol-Blockcopolymer n = butadiene-styrene block copolymer

kratzen v (Wolle f)	card v (wool)
Kratzer m	carder
kratzfest	scratch resistant; mar resistant
Kratzfestigkeit f	scratch resistance; mar resistance
krebshemmend	cancerostatic
krebshemmendes Mittel n	cancerostatic
Krebszelle f	cancerous cell
kreiden v (kreidige Plastikoberfläche, nicht genug Bindemittel)	chalk v (chalky surface due to lack of binder)
Kreiselmesser m	gyroscope
Kreiselsystem n	inertial-guidance system
Kreislaufmittel n	circulatory stimulant (med); recycle medium (reactor)
Kreislaufstörung f	circulatory disorder
Kreisschneider m	circular blank cutter
Kreuzbein n	crossed bar
Kreuzgegenströmer m oder Kreuzgegenstromwärmetauscher m	crosscurrent heat exchanger; cross-countercurrent heat exchanger
Kreuzreaktion f	cross reaction
Kreuzstrom m	cross flow
kribblig	antsy

Kriechfestigkeit f	creep resistance
Kriechstromfestigkeit f	tracking resistance; tracking index
Kriechwiderstand m (el)	creep resistance
Kristallbeschaffenheit f (z.B. lamellenartig)	crystal habit (e.g. lamellar)
Kristallbrei m	crystalline sludge
Kristallfaser f	crystalline fiber
kristalliner Schmelzpunkt m (plast: thermoplastischer/thermoelastischer Zustand m; Abkürzung: kr.Fp.)	crystalline melting point (plast: thermoplastic phase/thermoelastic phase, abbreviation: cr. mp)
Kristallinität f	crystallinity
Kristallisat n	crystalline product; crystallized product
Kristallöl n	white spirit
Kroko-Optik f	crocodile look (fashion)
Kronenkork m (Flasche f)	crown cap; crown cork
Krume f (plast)	crumb
Krümel m (plast)	crumb
krümelig	friable
krumpfen v	shrink v
Kryochirurgie f	cryosurgery
Kryolith m = Na_3AlF_6	cryolite = Na_3AlF_6
Kryopräzipitat n	cryoprecipitate
Kryoskopie f	cryoscopy
Kryostat m	cryostat

Ks = Säure-Dissoziations-Konstante f = acid dissociation constant

KSA 28[(R)] = Tetraethylsilicat n = tetraethyl silicate

KSF[(R)] = Art Bleicherde f = type of bleaching clay

KTW = Kunststoffe im Trinkwasserbereich m pl = plastics for potable water services

Kübel m	pail
kubisch-raumzentriert	body-centered cubic
kubisch-flächenzentriert	face-centered cubic
kubischer Ausdehnungskoeffizient m	volume coefficient of expansion
Kuckucksspeichel m (Schaumzikade f)	cuckoo spit; cuckoo spittle (meadow spittlebug); also: toad spittle; frog spittle; frog spit
Kügelchen n	globule
Kugeldruckhärte f	ball indentation hardness; reverse impact hardness (plastic coating)
kugelig	globular
Kugelkette f (med)	bead chain (med)
Kugelkopfschreibmaschine f	ball-element typewriter
Kugelpulver n	ball powder; bullet powder
Kugelumlaufspindel f	ball and socket spindle
kühlen v (Zimmer n; Haus n)	air-condition v (room, house)
Kühlergrill m	radiator grille
Kühlermarke f	hood ornament
Kühlerzargengrill m	radiator frame grille
Kühlfalle f	cooling trap
Kühlgrenztemperatur f	cooling interface temperature
Kühlleistung f	cooling capacity (coolant); cooling efficiency (cooler); cooling power (coolant or cooler)
Kühlluftringdurchmesser m	air cooling ring diameter
Kühlsole f	cooling brine
Kükenkammtest m	chicken comb test
Kulanz f	favorable terms
Kuli m -s pl	ball-point pen
kümmerlich	stunted
Kumulation f	accumulation
Kumulen n	cumulene

Kunstkachel f	decorative tile
Kunstrasen m	artificial grass; artificial lawn
Kunststein m	decorative stone
Kunststoff-Fass n	plastics drum
Kupferchromit m	copper chromite
kupfernickelplattiertes Flusseisen n	cupronickel-plated fluid iron
Kuppe f (Schraube f)	point (lower end, not head, of a screw)
Kuppel f	rounded crest
Kuprat n	cuprate
Kurbelachslenker m	crank axle guide arm
Kurbelwinkel m	crank angle
Kurkuma f (Gelbwurz f)	curcuma (arrowroot); turmeric
Kurkumin n (Gewürz n)	turmeric (spice)
Kurrolsches Salz n (unlösliches Phosphat n)	Kurrol salt; Kurrol's salt (insoluble phosphate)
Kurvenwilligkeit f	cornering ability (aut); curve-handling ability
Kurzbahngeschoss n	short-range projectile
Kurzbewitterungstest m	short-term weathering test
Kurzbezeichnung f	abbreviation
Kurzflint m	short flint
kurzfristige Mittel n pl	short-term funds
Kurzkron m	short crown (optical glass)
Kurzmitteilung f	desk slip
Kurznachricht f	news in short
Kurzname m	abbreviation
kurzölig (Lack m; weniger Öl als Harz)	short-oil (less oil than resin in varnish)
kurzreichend	short-range
Kurzschlussventil n	overload valve
Kurzstart m	short take-off

kurz vor	close to
Kurzweil f	recreation
Kurzzeichen n	symbol; type number (goods)
Kuvertiermaschine f	envelope-stuffing machine
Küvette f	cuvette
Kuvöse f (Tiere n pl; Säuglinge m pl)	incubator (animals, infants)
KW = Kohlenwasserstoff m	HC = hydrocarbon
KW = Kurbelwinkel m = crank angle	
K-Wert m (Konstante der Eigenviskosität) (auch: Plastomerviskosität f)	K value (constant for inherent viscosity) (also: plastomer viscosity)
kWh = Kilowattstunde f	kwh = kilowatt-hour
Kynurenin n	kynurenine

* * *

L = leichtflüssig (Öl n) =	low-viscosity (oil)
Laborausstattung f	labware
laborieren v	lab-test v
Labormaßstab m	bench scale
Lackanzug m (Kleidung f)	wet-look suit (clothing)
Lackbenzin n	mineral spirits; painter's naphtha
Lackierung f	paints and varnishes
Lackleinöl n	varnish-making linseed oil
Lackmattierungsmittel n	varnish flattening agent
Lacktablette f	dragee; lacquered tablet
Ladergehäuse n (aut)	supercharger housing (aut)
Ladewirkungsgrad m	charging efficiency
Ladungsschichtung f	charge stratification
Laevansulfat n	levan sulfate
Lage f	ply plies pl
Lageraufnahme f	bearing socket
lagerbeständiger	having improved storage properties; showing longer shelf life
Lagerbronze f	bearing bronze
Lagermodul n	storage modulus
Lagerzeit f	conditioning time; storage time
Lagervorrat m	stock
lagervorrätig	available ex stock
lageveränderlich	position-variable
Lakmuspapier n (Nachweispapier n)	litmus paper; lacmus paper (indicator)
laktonisieren v	lactonize v
Laktonisierung f	lactonization
Lakune f	lacuna -ae pl

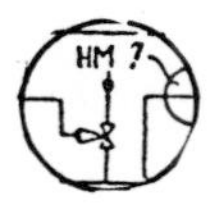

Lambdasonde f (aut)	air/fuel ratio detector (aut)
Laminariapulver n	pulverized laminaria
Laminat n	laminate
Laminatabblätterung f (plast)	delamination (plast)
Landesgericht n	upper district court
Lanette(R) = Cetyl/Stearylalkohol m = cetyl+stearyl alcohols	
Längenausdehnungs-koeffizient m	coefficient of linear expansion
Längenmessgerät n	linear measuring device
langfristige Mittel n pl	long-term funds
Langkettenverzweigung f	long-chain branching
lang-ölig (mehr Öl als Harz im Lack)	long-oil (higher oil than resin content in varnish)
Längsachse f (Molekül n)	long axis (molecule)
langsame Beanspruchung f	slowly applied stress
Langstreckenbomber m	long-range bomber
Längszweig m	series branch
Lanigan(R) = Wollschmiermittel n = wool lubricant	
laparotomieren v	laparotomize v
LAR = Leichte Artillerie-Rakete f = light artillery rocket	
Lariat-Struktur f	lariat structure
Larmorpräzession f	Larmor precession
Laserprozess m	lasing action
Laserschuss m	laser burst
Laserstrahl m	laser beam
Laserstrahlung erwirken v	lase v
Lasso-Struktur f	lariat structure
zu Lasten	for the sake of
Lastfühler m	load detector
Latecoll(R) = ein Polyacrylat n = a polyacrylate	
Lattenband n	lath belt
Latzhose f	overalls
Lauf m	footrace

Laufbahn f (Zylinder m)	working surface (cylinder)
Läufer m (Sport m) (Teppich m)	foot racer (sports) runner
Laufleistung f (Reifen m)	wearing ability (tire)
Laufmittel n	developer
Laufradeintritt m	impeller root
Laufrad-Test m	rotarod test; treadmill test
Laufschlaufendämpfer m (text)	festoon steamer (text); loop-type steamer; traveling loop steamer
Laufsohle f	tread
Laufstreifen m (Reifen m)	tread strip (tire)
Laufzeit f (Chromatographie f)	running time (chromatography)
Laufzeitperiode f	transit time period
Laugenzahl f	OH number
Launder-O-Meter(R) (Prüfung auf Farbechtheit f)	Launder-Ometer(R) (test for dye fastness)
Laurinat n	laurate
Laurinlactam n	lauryllactam
Läutermittel n (Glas n)	fining agent (glass)

LAV = mit Lymphadenopathie assoziiertes Virus n = lymphadenopathy-associated virus

Lavaldüse f (für Überschallströmgeschwindigkeit f)	de Laval nozzle (convergent-divergent nozzle for supersonic flow)
Lävopimarsäure f	levopimaric acid
Lävulinsäure f	levulinic acid
L/D = Längen/Durchmesser-Verhältnis n (Extruderschnecke f)	L/D ratio = length-to-diameter ratio (extruder screw)

LDH = Milchsäuredehydrogenase f = lactic acid dehydrogenase

l.d.I. = links der Isar (München) = on the left bank of the Isar river (Munich)

LDL = low-density lipoprotein (auch in Deutsch)

L-Dopa n (gegen Parkinsonismus m)	L-dopa (against parkinsonism)

LDV = Laser-Doppler-Velocimeter n = laser doppler velocimeter

Lebenskraft f	vigor; vital power
Lebenskunde f	life sciences
Lebensmittelfarbe f	food dye
Lebensmittelgesetz n	Foodstuffs Law; Foodstuffs Act
Leberfunktionsprüfung f	liver function test
Leberkraut n	hepatica
Leberpassage f	hepatic duct
Leberraffung f (Konzentration einer Substanz in der Leber)	liver accumulation (concentration of a compound in the liver)
Lebewesen n	organism; living organism
leckagenfrei	leak-free
leckdicht	leakproof
Leckverlust m	leakage loss
Leckwasser n	drip water

LED = Leuchtdiode f = light emitting diode

Ledeburit m	ledeburite
Leerkapsel f	placebo capsule
Leerrost m	idle grate
Leertablette f	placebo tablet
Leerturm m (Reaktor m)	open tower (reactor)
Legasthenie f	weakness in script writing
leicht (Gewicht n)	lightweight
Leichtbeton m	lightweight concrete
Leichtmotor m	light-duty engine
Leichtsieder m	low-boiler
Leimharz n	size resin
Leisten m (Schuh m)	last (shoe)
Leistung f (Verdichter m, BTU/Std)	duty (compressor, BTU/h)

Leistungsabgabe f	power output
Leistungsregelglied n	power control member
Leitenzym n	governing enzyme
Leiterbild n	printed circuit pattern
Leiterpolymer n	ladder polymer
Leitfläche f	guide surface
Leitgitter n	baffle screen
Leithändler m	key dealer; leading dealer
Leitplanke f (el)	conductor bar (el)
Leitrad n (Drehmomentenwandler m)	stator (torque converter)
Leitsatz m	axiom
Leitschicht f	conducting layer
Leitwerk n (Flugzeug n)	stabilizer (airplane)
Lektin n	lectin
Lenkausschlag m	steering deflection
Lenkfähigkeit f	steerability
Lenkgeschwindigkeit f	turning rate
Lenkhebel m	pitman
Lenkmutter f	steering nut
Lenkungsdämpfer m	steering damper
Lergotril n	lergotrile
Letalität f	lethality

Leu = Leucin n (Aminosäure f) = leucine (amino acid)

Leuchte f	flare
Leuchtfeld n (opt)	radiant field
Leuchtkerze f	flare candle
Leuchtkraft f	brilliance
Leucinaminopeptidase f	leucine aminopeptidase
Leukapherese f	leukapheresis

Levafix(R) = Reaktivfarbstoff m = reagent dye

Levan n (Polysaccharid n); Laevan n; Lävan n	levan (polysaccharide)

Levegal(R) = Salicylsäureester m = salicylic acid ester

Levonorgestrel n — levonorgestrel

Lewatit(R) = Ionenaustauscher m — Lewatite(R) = ion exchanger

lfdm = laufender Meter m = running meter

LHSV = liters/hour/standard volume (auch im Deutschen)

LiChrosorb(R) = Säulenfüllung für Chromatographie f = column filler for chromatography

LiChrospher(R) = siehe LiChrosorb = see LiChrosorb

Lichtauge n	photocell
Lichtchlorierung f	photochlorination
Lichtdach n	skylight
lichtdicht	lightproof
Lichtdiode f ; Leuchtdiode f	light emitting diode
Lichtdurchlässigkeit f	light transmission
lichtecht	lightfast
Lichtechtheit f	lightfastness
Lichtelektronik f	photoelectronics
lichtempfindlich	photosensitive
Lichtgradation f	light gradation
Lichtleiter m	optical fiber; lightguide
Lichtleitfaser f	lightguide fiber; fiber lightguide
Lichtleitstab m	lightguide rod
Lichtmarke f	luminous spot; visual stimulus (vision test)
Lichtmast m	light pole
Lichtofen m	electric furnace
lichtoxidieren v	photooxidize v
Lichtoxidierung f	photooxidation
Lichtpause f	photoengraving
Lichtriss m	light crazing
Lichtschutzmittel n	light protection agent; light protective

Lichtsinn m	visual sense
Lichtspalt m	streak of light
lichtstabil	light-stabilized; light-stable
lichtvernetzt	photocrosslinked
Lichtwaage f	light meter
Lichtwellenleiter m	fiber-optic waveguide; guided wave optical device; lightguide
Lichtwellenleiter-Preform f	fiber optical waveguide preform
Lichtwellenumwandler m	optical wavelength shifter
lidern v	seal gastight v
Lidschatten-Puderkompakt n	eye shadow powder compact
Lidschattenstift m	eye shadow pencil; eye shadow stick
Lidstrich m	eyeliner
Lieferdaten n pl	data of product as supplied
Liefersperre f	embargo; delivery injunction
Lieferungsqualität f	available grade
Liege f	chaise longue; chaise lounge
Liegebreite f (Folie f)	lay-flat width (film, sheet)
Liegendes n	floor
Ligand m	ligand
ligieren v (gen)	splice v (gen); join v (gen)
Lignocerinsäure f	lignoceric acid
Linalool n	linalool
Lindlar-Katalysator m [Pd/$CaCO_3$ (5%) + Pb(OAcetyl)$_2$]	Lindlar catalyst
in Linie mit	in alignment with
linienförmig	linear
linkes Herz n (med)	left heart (med)
linksdrehend	levorotatory
Linkszug m (Steuerrad n)	left pull (steering wheel)

Liodammar(R) = Lackbestandteil m = varnish ingredient

Liokyd(R) = ein Alkydharz n = an alkyd resin

Lioptal(R) = siehe Liokyd

Lipatol(R) = ein Polyesterharz n = a polyester resin

lipidisch — lipoid; lipoidal

Lipinol(R) = Weich-PVC-Extender m = extender for plasticized PVC

Lipogenese f — lipogenesis

Lipoid n (veraltet); Lipid n — lipoid ; lipid

Lipolit(R) = Styrol-Butadien-Copolymer n = styrene-butadiene copolymer

Liponsäure f = Lipoinsäure f = Thioctsäure f = Thioctinsäure f — lipoic acid = lipoic acid = thioctic acid = thioctic acid

lipophil — lipophilic

Lippe f (Extruder m) — die land (extruder)

Lippenglanzcreme f — lip gloss

Lippennagel m (bot) — labial spike (bot)

Lippenpinsel m — lipbrush

Lippenstifthülse f — lipstick case

Lisurid n (neurotropes Mittel n) = N-(D-6-Methyl-8-isoergolinyl)-N',N'-diethylharnstoff m — lisuride (neuropsychotropic agent) = N-(D-6-methyl-8-isoergolinyl)-N',N'-diethylurea

Litex(R) = wässrige Polymerdispersion f = aqueous polymer dispersion

Lithiumalanat n ($LiAlH_4$) — lithium alanate; lithium Al hydride; lithium tetrahydroaluminate; lithium aluminum hydride

Lithiumbenzyl n — benzyllithium

Lithiumdimethylkupfer n — dimethyllithium copper

Lithiumstyryl n — lithium styryl

Lithiumtri-tert.-butoxyalanat n — lithium tri-tert-butoxyaluminohydride

Litschis n pl (Früchte des Litschibaumes = Seifennussbaumes) — lychees; litchis (fruits from the litchi tree)

Lividomycin n	lividomycin
Lizenzgebiet n	licensed area
Lizenzsatz m	license fee

LM = Lösungsmittel n = solvent

Loch n (Gaspedal n)	pocket (gas pedal)
Lochkranz m	perforated rim
Lochscheibe f (Extruder m)	breaker plate (extruder)
Lochversuch m (plast)	hole test (plast)
Lockenwicklerheizer m	hair roller heater
locker	loose-textured
Lockstoff m	attractant
Lödigemischer m	Lödige mixer
Logistor m	fluid logic circuit
Lohnausrüster m	contractor

LOI = Sauerstoffindex m (Flammschutzmittel n) = limiting oxygen index (flame retardant)

Longdrink m	tall drink

Lorol(R) = ein Cetylalkohol m = a cetyl alcohol

lose	slack
lösemittelarm	low in solvent
lösemittelfrei	solvent-free; solventless
zu lösende Substanz f oder gelöste Substanz f	solute (substance to be dissolved; dissolved substance)
Lösewirkung f	solvent activity
Lösungsgleichgewicht n	solution equilibrium
Lösungsvermittler m	intermediate solvent; solubilizer
Lotfusspunkt m	plumb line base
Lotglas n	solder glass; soldering glass
Lotlineal n	spirit level; level

Lovibond(R) = Kunststoffarbennorm mit Lovibond Tintometer n = plastics color standard by Lovibond Tintometer

LPS = Lipopolysaccharid n = lipopolysaccharide

LRF = Luteinisierungshormon-Releaserfaktor m = luteinizing hormone releasing factor

L-Selectrid(R) = Reagens für selektive Reduktion = reagent for selective reduction

LT = Lacktechnik f = varnish or paint technology

LTR = lange Terminalwiederholung f = long terminal redundancy

Lückenbindung f	unsaturated bond
lückenlos	flawless
Lückenvolumen n	void volume
Luesserologie f	lues serology; syphilis serology
Luftbild n	virtual image
Luftblasen f pl	vapor lock (engine)
Luft-Boden-Lenkwaffe f	air-to-surface missile
Luftdämmung f	air dam
Luftdurchsatz m	air flow rate
Luftdusche f	air knife
Lufteinschluss m	air entrapment; trapped air
Luftgewehrkugel f	air gun pellet
Luftkasten m	air casing
Luftkissen n	airbag
Luftkolben m	pneumatic piston
Luftleistung f	air delivery
Luftmassenmesser m	air volumeter
gemeinsame Luftoxidation f	combined air oxidation
Luftpolsterfolie f	blister-type sheet
Luftreinhaltungsbestimmungen f pl	air pollution control regulations
Luftspülung f	air scouring
Lüftstellung f	lifting position
Luftstrom m	airstream
Luftzahl f	air factor; fuel-air factor; fuel-air ratio

Luftzufuhr f	air input
Luftzuführungsschlauch m	inflating tube
Lumazin n	lumazine
Lumen n	inside cross section

Lumetron n = Farbmessgerät n = colorimeter

Lumilux(R) = Lumineszenzfarbstoffe m pl = luminescent dyes

Lumineszenzdiode f	light emitting diode
Lunker m (Kunststoffolie f)	void (plastic film)
Lunte f	slubbing
Lupeol n	lupeol

Lupersol(R) = Vernetzungsmittel n = crosslinking agent

Lupine f (Pflanze f)	lupine; lupin (plant)
Lupinin n	lupinine
Luteolyse f	luteolysis
luteolytisch	luteolytic
Lutschtablette f	lozenge
Lymphabfluss m	lymphatic drainage
Lymphadenopathie f (geschwollene Lymphdrüsen f pl)	lymphadenopathy (swollen lymph glands)
Lymphangiektasie f	lymphatic vessel dilation
Lymphangiom n -ien pl	lymphatic vessel tumor
Lymphangiographie f oder	lymphangiography or
Lymphographie f	lymphography
lymphotrop	lymphotropic
Lyophilisat n	lyophilized product
Lyophilisator m	lyophilizer
lyophilisierbar	lyophilizable
lyophob	lyophobic

Lys = Lysin n (Aminosäure f) = lysine (amino acid)

Lysergsäure f	lysergic acid
lysogen	lysogenic

* * *

M = molar = molar

M-40[(R)] = Wärmeträger m = heat-transfer medium

mμ = Millimikron n = millimicron

mM = Millimol n mmol = millimole

MAC = Methallylchlorid n = methallyl chloride

Mackay-Test m (Schmälzmitteltest m) = Mackay test (test for wool lubricants)

Macrynal[(R)] = Acrylharz mit OH-Gruppen = acrylic resin with OH groups

Maddrellsches Salz n (unlösliches Natrium metaphosphat n)	Maddrell's salt (insoluble sodium metaphosphate)
magazinieren v	magazine v
Magensonde f	stomach tube
magnetelastisch	magnetoelastic
Magnetit m	magnetite
Magnetmotor m	magneto
magnetohydrodynamisch	magnetohydrodynamic
magnetooptisch	magnetooptic; magnetooptical
Magnetventil n	solenoid valve
Mahagonisäuren f pl (öllösliche Petroleum-sulfonate n pl)	mahogany acids (oil-soluble petroleum sulfonates)
Mahagoniseifen f pl (Salze von Petroleum-sulfonaten; Schmier-mittel n pl)	mahogany soaps (salts of petroleum sulfonates; lubricants)
Mahlglasfaser f	ground glass fiber
Maische f	crystalline sludge
Maiseinweichwasser n	corn steep liquor
Maisfettsäure f	corn oil fatty acid
Maiskeimöl n	corn oil; maize oil
Maisquellflüssigkeit f	corn steep liquor
Maisquellwasser n	corn steep liquor

MAK = maximale Arbeitsplatz-Konzentration f (in ppm) (Schadstoffe m pl)	MAC = maximum allowable concentration (in ppm) (pollutants)
Makroform f	macroform
Makropore f	macropore
makroporös	macroporous
maleinisieren v	maleinize v
Malignom n	malignant tumor
Malus m	penalty; surcharge
Mammakarzinom n	breast carcinoma; mamma carcinoma
man denke nur an ...	let one just consider... ; let one consider only...
Manganometrie f	manganometry
man kann sich denken ...	one may imagine ...; one may conceive ...
Mannon n (Polysaccharid n)	mannon (polysaccharide)
manometrisch	manometric
Mantel m (Geometrie f) (Lichtleiter m)	superficies (geometry) cladding (lightguide)
Mantelluftstrom m	bypass air
Manteltablette f	dry coated tablet
Manteltemperatur f (Extruder m)	barrel temperature (extruder)

MAO = Monoaminoxidase f = monoamine oxidase

Maprenal(R) = Hexamethylolmelaminderivat n (für Einbrennlacke m pl) = hexamethylol melamine derivative (for enamels)

mäq = Milliäquivalent n	meq = milliequivalent
mäquiv = "	meq = "

MAR = Mittlere Artillerie-Rakete f = medium artillery rocket

Maracuja f = Grenadille f = Passionsfrucht f	granadilla = grenadilla = passion fruit

Maradur(R) = Lackfarbe f = baking enamel

Maranyl(R) = ein Polyamid n = a polyamide

Maraplast(R) = Rasterdruckfarben f pl = screen printing inks

Marapol(R) = " "

Marchiafava-Anämie f	Marchiafava anemia
Margarinsäure f	margaric acid
Marikultur f	mariculture
markant	well-defined
Marker m	marker
markieren v (radioaktiv) " (Zeichnung f)	label v (radioactively); plot v (drawing)
Markierung f	label
Markscheide f	sheath of myelin

Marlipal(R) = Waschrohstoffe m pl = detergent raw materials

Marlophen(R) = nichtionisches Tensid n = nonionic tenside

Marlotherm(R) = Wärmeübertragungsflüssigkeit f, Wärmeträger m = heat-transfer fluid, heat-transfer medium

Marschflugkörper m	cruise missile
marschierender Spannungswert m (Modulanstieg beim Vulkanisieren)	marching modulus (increase in modulus during vulcanizing)
Marschstufe f (Rakete f)	sustainer stage (rocket); cruising stage (rocket)
Maschenweite f	interstitial width
Maschinenbau m	engineering
Maschinenkanone f	machine cannon
Maschinenraum m	engine compartment
Massbeständigkeit f	dimensional stability
massearm	low-mass
massebehaftet	bulky; massive
in der Masse färben v	bulk-dye v; color throughout v
Massenanalyse f	mass analysis
massenbezogene Kapazität f (Batterie f)	mass-related capacity (battery)
Massendurchsatz m	mass flow
Masseneinheit f	unit mass

Massengeschwindigkeit f (kg/sec·m²)	mass velocity (lb/sec·sq ft)
Massenkraft f	inertial force
Massenprozent n	percent by weight; weight percent
Massenschmelzpunkt m	bulk melting point
Massenstrom m (kg/h)	mass stream
Massenteil m, n auch:	part by weight
Massentransport-geschwindigkeit f	mass transfer velocity
Massenverhältnis n	mass ratio
Massepolymerisation f (kein extra Lösemittel, nur flüssige Monomere)	bulk polymerization (no extra solvent, just liquid monomers)
Massetemperatur f	mass temperature
nach Massgabe f	governed by
Masshaltigkeit f	dimensional stability
Massivgummi m	solid rubber
Massnahme f	expedient
Masstab m der Angemessenheit f	rule of reason
Masszahl f	parameter
Masterbatch m	masterbatch
masterbatchen v	masterbatch v
Masut n	mazut
mattieren v (Farbe f)	flatten (paint) v
Mattierungsmittel n	flatting agent
Mäuse-Ehrlich-Ascites-Tumorzellen f pl	Ehrlich-Ascites tumor cells in mice

m.a.W. = mit anderen Worten n pl = in other words

mb = Millibar n = millibar

MBS = Methylmethacrylat-Butadien-Styrol-Copolymer n = methyl methacrylate-butadiene-styrene copolymer

MC-Methode f = Mid-Century-Methode f (für Polyestermaterial n) = MC method = mid-century method (for polyester raw materials)

mC oder mc = Millicurie n — mc = millicurie

mCi = Millicurie n (bevorzugte Bezeichnung f) = millicurie (preferred name)

McPhail-Skala f (Gestagenaktivität f) — McPhail scale (gestagen activity)

MD = Mitteldruck m = intermediate pressure

Md = Mega-Dalton n (Atommasseneinheit f) = megadalton (unit of atomic mass)

mD = milli-Darcy n (Permeabilitätswert m) = millidarcy (permeability unit)

MDA = α-Methyl-3,4-methylendioxyphenethylamin n (Hallucinogen n) = α-methyl-3,4-methylenedioxyphenethylamine (hallucinogen)

MDH = Malatdehydrogenase f = malate dehydrogenase

mechanisch-chemisch — mechanochemical

Mechlorethamin n — mechlorethamine

Mediator m — mediator

Medium 100 n = wässrige Lösung, 0.1% Pepton, 0.2% Maisquellwasser, 0.5% D-(+)-Glukose und 0.5% Hefeextrakt = aqueous solution of 0.1% peptone, 0.2% corn steep liquor, 0.5% D-(+)-glucose and 0.5% yeast extract

Meclizin n — meclizine

Medrogeston n — medrogestone

Medroxyprogesteron n — medroxyprogesterone

Meerwein-Salz n = tert.-Oxoniumsalz n — Meerwein salt = tert-oxonium salt

Megatonnage f — megatonnage

Megestrol n — megestrol

Meglumin n = Methylglucamin n — meglumine = methylglucamine

Megluminsalz n (Kontrastmittel n) — meglumine salt (contrast medium)

Mefenaminsäure f — mefenamic acid

falscher Mehltau m der Rebe f — false grapevine mildew

Mehr n — surplus

mehrachsig (bot) — pluriaxial (bot)

mehrbahnig	multilane
mehrbasig (Treibladung f)	multiple-base (propellant)
mehrblättrig	polycotyledonous
mehreckig	polygonal
Mehrfachbindung f	multiple bond
Mehrfachfläschchen n	combi vial
Mehrfachkolben m	multiple piston
Mehrfacholefin n = mehrfach ungesättigtes Monomer n (z.B. Allen n)	multiple olefin = polyunsaturated monomer (e.g. allene)
mehrfach substituiert	polysubstituted
mehrfach tritiiert	multiply-tritiated
mehrfarbig	multicolored
mehrflutig	multiple-flow
mehrfunktionell	multifunctional
mehrgliedrig	multicomponent; multimember
mehrkammerig	multichambered; multiple-chambered
Mehrkomponenten- ...	multicomponent
Mehrkomponentenpolymermischung f	polyblend
mehrlagig	multilayer; multiple-layer
Mehrlochbrenner m	multihole burner
Mehrpunktstössel m	multipoint ram
Mehrradlenkung f	multi-wheel steering
mehrsäulig	multicolumn
mehrschichtig	laminate; multilayer; multiple-layer
mehrstöckig	multistory
mehrteilig	multipartite
mehrwandig	multiwall
Mehrwegeventil n	multichannel valve

Mehrweggebrauch m	multiple-trip use (bottle)
mehrwellig	multiple-shaft
Mehrwertsteuer f	value-added tax
mehrzweck	multipurpose
Mehrzonenschnecke f	multizone screw
mehrzylindrig	multicylinder
Meili-Mühle f (Gummimahlen n)	Meili mill (grinds rubber)
MEK = Methylethylketon n =	methyl ethyl ketone
Melatonin n = N-Acetyl-5-methoxytryptamin n	melatonin = N-acetyl-5-methoxytryptamine
Melengestrol n	melengestrol
Melissinsäure f	melissic acid
Mellithat n oder Mellitat n	mellitate
Mellithsäure f oder Mellitsäure f	mellitic acid
Membran f (Batterie f)	diaphragm (battery)
membrangebunden	membrane-bound
Membranpresse f	diaphragm press
Memory-Wert m (plast)	memory value (plast)
Mengenteiler m	volume distributor
Mengenteilerventil n	flow divider valve
im Menschen m	in human subjects; in man
menschliche Leistung f	human performance
Menthen n	menthene
Menthyl n	menthyl
Menthylhydrazin n (optisch aktives Ketonreagens n)	menthyl hydrazine (optically active ketone reagent)
Mentum n (bot)	mentum (bot)
Mepindolol n	mepindolol
Mepiprazol n (Psychopharmakon n)	mepiprazole (psychopharmaceutical)

Mephentoin n	mephentoin
Mereinheit f	mer unit
Meristem n -e pl	meristem
merklich	substantially
merkurieren v	mercurate v
Merkurierung f	mercuration
Mersolat(R) = Gummiemulgator m	= rubber emulsifier
Mesenchymzelle f	mesenchymal cell
Mesophase f	mesophase
mesopisch	mesopic
Messe f	fair
messerscharf	razor-sharp
Messerschiene f	cutter bar
Messnabe f	torque indicator
Messwandler m	measuring transducer
Messwertsignal n	measurement signal
Mesterolon n	mesterolone
Mesyl n = Methylsulfonyl n	mesyl = methylsulfonyl
mesylieren v	mesylate v
Mesylierung f	mesylation
Metabolitenmuster n	metabolite pattern
Metadrenalin n	metadrenaline
Metakaolin n = $Al_2O_3 \cdot 2SiO_2$	metakaolin
Metallabscheidung f	metal deposition
Metallatom n	metal atom; metallic atom
Metallcarbonyl n	metal carbonyl
Metalldampflaser m	metal vapor laser
Metalldesaktivator m	metal deactivator
Metallfaden m	metal whisker
Metallhydrid n	metal hydride
metallieren v	metalate v (not metalize!)
Metallierung f (organische Verbindung wird am Kohlenstoff durch Metallatom substituiert)	metalation (organic compound is substituted on the carbon atom by metal atom)

metallisieren v	metalize v, metallize v (not metalate!)
Metallisierung f (Metallschicht wird aufgebracht)	metalization, metallization (metal layer is applied)
Metallocen n	metallocene
Metallseife f	metallic soap
Metanephrin n	metanephrine
Metastasierung f	metastasizing
Metenolon n = Methenolon n (Steroid n)	metenolone; methenolone (steroid)
Meterware f	yard goods
Methacrylsäuremethylester m	methyl methacrylate
Methadien n	methadiene
Methamphetamin n	methamphetamine
methanisieren v	methanize v
Methanolyse f	methanolysis
Methansulfonchlorid n	methanesulfochloride
Methanwäsche f	methane wash
Methiodalnatrium n	methiodal sodium
Methionin n = Met (Aminosäure f)	methionine = Met (amino acid)

metho- = Methylgruppe am Seitenketten-C-Atom = methyl group attached to side-chain C atom

Methodik f	methodology
Methojodid n, Methoiodid n	methoiodide; methiodide
Methotrexat n (Krebsmedizin f)	methotrexate (anticancer drug)
Methrioltrinitrat n (Sprengöl n)	methriol trinitrate (explosive oil)
Methylal n	methylal
Methylcarboxycellulose f	carboxymethylcellulose
Methyldopa n	methyldopa
Methylenamino n (usw.)	methylenamino (preferred over methyleneamino)

methylenieren v	introduce the methylene group v
Methylenimino n (usw.)	methylenimino (not methyleneimino)
Methylindanon n	methylindanone
Methylol n	methylol
methylolieren v	methylolate v
Methylphosphonat n	methylphosphonate
Methyltetryl n = Trinitromethylphenylmethylnitramin n (Explosivstoff m)	methyl tetryl = trinitromethylphenylmethylnitramine (explosive)
Metiamid n	metiamide
Metrage f	length in meters
Metrizamid n	metrizamide
Metrizoesäure f	metrizoic acid
Meutehund m	hound

MeV = Megaelektronenvolt m = mega electron volt

MF = Melaminformaldehyd m = melamine formaldehyde

MF = Schmelzflussindex m = melt flow index; melt index (in Gramm/10 Minuten) (in grams per 10 minutes)

MG = Molekülgewicht n	MW = molecular weight
MHK = minimale Hemmkonzentration f	MIC = minimum inhibitory concentration
MHz = Megahertz n	Mc/s = megacycles per second, or also MHz = megahertz
micellar	micellar
Micelle f	micelle
Michael-Addition f	Michael addition
Miconazol n	miconazole

Migloyol(R) = Salbenöl n = ointment oil

MIG-Schweissen n	MIG welding (with inert gas and metal arc); metal-inert gas welding
MIK = maximale Immissionskonzentration f	MEC = maximum emission concentration

Mikroanalysator m	microanalyzer
Mikrobenbällchen n	microbe granule
Mikrobestimmung f	microanalysis
mikrobrownsche Beweglichkeit f	microbrownian movement
Mikrochirurgie f	microsurgery
Mikrodol(R) = Dolomitpulver n	= dolomite powder
Mikrofabrikation f	microfabrication
Mikrofonhalterung f	microphone mounting support
Mikrofotografie f (winziges Foto n vergrössert)	microphotograph (tiny photo enlarged)
Mikrogeschwür n	micro-ulcer
Mikroglasballon m	hollow glass microsphere
Mikroglaskugel f	glass microsphere
Mikroholz n	microthin wood
Mikromechanik f	micromechanics
Mikrometer n (Abkürzung f: µm, nicht mehr nur µ)	micrometer (abbreviation: mµ, no longer just µ); micron
Mikromorphologie f	micromorphology
mikronisieren v	micronize v
Mikroozonolyse f	microozonolysis
mikroporös	microporous
Mikroprozessor m	microprocessor
Mikro-Rohr n	microtube
Mikroschweissen n	microwelding
mikroschweissen v	microweld v
Mikrosom n	microsome
mikrosomal	microsomal
Mikrosonde f	microprobe
Mikrospektrophotometrie f	microspectrophotometry
Mikrostruktur f	microstructure
Mikrosuspension f	microsuspension

Mikroumgebung f	microenvironment
Mikroverkapselung f	microencapsulation
Mikrowaage f	microbalance
Mikrowachs n (Synthesewachs aus verzweigten Kohlenwasserstoffen C_{16}-C_{26})	microcrystalline wax (synthetic wax of branched hydrocarbons C_{16}-C_{26})
Mil n = 25.4 µm	mil = 25.4 µm
Milchdrüse f	mammary gland
Milchshake m	milk shake
mill = Million f = million	
Millimho n (Millisiemens n)	millisiemens (was: millimho)
minderdurchblutet	less blood-suffused
Minderwuchs m	retarded growth
Mine f (im Schreiber m)	filling (in writing implement); ink (in ball-point pen)
Minendruckzünder m	mine pressure fuze
Minenspitzer m (Bleistift m)	lead pointer (pencil)
minensuchen v	minehunt v
Minensucher m	minehunter
Minenwerfer m	mine mortar
Mineralcorticoid n	mineralocorticoid
mineralcorticoid (adj)	mineralocorticoid
Mineralisierungsmittel n = Mineralisiermittel n	mineralizing agent
Minicomputer m	minicomputer
Minimin n (ein Polypeptid n)	minimine (a polypeptide)
Mini-Schwein n (für das Labor n)	minipig (for the laboratory)
Minutenvolumen n (Herz n)	output per minute (heart)
Mio = Million f = million	

Miokon(R) = Diprotrizoat n (Kontrastmittel n) = diprotrizoate (contrast medium)

Mischanbau m (bot)	mixed planting (bot)

Mischester m	mixed ester
Mischinfektion f	mixed infection
Mischoxid n	mixed oxide
Mischphase f	blending phase; mixing phase
Mischpolyester m	copolyester
Mischpyrophosphat n	complex pyrophosphate
Mischsirene f	turbomixer
Mischung f	combination product
Mischungsfestpunkt m	mixed melting point
Mischwalzwerk n	mixing roll mill
Mischwerkstoff m	composite
mit (z.B. 1 mit 3)	through (e.g. 1 through 3; or 1 to 3)
Mitarbeiter m -in f	(male, female) assistant; (male, female) co-worker
Mitbenutzungsrecht n	shop right
Mithramycin n	mithramycin
Mitläuferpapier n	backing paper
Mitnehmerrolle f	cam roller
Mitomycin n	mitomycin
Mittelachse f	axis of symmetry
Mitteldruckchromatographie f	medium pressure chromatography
Mittelebene f	plane of symmetry
Mitteleuropa n	Central Europe
mitteln v	average out v
mittelständig	centrally positioned
Mittelstrich m	intermediate layer (coating)
Mitteltunnel m (aut)	central tunnel (aut)
mittelviskos	medium-viscosity
mitten vor	directly in front of
mittlere freie Weglänge f	mean free path
mittlerer Druck m	intermediate pressure

mittlere Säure f — intermediate acid

mitverhärten v — co-cure v

MJoule = Megajoule n = megajoule

MKR = magnetische Kernresonanz f — NMR = nuclear magnetic resonance

0.1 M Lösung f — 0.1-molar solution

ML-4 (4 = Rührergrösse f) (Wert für Gummiviskosität) siehe DIN 53 523 — ML-4 (4 = size of rotor) (value for rubber viscosity) see ASTM-D 1646-61

mM = Millimol n — mmol = millimole

MN = Meganewton n = meganewton

Mn = Molekülmasse f = number average molecular weight (Molgewicht, Zahlenmittel)

$\overline{M}$n = Absolutwert m von Mn = absolute value of Mn

Mobilitätsverhältnis n — mobility ratio

Moca(R) = Methylenbis-o-chloranilin n = methylenebis-o-chloroaniline

Modaflow(R) = Mittel zur Oberflächenspannungsänderung n = surface tension modifier

Modell n (Giesserei f) — casting (foundry)

Modellinfektion f — model infection (= experimental infection)

Modifizierungsmittel n oder Modifier m (plast) — modifier (plast)

Mohr m (Theater n) — blackamoor (mostly theatre)

Molalität f — molality

Moläquivalent n — mole equivalent; molar equivalent

molare Masse f — gram mole

Molarität f — molarity

Molekelgewicht n — molecular weight

molekulare Trenngrenze f — molecular weight cutoff

Molekülbeweglichkeit f — molecular mobility

Molekülmasse f — molecular weight

Molischreagens n — Molisch reagent

Molkepulver n — whey powder

Molluskizid n	molluscicide
Molmasse f (kg/kmol)	molecular weight; relative molecular mass
Molprozent n (Abkürzung: mol-%)	molar percent; mole percent; mol percent (abbreviation: mol-%)
Molsieb n	molecular sieve
Molverhältnis n	mole ratio
Molybdocen n	molybdocene
Molzahl f	mole number (obsolete); molecular mass quantity
Momentenmesser m	torquemeter
Monfil n	monofil; monofilament
Monochalkogenid n	monochalcogenide
monodispers	monodisperse
Monoen n	monoene
Monofil n	monofil; monofilament
Monoflop m	monoflop
Monographie f	monograph
monojodieren v oder monoiodieren v	monoiodinate v
monoklon	monoclonal
Monomethylethoxylat n (ein Polyglycolether m)	monomethyl ethoxylate (a polyglycol ether)
Monoolefin n	monoolefin
Mono-Nukleose f (Pfeiffersche Drüsenerkrankung f)	mononucleosis (Pfeiffer's disease)
monoquaternieren v	monoquaternize v
Monoquaternisierung f	monoquaternization
Monotherapie f	single-medicine therapy; therapy with each drug separately
monotrop	monotropic
monozyklisch	monocyclic

Montansäure f	montanic acid
Montanwachssäure f	montanic acid
Morphinan n	morphinan
Morphogen n (chemischer Botschafter m)	morphogen (chemical messenger)
Morpholinid n	morpholide
Morpholin-3-one n	morpholin-3-one
mörsern v	triturate v
Moschuskorn m	musk grain
mOsm = Milliosmol n (siehe "Osmol" n)	mOsm = milliosmol (see "osmol")
Mössbauer-Effekt m	Mössbauer effect
Motorfunktion f (med)	motoric function (med)
Motorik f	motoric function (med)
Motorraum m	engine space

MPa = Megapascal n = megapascal

mPa·s = Millipascals mal Sekunde (neuer Viskositätswert m) auch: mPa s = millipascals x second (new viscosity value)

Mpc = Megaparsec n = megaparsec

M-PVC = Massen-PVC n = bulk-polymerized PVC

Mrad = Megarad n = megarad

MR-Aufnahmetechnik f	MRI technique; magnetic resonance imaging technique
MR-Tomographie f (Kernspin-Tomographie f)	MR tomography (magnetic resonance tomography)
MS = Massenspektrum n	mass spectrum
MS = Massenspektroskopie f	mass spectroscopy

Ms = Mesyl n = mesyl moiety

MSA = Maleinsäureanhydrid n	MA = maleic anhydride

ms = Millisekunde f = millisecond

MSF = mehrstufiges Flashen n (Entsalzungsverfahren n) = multistage flash (desalination process)

MTA = Medizinisch-technischer Assistent m; Medizinisch-technische Assistentin f = medicotechnical assistant

Mucinsäure f = Tetrahydroxyadipinsäure f	mucic acid = tetrahydroxyadipic acid
Muffe f (Rohre n pl)	bell (pipes)
Mülldeponie f	refuse dump; waste dump
Müllgrossbehälter m	large waste container
Multichip m	multichip
Multielement n	multielement
Multien n	multiene; polyene (e.g. dicyclopentadiene)
Multifil n	multifil
Multifilkolonne f	multifil column
multilamellar	multilamellar; multilaminar
Multimode-Faser f (opt)	multimode fiber (opt)
Multiolefin n	polyolefin
Multiplett n	multiplet
Multiplikationsgestänge n	multiplying linkage
Multivial n	multivial
multizyklisch	polycyclic
Mumetall(R) = Legierung f (Ni-Fe-Cu-Cr-Mn)	Mumetal(R) = alloy (Ni-Fe-Cu-Cr-Mn)
Mundtrockenheit f	dryness of the mouth
Mündung f	junction point
Mundwasser n	liquid dentifrice; mouthwash
Muonium n (kurzlebige Substanz aus einem Muon n)	muonium (short-lived substance from a muon)
Muscalure n (Handelsname für Hausfliegen-pheromon)	muscalure (trade name for housefly pheromone)
Musikstück n	musical selection
Muskelrelaxans n -tien pl	muscle relaxant
muskel-relaxierend	muscle-relaxant

Mutagenese f mutagenesis

Mutationstest m mutatest

(im) Mutterleib m congenital

Mv = Molgewicht n (Viskositätsmittel n) = viscosity average molecular weight

$\overline{M}$v = absoluter Wert von Mv = absolute value of Mv

mV = Millivolt n = millivolt

mVal = Milliäquivalent n meq = milliequivalent

mVal/g = Milligramm-äquivalent n (oder Milliäquivalent pro Gramm) meg/g = milligram equivalent (or milliequivalent per gram)

mVal/ml = Milliäquivalent n pro Milliliter m meq/ml = milliequivalent per milliliter

MVZ = mittlere Verweilzeit f medium residence time; average residence time

MW = Mikrowelle f = microwave

Mw = Molekulargewicht n (Gewichtsmittel n) = weight average molecular weight

$\overline{M}$w = absoluter Wert von Mw = absolute value of Mw

MW = Mittelwert m = average value; averaged value

MWST = Mehrwertsteuer f = added value tax

Myrj(R) = Sammelname für nichtionische oberflächen-aktive Mittel = collective name for nonionic surfactants

myS = µS = Microsiemens n = micromho or µmho (obsolete; now:) microsiemens

* * *

N = normale Bedingungen f pl (0° C, 1 ata) = normal conditions (0° C, 1 atmosphere absolute)

N = normal (Konzentration f) = normal (concentration)

^{14}N oder N^{14} = radioaktiver Stickstoff m, Stickstoff-14 m = ^{14}N = radioactive nitrogen; nitrogen-14

$( )_n$ z.B. $(HF)_n$ = dichte Molekülverbindung f = close bond-like association of like molecules

n = normal (Struktur f) = normal (structure)

NA = Noradrenalin n = noradrenaline

n.a. = nicht auswertbar = inestimable

NAA = α-Naphthalinessigsäure f = α-naphtheleneacetic acid

Nabenblende f	hubcap
Nacharbeit f	finishing operation
nacharbeiten v	reproduce v
Nachauflauf m (bot)	post-emergence (bot)
nachazetylieren v	reacetylate v
Nachazetylierung f	reacetylation
Nachbehandlung f	aftertreatment
nachbeladen v	recharge v
Nachbrennzeit f	afterburning time
Nachdieseln n	dieseling
Nachdruck m	dwell pressure
nacherhitzen v	reheat v
Nacherhitzer m	reheater
Nachfallen n	continued gravity feed
Nachflammen n (Kanone f)	flashback (gun)
nachfräsen v	remill v
nachführen v	trace v
Nachfüllung f	topping off

nachgängige Veröffentlichung f = reference published after German filing date, but before U.S. filing date (pat)

nachgeschaltet	separate (loosely); connected downstream of (precisely)
nachglühen v (met)	postanneal v (met)
Nachhall m	echo
Nachhärtung f	final cure; post hardening
im Nachhinein ausfinden v	second-guess v
nachhydrieren v	rehydrogenate v
nachimprägnieren v	afterimpregnate v; post-impregnate v
Nachimprägnierung f	afterimpregnation; post-impregnation
nachkorrigieren v	recorrect v
Nachlauf m (Rad n)	positive caster (wheel)
Nachlaufbohrung f	lag bore
Nachlaufen n (aut)	dieseling (aut)
nachlaufen lassen v	replenish v
Nachläutern n	reboiling
nachläutern v	reboil v
Nachleitgitter n	last set of guide baffles
Nachmehl n	middlings
nachprüfen v	retest v
Nachreaktion f	post-reaction; secondary reaction
Nachschneider m	rearward taper
Nachschrumpfung f	age shrinkage; post-shrinkage
Nachschwaden m (CO_2)	black damp (CO_2)
nachschwellen v	reswell v
Nachschwindung f	age shrinkage; post shrinkage
nachschwingen v	reverberate v
nachspritzen v	dribble v
nachspülen v	repurge v
Nachsynthese f	resynthesis

nachträglich verformen v	postform v
nachtriggern v	retrigger v
nachtriggerbar	retriggerable
nachverdichten v	recompress v
Nachverdichter m	recompressor
Nachveresterung f	secondary esterification
Nachvernetzung f	secondary crosslinking
nachvollziehen v	retrace v
nachwaschen v	rinse v
Nachwascher m	rescrubber
Nachweisreaktion f	identification reaction
nachzentrieren v	recenter v
Nachzentrierung f	recentering
Nachzugfärbung f	secondary exhaustive dyeing
Nackenstütze f	headrest
Nadelfilz m	stitched felt
Nadelvlies n	needled mat; needle-punched web

$NADH_2$ = Dihydronicotinsäureamid-Adenindinucleotid n = dihydronicotinic acid amide adenine dinucleotide

Nafion(R) = Kationenaustauscher m = cation exchanger

Naftolen(R) = Gummiweichmacheröl n = rubber plasticizer oil

Nagelanker m	anchor nail
Nager m	rodent
Nährbouillon f	nutrient broth
Nahrungsallergie f	nutrient allergy
Nahrungskarenz f	fasting
nahrungsmittelrein	food-grade
n-Alkyl n (geradkettig)	n-alkyl (straight-chain)
Naloxon n (Morphin-Antagonist m)	naloxone (morphine antagonist)
NAND-Gatter n	NAND gate; NOR AND gate
Na-Petrolsulfonat n Natriumpetrolsulfonat n	sodium petroleum sulfonate

Naphthabenzin n — solvent naphtha
Naphthazin n — naphthazin; naphthazine
napieren v — cover with sauce (sour or sweet) v
Naproxen n = d-2-(6-Methoxy-2-naphthyl)-propionsäure f = d-2-(6-methoxy-2-naphthyl)propionic acid; naproxen
narkotisieren v (einschläfern v) — anesthetize v
(Drogen anwenden v) — narcotize v
Nasenrachenröhre f — nasopharyngeal tube
Nassdampfgebiet n — liquid-vapor region
Nass-in-Nass — wet-on-wet
Nassrupffestigkeit f — wet pick resistance
nativ — native
native Fettsäure f — natural fatty acid
Natreen(R) n = Süßstoff m = artificial sweetener
Natriumaluminiumtetraphenyl n — sodium tetraphenylaluminum
Natriumedetat n — sodium edetate
Natriumhydrogensulfat n — sodium bisulfate
Natriumhydrogensulfid n — sodium bisulfide
Natriumhydrogensulfit n — sodium bisulfite
Natriumhydrogentartrat n — sodium bitartrate
Natriumlauge f — sodium hydroxide solution
Natriumlaurinate n — sodium laurate
natronalkalisch — caustic alkaline
Naturumlauf m — natural convection
N-Buli n — n-butyllithium
NC = Nc = Nitrocellulose f = nitrocellulose
n.b. = nicht bestimmt = not determined
NC-Lack m = Nitrocelluloselack m — NC lacquer = nitrocellulose lacquer
ND = Nenndruck m = nominal pressure
ND-Dampf m = Niederdruckdampf m — low-pressure steam
n-Dodecylbenzolnatriumsulfonat n — sodium n-dodecylbenzenesulfonate

ND-Polyethylen n (Niederdruckpolyethylen n)	HD polyethylene (high-density polyethylene)
NE = nicht-Eisen n	NF = nonferrous
Nebel m	also: cloudwater
Nebeneinschlag m	secondary hit
nebengeordnet	tantamount
Nebengruppe f	subgroup
Nebenkette f	subchain
Nebenprodukt n	by-product
Nebenregister n (Wz)	Supplemental Register (TM)
Nebenstrecke f	sidetrack
Nebenstrom m	side stream
Nebenstromleitung f	bypass conduit
Nebenstromverhältnis n	bypass ratio
Nebenwelle f	secondary wave
neckisch	whimsical
Negativform f	female mold
Negativlinse f	diverging lens; negative lens
Neigung f zu Spannungsrissen m pl	tendency toward stress cracking
nematogen (monotrop nematisch)	nematogenic (monotropically nematic)
NE-Metall n (Nichteisenmetall n)	NF metal (nonferrous metal)
Neodym n	neodymium
Neohexanal n (ein Aldehyd m)	neohexanal (an aldehyde)
Neohexanol n (ein Alkohol m)	neohexanol (an alcohol)
Neophylchlorid n	neophyl chloride
Nephrographie f	nephrography
Neriifolin n (Herzglycosid n)	neriifolin (cardiac glycoside)

Nerv m	stamina
Nervengas n	nerve gas
Nervenversagung f	nervous breakdown
Nervonsäure f = 15-Tetracosensäure f	nervonic acid = 15-tetracosenoic acid
Nesquehonit m	nesquehonite
Netropsin n	netropsin
Netzbogenlänge f (vernetzte Polymere n pl)	network chain length (crosslinked polymers)
Netzmittel n (plast)	crosslinking agent (plast)
Netztransformator m	line transformer
Neuraminsäure f	neuraminic acid
neuroendokrin oder neuroendocrin	neuroendocrine
neuroleptisch	neutroleptic
Neuropsychopharmakum n -ka n pl	neuropsychopharmaceutical
neuropsychotrop	neuropsychotropic
neurotoxisch	neurotoxic
Neurotoxizität f	neurotoxicity
neurotroph	neurotrophic
neurovegetativ	neurovegetative
Neutralreinigungsmittel n	neutral cleaner
Neutronenflusswert m	neutron flux level
NG = Glycerintrinitrat n	= glycerol trinitrate

ng = Nanogramm n = nanogram

NGu = Nitroguanidin n = nitroguanidine

Niagarafilter n	Niagara filter
Nialamid n	nialamide

Nibren(R) = Naphthalinwachse n pl = naphthalene waxes

Nichrome(R) = oxidationsbeständiges Material n = oxidation-resistant material

nicht abbaubar	nondegradable
nicht abgekühlt	uncooled
nicht abgeschossen	unfired

nicht absorbiert	unabsorbed; nonabsorbed
nicht adsorbiert	unadsorbed
nicht akustisch	nonacoustic
nicht angetrieben	unpowered
Nichtannehmbarkeit f	unacceptableness; unacceptability
nicht anpassbar	unconformable
nichtaromatisch	nonaromatic
nicht aufgenommen	unabsorbed; nonabsorbed
nicht ausgesucht	random
nicht aussetzend	non-skipping
nicht aus Zellulose f	non-cellulosic
nicht basisch (chem)	nonalkaline
nicht befleckend	nonstaining
nicht beheizt	unheated
nicht bestimmungsgemäss	errant; nonstandard
nicht brennbar	noncombustible
nicht chemisch	nonchemical
nicht codierend	noncoding
nicht cyclisch	noncyclic
nicht desorbierbar	nondesorbable
nicht destillierbar	undistillable; non-distillable
nicht detonierend	nondetonating
nicht diffundierend	nondiffusing
nicht dispergierend	nondispersive
Nichtedelmetall n	base metal
Nichteinsatz m	nonuse
nicht elastisch	inelastic
nicht elastomer	nonelastomeric
Nichtelektrolyt m	nonelectrolyte
nichtenteral	nonenteral
Nichterscheinen n	nonappearance

nicht estrogen	non-estrogenic
nicht extrahierbar	nonextractable
nicht färbend	nonstaining
nicht feststellbar	undetectable; indeterminable
nicht flüchtig	nonvolatile
nicht gealtert	unaged
nicht gebunden	unbound
nicht gedämpft	undamped
nicht gedrosselt	unthrottled
nicht gefährlich	nonhazardous
nicht gefällt	unprecipitated; nonprecipitated
nicht gefärbt	uncolored; undyed
nicht gefördert (Petroleum n)	unrecovered (petroleum)
nicht geführt	unguided
nicht gehärtet (Metall n)	untempered (metal)
nicht gelöst	undissolved
nicht gereckt (plast)	unstretched; nonoriented (plast); unoriented (plast)
nicht gerichtet	nondirectional; nonoriented; unoriented
nicht geschlitzt	unslotted
nicht gestreckt (Faser f)	undrawn (fiber)
nicht giftig	nonpoisonous
nichthaftend	nonadhesive
nicht humanpathogen	human-nonpathogenic
nicht ideal	nonideal; unideal
nicht induziert	uninduced
nichtinvertierend	noninverting
nicht isoliert	uninsulated

nicht katalysiert	uncatalyzed
nichtklebend	no-stick
nicht klebend oder nicht klebrig	nonsticky; tack-free
nicht klinisch	nonclinical
nicht kodierend	noncoding
nicht kompensiert	uncompensated
nicht kondensierbar	incondensible; noncondensible
nicht kondensiert	uncondensed
nichtkonjugiert	unconjugated
nicht korrosiv	noncorrosive
nicht kristallin	noncrystalline
nicht kristallisierbar	uncrystallizable; noncrystallizable
nicht kritisch	uncritical
nichtleitend	nonconductive; nonconducting
Nichtlösemittel n oder Nichtlösungsmittel n	non-solvent
nichtleuchtend	nonluminous
nichtmagnetisch	nonmagnetic
nicht methyloliert	unmethylolated
nicht modifiziert	unmodified
nichtoperativ	noninvasive
nicht orientiert	unoriented
nicht oxidiert oder nicht oxydiert	nonoxidized; unoxidized
nicht pigmentiert	unpigmented
nicht plan	nonplanar
nicht polar	nonpolar
nicht polarisierbar	nonpolarizable
nicht polymer	nonpolymeric
nicht polymerisiert	unpolymerized
nicht porös	nonporous

nichtprotisch	aprotic
nicht radioaktiv	nonradioactive
nichtreaktiv	inert; unreactive; nonreactive
nicht reduzierbar	unreducible
nicht reduziert	unreduced
nicht rekombiniert (= nicht gekoppelt)	nonrecombinant
nicht reproduzierbar	irreproducible
nichtrostend	rustproof
nicht ruhig	unquiet
nicht salzartig	nonsaline
nichtsauer	nonacidic
nicht schmelzbar	infusible
nichtspezifisch	unspecific
Nichtspezifität f	unspecificness
nicht stabilisiert	unstabilized
nicht stationär	nonstationary
nichtsteril	unsterile
nicht steroidal	non-steroidal
nicht stöchiometrisch	nonstoichiometric
nichtstrahlend	nonradiative
nicht synchron	nonsynchronous
nicht systematisch	unsystematic
nicht tangential	untangential
nicht tödlich	nonlethal
nicht toxisch	nontoxic
nicht trächtig	nonpregnant
nicht transparent	nontransparent
nicht verbrannt	unburned
nicht verbunden	unconnected
nicht verdampft	unvaporized
nichtverfärbend	nondiscoloring

-	-
nicht verkäuflich	unsalable
nicht verklebend	tack-free
nicht vernetzt	uncrosslinked (plast)
nicht verschwenkbar	not pivotable
nicht verstärkt	nonreinforced
nicht verzweigt	unbranched
nicht vulkanisiert	unvulcanized
nicht wasserlöslich	water-insoluble
nicht wässrig	nonaqueous
nichtwiederholend	non-redundant
nicht zugehörig	unassociated
nicht zyklisch	noncyclic
Nickelacetessigester m	nickel ethyl acetoacetate
Nickelimprägnier-katalyst m	impregnated nickel catalyst
Nidation f	nidation
Niederdruckpolyethylen n	high density polyethylene
Niederhalter m	depressor; hold-down
Niederlassungsort m (Firma f)	corporate address (company)
niederpolig	low-polar
Niereninsuffizienz f	renal insufficiency
nigrostriatal	nigrostriatal
NIH-Einheit f (US-Staatliches Gesundheitsamt n)	NIH unit (National Institutes of Health unit)
Niobat n (ferroelektrisches Metall n)	niobate (ferroelectric metal)
Nipasol(R) = p-Hydroxybenzoesäurepropylester m = propyl p-hydroxybenzoate	
Nitranilid n	nitroanilide; nitranilide
Nitrene n pl (Verbindungen der Formel $R_2C:NR:CR_2$)	nitrenes (group of compounds of formula $R_2C:NR:CR_2$)
nitrieren v (nur für Metallhärtung f)	nitride v (only for hardening of metals)

Nitro-Dur(R) = Nitroglyceringel, durch die Haut absorbiert = nitroglycerin gel, absorbed through skin

Nitroimidazol n	nitroimidazole
Nitromannit m	nitromannitol
Nitrooxy n	nitrooxy
Nitropenta n	pentaerythritol tetranitrate; PETN
Nitrostärke f	nitrostarch
nitscheln v (Faser zu Garn zwirnen)	twist (fiber into yarn) v
nivellieren v	equalize v

NK = Naturkautschuk m = natural rubber

Nl = Normalliter m = normal liter

Nm = Newton·Meter = Joule (J) n

Nm^3 = Volumeneinheit bei 0° C und 1 Atmosphäre f = volumetric quantity based on 0° C and 1 atmosphere absolute

N-Methyltaurid n	N-methyltaurine

nmol = Nanomol n = nanomole

NMP = N-Methylpyrrolidon n = N-methylpyrrolidone

NMRI = Naval Medical Research Institute (Name für eine Mäuseart f) (name of mouse strain)

NMR-Aufnahmetechnik f	NMR imaging = nuclear magnetic resonance imaging
NMR-Tomographie f * = MR-Tomographie f = Kernspin-Tomographie f	NMR tomography* = MR imaging = nuclear spin tomography

NNMG = 1-Nitroso-3-nitro-1-methylguanidin n = 1-nitroso-3-nitro-1-methylguanidine

nociceptiv; nozizeptiv	nociceptive
Nocke f	nub
Nomifensin n	nomifensine
Nonaflat n = Perfluorbutansulfonsäure f	nonaflat = perfluorobutanesulfonic acid
Nonansäure f	nonanoic acid
Nonensäure f	nonenoic acid

* bevorzugt; preferred

non-tox (auch im Deutschen)	non-tox; nontoxic
Non-woven n	nonwoven fabric
Noppe f	nub
Noraplast(R) = PVC auf Kork m	=PVC on cork
Norbornen n	norbornene
Nordel(R) = schwefelhärtbare Terpolymere n pl = sulfur-curable terpolymers	
Norgestrel n	norgestrel
Normalbenzin n	petroleum ether
normale Mine f (Bleistift m)	standard lead (pencil)
Normaltag m (Meeresspiegel m)	standard day (sea level)
Normbereich m	normal range
normoton	normotonic
Normotonie f	normotonia
Nostalgie f	nostalgia
nOT = nach oberem Totpunkt m = post dead center	
Notiz f	press release
NPG = Neopentylglycol n = neopentyl glycol	
NR (auch in deutschen Texten) = Naturkautschuk m = natural rubber	
ns = Nanosekunde f = nanosecond	
nüchtern	fasting
Nucleocapsid n	nucleocapsid
Nucleofug n	nucleofugal entity or nucleofugal group or nucleofugal residue
nuclearer Sprengsatz m nuklearer Sprengsatz m	nuclear device
Nucleophilie f	nucleophilicity
Nukleierungsmittel n	nucleating agent
Nukleophilität f	nucleophilicity
Nullintensität f	zero intensity
Nuostab(R) = eine Reihe von Vinylstabilisatoren = a series of vinyl stabilizers	
Nutmutter f	slotted nut

-	-
Nutzentladung f	useful discharge
Nutzinhalt m	useful capacity
Nutzkraftfahrzeug n	pickup truck
Nutzleistungsturbine f	output turbine
Nutzpflanze f	cultivated plant
Nutzungsgrad m	degree of utilization

n.Wg. = nach Westergren = Senkungsreaktion f = depression of energy level

NX-585-C(R) = Zinkoxidpaste f = zinc oxide paste

Nymphe f	naiad; nymph (both, for mythical figure and for immature insect)

NZ = neue Zeile f = new line

* * *

ÖAB = Österreichisches Arzneibuch n = Austrian Pharmacopoeia

Oberbekleidungsstück n	upper garment
oberer Heizwert m	gross calorific value
oberflächenaktiv	surface-active
Oberflächenaktivstoff m	surfactant
Oberflächenwiderstand m	surface resistance (ohm)
Oberinspektor m	Senior Supervisor
oberirdisch	aboveground
Oberkasten-Modell n (met)	copemold (met)
Oberlauf m (Fraktion f)	head stream (fraction); top stream
Oberphase f	supernatant phase

Oberregierungsrat m = leave as is or: Senior Administrative Counsellor

Oberriemchen n (mech)	top apron (mech)
Oberschenkel m	femur
Oberstein m	top half of mold
Oberwerkzeug n (Presse f)	upper die (press)
objektivieren v	objectify v
Obstfliege f (Ceratitis capitata)	medfly; Mediterranean fruit fly
Octogen n oder Oktogen n = Cyclotetramethylen-tetranitramin n	octogen = cyclotetramethylene-tetranitramine

Ocusert(R) = Augendepot-Medizin f = eye insert medicine

OC = Oral-Contraceptivum n -a pl = oral contraceptive

OD-Kolonne f (nach Otto Degussa) = Entschwefelungssäule f	desulfurizing column
Odorierungsstoff m	odorant

OE = Ortsempfang m = local reception

OEG = obere Entglasungstemperatur f = upper devitrification temperature

Oeillet n — eyelet

OE-Spinnen n = Offenendspinnen n = open-end spinning

ÖFeN = Öffentliches Telefonnetz n = public telephone network

Ofenerhitzung f (met) — furnace sintering (met)

Ofengicht f — furnace throat

offen — unsealed

Offenbarungsauszug m (Patentanmeldung f) — abstract (patent application)

offen bleiben v — leave undefined v

offene Frage f — lingering question

offene Fraktur f (med) — compound fracture (med)

offengelegt — open to public inspection

offenkundig — open

Offenlegungsschrift f (pat) — unexamined laid-open application (pat)

offenporig — open-pore

Offenthorax-Hund m (med) — open-chest dog (med)

Öffentlichkeitsarbeit f — public relations

offenzellig — open-cell

Öffner m (text) — opener (text); willower (text) (spiked drum revolving in spiked cylinder)

O/F-Test m = Oxidations-/Fermentationstest m (Bazillen m pl) — O/F test = oxidation/fermentation test (bacilli)

Ogive f (Raketennasenform f) — ogive (rocket nose design)

OH-Zahl f — OH number

OIP = oil in place (auch im Deutschen) (petr)

okkludieren v — occlude v

Ökologie f — ecology

ökologisch — ecological

Oktadiensäure f — octadienoic acid

Oktanoat n — octanoate

Oktinol n	octynol
Oktogen n (siehe Octogen)	octogen
Ölbank f	oil bank
Olefinierung f	olefin-forming reaction; olefin-yielding reaction
olefinisch	olefinic
Olefinoxid n	olefin oxide
ölfest	oil-resistant
ölführende Lagerstätte f	petroleum deposit
Oligomerisat n	oligomerized product
oligomerisieren v	oligomerize v
Ölpest f	oil spill
Ölspritzkühlung f	oil-spray cooling
Ölsumpf m	oil sump
ölverstreckbar	compoundable with oil extenders
Onkologe m (Facharzt für Geschwulstkrankheiten)	oncologist (tumor specialist)
Operationsverstärker m	operational amplifier
Operon n (gen)	operon (gen)
Opiat-Agonist m	opiate agonist
Oppenauer-Methode f (Oxidation der Hydroxylgruppe)	Oppenauer process (oxidation of hydroxy group)
o. Professor m = ordentlicher Professor m	tenured professor
Optik f (Mode f)	look (fashion)
(aus) optischen Gründen m pl	for visual effects
optischer Insulator m	opto-isolator; optically coupled isolator
optoelektrisch	opto-electric; optoelectric
optoelektronisch	electron-optical; optoelectronic
Optokoppler m	optocoupler
Optometer n	optometer

Optrode f (Faserende in der Probe, analog zur Elektrode) — optrode (fiber tip in sample, analogous to electrode)

OP-Wachs(R) = teilverseifter Ester m = partially saponified ester

Oraconal(R) = Oral-Kontrazeptivum n = oral contraceptive

Orangenschalen-Effekt m (Überzug m) — orange-peel effect (coating)

Ordnung f (Kristall m) — orderedness (crystal)
(Fauna f, Flora f) — order (fauna, flora)

(erster) Ordnung f (Integral n) — (of the first) order (integral)

Ordnungsgeld n — fine

Ordnungszustand m — state of order

Organikum n -a pl — organic chemical

organspezifisch — organ-specific

Orgotein n — orgotein

Originalarbeit f — original work; original essay

O-Ring m (Dichtung f) — O ring (seal)

Orn = Ornithin n (Aminosäure f) = ornithine (amino acid)

orographisches Drucken n (elektrostatisch) — orographic printing (electrostatic)

Orotat n — orotate

Orotsäure f — orotic acid

vor Ort — at working face of mine

Orthanilsäure f — orthanilic acid

Orthoester m — ortho ester

Orts-Zeit-Kurve f — space-time curve

OS = Ortssendung f = local transmission

Osm = Osmol n (Einheit für osmotischen Druck, Ionenkonzentration in Lösung) — Osm = osmol (standard unit of osmotic pressure, based on ion concentration in solution)

Osmiat n — osmate

Osmiumsäure f = Osmiumtetroxid n — osmic acid = osmium tetroxide

Osmolalität f	osmolality
Osmometrie f	osmometry
Ostblock m	Eastern Bloc
osteogenetisch	osteogenetic
Osteosynthese f	osteosynthesis
Oszillatorschaltung f	oscillatory circuit
OT = oberer Totpunkt m = top	dead center
Ottomotor m	four-cycle internal combustion engine
Ouricury-Wachs n (aus Pflanzen f pl)	ouricury wax (vegetable wax)
Ovar m	ovary
ovariektomieren v	ovariectomize v
Overhead-Projektion f (Bild wird durch Projektor auf Wandfläche projiziert)	overhead projection (image is reproduced on wall by projector)
Overheadschreiber m	overhead projection pen
Overkill m	overkill
ovulationshemmend	antiovulatory
O/W-Emulsion f (Öl-in-Wasser)	o/w emulsion (oil in water)
Oxadecanolid n	oxadecanolide
Oxalazetat n oder Oxalacetat n	oxalacetate
Oxalessigsäure f	oxalacetic acid
Oxalkyl n (z.B. Oxäthyl n oder Oxethyl n)	oxalkyl (e.g. oxethyl)
Oxalkylat n	oxalkylate
oxalkylieren v	oxalkylate v
Oxamyl n	oxamyl
Oxanilsäure f (Oxalsäure-N-phenylmonoamid n)	oxanilic acid (oxalic acid N-phenylmonoamide)
Oxathiolan n	oxathiolane
Oxethyl n	oxethyl

Oxethylat n	oxethylate
oxethylieren v	oxethylate v; ethoxylate v (preferred)
Oxidat n	oxidate; oxidation product
Oxidator m	oxidation reactor; oxidizer
Oxideur m	oxidizer; oxidation reactor
oxidativ	oxidative
oxidisch	oxide; oxidic
Oxidmagnetmotor m	oxide-rotor motor
Oxidoring m	oxido ring
oxieren v	subject to oxo process v
Oxim n	oxime
Oxindol n	oxindole
Oxiran n	oxirane
Oxodecensäure f	oxodecenoic acid
Oxolinsäure f (Antimikrobenmittel n)	oxolinic acid (antimicrobial agent)
Oxydoreduktion f oder Oxidoreduktion f	oxido reduction; redox reaction
Oxyethylester m	hydroxyethyl ester
Oxyhalogenid n	oxyhalogenide
Oxypolygelatine f	oxypolygelatin
Oxypropionitril n	hydroxypropionitrile
Oxytetracyclin n	oxytetracycline
Ozokerit n	ozokerite or ozocerite
Ozonbeständigkeit f	ozone resistance
ozonieren v	ozonate v
Ozonierung f	ozonation
Ozonschutzmittel n	ozone protective

* * *

P

p = poise (Viskosität f) = Poise n (viscosity)

P-33(R) = Kohletyp m = FT carbon black

PA = Polyamid n = polyamide

pA, p.a. = pro analysi = analytisch rein (chem)	CP, c.p. = analytically pure (chem); chemically pure
PAC-Faser f (Chemiefaser aus Polyacrylnitril)	PAC fiber (synthetic fiber of polyacrylonitrile)
Packpapier n	wrapping paper

Palacos(R) = Knochenzement m = bone cement

Palatinol(R) = ein Kunstharz n = a synthetic resin

Palette f (Trägerplatte f)	pallet (flat support)
palladinieren v	palladinize v; palladize v
Pall-Ring m [Pall(R)]	filler ring
Palmitoleinsäure f	palmitoleic acid
Palmitylamin n = Hexadecylamin n	palmitylamine = hexadecylamine
Palmkernöl n	palm kernel oil
Palmöl n (gehärtet)	palm oil (hydrogenated)

PAN = Polyacrylnitril n = polyacrylonitrile

panaschiert	mottled
Panscharbeit f (Motoröl n)	splash labor (motor oil)
Pantoffeltierchen n	slipper animalcule
Panzer m (Schildkröte f)	carapace (turtle)
Panzerfaust f	bazooka
Panzerglas n	bulletproof glass
Papenmeiermischer m	Papenmeier mixer
Papierstau m	paper jam
Papierstreichfarbe f	paper coating paint
Paragleiter m	paraglider

Paraloid(R) = Acrylharz n = acrylic resin

Paraphe f; Paraph m	initial (of a name); signature; signature stamp

Paraquat(R) = ein Herbizid n = a herbicide

Parathormon n	parathyroidal hormone

Parathormone(R) = Viehhormonextrakt m = cattle hormone extract

Parfumeur m	perfumer
Pargylin n	pargyline
Parinarsäure f	parinaric acid
Parsec n oder Parsek n (3,257 Lichtjahre n pl)	parsec (3.257 light years)
Partialagonist m	partial agonist
Partialester m	partial ester
Partialglycerid n	partial glyceride
Partykeller m	basement recreation room; rumpus room; downstairs den

Pa·s oder Pa s = Pascal · Sekunde (neues Mass für dynamische Viskosität) = pascals times second (new dimension for dynamic viscosity)

Passiaflora f; Passiflora f	passionflower; passiflora
Passivator m	inhibitor
Pasten-Schäumverfahren n	paste foaming method
pastös	pasty
patentbegründend	having patentable weight
Patentnichtigkeitssache f	patent nullity suit

Patents. = Patentsucher m = applicant

patroniert	cartridge-encased
pauschal	sweeping

PBJ = Jod auf Eiweissbasis n PBI = protein-based iodine

PBS = Phosphat-gepufferte Salzlösung f = phosphate-buffered saline solution

PBTP = Polybutylenglycolterephthalat n = polybutylene glycol terephthalate

PC = Polycarbonat n = polycarbonate

pc = Parsec n oder Parsek n = parsec

PCA = passive kutane Anaphylaxie f = passive cutaneous anaphylaxis

PCB = polychloriertes Diphenyl n = polychlorinated biphenyl

PCM = Pulscodemodulation f = pulse code modulation

PCP = Pneumocystis carinii Pneumonie f (oft bei Aids-kranken m pl) = Pneumocystis carinii pneumonia (often in AIDS cases)

PCT = Patent Cooperation Treaty = Internationaler Patent-zusammenarbeitsvertrag m; Vertrag über die internationale Zusammenarbeit auf dem Gebiet des Patentwesens m (different from EPÜ and GPÜ)

pCt = Prozente n pl = percent

PDC = präparative Dünnschicht-chromatographie f PTLC = preparative thin-layer chromatography

PEBAB = p-Ethoxybenzyliden-p'-aminobenzonitril n (Flüssigkristall m) = p-ethoxybenzylidene-p'-aminobenzonitrile (liquid crystal)

Peaktailing n	peak-tailing
Peddig n	rattan
Pegelschnitt m	planar section

PEI = Polyethylenimin n = polyethylenimine

pektangiös	pectoral-anginoid

Pelletex(R) = Kohletyp m = SRF carbon black

Pendelhärte nach König f (DIN 53157)	König oscillation test (pendulum hardness)
Penetration f (Nadel durch bituminöses Material)	penetration (needle through bituminous material)
penetrationsverstärkendes Mittel n	penetration enhancer
Penetrometer n (misst plastischen oder fluiden Zustand)	penetrometer (measures semisolid materials)
Penicillansäure f	penicillanic acid
Penicillinsäure f	penicillic acid
Penniclavin n	penniclavine
Pentadecylsäure f	pentadecylic acid
pentadecylsulfonsaures Natrium n	sodium pentadecyl sulfonate

Pentannitril n	pentanenitrile
Pentansäure f	pentanoic acid
Pentapeptid n	pentapeptide
Pentaprisma n	pentaprism
Penten n	pentene
Pentensäure f	pentenic acid; pentenoic acid
Pentetrazol n	pentetrazole
Pentin n	pentyne
Pentinol n	pentynol
Pentosansulfat n	pentosan sulfate

Pepita m (text) = Stoff im Hahnentritt-Quadrat-Muster = fabric in houndstooth and/or small check pattern

Pepton n	peptone
Perhydroazepin n	perhydroazepine
Perhydrol(R) n (30%ige Wasserstoffperoxidlösung f)	Perhydrol(R) (30% solution of hydrogen peroxide)
Perimetrie f	perimetry
Periodensystem n	periodic table
perioperativ	perioperative
periplasmatisch	periplasmatic

Perisorb(R) = poröses Säulenfüllmaterial n = porous column packing

Peristaltikpumpe f	peristaltic pump

Peristat(R) = Perimeterinstrument n = perimeter instrument

Peritest(R) = Perimeterinstrument n = perimeter instrument

Perkussionspistole f (Vorderladerpistole f)	front-loading pistol
Perlglanzpigment n	nacreous pigment; pearl lustre pigment
Perlleim m	pearl glue
Perlmühle(R) f	Perl(R) mill
Permeat n	passed-through material
Permeation f	permeability, permeation

permeieren v	permeate v
Permselektiviät f	permselectivity
Peroxydicarbonat n	peroxydicarbonate
peroxidisch	peroxide
Peroxydisulfat n	peroxydisulfate
Perselensäure f	perselenic acid
Personennahverkehr m	local passenger service
Persorption f	persorption
Peruvosid n (ein Glycosid n aus Thevetia neriifolia Juss.)	peruvoside (a glycoside from Thevetia neriifolia Juss.)
Perylen n	perylene

Permutit(R) = ein Ionenaustauscher m = an ion exchanger

PET = Positronen-Emissions-Tomographie f = positron emission tomography

PETP = Polyethylenterephthalat n = polyethylene terephthalate

Petrischale f	petri dish
Petrochemie f	petrochemistry
Petroleumbenzin n	petroleum benzin (special type of ligroin)
Petroselinsäure f	petroselinic acid
petrostatisch	petrostatic
Pfandwertflasche f	returnable bottle
Pfanne f (med)	socket (med)
Pflanzenfettsäure f	vegetable fatty acid
pflanzenpathogen	plant-pathogenic; phytopathogenic
Pflanzenpräparat n	phytopreparation
Pflasterplatte f	paving slab
Pflegemittel n (Schwimmbecken n)	pool-care chemical
Pflegespülung f (Haar n)	conditioning rinse (hair)
Pflichtenheft n	issued list of responsibilities

pflichtgemäss	task-oriented
Pflugbettmischer m	plow-type Lancaster mixer
Pflugscharmischer m	plowshare mixer
Pfote f (Nagetier n)	footpad (rodent)
Pfotenödemtest m	paw edema test
Pfropfen m (Gewehr n)	wad (shotgun)
Pfropfreis n (plast)	grafting branch (plast)

PG = Plastizitätsgrenze f = limit of plasticity

pg = Picogramm n = picogram

PGC = Pyrolysegaschromatographie f = pyrolysis gas chromatography

PHA = Phytohämagglutinin n = phytohemagglutinin or phytohemoagglutinin

Pharmakon n -ka pl oder Pharmakum n -ka pl	pharmaceutical; pharmacon, -ca pl
Pharmakopsychiatrie f	pharmacopsychiatry
Phasengrenze f	interface
Phasen-Inversions-Temperatur f	phase inversion temperature

Phe = Phenylalanin n (Aminosäure f) = phenylalanine (amino acid)

Phe-desaminase f = Phenylalanindesaminase f = phenylalanine deaminase

Phenantoin n	phenantoin
Phenat n	phenate
Phenformin n (Antidiabetikum n)	phenformin (antidiabetic agent)
Phenmetrazin n	phenmetrazine
Phenolcarbonsäure f	phenolcarboxylic acid
Phenolresolharz n	phenol-resol resin
Phenon n	phenone
Phenoplast m	phenol-formaldehyde resin
Phenosafranin n (Färbemittel n)	phenosafranine (dye)
Phenoxathiin n	phenoxathiin

Phenprocumon n	phenprocoumon
Phenylalanin n	phenylalanine
Phenylbenzoat n (nematische Verbindung f)	phenylbenzoate (nematic compound)
Phenylbrenztraubensäure f	phenylpyruvic acid
Phenylbutazon n	phenylbutazone
Phenylephrin n	phenylephrine
Phenyloxy n	phenoxy
Phenytoin n	phenytoin
Pherogramm n	pherogram

pHi = isoelektrischer Punkt m = isoelectric point

Philblack(R) = Kohletyp m = carbon black

Phillips-Katalysator m (Chromoxidkatalysator m)	Phillips catalyst (chromium oxide catalyst)
phosphatieren v	phosphate v
Phosphoester m	phosphoester
Phospholin n	phospholine
Phosphonsäure f [hypothetische Säure: $HP(O)(OH)_2$]	phosphonic acid [hypothetical acid: $HP(O)(OH)_2$]
Phosphormolybdänsäure f	phosphomolybdic acid
phosphorylieren v	phosphorylate v
Phosphorylierung f	phosphorylation
photoaktivieren v	light-activate v; photoactivate v
photochrom	photochromic
Photodetektor m	photodetector; photoelectric detector
Photodissoziation f	photodissociation
Photodruckverfahren n	photoprinting method
Photoempfänger m	photoreceptor

Photogray(R) = photochromes Glas n = photochromic glass

Photoinitiator m	photoactivator
Photoinitiation f	photoactivation
Photokopf m	photoelectric scanning head

Photolabilität f	photolability
Photolyse f	photolysis
Photopapier n	photographic paper
Photopherese f (Behandlung mit lichtaktivierten Medikamenten)	photopheresis (treatment with light-activated medicines)
Photopie f	photopia
photopisch	photopic
Photopolymerisation f	photopolymerization
Photosensibilisator m	photosensitizer
Phototransistor m	phototransistor
photovoltaisch	photovoltaic

phr = per 100 parts of rubber (auch im Deutschen)

Phthalan n = Isocumaran n	phthalan = isocoumaran
Phthalid n (ein Lakton n)	phthalide (a lactone)
Phthalozyanin n oder Phthalocyanin n	phthalocyanine
p-Hydroxybenzoesäure-methylester m	also: methylparaben (preservative)
p-Hydroxybenzoesäure-propylester m	also: propylparaben (preservative)
physikalisch-chemisch	physicochemical
physikochemisch	physicochemical
physiologisch unbedenklich	nontoxic
Phyto-Präparat n	phytopreparation

p.i. = post injectionem = nach Injektion f = after injection

p.i. = pro injectione = zur Injektion bestimmt = for injection

PIB = Polyisobutylen n = polyisobutylene

Picein n = p-Hydroxy-acetophenon-D-glycosid n	picein = p-hydroxyaceto-phenone-D-glycoside
PICVD-Verfahren n = plasmaimpulsinduzierte chemische Dampfphasen-abscheidung f	PICVD process = plasma-pulse-induced chemical vapor deposition

PID-Regler m (Proportional-Integral-Derivativ-Regler m) = PID controller (proportional-integral-derivative controller)

Piezokristall m	piezo crystal
piezooptisch	piezo-optic
Pigeonit m (Mineral n)	pigeonite (mineral)
Pigmentlackrot LC n (Handelsname m) = Bariumsalz eines sauren Monoazo-Pigmentes der β-Naphthol-Reihe	Pigment Red 53 (trade name) = barium salt of an acidic monoazo pigment of the β-naphthol series
Pik m	peak
Pikrat n	picrate
Pikrinsäure f	picric acid
Pillingeffekt m	pilling effect
Pilzforscher m	mycologist
Pilzkultur f	fungal culture
Pinakol n	pinacol
Pinan n (hydriertes Terpen n)	pinane (hydrogenated terpene)
Pinole f (Extruder m)	die land (extruder)

PIP = Polyisopren n = polyisoprene

Pipecolin n	pipecoline
Piperidinol n	piperidinol
Piperidon n	piperidone
Piperoxan n	piperoxane
Pirschbüchse f	stalking rifle
Piste f	ski slope
Pistolenspritze f	trigger nozzle; spray gun

PIT = Phasen-Inversions-Temperatur f = phase inversion temperature

Pivalolacton n = α,α-Dimethyl-β-propiolacton n	pivalolactone = α,α-dimethyl-β-propiolactone
Pivalinaldehyd m	pivalaldehyde

pK_B = Basenexponent m = base exponent (pK value)

pK-Wert m (Elektrolyse f) = negativer Logarithmus der Dissoziationskonstante	pK value (electrolysis) = negative logarithm of dissociation constant
Placentalactogen n	placenta lactogen
Plagioklase f (Mineral n)	plagioclase (mineral)
Plane f	tent sheeting; canvas
Planenstoff—Rückseitenbeschichtung f	canvas backing
Planetenmischer m	planetary mixer
Planetenräderträger m = Planetenträger m (aut)	planet carrier (aut)
Planheit f	planarity; flatness
Plantagenmesser n	machete
Plaque f	plaque

Plaskon(R) = Vernetzungsmittel n = crosslinking agent

Plasma-Expander m	plasma extender
Plasmaimpuls m	plasma pulse
Plasmalogen n	plasmalogen
Plasmapistole f	plasma gun
Plasmaschicht f	plasma sheet
plasmaspritzen v	plasma-spray v
Plasmazündkerze f	plasma spark plug
Plasmid n	plasmid
Plasminogen n	plasminogen
Plaste m pl = Kunststoffe m pl	synthetic resins

Plastigen(R) = Acetylendiharnstoff-Formaldehyd-Kondensationsprodukt n = acetylenediurea-formaldehyde condensation product

plastisch	formative
Plastisol n	plastisol
plasto-elastisch	plastoelastic
Plastomer n	plastomer

Plastopal(R) = Lösung eines Harnstoff-Formaldehyd-Kondensates in Butanol = solution of a urea-formaldehyde condensate in butanol

Plateout n (Schmelzeausscheidungen auf Maschinenteilen)	plateout (deposits of melt on machine parts)
Platine f (text)	sinker (text)
platinieren v	platinize v
Platinschwarz n	platinum black
Plättchen n	scale; wafer
Plattenband n	chain of platens
Plattengussverfahren n	plate casting method
Plattenverdünnungstext m	plate dilution test
Plattenwärmeaustauscher m	plate fin heat exchanger
Plattierauflage f	plating
Platzangst f	agoraphobia
Plätzchen n	pellet (e.g. KOH)
Platzpatrone f	blank cartridge
Plenumkammer f	plenum chamber
plethysmographisch	plethysmographic
Plethysmographie f	plethysmography
Pleuelfuss m	big end of connecting rod
Pleuelkopf m	small end of connecting rod

Plex(R) = Emulgator m = emulsifier

PMMA = Polymethylmethacrylat n = polymethyl methacrylate

pmol = Picomol n = picomole

PMP = Polymethylpenten n = polymethylpentene

Pockelszelle f (elektrooptische Blende f)	Pockels cell (electro-optical shutter)
Pockholzkugel f	lignum vitae ball
polare Abstosskraft f	polar repulsion
Polarisierbarkeit f	polarizability
Polstelle f	polar point
Polumschalter m	commutator

Polyalkenamer n (offenkettiges oder zyklisches Cycloolefinpolymer n)	polyalkenamer (open-chain or cyclic cycloolefin polymer)
Polyallomer n	polyallomer
Polyaminoamid n	polyaminoamide
Polyblend f	polyblend
Polybutenamer n	polybutenamer
Polypentenamer n	polypentenamer

Polyclar(R) = wasserlösliches Polyvinylpyrrolidon n = water-soluble polyvinylpyrrolidone

Polydecenamer n	polydecenamer
polydispers	polydisperse
Polyelektrolyt m	polyelectrolyte
Polyen n	polyene
polyenisch	polyenic
Polyepoxid n	polyepoxide
Polyfluorkohlenwasserstoff m	polyfluorinated hydrocarbon
polyfunktionell	polyfunctional
Polyglycerin n	polyglycerol
Polyglycid n (= polyfunktionelles Epoxid n)	polyglycide (= polyfunctional epoxide)
Polykohlenwasserstoff m	polymeric hydrocarbon
polykristallin	polycrystalline
Polymergewicht n	polymericular weight
Polymerisationsfreudigkeit f	polymerization reactivity
Polymerisationsgrad m	degree of polymerization
Polymethylmethacrylat n	polymethyl methacrylate
Polymethylsiloxan n (Implantationsmaterial n)	polymethylsiloxane (implant material)
Polymischester m	copolyester
polymorphkernig	polymorphonuclear
Polyoctenamer n	polyoctenamer
Polyol n	polyhydric alcohol; polyol

Polyöl(R) n = flüssiges Polybutadien n = liquid polybutadiene

Polyolefin n (polymerisiertes Olefin n) polyolefin (polymerized olefin)

Polyoxetan n polyoxetane

Polyoxidether m polyoxy ether

Polyoxymethylen n polyoxymethylene

Polysalz(R) = Natriumpolyphosphat n = sodium polyphosphate

Polysom n polysome

Polystyrolperle f polystyrene bead

polyzyklisch polycyclic

POM = Polyoxymethylen n = Polyacetal n = polyoxymethylene = polyacetal

Ponstel(R) = Mefenaminsäure f (Schmerzmittel n) = mefenamic acid (analgesic)

poolen v (Blut n) pool v (blood)

porenfrei nonporous

Porenregler m pore regulator

Porensohle f porous sole

Porenvolumen n (ml/g) nach Mottlau m pore volume (ml/g) according to Mottlau

Porofor(R) = Schäummittel n = blowing agent

porös foraminous

Porphyrin n porphyrin

portionieren v apportion v; dispense v

Porung f pore characteristic

Positivform f male mold

Postgut n piece of mail

posttraumatisch post-traumatic

potenzieren v (Medizin f) potentiate v (medicine)

Poti n = Potentiometer n = potentiometer

PP = Polypropylen n = polypropylene

pphr = parts per hundred parts of rubber (auch in Deutsch)

PPO = Poly(2,6-dimethylphenylenoxid) n = poly(2,6-dimethylphenylene oxide)

Pr = Propyl n = propyl

prä-Aids (adj)	pre-AIDS (adj)
präcirrhotisch	precirrhotic
Prädiabetes f	prediabetes
Prädispersion f	predispersion

Praeparol(R) = Wolleschmälzmittel n = wool lubricant

Praewozell(R) = Wolleschmälzmittel n = wool lubricant

Prägelierung f	pre-gelation
praktisch	virtual
Prämedikation f	premedication
Prandtlzahl f	Prandtl number
Präpatenz f (Parasit m)	prepatent period (parasite)
präparativ	laboratory-type; preparative
Präpolymer n	prepolymer
praxisnah	realistic under practical conditions
praktisch verwirklichen v oder in der Praxis verwirklichen v	reduce to practice v
Praziquantel n (Entwurm-mittel n)	praziquantel (dewormer)
Predose f (Schmelze f)	predose (melt)
Pregnadien-21-säure f	prednadien-21-oic acid
Pregnansäure f	pregnanoic acid
Pregnan-21-säure f	pregnan-21-oic acid
Prellhebel m	recoil lever
Prellschlagverletzung f	contusion
Prepreg n (kunststoff-imprägniertes Verstärkungsmaterial n)	prepreg (reinforcing material impregnated with plastics)
Presseaussendung f	press release
pressen v	press-mold v (plast); presswork v (met)
Pressenstrasse f	press line
Pressling m (Explosiv-stoff m)	formed charge (explosive)

Presslufthammer m	jackhammer
Pressmasse f	moldable composition
Pressplatte f	pressboard; pressed sheeting
Presswalze f (Nassbehandlung von Textilien)	wringer roll (wet fabric treatment)
prickeln v	fizz v
Prill n (Granulat n)	prill (granule)
Primärwagen m (aut)	primary car (aut)
Prins-Reaktion f (Aldehyd + Olefin = Alkohol)	Prins reaction (aldehyde + olefin = alcohol)
Prinzip n	also: rationale
Prinzipium n -en pl	essential
Prion n (neuentdecktes Pathogen n)	prion (newly discovered pathogen - from "protein" and "infectious")
Prise f	pinch
Proazulen n	proazulene
Proband m (Versuchsperson f)	proband (test subject)
Probeblech n	metal test sheet
Probelauf m	trial run
Probeteil m	test specimen
Probit-Analyse f	probit analysis
Procarbazin n	procarbazine
Procardia(R) = Nifedipin n =	nifedipine
Prodrug f oder Prodroge f	pro-drug
Produktionsbohrung f	production well (oil)
Programmabsturz m (comp)	crash of program (comp)
Projektionsfolie f	projection film
Projektionsschweissung f	projection welding
Prokurist m -tin f	authorized signatory; proxy; procurator
Prolaktin n oder Prolactin n	prolactin

-	-
Prolactinom n -a pl	prolactinoma -s pl
Prolin n (Aminosäure f)	proline (amino acid)
Pro = Prolin n = proline	
Promille n	pro mille
promovieren v	receive a doctorate v
Propadien n	propadiene; allene
Propanediol-(1,2) n	1,2-propanediol
Propargylsäure f	propargylic acid = old; now: propiolic acid
Propensäure f	propenoic acid
Propfenströmung f	plug flow
Propin n	propyne
Propinyl n	propynyl
Propionhydroxamsäure f	propionehydroxamic acid
proportionelle Navigation f	proportional navigation
Propoxylat n	propoxylate
propoxylieren v	propoxylate v
Propoxyphen n	propoxyphene
Propranolol n oder Propanolol n	propranolol; propanolol
Prostacyclin n	prostacyclin
Prostadiensäure f	prostadienoic acid
Prostaglandinsäure f	prostaglandin acid
Prostan n	prostane
Prostan-18-insäure f	prostan-18-ynoic acid
Prostansäure f = 7-(2-Octylcyclopentyl)-heptansäure f	prostanoic acid = 7-(2-octylcyclopentyl)-heptanoic acid
Prostatahyperplasie f	prostatic hyperplasia; hyperplasia of the prostate
Prostatakrebs m	prostatic cancer
Prostensäure f	prostenoic acid
protrahiert	protracted
Protamin n	protamine

Proteinbindung f	protein binding
Proteinhülle f (Zelle f)	protein coat; protein shell
proteinisch	proteinic
Protein kodieren v	code for proteins v
Protektor m	protector
Proteohormon n	proteohormone
protisch	protic; protonic (chemically, protic is preferred)
Protium n	protium
Proton n (hydrolysiertes Produkt aus Protaminen)	protone (hydrolyzed product of protamines)
protonenaktiv	proton-active
Protonenakzeptor m	proton acceptor
Protonenschwamm m (z.B. 1,8-Diaminonaphthalin n; saugt Protonen auf)	proton sponge (e.g. 1,8-diaminonaphthalene; absorbs protons as sponge does water)
protonisieren v	protonate v
protonieren v	protonate v
Protonierung f	protonation
Prototroph n	prototroph
prototroph	prototrophic
prozentual (adj)	percent (adj)
prozentual (adv)	percentagewise (adv)
prozentuale Mortalität f	percent mortality
Prozessbevollmächtigter m	attorney of record
Prozessgebühr f	official fee
Prozesswässer n pl (industriell)	effluents (industrial); industrial effluents
PRST = Programmsteuerung f =	program control
Prüfgelände n	proving grounds
Prüfstoff m (pat)	documentation (pat)
Prüfsubstanz f	trial substance; trial compound

PS = Phthalsäure f = phthalic acid (no English abbreviation; PA = phthalic anhydride)

PS = Polystyrol n = polystyrene

PSA = Phthalsäureanhydrid n	PA = phthalic anhydride
PSE = Periodensystem der Elemente = periodic table	
Pseudocholinesterase f	pseudocholinesterase
Psoralen n	psoralen
Psychopharmakon n -ka pl	psychopharmaceutical
psychotrop	psychotropic
PCT = positiver Temperaturkoeffizient m	=positive temperature coefficient
PTMT = Polytetramethylenterephthalat n	= polytetra=methylene terephthalate
p-Tolil n	p-tolil
Ptosis f	ptosis
PU = Polyurethan n (hartes Material n)	PU = polyurethane (rigid materials)
PUR = Polyurethan n (Schaumstoff m)	PUR = polyurethane (foam)
Pudermittel n	dusting agent; powdering agent
Pulso-Triebwerk n	pulsator engine
Pulszug m	pulse train
Pulverbeschichtung f	powder coating
pulverförmiges Überzugsmittel n	powder coating agent
Pulverlack m	powder coating composition
pulverlackieren v	powder coat v
Pulverlackierung f	powder coating
Pulverpunktmaschine f	spotwise powder applicator
Pummelwert m (Glas-Folien-Adhäsion f)	pummel adhesion value (adhesion glass to film)
Pumpenergie f (Laser m)	pump energy (laser)
Pumpenrad n (Drehmomentwandler m)	impeller (torque converter)
Pumpenspirale f (Kreiselpumpe f)	pump volute (centrifugal pump)
Pumphosen f pl	harem pants
Punktbeschichtung f	spot coating

Punktion f (med)	puncture (med)
purinerg	purinergic
Putenkeule f	turkey leg
Putenoberkeule f	turkey thigh
Pute f oder Puter m (als Essen n)	turkey (food)
Putrescin n	putrescine
Putzverlegung f	plasterwork ducting

PV = Porenvolumen n = pore volume

PVAC = Polyvinylacetat n = polyvinyl acetate

PVAL = Polyvinylalkohol m = polyvinyl alcohol

PVDC = Polyvinylidenchlorid n = polyvinylidene chloride

PV-Echt-Gelb HR n (Disazo-Pigment n)	pigment yellow 83 (disazo pigment)
PV-Echt-Rosa E n (Chinacridon-Pigment n)	pigment red 122 (quinacridone pigment)
PV-Echt-Rot B n (Perylentetracarbonsäure-Pigment n)	pigment red 149 (perylenetetracarboxylic acid pigment)
PV-Echt-Violett BL n (Dioxazin-Pigment n)	pigment violet 23 (dioxazine pigment)
P-Verhalten n (Verstärker m)	proportional behavior (amplifier)

PVF = Polyvinylfluorid n = polyvinyl fluoride

PVFO = Polyvinylformal n = polyvinyl formal

PV-Rot 2BM n (Mangansalz n)	pigment red 48 (manganese salt)
PV-Rotviolett MR n (Thioindigo-Pigment n)	pigment red 88 (thioindigo pigment)
Pyran n	pyran
Pyrazolanthron n	pyrazolanthrone
Pyrazolon n	pyrazolone
Pyrazolyloxyessigsäure f	pyrazolyloxyacetic acid
Pyrethroid n	pyrethroid
Pyridazin n	pyridazine
Pyridoin n	pyridoin
Pyridon n	pyridone

Pyridonessigsäure f	pyridoneacetic acid
Pyridoxolhydrochlorid n	pyridoxine hydrochloride
Pyrimethamin n	pyrimethamine
Pyrimidinyl n = Pyrimidyl n	pyrimidinyl = pyrimidyl
Pyrithioxin n (veraltet) jetzt: Pyritinol n	pyrithioxin (obsolete) now: pyritinol
Pyrocarbonat n (Dicarbonat n)	pyrocarbonate (dicarbonate)
Pyrocinchonsäure f	pyrocinchonic acid
Pyrolysebenzin n	pyrolysis benzine
Pyrolyseöl n	pyrolysis oil
Pyromellithsäure f oder Pyromellitsäure f	pyromellitic acid
Pyrometall n	pyrometal
pyrophorisch	pyrophoric
Pyrophyllit m	pyrophyllite
Pyrrolpotassium n	potassium pyrrole
Pyryliumsalz n	pyrylium salt

* * *

Q = Gleichgewichtsschwellung f (Gewichtsverhältnis Schwellmittel/Trockensubstanz in geschwollener Masse) — Q = equilibrium swelling (weight ratio swelling agent/dry matter in swelled substance)

qdm = Quadratdezimeter n = square decimeter

q.s. (quantum sufficit) = genügende Menge f = as much as suffices

Q-Schalter m (opt) (gewöhnlich lichtundurchlässig, aber für kurze Zeit offen) — Q switch (opt) (normally opaque, but opens briefly)

Quadantenne f — cubical quad antenna

Quaddel f — wheal

Quadratsäure f (1,2-Dihydroxy-3,4-cyclobutendion n) — quadratic acid; square acid; squaric acid (1,2-dihydroxy-3,4-cyclobutenedione)

Quadrophonie f — quadraphony

quadrophonisch — quadraphonic

Qualitätserhaltung f — conservation of quality

Quantifizierung f — quantification

quantitieren v — quantitate v

Quantitierung f — quantitation

Quantometer n — quantometer

Quark m (Quarkteilchen n, Elementarteilchen n) — quark (elementary particle)

Quarzglas n — fused quartz; quartz glass; silica glass; vitreous silica

quasi-binär — quasibinary

quasimetallisch — quasimetallic

quaternieren v — quaternize v

Quaternierung f — quaternization

Quecksilberlampe f — mercury lamp

Quelldichtung f — expansion seal

Quellelektrode f — source electrode

Quellmittel n	swelling agent
Quellverschweissen n	solution bonding
Quellverschweissung f	solution bond
Quercetin n	quercetin; quercitin
Quercitol n	quercitol
Quercitrin n	quercitrin
Querelle f	dispute
Querspritzkopf m	cross extruder head; crosshead
Querstift m	cross pin
Querstrebe f	cross stay
Querstromgebläse n	crosscurrent fan; transverse flow fan
Quervernetzer m	crosslinking agent
Querzweig m	shunt arm
Quetschgrenze f	crushing limit
Quetschkopfkörper m	flathead element; flathead projectile (mil); pinched-head element
Quetschspalte f	squish gap
Quingestanol n	quingestanol

Quinitol$^{(R)}$ = 1,4-Cyclohexandiol n = 1,4-cyclohexanediol

* * *

R

R22(R) = Kältemittel n - refrigerant

R = Grad Rankine n (absolute Temperatur, auf Fahrenheit bezogen: R = F + 460°) = degree Rankine (absolute temperature based on Fahrenheit: R = F + 460°)

R = Reynolds-Zahl f (Fliessfähigkeit f) — R = Reynolds number (flow property)

R = Roentgen n (Strahlungseinheit f - veraltet) = roentgen (unit of radiation - obsolete)

R = Wärmeleitfähigkeit f (Watt geteilt durch Kelvin mal Meter) = thermal conductivity (watt divided by Kelvin times meter)

RA = Regierungsangestellter m -te f = government clerk

Rachentubus m	oropharyngeal tube
Radartäuschung f	radar deception
Radaufstandspunkt m	center of tire impact
Radblende f	wheel cover
Radeinschlag m	wheel turning angle
Radialschlag m	radial wobble
Radikalbildner m	radical-forming agent
radioaktiv markieren v	radiolabel v
radioimmun	radioimmune
Radioimmuntest m, RIA	radioimmunoassay, RIA
Radioindikator m	radiotracer
Radio-Jod n, Radio-Iod n = radioaktives Jod n (Iod n)	radioiodine = radioactive iodine
Radiokontrastmittel n	radiocontrast agent; radiopaque agent
radiologisch	radiological
Radiopharmakokinetik f	radiopharmacokinetics
Radkasten m	wheelbox
Radschlupf m	tire slippage
Radträger m (aut)	wheel carrier (aut)
raffen v	reduce v

Raffung f	reduction
Rahmenholm m	channel member
rahmenlos (Fenster n)	sashless (window)
Rahmentischplatte f	tray-type tabletop
Rakel f	scraper
Rakelauftrag m	doctor knife spread coating
Raketensilo m	missile silo
Raketenwerfer m	rocket launcher
Raleigh-Streuung f (oft gesehener Schreibfehler; siehe "Rayleigh")	Raleigh scattering (often seen misspelling; see "Rayleigh")
Randfaser f	extreme fiber
Randgängigkeit f	edge clearance
randgleich	equal-edge
Randomisierung f	random selection; randomization
randvoll	brimful
Rankenwerk n	leafwork

Rapidol(R) = chloridfreier Betonverfestigungsbeschleuniger m = chloride-free concrete setting accelerator

rapportmässig	at increments
Raster n (Fernsehen n)	raster (TV)
Rasterdruck m	half-tone printing process
Rasterwalze f	screen roll
Rastfeder f	detent spring
Rasthebel m	stop lever
Rast-Methode f (Molgewichtsbestimmung f)	Rast method (molecular weight measurement)
Raststift m (Kamera f)	register pin (camera)
Rasur f	shave
Rattenmännchen n	male rat
Rattenniere f	rat's kidney
Rauchbegrenzer m	smoke limiter
Rauchgas n	stack gas

Rauchstoss m	puff of smoke
Rauchwolke f	plume of smoke
Raumdichte f (Schaum m)	bulk density (foam)
Raumdurchsatzgeschwindigkeit f (l/l·h)	liquid hourly space velocity (l/l·h)
Raumform f	embodiment
Raumformel f	spatial formula
Raumgeschwindigkeit f (Liter Zugabe pro Liter Katalysator und pro Stunde, z.B.)	rate per unit volume; space velocity; velocity per unit volume (l/l·h) (for example, liter of feed per liter of catalyst and per hour)
Raumgewicht n (Schaum m) (in g/cm³)	density (foam) (in g/cm³)
räumlich	perspective
räumliche Auflösung f	spatial resolution
räumliche Lage f	physical location
Ravingeau-Übersetzung f (2-gängig)	Ravingeau gear train (2-speed)
Rayleigh-Streuung f (Lichtstreuung in Lichtleitern)	Rayleigh scattering (light scattering in optical fibers)
RBA = relative Bindungsaffinität f	RBA = relative binding affinity

RBZ = Radbremszylinder m = wheel brake cylinder

r.d.I. = rechts der Isar = on the right bank of the Isar river (Munich)

REA = Rauchgasentschwefelungsanlage f = stack gas desulfurizing facility

Reaktionsaustrag m	reaction product
Reaktionsführung f	reaction procedure
Reaktionsrohr n	tubular reactor
reaktionsträge	of low reactivity
Reaktionsunterbrecher m	deactivator
Reaktivverdünner m (Lösemittel in Überzugsmitteln, chemisch inkorporiert beim Einbrennen)	reactive thinner (solvent in coating media, chemically incorporated during baking)

Rechenmodell n	computer model
rechtes Herz n (med)	right heart (med)
Rechtspraxis f	legal procedure
Rechtsverhältnis n	legal status
Rechtsverordnung f	statutory order
rechtswendig	right-handed
Rechtszug m (Steuerrad n)	right pull (steering wheel)
recht und billig	just and equitable
Reckbad n	stretching bath
Reckbelastungsfähigkeit f	stretch elongation
Reckfähigkeit f	extensibility
Reckkanal m	stretch channel
Reckpresse f	rack press
Reckverhältnis n	draw ratio
Reckwerk n	stretching unit
Recycling n	recycling
reduzieren v (z.B. Lösung f)	dilute v; weaken v (solution)
reduziert	dilute; weakened
reduzierter Allgemeinzustand m	deteriorated general condition
Reedglas n (Einkapselmaterial für Reed-Schalter)	reed glass (for encapsulating reed switches)

REFA = Reichsausschuss für Arbeitsstunden m = Committee for Labor Research

Refluxunterkühlungsgegenströmer m	reflux subcooling heat exchanger
Reformer m (Apparatur f)	reformer (apparatus)
Reformatsky-Reagens n = $BrZnCH_2COOC_2H_5$	Reformatsky reagent
Refraichisseur m	freshener
Refraktionswert m	refractive index
im Regelfall m	as a rule
Regelstange f	control rack (injection pump); control stem (valve)

Regenboden m	weeping tray
Regenerat n	regenerate
Regenerativ-Wärmetauscher m	regenerator
Regeneratkatalysator m	regenerate catalyst
Regeneriermittel n	regenerant
Regenwasser n	rainwater
Regierungsamtmann m	(leave as is, or:) Government Clerk
Regierungsoberamtmann m	(leave as is, or: Senior Government Clerk)
regioselektiv (selektive Reaktion einer bestimmten Gruppe, während dieselben Gruppen anderswo am Molekül nicht angegriffen werden)	regioselective (selective reaction of a specific group, leaving identical groups at other locations of the molecule unaffected)
Regler m (pneumatisch) (plast) (plast)	controller (pneumatic); regulator (plast); modifier (plast)
Regnerrohrsystem n	sprinkler system; irrigation pipe system
Regulant n	antiperspirant-deodorant
Reibempfindlichkeit f	abrasion resistance; abrasion characteristic
Reibkissen n	friction pad
Reiblamelle f	friction disk
Reibschluss m	frictional contact connection
reibschweissen v	friction weld v
Reibungsweg m	friction displacement
Reibverschleiss m	friction wear
Reichstein S n	Reichstein's substance S
reifen v (Katalysator m)	age v (catalyst)
Reifenflanke f	staking; sidewall (tire)
Reifenprüstand m	tire test stand
reifgeboren	full-term
rein	neat

Reinigungsbeständigkeit f (text)	dry cleaning stability (text)
Reinigungslotion f	cleansing lotion
Reinigungsöffnung f	dirt discharge opening
reinst	ultra-pure
Reissdehnung f	elongation at rupture; percentage elongation at break; ultimate elongation (%)
Reissfestigkeit f	ruptural strength; tear strength; tensile stress at break; tensile strength at break
Reißspannung f	tensile stress at break
Reissverschlussreaktion f (plast)	unzipping effect (plast)
Reizbildung f	impulse formation; stimulus formation
Reizleitung f	impulse conduction; stimulus conduction
Reizüberflutung f	overstimulation
rekombiniert	recombinant
relative Dichte f	specific gravity
relaxieren v	relax v
Releaserfaktor m	releasing factor
Reluktanzmotor m	reluctance motor
rembordieren v (= einfassen v)	bind v (along edge of a fabric)
remineralisieren v	remineralize v
Remineralisierung f	remineralization
Remission f (Aufhellung von Textilien nach dem Waschen)	remission (brightening of textiles after laundering)
Reoxidation f	reoxidation
reoxidieren v	reoxidize v
Repetierwaffe f	repeating firearm
Replikation f	replication

Repräsentant m	representative
Reserpin n	reserpine
reserve	spare
reserzieren v	resect v

Residrol(R) = wasserlössliche Phenolharze n pl = water-soluble phenolic resins

Resolin(R) = Dispersfarbstoff m = disperse dye

Resorbierbarkeit f	resorptive capacity
resorbieren v (med)	absorb v (med)
Resorption f (med)	absorption (med)
Resorptionsquote f	absorption rate
ressourcenschonend	saving (our) resources; recyclable
retardierte Freisetzung f	timed release
Retardmedizin f	delayed-action drug; timed release drug

Retardol(R) = das Abbinden verzögernder Betonzusatz m = set-retarding concrete additive

Retentat n (Filter n)	retained material (filter)
Retinoesäure f (Vitamin-A-Säure f)	retinoic acid (vitamin A acid)
Retinometer n	retinometer
Retrovirenwissenschaft f	retrovirology
Retrovirus n	retrovirus
rettungsspezifisch	specific to rescue actions
Reverse Transkriptase f	reverse transcriptase
revertierend	revertant
Revex m (pl: Revex)	reversing exchanger
rezent (Harz n)	alluvial (resin)
Rezeptor m	receptor
Rezeptorblocker m	receptor blocker
rezeptorgekoppelt	receptor-mediated
Rezeptur f	recipe; formulation
Rezepturgestaltung f	formulation

R_F, R_f = Verhältnis der Bandbewegung zur Lösemittelfront in der Chromatographie = ratio of movement of band to solvent front in chromatography

r.F. = relative Feuchtigkeit f = relative humidity

RFA = Röntgenfluoreszenzanalyse f = X-ray fluorescence analysis (also XRFA in English)

Rg = Raumgewicht n (kg/m^3) = weight per unit volume

Rhamnose f (Zucker m) rhamnose (sugar)

RHC = Rattenhepatoma-Zellen f pl (auch in Deutsch) = rat hepatoma cells

rhe = 1/poise = Fliessvermögen n (reziproker Wert des cgs-Systems) = fluidity (reciprocal value of viscosity - cgs system)

Rheometer n	rheometer
Rheumamittel n	antirheumatic agent
rhinitisch	rhinitis-type
Rhodanat n oder Rhodanid n	thiocyanate (rhodanate and rhodanide are obsolete)

RI = Brechungsindex m (auch in Deutsch) = refractive index

Ribit n	ribitol
Ribosid n	riboside
Richtgesperre n	directional locking mechanism
Richtigkeitskontrolle f	accuracy control
Richtlinien f pl	recommended practice
Richtwaage f	precision level
Richtrezeptur f	guide formulation
Riegel m (Schokolade f)	bar (candy)
Riemchendruckwalze f	apron roller
rieselfähig	pourable; free flowing; uncaked
Rieselfläche f	trickling surface
Rieselhilfe f	detackifier
Rieselkasten m	sprinkler box

Rifamycin n	rifamycin
Rind n	head of cattle
Rinder-Gamma-Globulin n	bovine gamma globulin
Ringbildung f	annulation
Ringsteroid n	cyclosteroid
Rippenmischer m	finned-agitator mixer
Rippenrohr n	finned tube
Rissbildung f	crack initiation
Risserweiterung f	crack propagation
Rißstabilität f	crack resistance
rissunanfällig (Lack m)	craze-resistant (varnish)
Rist m	upper foot surface; dorsum pedis
Ristocetin n	ristocetin
RLG = Richter beim Landesgericht = judge at county court	
RNA (nicht mehr RNS) f	RNA
Rockhosen f pl	pant skirt
Rohdichte f	bulk density; gross density (foam)
Roheisen n	pig iron
Rohfell n (plast)	slab (plast)
Rohfestigkeit f	green strength; tensile strength in the pure gum condition
Rohfolie f	"green" sheet
Rohgas n	crude gas (process); raw gas (gas well)
Rohmischung f	premix
Rohrabzug m	pipe take-off
Rohrbrenner m (Rakete f)	tubular grain (rocket)
Rohrbündel n (Wärmetauscher m)	tube bundle (heat exchanger)
Röhrchen n	tubelet; tubule
Röhrengegenströmer m	countercurrent tube heat exchanger

Röhrenverdünnungsmethode f	tube dilution technique
Rohrfalte f	tubular pleat
Rohrreaktor m	tubular reactor
Rohrstrang m	length of pipe
Rohrwaffe f	launcher
Rohstoffbasis f	basic raw material
Rolladen m	roller window shade ; roll down shutter
Rolladenkasten m	roller shutter box
Rollautoklav m	tumbling autoclave
Rollbalgfeder f	rolling-lobe type spring
Rollbombe f	tumbling bomb
Rollbügel m	roll bar; roll frame; roll yoke
Rollengang m	roller conveyor
Rollenpresse f	calender press
Rollenschere f	rotary shears
Rollensignierer m	marking roller; roller marker
Rollenzellenpumpe f	roller cell pump
Rollfass n (Mischer m)	ball mill
Rollfeder f	rolled spring
Rollkäfig m	roll cage
Rollmaterial n	rolling stock
Rollrohr n	corrugated tube
Römertopf m	clay crock

Rongalit(R) = Formaldehydnatriumsulfoxylat n = formaldehyde sodium sulfoxylate

Röntgenbeugung f	X-ray diffraction
Röntgenbild n	X-ray exposure
Röntgenkontrastmittel n	X-ray contrast medium
Röntgenlaser m	X-ray laser
röntgenographisch	radiographic
röntgenologisch	roentgenologic; radiological

Röntgenspiegel m	X-ray mirror
Röntgenstrukturanalyse f	X-ray crystallography
Rosenmund-Prozess m (katalytische Hydrierung f)	Rosenmund process (catalytic hydrogenation)
Rosenöl n	rose oil
Rosskastanienextrakt m	horse chestnut extract
Rösti n pl	hash browns
Rostschutzmittel n	rust-proofing agent
Rotang m	rattan
Rotationskraftelement n	rotary power element
Rotationsschmelzen n (plast)	rotational molding (plast)
Rotationsverfahren n (plast)	rotational molding (plast)
Rotationsschüttler m	rotary shaker
Rotationssintern n (plast)	rotational molding (plast)
Rotationsverdampfer m	rotary evaporator
rotbraun	reddish brown
Rotbruchlücke f (met)	hot-short range (met)
Roter Schlamm m (Bauxitgewinnung f)	red mud (bauxite mining); red sludge " "
rotschwach	protanomalous
Rotschwachheit f	protanomalopia
rotviolett	reddish purple
ROZ = Oktanzahl f (Research-)	RON = research octane number
RSA = Rinderserumalbumin n	BSA = bovine serum albumin
RSV = reduzierte spezifische Viskosität f = reduced specific viscosity	
RT = Raumtemperatur f = room temperature	
RTV = Raumtemperaturvulkanisation f = room temperature vulcanization	
Rubbel-Creme f	abrasive skin cleanser
Rubbelzone f	friction zone
Rubeansäure f	rubeanic acid; dithiooxamide

Rubeanwasserstoff m oder Rubeanwasserstoffsäure f	rubeanic acid; dithiooxamide
Rubidomycin n	rubidomycin; daunomycin; daunorubicin
rückabsorbieren v	reabsorb v
rückbiegen v	rebend v
rückbilden v	reconstitute v
Rückdichtung f	backup seal
rückdrehen v	unturn v
Ruckeln n	jerky operation
Rückenlage f	supine position
Rückenleiden n	spinal trouble
Rückenrunden n (Buch n)	back rounding (book)
Rückerinnerung f (plast)	memory (plast)
rückfettend	oil-restoring; fat-restoring
Rückformelastizität f	elastic recovery
Rückführung f	return line
Rückgriff nehmen gegen v auf v	take recourse against v have recourse to v
Rückhaltesystem n	restraining system
rückhol-	retrieval
rückkondensieren v	recondense v
Rückkondensierung f	recondensation
Rücklauf m (Wärmetauscher m) (Rohrleitung f)	backflow (heat exchanger); return leg (pipe, route)
Rücklaufsperre f	flyback suppressor
Rückmischen n	back mixing; remixing
rückmischen v	remix v
rückoxidieren v	reoxidize v
Rückoxidierung f	reoxidation
rückpipettieren v	repipet v
Rückprallelastizität f	rebound elasticity; rebound resilience
Rückprodukt n	unreacted product

rückschleifen v	regrind v
Rückseite f	overleaf
Rückseitenbeschichtung f	backing layer
ohne Rücksicht auf	regardless of
rückspülen v	regenerate v
rückstandslos verbrennend	consumable by burning
Rückstelleigenschaft f (plast)	memory characteristic (plast)
Rückstellelastizität f	recovery
Rückstellung f (Geld wird zurückgelegt, um spätere Ausgaben bezahlen zu können) auch:	reserve; reserves; setting up reserves (money is reserved to pay future expenses)
Rückstellung f	restoration (general); recovery (plast)
Rückstellvermögen n	resilience (plast); elastic memory capacity (plast)
Rückstossatom n	recoil atom
rückstrahlen v = rückstreuen v	backscatter v
rückstrammen v	restrain v
Rückstrammer m (aut)	retractor (aut - safety belt)
Rückstreuung f	backscattering
Rücksublimation f	resublimation
rücktitrieren v	back-titrate v
rückverdampfen v	revaporize v
Rückverdampfen n	revaporization
rückverdunsten v	reevaporate v
Rückverdunstung f	reevaporation
Rückwaschsäule f	regenerating column; rewash column; rescrubbing column
rückwirkungsfrei	nonreactive
Rückziehkraft f	retractive force
Ruheteil m	static element
ruhig (Licht n)	non-flickering; steady

Rührautoklav m	stirred autoclave
rührerlos	not fitted with agitator
Rührkammerfüllschuh m	agitator chamber filling jaws
Rührkolben m	stirrer flask

R.u.K. = Ring und Kugel (plast) = ring and ball test

Rundbolzen m	round bar
Rundfilter n	round filter
Rundskulptur f	panoramic sculpture
Rundwurm m	roundworm
Rupffestigkeit f	pick resistance
Rüstungskontrollabkommen n	arms-control agreement

Rütapox(R) = Epoxidharz n = epoxy resin

Ruthenocen n	ruthenocene
rutschen v	skid v
Rutschfestigkeit f	skid resistance
Rutschsicherheit f	nonskid quality
Rutschverhalten n (aut)	traction (aut)
Rutschverhältnis n	slip ratio
Rüttelplatte f	compactor

* * *

S

s^{-1} = Schergeschwindigkeit f = shear rate (= per second, sec^{-1})

S = Selektivität f = selectivity

S = Dichte f (Glas n) = density (glass)

S = schwerflüssig (Öl n) = highly viscous (oil)

Sa. = Summa f = sum

$S_{20,w}$ -Wert m = Sedimentationsgeschwindigkeit f = $S_{20,w}$ value = sedimentation velocity

SAAC = succinylierte Aminoalkylcellulose f = succinylated aminoalkylcellulose

Saatlatex m	seed latex
Saborauds Dextrosebrühe f	Saboraud's dextrose broth
Saccharin-Natrium n	sodium saccharide
sachlich	factual
sackförmig	pocket-like
Safflaröl n	safflower oil
Saft m (med)	elixir (med)
Salatcreme f	salad dressing
Salicylalkohol m	salicyl alcohol
Saluretikum n -ka pl (Diuretikum n)	saluretic (diuretic)
Salzschmelze f	brine melt
salzsprühfest	salt spray resistant
Samenblase f	seminal vesicle
Sammelfrucht f	aggregate fruit; synocarpous fruit
Sammelleitung f	manifold
Sammelrechnung f	statement

SAN = Styrol-Acrylnitril-Copolymer n = styrene-acrylonitrile copolymer

Sand-Abrasivum n -va pl	sand abrasive
sandstrahlen v	sandblast v

sanieren v	disinfect v; sanitize v; heal v; make whole v; renovate v; repair v
Sanierung f	disinfection; sanitization; healing; restoration; renovation; repair
Sarin n = Isopropoxymethylphosphorylfluorid n	sarin = isopropoxymethylphosphoryl fluoride
Sarkosinanhydrid m	sarcosine anhydride
Sarocyclin n	sarocycline
Satinweiss n = Calciumsulfoaluminat n (Papierbeschichtung f)	satin white = calcium sulfoaluminate (paper coating)
satt	flush
Sattheit f (Farbe f)	chroma; chromaticity
Sättigungsprinzip n	saturated mode
satzweise	batchwise
Sauergas n (meist Schwefelwasserstoff + Kohlendioxid)	sour gas (mostly hydrogen sulfide + carbon dioxide); acid gas
sauerstofflos	oxygen-free
Sauerstoffpartialdruck m	oxygen partial pressure (not partial oxygen pressure)
Saugfuss m	suction cup
Saugteller m	suction cup
Säurefänger m	acid neutralizer
Säurefestigkeit f	acidproofness
Säurenummer f	acid number
Saurer Regen m	acid rain

SB = Schmelzbereich m = melting range

sccm = Normalkubikzentimeter bei 1013 millibar und 0° C m = standard cubic centimeter at 1013 mbar and 0° C

Schabracke f (Vorhang m)	valance (curtain)
Schaden m (z.B. Leber f)	injury (e.g. to the liver)
Schadensfall m	complaint

Schadensgrenzwert m	damage threshold value
Schädlingsbekämpfung f	pest control
schadloses Testen n	nondestructive testing
Schadstoff m	deleterious substance; pollutant
Schale f (Drehmomentwandler m)	shroud (torque converter)
Schälfestigkeit f (Überzüge m pl, in N/mm)	peeling resistance (coatings; measured in N/mm)
Schälkraft f	peeling force
Schallraum m	acoustic chamber
Schallschluckmatte f	sound-absorbing mat
Schallschluckwirkung f	acoustic damping
Schälrohr n	stripping pipe
Schälschleuder f	peeler centrifuge
Schalter m (Bank f)	teller's window (bank)
Schalterbeamte m -tin f (Bank f)	teller (bank)
Schalterraum m (Bank f)	teller's area (bank)
Schalterwippe f	flip switch
Schaltgeräte n pl	switchgear
Schaltmuffe f (aut)	shifting sleeve (aut)
Schaltnocken m	trip cam
Schaltplatine f	circuit board
Schaltplatte f	gearshifting plate (aut)
Schaltstoss m (pneumatisches System n)	explosive release of air (pneumatic system); rush of air
Schaltwalze f	controller drum
Schaltwelle f (aut)	selector shaft (aut)
Schärfenpunkt m	focal point
Scharpie f (Baumwoll- oder Leinwandfaser f)	charpie (lint)
Schattendichte f	opacity
Schattenfugensägen n	blind joint sawing

schattengebend	opacifying; opaquing
schattengebendes Mittel n	opacifier
Schaufelschaft m (Turbine f)	blade shaft (turbine)
schaumaktiv	high foam
schaumarm	low-foam
Schaumbad n	bubble bath
Schaumbeschichtung f	expanded coating
Schaumdämpfer m	antifoam agent; defoaming agent
Schaumfaden m	foam filament
Schaumglas n	glass foam
Schaumhöhe f	foam level
Schaumhohlkörper m	expanded hollow molding
Schäumkanal m	expansion tunnel
Schaumkrone f	head
Schaumkunstleder n	expanded leathercloth
Schaumlamelle f	foam lamina
Schäummittel n	blowing agent
Schaumpaste f	expandable paste
schaumreguliert	controlled-foam
Schaumrücken m	foam backing
Schaumstein m	slag stone
Schaumstoffdichte f	foam density
Scheibe f (Wankelmotor m)	rotor (Wankel engine)
Scheibenkreuz n	cross-shaped disk
scheinbar (anscheinend)	ostensible
Scheinwerferscheibe f	headlight lens
Schenkelblock m	femoral blockage
Schere f (Strassenbahn f)	pantograph (trolley)
scherfest	shear-resistant
Schergefälle n	shear gradient
Schergeschwindigkeit f (sec^{-1}) (s^{-1})	shear rate (sec^{-1}) (s^{-1})

Scherkopf m	cutting head
scheuerfest	abrasion resistant; scuff resistant
Scheuerfestigkeit f	abrasion resistance; scuff resistance
Scheuerleiste f	bumper strip
Schichtaufnahme f (Tomographie f)	tomograph scan (tomography)
Schichtchromatographie f	layer chromatography
Schichtdicke f (met)	coating weight (met)
Schichtpigment n	layered pigment
Schichtstoff m	multiple-layer material; stratified material
schichttauchen v (plast)	dip-coat v (plast)
Schieber m	gate valve
Schieferhammer m	spalling hammer
schienenlos	railless
Schiessmunition f	gallery ammunition
Schießstoff m	smokeless explosive
Schiffsantrieb m	marine propulsion unit
Schikane f	baffle
Schimmelschutzmittel n	mildewproofing agent
Schistock m	ski pole; ski stick; ski staff
Schlackenwolle f	rock wool
Schlafsucht f	drowsiness
Schlagbiegeversuch m	flexural impact test
Schlagempfindlichkeit f	impact resistance; shock sensitivity
Schlagenergie f	impact energy
schlagfest	impact-resistant
Schlagfrequenz f	heartbeat rate; cardiac frequency
Schlagmechanismus m	striker mechanism
Schlagschaum m (plast)	whipped foam; whisked foam (plast)

Schlagschaumpaste f	frothable paste
Schlagstift m (Webstuhl m)	picker stick (loom)
Schlagtiefung f (Überzugtest nach Erichsen m)	impact depression; impact cupping (coating test according to Erichsen)
schlagverformbar (Lack m)	impact extensible (varnish)
Schlagverformbarkeit f	impact extensibility; reverse impact
schlagzäh	impact resistant
Schlagzähigkeit f	impact resistance; impact strength
Schlagzähmacher m	agent improving impact strength
Schlagzugzähigkeit f	tensile impact strength; impact tensile resistance
Schlammbecken n	sludge basin
Schlammdruckleitung f	pressurized sludge pipe
Schlammflocke f	sludge floccule
Schlämmkreide f	Paris white
Schlammpolder m	sludge polder
Schlankheitsdiät f	slenderizing diet; weight reduction diet
Schlauchfolie f	blown tube; tubular film
Schlauchquetschpumpe f	hose compression pump
Schlaufe f (Schistock m)	handstrap (ski)
Schlaufenreaktor m	loop-type reactor
Schleier m (kleine Teilchen n pl)	cloud (small particles);
(Wasserfall m)	nappe (water, waterfall)
Schleifkohle f (el)	carbon brush (el)
Schleifkörper m	sliding member
Schleiftest m (Analgetikum n)	writhing test (analgesic)
Schlenkgefäss n	shaker vessel
Schleppmittel n (Destillation f)	azeotropic agent (distillation); entraining medium

Schlepprakel f	drag knife
Schleuder f	extractor
Schleuderfestigkeit f	skid resistance
schleuderfeucht	still moist from centrifuging
Schleuderguss m	rotational casting
schleudern v	spin-dry v
Schleuderscheibe f	centrifugal disk
Schleusentor n	lock gate
Schlichtheit f	simplicity
Schlichtungsantrag m	settlement request
schlierig	schlieric
Schliessdämpfer m	fluid dashpot
Schliff-Erlenmeyerkolben m	graduated Erlenmeyer flask
Schlingenflor m	looping pile
schlingern v (aut)	chuggle v (aut)
Schlingfeder f	coil spring
Schlitz-Bolzenführung f	slot-pin guide
Schlitzdüse f	sheeting die
Schlitzwalze f	slotting roll
Schloss n (Gewehr n)	breech (firearm)
Schloss n	buckle
Schlossöffner m	lock release; lock release mechanism
Schluckvermögen n	input capacity
Schlundsonde f	esophageal probe; gavage
mit Schlundsonde f	by gavage
Schlupf m (Reifen m)	slippage (tire)
schlupfhindernd	anti-slip
Schlüsselbedeutung f	paramount importance
Schlüsselkind n	latchkey child; latchkey kid
Schluss ex post m	hindsight analysis
Schlusslack m	lacquer finish
schmälzen v (Wolle f)	lubricate v (wool)
Schmälzmittel n (Wolle f)	lubricant (wool)

Schmelzbruch m	melt fracture
Schmelzfaser f	melt-spun fiber
Schmelzkleber m	fusible adhesive; hot-melt adhesive
Schmelzintervall n (weiter Schmelzpunktbereich m)	melting interval (spread-out melting point)
schmelzspinnen v	melt-spin v
schmelzverkleben v	heat-seal v
Schmelzwanne f	melting trough; melting tank
Schmerlings Methode f = Synthese f von 1-Chlor-3,3-dimethylbutan n bei -60° C oder -40° C	Schmerling method = synthesis of 1-chloro-3,3-dimethylbutane at -60° C or -40° C
Schmerzmodell n	pain model
schmerzstillende Wirkung f	analgesic action
Schmierblutung f	spotting
Schmierstift m	lubricating stick
Schneckendrehzahl f (Extruder m)	screw speed
Schneckenextruder m	screw-type extruder
Schneckengang m	channel; screw flight
Schneckenpumpe f	screw pump
Schneckenvorplastifizierung f	screw-type preplasticizing
Schneckenwendel f	flight
Schneidöl n	cutting oil
Schnellbestimmung f	instant determination
Schnelldurchlaufverdampfer m	rapid-throughflow evaporator
schnellkuppelnde Diazoverbindung f (Beschichtung f für lichtempfindliches Papier n)	rapid diazo-type coupler (coating for light-sensitive paper)
Schnell-Läufer m	high-speed machine
Schnellmixer m; Schnellmischer m	high-speed mixer
Schnelltest m	instant test

Schnittglasfasern f pl	chopped glass fibers
Schnüffelloch n	breather port
Schnupfenabteilung f	common-cold research unit
Schnürloch n	eyelet
Schockkühlung f	shock cooling
schon	at a point just prior to ...
Schönheitsfarm f	beauty farm
Schonwaschgang m (Waschmaschine f)	delicate cycle (washing machine)
Schottky-Sperrdiode f	Schottky barrier diode
Schrägagarkultur f	agar slant; tilted agar culture
Schrage f	tray
Schrägkultur f	slant
Schräglochboden m (Kolonne f)	slanted-aperture tray
Schrauber m	mechanical screwdriver
Schraubnagel m	screw nail
Schraubverschluss m	screw cap
Schreckschusspistole f	blank cartridge pistol
Schredder m	shredder
Schreiber m (Stift m)	marker; marking pen
Schrift f oder Wappen n	heads or tails
Schrittgeber m	incremental transducer
schrittweises Wachsen n	step-growth
Schrotflinte f	shotgun
Schrotpatrone f	shot cartridge
Schrottgrube f	scrap pit
Schubdauer f (med)	time of release (med)
Schubmodul m	shear modulus
Schubphase f	thrust stage
Schubzentrifuge f	batch centrifuge
Schuhwerk n	footwear
Schulter f (Absorptionskurve f)	shoulder (absorption curve)

Schulter nicht befahrbar f	soft shoulders
Schulterwaffe f	shoulder weapon
Schulung f	clinic
Schüsselung f (Schaumplatte f)	dishing (foam panel)
Schüssel f	concavity
Schussfadenverzug m	weft warpage
Schusskanal m (Zündkerze f)	firing channel (spark plug)
Schusszahl f	cycle rate; number of charges; number of batches
Schüttdichte f (g/ml oder g/cm³)	bulk density
Schüttelente f	shake flask
Schüttelkolben m	shake flask
Schüttelkultur f	shaken culture
Schüttelmaschine f	vibrator
Schüttgewicht n (g/l oder kg/m³)	bulk weight; powder density
Schüttgutfestigkeit f	bulk cohesion
Schüttgutpalette f	loose material pallet
Schüttung f	charge; filling
Schüttvolumen n	volume per unit weight
Schutzanordnung f = Schutzverordnung f	protective order
Schutzdauer verlängert f (Wz)	renewed (TM)
Schutzdrall m (text)	protective twist (text)
schützen v (chemische Gruppe f)	block v (chem. group) mask v " "
Schützengilde f	rifle association
Schützenpanzer m	armored troop carrier
Schützenverein m	rifle association
schwabbelig	flabby
schwach	also: low
schwachschäumendes Waschmittel n	low-foam detergent

Schwaden f pl	vapors
Schwallwasser n	splash water
Schwammspinner m	gypsy moth (Porthetria dispar; Lymantria dispar)
Schwangerschaftstoxikose f	gestational toxicosis -ses pl gestosis -ses pl
Schwanzvene f	caudal vein
Schwanzzucken-Test m (von D'Armour und Smith)	tail-flick test (by D'Armour and Smith)
Schwarzpulver n	gunpowder
Schwarm m	cloud
Schwarzdeck n	blacktop pavement
Schwarzstrahler m	blackbody source
Schwarzwert m	black-level value
Schwarzwurzel f	black salsify
Schwebedüsentrockner m	float-on-air dryer
schwefelsaures (z.B. schwefelsaures Natrium n)	sulfate (e.g. sodium sulfate)
Schweinehirn n	pig brain
Schweinepepsin n	hog pepsin
Schweinfurter Grün n (Kupferazetatarsenit m)	copper acetate arsenite; Schweinfurt green
Schweissfaktor m	welding factor
Schweissfestigkeit f	weld strength
Schweisshilfsmittel n	flux
Schweissperle f	welding globule
Schweisswatte f	welding wad
Schwelbrand m	slow fire
Schwellvolumen n (in ml/g in Flüssigkeit f)	swelling volume (measured in liquid in ml/g)
Schwellwertschalter m	trigger
Schwenklagengeber m	pivotal position indicator
Schwenklager n	pivot bearing
Schwerbeschichtung f	high-filled backing; high-filled coating

Schwerefeld n	gravitational field
schwerentflammbar	flame-retardant
Schwerflint m (opt)	heavy flint (opt)
schwergängig	sluggish
schwergeschädigt	gravely injured; gravely ill
Schwerkraftabscheider m	gravity-operated separator
Schwerkraftfilter n, m	gravity filter
schwer schmelzbar	high-melting
Schwersieder m	high-boiler
Schwersoda f (hochreines Na_2CO_3)	anhydrous sodium carbonate; high-purity Na_2CO_3; dense soda; soda ash
Schwerspat m	heavy spar
Schwertkasten m (Boot n)	centerboard casing (boat); dagger board casing; dagger plate housing
schwer zu beeinflussen	hard to control
Schwimmerkammer f	float chamber
Schwimmernadelventil n	float needle valve
Schwimmfahrzeug n	floatcraft
Schwimmwasserlinie f (Schiff n)	load waterline (ship)
Schwimmsattelbremse f	floating caliper brake
Schwingelastometer n	oscillatory elastometer
Schwingflügel m	casement window
Schwinghebel m	swing arm
Schwingungsachse f	swing axis
Schwitzwasserkonstantklima n	constant damp heat atmosphere
Schwundregelung f	automatic gain control; automatic volume control

SDI-Programm n = Strategic Defense Initiative ("Star Wars" program)

S/E = Sendung f/Empfang m = transmission/reception

SE = Struktureinheit f	SU = structural unit

Sebazat n	sebacate
Sebum n	sebum
sechsfach substituiert	hexasubstituted
Sedimentationsgeschwindigkeit f	sedimentation velocity
Seebakterie f	marine bacterium
Seeleitung f	marine pipeline
seelische Unausgeglichenheit f	emotional imbalance; mood fluctuation
Seesand m	sea sand
Seetieröl n	marine animal oil
segeln v	soar v (aircraft)
S/E-Gerät n	transceiver
Segmentpolymer n	block polymer; segmented polymer
Segmentpolymerisation f	block polymerization
Sehschärfe f	visual acuity
Sehschärfenbestimmung f	optometry
Sehstörung f	blurred vision
sei es ... oder sei es	either because ... or because ...
Seifenstock m	soap stock
Seilereiware f	cordage
Seilzug m	pulley
Seitenabtrieb m	lateral drift
Seitenhaupt n	side face
seitenständig	branched
Seitentubus m	lateral tube
Seitenwand f (Reifen m)	sidewall (tire)
Sektorblende f	rotary disk shutter
sekundäre Ölgewinnung f	secondary oil recovery; secondary oil extraction
Sekundärladung f	booster charge
Sekundärsprengstoff m	secondary explosive
Sekundärwagen m (aut)	secondary car (aut)
sekundärer Übergangspunkt m (thermoelastischer zum glasähnlichen Zustand m)	second order transition point (thermoelastic to vitrified condition)

selbst	voluntary
selbstabsetzen v (Schweissgut n)	autodeposit v (welding material)
selbsteinfärben v	custom dye v; custom color v
Selbsteinfärbung f	custom dyeing; custom coloring
selbsteinschneidend	self-cutting
Selbsthaftung f	autohesion
Selbstkassierer m	automatic teller; automatic cashier
Selbstkondensation f	spontaneous condensation
selbstladend	self-loading
Selbstoxidation f	autoxidation
Selbstsucheinrichtung f	automatic homing device
selbstverdickend	thixotropic
selbstverlöschende Einstellung f	self-extinguishing grade
Selbstvernetzung f	self-crosslinking
selbstverstärken v	self-augment v
Selbstverwirklichung f	finding oneself
selektieren v	pick out v
Selektivitätskoeffizient m	selectivity coefficient
Selfkante f	selvage
Semidion n	semidione
Senkschlinge f (met)	down-looper (met)
Sensor m	sensor

Sephacryl(R) = Filtrationsgel n = filtration gel

Sephadex(R) = Chromatographiermittel n = chromatography agent

Sequentialkontrazeptivum n -va pl	sequential contraceptive
Sequenzlänge f (Polymer n)	sequence length (polymer)
Sequenztyp m	sequence type
Sequester m	sequester

Ser = Serin n (Aminosäure f) = serine (amino acid)

Serin n — serine

Serinol n = 2-Amino-propandiol-(1,3) n oder 1,3-Dihydroxy-2-amino-propan n — serinol = 2-amino-1,3-propanediol or 1,3-dihydroxy-2-amino-propane

serotoninerg — serotoninergic

Servachrom(R) = Adsorptionsmittel n = adsorbent

Servitol(R) = Wollschmälzmittel n = wool lubricant

service-freundlich — service amenable; easily serviceable; user-friendly

Setzstück n — positioning element

Sexualpheromon n — sex pheromone

SGOT = Serum-Glutamat-Oxalacetat-Transaminase f = serum glutamate oxalate transaminase

SGPT = Serum-Glutamat-Pyruvat-Transaminase f = serum glutamate pyruvate transaminase

SHAB = Schweizerisches Handelsamtsblatt n = Swiss Official Commercial Gazette

SH-Gruppe f = Sulfhydryl-gruppe f — SH group = sulfhydryl group

Shikimisäure f — shikimic acid

Short-Stoppmittel n (plast) — shortstop agent (plast)

SI = Silikon n = silicone

Sialinsäure f — sialic acid

Sibylierung f — sibylation

Siccativ n oder Sikkativ n — drier

siccativieren v oder sikkativieren v — provide with drying properties v

Sichelzellenanämie f — sickle cell anemia

Sicherheitsbügel m — safety lever

Sicherheitsmarge f — safety margin

Sicherheitsreserve f — safety margin

Sicherheitsbindung f — ski safety binding

Sichtabdeckplatte f — cowl plate

Sichtbarwerden n (Kontrastmittel n)	opacification (contrast medium)
Sichtluft f	screening air; sifting air
Sichtöffnung f	peephole
Sichtseite f	face of fabric; face of article
Sichtwinkel m	angle of vision
Sicke f	crimp
Siebbodenkolonne f	grid tray column
Siebdruckverfahren n	screen printing method
sieben v	classify v
Siebpaket n	screen pack
Siebschüttler m	sieve shaker
Siedeanalyse f	boiling point analysis
Siedekapillare f	distillation capillary
Siedekühlung f	boiling cooling
Siederückstand m	residue from boiling step
Siedeschnitt m	boiling cut
Siemens n (Leitfähigkeit f = Siemens pro cm)	mho (conductance = mho per cm, or mho $\cdot$ cm^{-1}); siemens
Sigmatest für Kupferdraht m (elektrischer Widerstandstest m)	Sigma test for copper wire or copper rod (electric resistance value)
Signalleistung f	signal power
silanisieren v	silanize v
Silazan n	silazane
Silberstich m	silver engraving
silicidieren v	silicide v
Siliciumoxid n (im Deutschen oft für Siliciumdioxid n gebraucht)	silicon monoxide, SiO
Siliciumdioxid n	silicon dioxide, SiO_2; silica

Silizium n = Silicium n (neue Schreibweise)

Silierbehälter m	ensilage tank
silieren v	ensile v
Silierung f	ensilage
Silikaglas n oder Silikatglas n	silica glass; silicate glass
Siliciumwasserstoffsäure f	hydrosilicic acid
Silikofluorid n (Salz der Fluorkiesel- säure)	fluosilicate (salt of fluosilicic acid)
Silikonat n ; Silicon n Silikon n	siliconate; silicone
Sillithin(R) = Kieselkreide f = siliceous chalk auch: Sillitin(R)	
Silopren(R) = Silikonkautschuk m = silicone elastomer	
Silowagen m	hopper truck
Siloxy n	siloxy
Silton-Ton m	silton clay
Silylat n	silylate
silylieren v	silylate v; treat with silyl v
Simpson-Planetenräder- getriebe n (3-gängig)	Simpson planetary gear (3-speed)
Simulationstreue f	simulation accuracy
simulieren v	mimic v
Single (-s pl) m (Unverheirateter m, -te f)	single
Singulett n	singlet
im doppelten Sinne m	in a dual sense
im weiteren Sinne m	in the broader sense
im weitesten Sinne m	in the broadest sense
im Sinne liegen v	work hand in hand with v
Sinnesspiel n (für Blinde n pl, z.B.)	sensory game (for vision impaired persons)
sinfällig	analogous
sinnvoll	practical
Sinovula(R) = Empfängnisverhütungsmittel n =	contraceptive

Note: "Silika", "Silikat", "Silikon", "Silikonat" can also be written with a "c" in place of the "k" according to most recent publications. bmw

Sinterkorund m — sintered corundum

Sinterrubin m — sintered corundum; sintered aluminum oxide

Sipur(R) = feiner Sand m = fine sand

Sisomycin n — sisomycin

Sitzmöbel n — sitting furniture

Sitzriese m — oversized seat occupant

Sitzzwerg m — undersized seat occupant

Skalierungsgesetz n — scaling law

Skatol n — skatole

SKE = Steinkohleneinheit f = coal unit (power)

Skelettmuskel m — skeletal muscle

Skineffekt m — skin effect

skurril — tricky

Slip-Einlagen f pl — pantiliners; panty shields

Smp = Schmelzpunkt m = melting point

SMS = Styrol-α-Methylstyrol-Copolymer n = styrene-α-methylstyrene copolymer

Snack m — snack

Snurps n pl (Kurzbezeichnung für snRNPs = kleine Zellkern-Ribonucleoproteine n pl) — snurps = snRNPs = small nuclear ribonucleoproteins

Sockelleiste f — baseboard

Sodalösung f — sodium carbonate solution

Sohlenkantenfräsmaschine f — sole edge milling machine

Sojabohnenmehl n — soybean meal

Sojabohnenöl n — soybean oil

Sojabohnenpuder m — soybean powder

Sojabohnensprossen m pl — soybean sprouts

Sollbruchstelle f — breakaway zone; breakaway seam

Sollbruchzone f — breakaway zone; breakaway seam

Solltemperatur f	rated temperature
Sollwert m (Regler m)	setpoint (controller)
Solvat n	solvate
solvolysieren v	solvolyze v
Somatomedin n	somatomedin
Sondermeldung f	special report
Sonderzubehör n, m	option
sondieren v	administer by gavage v
Sonneneinstrahlung f	insolation
Sonnenrad n	sun gear
Sonnenschutzmittel n	sun protective
Sonnenstrahlung f	sunlight
Sonnenwind m	solar wind
Sonographie f	sonography

Sonox(R) = Bleizirconat-Titanat n (Piezokristall m) = lead zirconate titanate (piezo crystal)

sonstig	miscellaneous
sonstige	others
Sorbens n	sorbent
Sorbitanhydrid n	sorbitol anhydride; sorbitan
Sorbitmonolaurat n oder Sorbitanmonolaurat n	sorbitan monolaurate
Sorbithexanitrat n (Explosivstoff m)	sorbitol hexanitrate (explosive)
Sorptionsmittel n	adsorbent _or_ absorbent
Spaltanlage f (Petroleum n)	cracker (petroleum)
Spalteinsatz m	cracking feed
Spaltgas n	cracked gas
Spaltleuchte f	slit lamp
Spaltofen m	partial oxidation furnace
Spaltpolmotor m	shaded-pole motor
Spaltprinzip n (Explosivstoff m)	gap principle (explosive); spark gap principle (")
Spaltregelung f (Elektromagnet m)	gap control (electromagnet)

Spaltrohrmotorpumpe f	canned motor pump
Spaltsatz m	gap charge; high-tension charge
Spaltzünder m	spark gap detonator
Spanabtransporteinrichtung f	chip handling system
Späne m pl (Metall n)	turnings (metal)
Spänevlies n	chip cake
Spanholz n	chipboard
spannen v (Dampf m)	pressurize v (steam)
Spannfeld n (text)	tentering zone (text)
Spannkette f	tensioning chain
Spannungsrissbeständigkeit f	stress crack resistance
Spannungsrissbildung f	stress crack formation
Spannungsweissfärbung f	stress-whitening
Spannungswert m (bei 200% Dehnung f, z.B.)	stress value (at 200% elongation, e.g.)
Spannungszahlenwandler m	voltage-to-digital converter
Spannungszustand m (med)	stress condition (med)
Spanplatte f	chipboard
Spanschuppenfrequenz f (Störschwingungen beim Lösen der Schälspäne)	swarf-produced frequency (troublesome oscillations during detaching of turnings)
sparen v	do without v; possible to dispense with v
Sparmotor m	fuel-conserving engine
Sparte f	business field
Sparterie f	braided work; wicker work
Spatelspitze f (Menge f)	pinch (quantity); spatula tip (quantity)
spedieren v	ship v
Speicherkrankheit f	storage disease
Speichermasse f (Regenerator m)	packing (regenerator)
Speicherplatine f	memory board

Spektrofluorimetrie f	spectrofluorometry; spectrofluorimetry
spektrofluorimetrisch	spectrofluorometric; spectrofluorimetric
Spektrum der Wissenschaft n =	German edition of "Scientific American" (U.S. periodical)
Spenderbox f	box dispenser
Spendstellung f	distributing position; dispensing position
Sperre f	arrester
Sperrflüssigkeit f	barrier liquid
Sperrhaken m	locking hook
Sperrigkeit f	bulk; specific volume (molecule)
Sperrluft f	sealing air
Sperrwirkung f	arresting effect
spezifische Belastung f	unit stress
spezifische Oberfläche f (m^2/m^3)	specific surface area; surface to volume ratio
spezifischer Durchgangswiderstand m	volume resistivity
SPF-Ratte f	SPF rat (specific pathogen-free rat)
Sphalerit m	sphalerite
Sphäroguss m	spheroidal graphite cast iron
Sphingolipid n -e pl	sphingolipid
Spiegelgelenkoptik f (Laser m)	mirror-coupled optic (laser)
Spiegelmikroskopie f	reflected-light microscopy
Spiesswirkung f	impaling effect
Spinalkanal m	spinal cord
Spindelabdichtung f	stem seal
Spin-Echo-Sequenz f	spin echo sequence
Spinhaler(R) = Inhaliergerät n =	inhaler
Spinnaggregat n	spinning unit
Spinnkatze(R) f = Anspinnvorrichtung f =	Spin Cat(R) = piecing device

Spinnpumpe f	spinning pump
Spinnsaal m	spinning shop
Spinresonanz f	spin resonance
Spiran n	spiran; spirane
Spiro-oxiran n	spirooxirane
Spirostan n	spirostane
Spitze f, gekettelte (Strumpfhose f)	linked toe (pantyhose)
Spitzenkraft f	peak load
Spitzenzwickmaschine f	toe lasting machine
spleissen v (=fein spalten v)	fray v
(zusammenflicken v) (auch RNS = RNA)	splice v (also RNA)
Spleissosom n	spliceosome
Spleißstelle f	splice site
Splittergranate f	fragmenting grenade
Spongiosaplastik f	spongy plastic
Spontanurin m	uncontrolled urine
Sportleistung f	athletic performance
Sprachkanal m	voice channel
Spreizniet m, n	expansion rivet
Sprengkörper m	explosive device; explosive element
Sprengkraft f	yield
Sprengladung f	explosive charge
Sprengmittel n	blasting agent
Sprengöl n	explosive oil
Sprengplattieren n	explosive cladding
Sprengung f	fragmentation
sprich	i.e.
Spriegelhimmel m (aut)	hoop-frame dome (aut)
Spritkontakt m	still catalyst
Spritzdüse f (aut)	injection nozzle (aut)
Spritzen n	injection molding (not extrusion)

Spritzertopf m	spray trap
spritzgiessen v	injection mold v
Spritzgrund m	spray primer
Spritzgrundlackierung f	spray base coat
Spritzkopf m	die head
Spritzling m	injection molding
Spritzpistole f	spray gun
Spritzwand f	splash wall
Spritzwasser n	road splash (aut)
Sprödewerden n	embrittlement
Sprosse f	latticework
Sprosszelle f	budding cell
sprudelnverhütendes Mittel n	antigushing agent
Sprühdose f	spray can
Sprühmagermilchpulver n	instant non-fat dry milk
Sprühpistole f	atomizer gun
Sprühpulver n	sprayable powder
sprühtrocknen v	spray-dry v
Sprühturm m	spray tower
Spülakt m	scavenging process
Spüldrainage f	irrigation drainage
Spülgas n	purge gas
Spundbehälter m	spigoted container
spurfrei	trackless
Spurlager n	footstep bearing

S-PVC n = Suspensions-PVC n = suspension-polymerized PVC; suspension PVC

Squalen n	squalene

SR = Säureresistenz f = resistance to acids

St = Stahl m = steel

St = Stunde f = hour

St 37 = Stahlart f (Zugspannung in kp/mm² = 37) = type of steel (tensile strength in kp/mm² = 37)

Stabdrücker m (met)	rod pusher (met)
Stabilwalze f	high-stability roller
Städtereinigung f	municipal waste disposal
Stadtgas n	town gas
Stahlsand m (met)	steel shot (met)
Staketenzähne m pl	picket fence teeth
Staku(R) = verkupferter Stahldraht m = copper-clad steel wire	
Stal in Deutsch m = Übersetzung einer russischen Stahl-Veröffentlichung f = translation of a Russian steel publication	
Stamm m (Mikroorganismen m pl)	strain (microorganisms; also used for mice and rats)
Stammauftrag m	regular order
Stampfdichte f	compaction density
Stampfer m	beater; tamper
Stand m	booth
Standard-Azetat n = äquimolare Mischung von Essigsäure und Natriumazetat = equimolar mixture of acetic acid and sodium acetate	
Standbein n	stabilizer leg
Standebene f	base plane; level plane
Ständerblechpaket n	stator stack
Standfestigkeit f	creep resistance
Standgetriebe n	fixed transmission
Standheizung f (aut)	parking heater (aut)
Standmoment n	stabilizing moment; stator moment
Standort m	source
Standreibung f	static friction
Standtest m	standing test
Standzeit f	time lag
Stapelfähigkeit f (plast)	antiblocking property (plast)
Stapelkasten m	stacking crate
Stapler m	lift truck

stark	severe
starker Sprengkopf m	large-yield warhead
Startanhebung f	start boost
Starter m (chem)	starter (chem)
stationär	inpatient (med); steady-state (chem)
statischer Mixer m	static mixer
statistisches Polymer n (Gegenteil n: Blockpolymer n)	random polymer (contrasted to block polymer)
Stativbein n	tripod leg
Stau m	jam; pileup
Staubalken m (Extruder m)	deckle (rods adjusting die flow in extruder)
Stäubemittel n	dusting agent
Staubinde f	tourniquet
stauchen v	crowd v; overfeed v; stack up v
Stauchung f	creep strain; overfeed
Stauchhärte f	compression resistance
Staudensellerie m	celery stalk
Staudruck m	back pressure; ram pressure
Stauraum m	pressure chamber; dynamic pressure chamber
Stauung f	slack
Stearin n	stearin; stearine
Steckbecken n oder Stechbecken n	slipper bedpan
Steckerleiste f	multipin connector
Steckkapsel f	mating capsule; telescoping capsule
Steckplatte f	pegboard
Steglichbase f = 4-Dimethylaminopyridin n	4-dimethylaminopyridine
Steigbohrung f	riser bore
Steiglattenband n	ascending lath belt

Steigmittel n	upwardly mobile phase
Steigschlinge f (met)	up-looper (met)
Steigzug m	updraft
Steinholz n	plastic wood
Steinwolle f	rock wool
Stellreflex m (Maus f)	righting reflex (mouse)
Stellzeiger m	setting knob
Stempelkneter m	plunger-type kneader

stenop. = stenopäisch = stenopeic

Stereobildschirmaufnahme f	screen stereograph
stereoselektiv	stereoselective
stereoskopisches Bildpaar n	stereopair
steril abdecken v	drape with sterile cloth v
steril entnommen	aseptically withdrawn
steril übernommen	aseptically transferred
Sterilisierungsmittel n	sterilant
Sterilmilch f	long-life milk
Steuerkabine f	operator's cab
Steuerkante f	control edge
Steuerradeinschlag m	steering wheel angle
Steuerschieber m	control slide valve
Steuerschiebeventil n	control slide valve; servo spool valve

STH = somatotropes Hormon n
somatotropisches Hormon n (Wachstumshormon n) =
somatotropic hormone (growth hormone)

Stibin n	stibine
Stichleitung f	tap conduit
Stickoxyd n	nitrogen oxide
Stickstoffbenzid n	azobenzene; azobenzide (obsolete); diphenyldiimide
Stickstoffdurchleitung f	purging with nitrogen stream
Stickstoffkörper m (Abfall m)	nitrobody (waste)

Stift m	stick (cosmetics)
Stiftrad n	pin-studded wheel
Stigmastan n	stigmastane
Stigmasterin n	stigmasterol
Stimulator m	stimulant
Stippe f (plast)	gel (plastic molding); pinpoint gel (film)
Stippigkeit f	gel content
Stirnabzugsfestigkeit f	end peel-off strength
Stirnbrenner m (Rakete f)	end burner (rocket)
stochastisch	random; stochastic
Stockpunkt m (Öl n)	pour point (oil)
Stockpunkterniedriger m	pour point depressor
Stoffaufbau m	anabolism
stoffschlüssig	incorporated into material
Stoffstrom m	product stream
Stoffumsatz m	conversion of matter
Stoffwert m	physical constant
Stollen m	chunk; loaf; lump
Stollenausbruch m (Reifen m)	"chipping and chunking" (tire)
stopfbuchslos	glandless
stoppen v (plast)	shortstop v (plast)
Stoppine f	flash charge
störanfällig	trouble-prone
Störaustastung f	interference blocking
Störfallampe f	trouble indicator lamp
Störfaser f	stray fiber
Störsignal n	disturbance-indicating signal
Störstellengradient m	impurity density gradient
Störung f (med)	dysfunction (med)
Stossanregung f (Atom n)	collisional excitation (atom)
Stossboden m	abutment plate

Stosselastizität f (%) (auf Schlag zurückfedern)	impact elasticity (%) (rebound upon impact)
Stossenergie f	kinetic energy
Stösser m (text)	picker (text)
Stossfestigkeit f	shock resistance
stossfrei	slam-free
Stosswunde f	stab wound
Stotterfrequenz f	pulsating frequency

STP = 2,5-Dimethoxy-4-methylamphetamin n (Hallucinogen n)
= 2,5-dimethoxy-4-methylamphetamine (hallucinogen)

straffen v	streamline v
Strahldruckverfahren n	inkjet printing method
strahlendurchlässig	radiolucent
Strahlendurchlässigkeit f	radiation transmittance
Strahlenkontrastmittel n	radiopaque medium
Strahlenlänge f	range of rays
strahlensicher	safe from radiation leakage
Strahlentgraten n	abrasive blast deburring
Strahlentierchen n	radiolarian (genus Radiolaria), plural: radiolaria
Strahlgebläse n	air ejector
Strahllänge f	beam range
Strahlspoiler m	jet spoiler
Strahlungsanlage f	irradiation unit
Strahlungsgürtel m	radiation belt
strahlungslos	radiationless
Strahlverdichter m	jet compressor
Strahlvereiniger m	beam combiner
strähnig	stringy
Strammer m	strap (ski)
Strang m	continuous length; path (el); rod (plast); rod extrudate (extrusion)

strapaziert	damaged
Strasse f (Maschinenreihe f)	line (row of machines); train (sequence of different machines)
Strassenspritzer m pl (aut)	road splash (aut)
Strassentankwagen m	road tanker
strategische Qualität f	strategic capability
Streckdehnung f	stretch elongation
Strecke f (Maschine f)	zone (machine)
Streckfestigkeit f	elongation resistance
Strecklage f	flat position; in-line position
Streckmetall n	expanded metal
Streckmittel n	diluent (broadly: extender)
Strecköl n	extender oil
Streckspannung f	tensile stress at yield; yield point; yield stress
Streckung f (Verhältnis Quadrat der Spannweite der Flossen zu deren Grundrissfläche in Flugzeugleitwerken)	aspect ratio (ratio of square of wing span of fins to planimetric area of fins in airplane rudders);
Streckung f (plast)	elongation (plast)
Streichfarbe f (Papier n)	coating compound (paper)
Streichgarn n (aus kurzen, gekräuselten Wollhärchen gesponnen)	carded wool; carded wool yarn (spun from short, crimped wool fibers)
Streichgerät n	spatula
Streichmaschine f	spread-coating machine
Streichverfahren n	spread-coating method
Streitpatent n	litigious patent
Streptonigrin n	streptonigrin
Stretford-Prozess m (Entschwefelung oder Entfernung von Schwefelwasserstoff)	Stretford process (desulfurization or removal of hydrogen sulfide)
streuen v (Licht durch Prisma)	disperse v (light through prism)

Streuung f (Waffe f)	dispersion (gun)
Striatum n (med)	corpus striatum (med)
Strichcode m = EAN (Europäische Artikelnumerierung f)	bar code = UPC (universal product code)
Strichcode-Lesegerät n	bar-code reader; UPC reader
Strichmarke f	graduation line
stromförmig	streamlined
stromlose Abscheidung f	electroless deposition
Stromschicht f	flow stratum -a pl
Stromstörer m	flow diverter; flow divertor
Stromteiler m	flow splitter
Stromtrockner m	flash dryer
strömungsfähig	fluid
Strömungsgeschwindigkeit f	fluid velocity
strömungsgünstig	aerodynamically favorable (rocket); streamlined; hydrodynamically favorable (pipes)
Strömungskanal m	flow duct
Strömungsmotor m	fluid motor
Strömungspumpe f	flow pump
Strömungsquerschnitt m	flow cross section
Strömungsrohr n	flow pipe
Strömungsstörer m	baffle
Strömungstechnik f	hydrodynamics; aerodynamics
Strömungsverlust m	hydraulic loss
Strömungswalze f	rolling flow
Stromverbesserer m	flow improver
Struktol(R) = Weichmacher m	plasticizer
Struktur f (Molekül n)	topology (molecule)
Strukturfestigkeit f (Faden m)	tear resistance (thread)
Strumpfhose f	pantyhose
Stückelung f	breakdown
Stückliste f	parts list

-	-
Stückzahl f; kleine	run; short run
stufenfrei	continuous
Stufenkombinations-präparat n	combination-type sequential preparation
Stufenpräparat n	sequential preparation
Stufensprung m	speed interval
Stülprohr n	insert pipe
Sturzzug m	downdraft
Stutenharn m	mare's urine
Stuttgarter Masse f = Silica + Oxide des Na, Fe, Ca + Mg	Silica Plus(R) = silica + oxides of Na, Fe, Ca + Mg
Stützbehälter m	retaining bin
Stützglied n	reaction member
Stützluft f	internal air pressure
Stützschaufel f (Flugzeug-motor m)	guide blade (jet engine)
Stütz-Strümpfe m pl	support hose
Stw. = Stichwort n = code	
Styphninsäure f	styphnic acid
Styrolelastomer n	styrene elastomer
Styropor(R) = Polystyrolschaum m = foamed polystyrene	
subabortiv	subabortive
subdermal	subdermal
Sub-Intervall n	subinterval
Sublimatfänger m	sublimate trap
Sublimator m	sublimator
Sumbmersfermentation f	submerged fermentation
Submerskultur f	submerged culture
Submunition f	submunition
suboptimal	suboptimal
subplantar	subplantar
Subpopulation f	subpopulation
Substanzpolymerisation f	bulk polymerization

Subtilisin n (Enzym n)	subtilisin (enzyme)
Subtrahierer m	subtracter
Suchtest m	exploratory test
Sudan III(R) = rotes Farbmittel n = red dye	
sukzessive	gradual
Sulfamat n	sulfamate
Sulfamierung f	sulfamation
Sulfatschwefel m	sulfur of the sulfate
Sulfenamid n	sulfenamide
Sulfensäure f	sulfenic acid
Sulfhydryl n	sulfhydryl
Sulfiderz n	sulfide ore
sulfidisch	sulfidic
sulfieren v	sulfurize v
Sulfilimin n	sulfilimine
Sulfinyl n	sulfinyl
Sulfochlorid n	sulfochloride
Sulfofettsäure f	sulfofatty acid
sulfonieren v	sulfonate v
Sulfonium n = H_3S^+	sulfonium
Sulfonphthalein n	sulfonephthalein; sulfonphthalein
Sulfosäure f; Sulfonsäure f	sulfonic acid
Sulfoxonium n	sulfoxonium
Sulton n (innerer Ester der Hydroxysulfonsäure f)	sultone (inner ester of hydroxysulfonic acid)
Summensignal n	sum signal
Summer m	buzzer
Sumpf m	bottoms (better than "sump" in a column)
Superbenzin n	high-test gasoline
superdünn	ultrathin
superfein	hyperfine

superinfizieren v	superinfect v
superisolierend	superinsulating
superkalt	super-cold
Superlegierung f	superalloy

Superlite[(R)] n = Perlit m = perlite

Supermacht f	superpower
Supermarkt m	supermarket
Superoxid n (veraltet für Peroxid n)	superoxide (obsolete for peroxide)
superrein	ultrapure; superpure
superstrukturell	ultrastructural
superverdünnend	ultrathinning
Supraflüssigkeit f	superfluid
suprakühlen v (Flüssigkeit wird sofort Feststoff, Dampf wird unter den Kondensationspunkt abgekühlt)	supercool v (liquid is instantly solidified vapor is cooled below condensation point)
Supraleitfähigkeit f (el)	superconductivity (el)
suprarein	superpure; ultrapure

Suprasil[(R)] n = synthetisches Quarzglass n = synthetic quartz glass

Supraton[(R)] n = Emulgiervorrichtung f = emulsifying device

Surfbrett n	surfboard

Surfen[(R)] n = 1,3-Bis-(4-amino-2-methyl-6-chinolyl)-harnstoff m (Antiseptikum n) = 1,3-bis(4-amino-2-methyl-6-quinolyl)urea (antiseptic)

Surfsegelbrett n	sailboard; windsurfing board
Surfsegeln n	boardsailing; windsurfing
surfsegeln v	boardsail v; windsurf v
Surfsegler m -in f	boardsailor; sailboarder; windsurfer
Suspensionsmittel n	suspension agent
Süssungsmittel n oder Süßstoff m	sweetener
Sward-Härte f (Emaille f)	Sward hardness (enamel)

S-Welle f = Scherwelle f	S-wave = shear wave
Sylvit m (KCl)	sylvite (KCl)
Syndet n = synthetisches Detergens n	syndet = synthetic detergent
Syndetseife f	syndet soap
Synergist m	synergist
Synpol(R) = SBR-Kautschuk m	SBR rubber
synständig (chem) (vergl. antiständig)	syn-positioned (cf. anti-positioned)
Synthetase f	synthetase
synthetisieren v	synthetize v; synthesize v
Syphon-Ausguss m (met)	underpour outlet (met)
systemeigen	indigenous to the system
Szintigramm n	scintigram
Szintigraphie f	scintigraphy
szintigraphisch	scintigraphic
Szintillator m	scintillator

* * *

T4-Helfer-Zelle f — T4 helper cell

T8-Suppressor-Zelle f — T8 suppressor cell

T = Tesla n (Einheit für Magnetflussdichte f) = tesla (unit for magnetic flux density)
1 T = 10,000 Gauss n — 1 tesla = 10,000 gauss

t_{90}-Wert m (Vulkanisationszeit, um 90% Vernetzung zu erreichen) — t_{90} value (vulcanizing period to attain 90% cross-linking)

Taber-Abriebsmesser m (misst Abriebsfestigkeit f) — Taber abraser (measures abrasion resistance); Taber abrasion wheel

Tablar n (Schweizerdeutsch n) — shelf

Tablettenpresse f — tablet press

Tafel f (Illustration f) — plate (illustration)

tafeln v — bale v

Tafler m — baler

Tagat(R) n = Oberflächenaktivstoff m = surfactant

tagesmässig — on a daily basis

Tagesprofil n — daily profile

tägliches Brot n — staff of life

Taktgeber m — synchronizer

Taktgenerator m — timing pulse generator

Taktpause f — clock pulse period

Talgolit-Seife f (Handelsname m) = Mischung aus Na-Salzen der C_{16-18}-Fettsäuren = mixture of Na salts of C_{16-18} fatty acids (trade name)

Tallharz n — tallol; liquod rosin; tall rosin

TA-MI-STRA(R) n = Talg m, Mineralöl n, Strassenstaub m = tallow, mineral oil, road dust

Tamp m -en m pl (Tauende n) — end(s) of rope

Tampon m (Druck m)	ink dabber (printing)
Tampondruckmaschine f	pressure ink dabber
Tandemklinge f	twin blade
Tanktasche f (Motorrad n)	saddlebag (motorcycle)
Tanktasse f	tank excavation
Tannenbaumfuss m (Turbine f)	fir tree root (turbine)
Tantalat n (ferroelektrische Verbindung f)	tantalate (ferroelectric compound)
Tänzerrolle f	dancer roller
Tänzerwalze f	dancer roll
Targetlänge f	target length
Tartramidsäure f	tartramic acid
Taschenfilter n, m	filter bag
tasten v	modulate v
Taster m	push button
Tastgerät n	gauge
Taströhre f	modulation tube
Tastschalter m	push-button switch

TAT = Tyrosin-Aminotransferase f = tyrosine aminotransferase

tato = Tagestonne f = tons per day

Tauchbeize f (met)	dip pickling (met)
Tauchen n (Lack m)	dip coating (varnish)
tauchen v (bremsendes Fahrzeug n)	dive v (braking vehicle)
Tauchgrundierung f	dip base coat
Tauchhülse f	dip pipe; dip tube
Tauchpumpe f	plunger pump
Tauchschacht m	hatch
Tauchtropfkörper m	immersed trickling filter
Tauchvergiessung f	continuous casting
Taufliege f	fruit fly; vinegar fly (Drosophila melanogaster)
Taumeltrockner m	tumbling dryer; tumbler dryer

Taurid n — tauride

Taurin n = 2-Aminomethansulfonsäure f — taurine = 2-aminomethanesulfonic acid

Täuschkörper m — decoy

TBPO = Tributylphosphinoxid n = tributylphosphine oxide

TBS = Trimethylbromsilan n = trimethylbromosilane

TC = Kristallisationspunkt m = crystallizing temperature; temperature of crystallization

TCF = Tricresylphosphat n = tricresyl phosphate

TCS = Trimethylchlorsilan n = trimethylchlorosilane

T-Düse f — T-type die

TEAL = Triethylaluminium n (Aluminiumtriethyl n) = triethylaluminum

technisieren v — technicalize v

Technisierung f — technicalization

Teesamenöl n — teaseed oil

TEGEWA = Verband der Textilhilfsmittel-, Lederhilfsmittel-, Gerbstoff- und Waschrohstoffindustrie m = Society of Textile Auxiliaries, Leather Auxiliaries, Tanning Agents, and Detergent Raw Materials Industry

Tegin(R) = Oberflächenaktivstoff m = surfactant

Tegomuls(R) = Fettsäureestermischung f = mixture of fatty acid esters

Teilaggregat n — component part

Teilansicht f — fragmentary view

Teilbelag m (Bremse f) — spot-type lining (brake)

teilchenfrei — particle-free

Teilchendetektor m — particle detector

Teiler m (opt) — splitter (opt)

Teilerschicht f — splitting layer

Teilerspiegel m — reflecting splitter

Teilester m — partial ester

teilfärben v (vielfarbiges Garn n) — space-dye v (yarn of various shades)

Teilleistung f	partial load
Teilneutralisation f	partial neutralization
Teilungsprisma n	beam-splitting prism
telechelisch (Polymer mit reaktiven Endgruppen)	telechelic (polymer containing reactive end groups)
Telestimulierapparat m (zur Implantation f)	telestimulator (implantable)
Tellertrockner m	pan dryer
Telogen n (Kettenübertragungsmittel n)	telogen (chain transfer compound)
Telomer n	telomer
Telomerisat n	telomer
telomerisieren v	telomerize v

TEM = Transmissions-Elektronenmikroskop n = transmission electron microscope

temperaturbeständig	thermally stable
Temperaturbeständigkeit f	heat resistance; thermal stability; temperature stability
Temperaturfestigkeit f	heat resistance; temperature resistance
Temperaturintervall n	temperature differential
Temperaturschutzschalter m	temperature-responsive circuit breaker
Temperaturverlauf m	temperature profile
temperieren v	temperature-control v
tempern v	cure v (plast); heat-treat v
tendenziell	tendential
Tensid n	surface-active agent; surfactant; tenside
tensionsmässig	according to pressure
Tensor m (Spannmuskel m)	tensor (stretching muscle)

TEP = Totalendoprothese f = total endoprosthesis

Teppichfliese f	carpet tile
Teppichkehrmaschine f	carpet sweeper

Teppichrohware f | raw carpeting
Teppichware f | carpeting
Tera-Ohmmeter(R) n = Testgerät für Antistatika n pl = testing device for antistats
Terephthalaldehydsäure f = 4-Formylbenzoesäure f | terephthalaldehydic acid = 4-formylbenzoic acid
Terephthaldimethylester m | dimethyl terephthalate
Terkomponente f | ternary component
Term m (Laser m) | state (laser); term
Termonomer n | ternary monomer
Terpolymer n | terpolymer
Terraplast(R) = PVC auf Stoff = PVC on fabric
Terraseal(R) = Harnstoffvergussmasse f = urethane sealant
Terry(R) = PVC auf Filz = PVC on felt
tert. (chem) | tert (no period) (chem)
Tesla n (Einheit der Magnetflussdichte f) | tesla (unit of magnetic flux density)
Testbenzin n | heavy gasoline; mineral spirit; mineral spirits; white spirit
Testgelände n | test site
Testolacton n | testolactone
Testpuppe f | dummy
Teststäbchen n (Indikator m) | test strip (indicator)
Tetrabenazin n | tetrabenazine
Tetracen n (siehe auch Tetrazen n) | tetracene (see also tetrazene)
Tetrachlormethan n | carbon tetrachloride
Tetracosansäure f | tetracosanoic acid
Tetradecanepoxid n | epoxytetradecane
Tetraensäure f | tetraenoic acid
Tetrahydroindan n | tetrahydroindan
Tetralol n = Tetrahydronaphthol n | tetralol = tetrahydronaphthol

Tetralon n	tetralone
Tetramethylsilan n [$Si(CH_3)_4$] (interner Standard bei der NMR-Spektroskopie)	tetramethylsilane (internal reference in NMR spectroscopy)
Tetramethylharnstoff m	tetramethylurea
Tetrasialgangliosid n	tetrasialic ganglioside
Tetrazen n (Explosivstoff m) (siehe auch Tetracen n)	tetrazene; tetracene (explosive)
Tetrazol n	tetrazole
Tetrol n	tetrol
Tetroxid n	tetroxide
TE-Welle f = elektrische Transversalwelle f	TE wave = transverse electric wave

tex = Masse in Gramm von 1 km Garn = mass in g of 1 km of yarn

Textilhilfsmittel n	textile assistant
texturieren v	texture v
texturiert (Garn n)	texturized (yarn)

TFM = Trägerfrequenzmodulation f = carrier frequency modulation

Tg = Glaspunkt m; Glasübergangstemperatur f = glass transition point; glass transition temperature

TGA = Thermogravimetrie-Analyse f = thermogravimetric analysis

T_{gel} = Gelatinierungstemperatur f = gelatinizing temperature

T-Glied n	T-type section
thalamisch	thalamic
Thenoyl n	thenoyl
Thenyl n	thenyl
Thenyliden n	thenylidene
therapeutische Breite f	width of therapeutic spectrum
thermische Spaltung f	thermal dissociation; thermal cracking (hydrocarbons)

Thermistor m	thermistor
Thermoanalyse f	thermoanalysis
Thermocalorimetrie f	thermal calorimetry

Thermocolorfarbe(R) f = Farbe ändert sich mit der Temperatur = paint changes with temperature US usage: Thermocolor(R) paint

thermoelastisch	thermoelastic
Thermofühler m	thermal probe; temperature sensor
Thermogravimeter n	thermogravimeter
thermogravimetrisch	thermogravimetric
Thermolaster m	refrigerated truck
thermolysieren v	thermolyze v
thermomechanisch	thermomechanical
thermonuklear	thermonuclear
Thermooxidation f	thermal oxidation
thermoreaktiv	thermoreactive
Thermorelais n	thermal relay
thermosensibel	thermosensitive
thermosensibilisieren v	thermosensitize v
Thermoset m	thermoset
Thermosolverfahren n (Heissluftfixieren n) (text)	thermosol process (hot-air setting) (text)
thermosolieren v	thermosol v
Thermostabilisator m	thermostabilizer; heat stabilizer
Thermostabilität f	thermostability
Thermostatenöl n	thermoregulator oil
thermostatisierbar	thermostatable
thermostatisieren v	thermostat v
Thermowaage f	thermobalance
Thexyl n	thexyl

Th.I. = therapeutischer Index m = therapeutic index

Thianthren n	thianthrene

Thiaprostaglandin n	thiaprostaglandin
Thia-Gruppe einführen v	thiate v
Thia-Gruppe f (Einführung der)	thiation
Thienamycin n	thienamycin
Thiepinyl n	thiepinyl
Thioäpfelsäure f = Mercaptobernsteinsäure f	thiomalic acid = mercaptosuccinic acid
Thioctsäure f = Thioctinsäure f = Liponsäure f = Lipoinsäure f	thioctic acid = thioctic acid = lipoic acid lipoic acid
Thioether m	thioether
Thioindigo m	thioindigo
Thiokarbamidsäure f, Thiocarbamidsäure f	thiocarbamic acid
Thiokohlensäure f	thiocarbonic acid
Thiol m	thiol
Thiolat n	thiolate
thiolieren v	thiolate v
Thiomilchsäure f = Mercaptopropionsäure f	thiolactic acid = mercaptopropionic acid
Thion n	thione
Thioxanthen n	thioxanthene
Thiuram n	thiuram
Thixotropiermittel n	thixotropy-producing agent
THP = Tetrahydropyranyl n	= tetrahydropyranyl
Thr = Threonin n (Aminosäure f)	= threonine (amino acid)
Threitol n	threitol
Thromboxan n	thromboxane
Thymol n	thymol
Thyreocalcitonin n	thyreocalcitonin
Thyristor m	thyristor
thymoleptisch	thymoleptic
TIBAL = Aluminiumtriisobutyl n	= triisobutylaluminum

Ticarcillin n	ticarcillin
tiefentladen v	discharge intensely v
Tiefenwirkung f	depth action
tiefkalt	low-temperature
Tiefkühlschrank m	deep freezer; Deepfreeze(R)
Tiefkühltruhe f	deep freezer; Deepfreeze(R)
Tiefsetzwandler m; Abwärtstransformator m	step-down transformer
Tieftrieb m	low gear ratio
Tiefung f (Terrain n)	depression (terrain)
Tiefung nach Erichsen f	Erichsen cupping test
tiefziehen v (plast)	thermoform v (plast)
Tierhaltung f	animal farming; animal housing
Tierkörperverwertungsanlage f	flaying house
Tierkot m	droppings
Tilgermasse f	damping mass
Tinel(R) = Ni-Ti-Legierung f	= Ni-Ti alloy
Tischgerät n	tabletop appliance
Tischwäsche f	table linen
Titanturm m	titanium tower
Titer m	fiber weight
Titriervorrichtung f	titrator
Titrimetrie f	titrimetry
Tle. = Teile m pl	pts. = parts

t/min = rpm

TMME = Trimellithsäuremonomethylester m = monomethyl ester of trimellitic acid

TMOS = Tetramethoxysilan n = tetramethoxysilane

TMS = Tetramethylsilan n (interner Standard für NMR-Spektroskopie) = tetramethylsilane (internal reference for NMR spectroscopy)

TM-Welle f = magnetische Transversalwelle f	TM wave = transverse magnetic wave

TNF = Tumor-Nekrose-Faktor m (ein Protein n) = tumor necrous factor; tumor necrosis factor (a protein)

Tobramycin n	tobramycin
tokolytisch (ruft Wehen hervor)	oxytocic (labor-inducing)
Tollensreagens n	Tollens reagent
Toluolamid n	toluenamide
toluolieren v	toluenate v
Toluolsäure f	toluic acid
Toluolsulfonsäure f	toluenesulfonic acid
Tolusafranin n (Färbemittel n)	tolusafranine (dye)
Toluyl n (= H_3C-ring-C=O)	toluyl
Toluylaldehyd m	toluic aldehyde
Toluylat n	toluylate; toluate
Toluylsäure f	toluic acid
Toluylsäuremethylester m	methyl toluate
Tolyl n (= H_3C-ring-)	tolyl
Tolylsäure f	toluic acid
Tombak m (Zinklegierung auf Kupfergrundlage; Art von Messing)	tombac (copper-base zinc alloy or red brass)
Tomogramm n	tomogram
Tomograph m	tomograph
Tomographie f	tomography
Tomzahl f = Stoffmenge f	amount of compound
Tonsil n = Aluminiumhydrosilikat n = saure Kieselerde f	tonsil = aluminum hydrosilicate = acidic siliceous clay
Topfpresse f	potting press
Topometer n	topographometer
Toponium n = theoretische Substanz mit neuer Art von Quark	toponium = theoretical substance with new kind of quark
tordieren v	rotate v; twist v
Torfmull m	peat fiber
Torsignal n	gating signal

Torsionsschwingversuch m	torsion pendulum test
Torsionsstabilisator m	torsion rod stabilizer
Torstufe f	gating stage
Tortencreme f	cake frosting
tosylieren v	tosylate v
töten v (Versuchstiere n pl)	sacrifice v
Totschläger m	blackjack
Totweg m	delay path
Tourenfahrer m (Schi m)	ski-tourer; cross-country skier
(Auto n)	touring driver; cross-country driver

TPE = thermoplastisches Elastomer n = thermoplastic elastomer; thermoplastic rubber

TPS = Terephthalsäure f	TPA = terephthalic acid
tragbar	portable
Träger m (med)	excipient (med)
Trägerband n	backing strip
Trägerdampfdestillation f	azeotropic distillation
Trägerfolie f	foil substrate; film substrate
trägerfrei	carrier-free
Trägergas n	carrier gas
Trägerkatalysator m	supported catalyst
trägerlos	unbacked
Trägermaterial n	substrate material; substrate
Trägerpapier n	release paper
Traglufthalle f	pneumatically supported tent
Tragrolle f	load-carrying roller
Traktand m	item on agenda
Traktionsbatterie f	traction battery
Tram = Triethanolamin n	TEA = triethanolamine
trampeln v (Reifen m)	trample v (tire)

TRAM-Puffer m = Triethanolaminpuffer m	TRAM buffer = triethanolamine buffer
Tranquillantium n -tia pl	tranquilizer
Transcontainer m	transcontainer
transdermal	transdermal
Trans-Dihydro-Lisurid n	trans-dihydrolisuride
transförmig	transoid
Transglutaminase f	transglutaminase
Transfermoulding n	transfer molding
transkribieren v (RNA) (= umschreiben v)	transcribe v (RNA)
Transkription f	transcription
Translation f (Zelle f)	translation (cell)
Transmissions-Elektronenmikroskopie f	transmission electron microscopy
Transpolypentenamer n	trans-polypentenamer
Transportbehälter m	transit container
Transporteinrichtung f	conveyance
Transportgeschwindigkeit f	cruising speed
Traubensäure f	tartaric acid (both DL- and D-tartaric acid in nature)
Traubenzucker m	dextrose; generally: glucose
Traverse f	cross member
Traversenwagen m	traverse bogie
Treibladungspulver n	propellant powder
Treibmittel n	blowing agent
Treibmittelschaum m	chemically blown foam
Treibsatz m (Rakete f)	grain (rocket)
Treibsatzpille f	charge pellet
Treibspiegel m (Granate f)	adapter base (shell); sabot (shell)
Trennaht f	breakaway seam
Trennblech n	divider plate

Trennfestigkeit f (Schichten f pl)	parting strength (layers)
Trenniet m, n	separating rivet
Trennkupplung f	separating clutch
Trennmittel n (Chromatographie f)	separating agent (chromatography); abherent
Trennpapier n	release paper; release liner
Trennschweissen n	cutoff welding; partition welding
TRF = T-Zellen ersetzender Faktor m (auch in Deutsch)	TRF = T-cell replacing factor
Triacetin n	triacetin
Trialkyl n -e pl	trialkyl
Triasteran n	triasterane
Triazen n = Diazoamin n	triazene = diazoamine
Triazinyl n	triazinyl

Tribase(R) = tribasisches Bleisulfat n (Stabilisator m) = tribasic lead sulfate (stabilizer)

triboelektrisch	triboelectric
Tricarballylsäure f	tricarballylic acid
Trichter-Düse m, f	hopper to nozzle
Trichterführung f	trumpet guide
Tricinat n = Trinitroresorcinat n (Explosivstoff m)	tricinate = trinitroresorcinate (explosive)
Tricosen-(9) n	9-tricosene
Tridymit m	tridymite
Triebling m = Treibkartusche f	propellant cartridge
Triebstrang m (aut)	power train (aut)
Triebwerkblock m	engine block
Triensäure f	trienoic acid

Tri-Ervonum(R) = Empfängnisverhütungsmittel n = contraceptive

trifunktionell	trifunctional
Trigermyl n	trigermyl
Triglyme n = Triethylenglycoldimethylether m	triglyme = triethylene glycol dimethyl ether
triiodieren v oder trijodieren v	triiodinate v
Triketon n	triketone
Trikot n	tricot
trimerisieren v	trimerize v
trimerisch	trimeric
Trimperpropen n	trimer propene
Trimethylborazan n [$(CH_3)_3N \cdot BH_3$]	trimethylborazane
Trinaphthylphosphit n (lagerstabilitätsverlängerndes Mittel n)	trinaphthylphosphite (shelf stabilizer)
trinär	ternary
Trinitrophloroglucin n	trinitrophloroglucin; trinitrophloroglucine; trinitrophloroglucinol
Trinitroresorcinat n (Salz des Trinitroresorcins n)	trinitroresorcinate (salt of trinitroresorcinol)
Triosereduktion n	triosereductone
Tripel n	triplet
Triplett n	triplet
Triprolidin n	triprolidine
Tris n (Puffer m)	tris (buffer)
trisulfonsaures Natrium n	sodium trisulfonate

Triton(R) = Benzyltrimethylammonium hydroxid n = benzyltrimethylammonium hydroxide

Trittschalldämmung f	traffic noise insulation; footstep sound insulation
Trittschalldämmungswert m	footstep sound value; traffic noise value
Trittverhalten n (Fussboden m)	antiskid behavior; antiskid characteristic (floor)
Trityl n = Triphenylmethyl n	trityl = triphenylmethyl

Trizinat n = Trinitro-resorcinat n (siehe Tricinat n)	tricinate = trinitro-resorcinate
Trocellen(R) = vernetzter Polyethylenschaum m = crosslinked polyethylene foam	
Trochanterhochstand m (med)	trochanter prominence (med)
Trochoidenbauart f	trochoid construction
Trockendichte f	dry density
Trockeneis n	Dry Ice(R); solid carbon dioxide, compressed
Trockenkanal m	drying duct
Trockenmassegehalt m	dry weight content; solids content
Trockenmittel n	desiccant; drying agent; drier
Trockenrasierapparat m	electric shaver
Trockenschrank m	drying cabinet
trockensieben v	dry-screen v
Trockne f	dryness
Trometamol n = Tromethamin n = Tris(hydroxymethyl)-aminomethan n	trometamol = tris(hydroxymethyl)amino-methane
Trommelfilter n, m	rotary drum filter
Trona n ($Na_2CO_3 \cdot NaHCO_3 \cdot 2H_2O$) = Natriumsesqui-carbonat n	trona = sodium sesqui-carbonate
Tropaalkaloid n	tropa alkaloid
Tropentest m	tropical condition test
Tropfen m (geschmolzenes Glas n)	gob (molten glass)
Tropfenabscheider m	mist precipitator
tropffrei	dripless
Tropfpunkt m (Öl n)	pour point (oil)
Tropfrohr n	burette

tropft brennend ab — drips flaming particles

Tropinon n — tropinone

Trovidur(R) = Polyethylenbahn f = polyethylene sheeting

Trp = Tryptophan n (Aminosäure f) = tryptophan (amino acid)

Trübe f — slurry

Trübscheider m — sediment separator

Trübstoff m — suspended matter

Trübungspunkt m — cloud point

Trübungstemperatur f — cloud point temperature

Trum n (Band n) — run (belt)

Trümmerzone f (med) — crushed-bone zone (med)

Trypanblau n — trypan blue

Trypticase f — trypticase

Tryptamin n — tryptamine

TS = Trockensubstanz f = dry matter; solid matter

TSB = totaler Sauerstoffbedarf m — TOD = total oxygen demand

Tscherenkow-Strahlung f — Cerenkov radiation

TSG = Thermoplast-Schaum-Spritzgiessen n = thermoplastic foam injection molding

TTS = transdermales therapeutisches System n = transdermal therapeutic system

tuberkulinisieren v oder tuberculinisieren v — tuberculinize v

Tuberkulinisierung f oder Tuberculinisierung f — tuberculinization

Tuberculostearinsäure f = 1,10-Methylstearinsäure f — tuberculostearic acid = 1,10-methylstearic acid

Tuff m (Vulkangestein n) — tuff (volcanic rock)

Tunnelofen m — tunnel oven

Tüpfelplatte f — spot-test plate

Tüpfelpapier f — spot-test paper

Turbinenrad n (Drehmomentwandler m) — turbine wheel (torque converter)

Turbogenerator m	turbogenerator
Turbomaschine f	turbomachine; turbomotor
Turbulator m	turbulator
Türfüllung f	door liner
Türholm m	door crossbeam
Türkenbund m (Blume f) (Lilium superbum)	Turk's cap lily
Tütenwirbel m	conical vortex
T_{vkl} = Verkleisterungs-temperatur f (Stärke f)	T_{paste} = pasting temperature (starch)
TWC-Katalysator m (= Drei-Wege-Katalysator m)	TWC catalyst (= three-way catalyst)
Twistprobe f (met)	twisting test (met)
Typ m	grade
Typenblatt n	properties chart
Typengliederung f	classification of grades
Typenrad n	printwheel
Typenübersicht f	range of grades

Tyr = Tyrosin n (Aminosäure f) = tyrosine (amino acid)

* * *

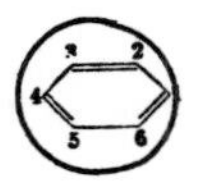

U = internationale Enzymeinheit f (Photometrie f) = international enzyme unit (photometry) (Enzymmenge, die in einer Minute unter normalen Bedingungn 1 μmol Substrat umsetzt) (amount of enzyme converting 1 μmol of substrate in one minute under standard conditions)

U = Wert für Molekulargewichtsverteilung = value of molecular weight distribution

U = Umsatz m = conversion

überazeotrop	superazeotropic
Überbeanspruchung f	overstress
überbewerten v	overestimate v
überbrennen v (Lack m)	overstove v (varnish)
Überbrückungskupplung f	bypass clutch; lock-up clutch
Überbrückungszweig m	bypass arm
überchloren v	perchlorinate v (chem); superchlorinate v
Überchlorung f	perchlorination (chem); superchlorination
Überdrehsicherung f	overrun safety mechanism
Überdruck m	gauge pressure; superatmospheric pressure
Überdüngung f	overfertilization
Überfallwehr n	spillway; wasteweir
überfein	hyperfine
Überfettung f	over-enrichment (fuel); superfatting (skin cream)
Überfüllschutz m	overfill protection
Übergabeklemme f	transfer gripper
Übergangsleitfähigkeit f (el)	transient conductivity (el)
Übergangsradius m (Welle f)	fillet radius (shaft)
übergeordnet	superordinate
überhöht	overly great

-	- -
Überholkupplung f	override clutch
Überhub m	overstroke
überkompensiert	more than canceled out
Überkopfrotation f	vertical rotation
Überkopfzündung f	overhead ignition
überkritisch	supercritical
überlagern v	overshadow v
Überlebensdauer f	survival time
überlinear	superlinear; supralinear
Übernaht f	overlaying seam
überpolymerisieren v	polymerize onto v; graft-polymerize v
überproportional	overproportional
übersäuert	superacid; superacidic
Überschäumung f	overexpansion
überschichten v	overlay v
Überschieber m	wiper
Übersetzstation f	transfer station
übersetzt (Schweizer-deutsch n)	exaggerated
überspielen v	override v
Überstand m	effluent (centrifuge); overflow (centrifuge); supernatant (reaction vessel)
überstehend	supernatant
übersteuern v	overmodulate v; override v (controller)
überstöchiometrisch	overstoichiometric
Übertemperatur f	overtemperature
Übertotpunktlage f	past dead center
übertrocknen v	over-dry v
Übertrag m	carry bit
Übertragungsfunktion f	transfer function
Übertragungsladung f	booster

Überwachungselement n — check module
überwachungsfrei — unmonitored
Überwurf m — cowl
Überzugsmittel n — coating composition
Überzündkanal m — ignition propagation duct
Übungsmunition f — practice ammunition
Udenfriend-Reagens n (Chromatogramm-Farbe f) — Udenfriend reagent (chromatogram dye)
UDPGA = Uridindiphosphatglucuronsäure f = uridine diphosphate glucuronic acid
U_{GPC} = Molekulargewichtsverteilung f ermittelt durch Gelpermeationschromatographie f = molecular weight distribution, determined by gel permeation chromatography
Uhrzeit f — actual time of day
UHV = Ultrahochvakuum n = ultrahigh vacuum
U_I = internationale Einheit f — IU = international unit
Ultrafiltration f — ultrafiltration
Ultraschall B-Bild n — ultrasonic B-scan image
Ultraschallbehandlung f — ultrasonification
Ultraschalldiagnostik f — ultrasonic diagnostics
Ultrasil(R) = aktive Kieselsäure f (Kautschukfüllstoff m) = active silicic acid (rubber filler)
Ultrasüss(R) = 2-Amino-4-nitro-1-phenyl-n-propylether m (Süssungsmittel n) = 2-amino-4-nitro-1-phenyl-n-propyl ether (sweetener)
ultratransparent — ultra-transparent
Ultra-Turrax-Durchlaufgerät n — Ultra-Turrax mixer (ultrasonic emulsifying apparatus)
umacetalisieren v — transacetalize v; transacetalate v
Umacetalisierung f — transacetalization; transacetalation
umalkylieren v — transalkylate v
Umalkylierung f — transalkylation
Umanhydrisierung f — anhydride interchange

umepoxidieren v	reepoxidize v
Umepoxidierung f	reepoxidation
Umesterung f	ester interchange; interesterification (= broad term, including acidolysis and alcoholysis); reesterification (repeated ester interchange); transesterification (reaction of ester + ester)
umethern v; umäthern v	transetherify v; subject to ether interchange v
Umgriff m (Bindemittel n)	throwing power (binder)
Umisomerisierung f	isomer interchange
Umkehrbereich m	deflection range
Umkehrbrennkammer f	reverse flow combustion chamber
Umkehrer m	deflector
Umkehrschluss m	deduction in "bootstrap" fashion
Umkehrstellung f	extreme position
Umkehrverfahren n	transfer method
Umkehrwalzenbeschichter m	reverse roll coater
umkonstruieren v	reconfigure v
umkopieren v	recopy v
Umlaufblende f	rotary shutter
Umlaufgetriebe n	planetary transmission
Umlaufleistung f	circulating power
Umlaufsicke f	perpetual corrugation
Umlaufverdampfer m	circulation evaporator
Umlegierung f	alloy interchange
Umleimer m	glued-on molding
Umlenkschlaufe f	guide loop
Umlenkspritzkopf m	deflecting extruder head
umlenken v	divert v
Umlenkung f	diversion

Umluftofen m	convection oven
Ummantelungsgeschwindigkeit f	sheathing speed
Ummetallierung f	transmetalation
umnähen v	sew to prevent raveling v
umreifen v	bale v
umrüsten v	reequip v; retrofit v; refurbish v
Umsatzrabatt m	net volume discount
Umschaltung f	changeover
umschreiben v (gen) (= transkribieren v)	transcribe v (gen)
Umschuldung f	debt consolidation
umspritzte Metallteile n pl	metal insert moldings
Umvinylierung f	trans-vinylation
Umweltbelastung f	pollutant burden; pollution
umweltfreundlich	nonpolluting; ecologically acceptable
umweltneutral	harmless to the environment
umweltschädigend	ecologically deleterious; harmful to the environment
Umweltschutz m	environmental protection
Umwindegarn n	wrapped yarn
unangenehm	offensive
unbedenklich	acceptable
unbefristet	without time limit
unbeglaubigt	uncertified
unbekiest	ungraveled
unbeladen	uncharged
unbestrahlt	nonirradiated
unbewehrt	nonreinforced
unblockiert	unblocked
unbrennbar	noncombustible

unbromiert	unbrominated
Undecansäure f	undecanoic acid
Undecylat n	undecylate (salt of undecylic acid)
Undecylenat n	undecylenate (salt of undecylenic acid)
Undecylensäure f	undecylenic acid
Undecylsäure f	undecylic acid
undefinierbar	indefinable
undeformiert	undeformed
Undichtigkeit f	seepage
undurchsichtig	nontransparent
uneingezogen	unrifled
Uneinheitlichkeit f (molekulare Uneinheitlichkeit des Polymeren: U = Mw/Mn - 1)	heterogeneity; nonuniformity (molecular heterogeneity or nonuniformity of polymer)
unfallsicher	crashworthy
Unfallsicherheit f	crashworthiness
Unfallverhütung f	traffic safety
Unfallverhütungssystem n	collision avoidance system
unfixiert	non-fixed; unfixed (= detached, loosened)
Unganzheit f	nonuniformity
ungebrannt	unbaked
ungebunden	unbound
ungedämpft	undamped
ungedrosselt	unthrottled
ungeformt	unformed
ungeglättet	unsmoothed
ungeglüht	unannealed
ungehärtet	uncured; unhardened

ungekühlt	uncooled
ungepudert	unpowdered
ungereckt	unstretched
ungeschäumt	unfoamed
ungeschlitzt	unslotted
ungeschmolzen	unmolten
ungespannt	unstressed
ungespült	unflushed
ungetrübt	unturbid
ungewölbt	unarched
Ungiftigkeit f	lack of toxicity
ungleichartig	nonidentical
unharmonisch	inharmonious; unharmonious; nonharmonious
unilamellar	unilamellar
Universalreinigungsmittel n	all-purpose cleaner
unkaschiert	nonlaminated
unkatalysiert	not catalyzed
unkonjugiert	unconjugated
unkundig	ignorant
unlegierter Stahl n	plain carbon steel
Unlöslichkeit f	insolubility
unlöslich machen v	insolubilize v
unmarkiert	unlabeled
unphysiologisch	unphysiological; unphysiologic
unpigmentiert	unpigmented
unplastisch	nonplastic
unpolar	nonpolar
unpolarisiert	unpolarized
unproblematisch	unproblematic
unproportional	unproportionate
unproportioniert	disproportionate

unsauber	sloven
unscharf	unsharp (melting point)
unspezifisch	nonspecific; unspecific
unsystematisch	unsystematic
unterazeotrop	subazeotropic
Unterbau m (Gebäudestützwerk n) (Dachstütze f)	substruction (building support structure); understructure (support for roof)
unterbrochen	segmented
Unterdruck m	subatmospheric pressure
Untereinheit f	subunit
unterer Heizwert m	net calorific value
Unterflurbewässerung f	underground irrigation
Untergattung f	subgenus
Untergruppe f	subgroup
unterhalogenige Säure f	hypohalous acid
Unterkastenmodell n (met)	drag mold (met)
Unterkonstruktion f (Fundament n)	substructure (building foundation)
unterkritisch	subcritical
unterkühlen v	subcool v
Unterkühlungsgegenströmer m	subcooling heat exchanger
Unterlage f (Teppich m)	padding (carpet)
Unterlauf m	bottom stream; bottom fraction
unterprivilegiert	underprivileged
Unterrosten n	hidden rusting
unterschreiten v	no longer exceed v
Unterschuss m	undersupply
unterschweflige Säure f	hyposulfurous acid
Unterstein m	bottom half of mold; lower die
Untersuchungsverfahren n (Labor n)	testing method; also: standard operating procedure

unübersichtlich	not readily observable
unverändert	unmodified
unverdichtet	uncompressed
unvereinbar	irreconcilable; unreconcilable
unverestert	not esterified
unvergällt	non-denatured
unvergelt	ungelled
unvernetzt	uncrosslinked
unverrottbar	immune to rotting
unverspiegelt	nonreflective
unverstärkt	nonreinforced
unvulkanisiert	unvulcanized
unzulässige Erweiterung f (pat)	new matter (pat)

UP = ungesättigter Polyester m = unsaturated polyester

UP-Harz n = ungesättigtes Polyesterharz n	UP resin = unsaturated polyester resin
UR-Analyse f	IR analysis
URAS = Infrarot-absorptionsspektrum n	IRAS = infrared absorption spectrum
Ureid n	ureide

Urganox(R) = Stabilisator m = stabilizer

Uricase f	uricase
Uridylat n	uridylate
urikosurisch	uricosuric
Urografikum n -a pl Urographicum n -a pl	urographic medium

Urografin(R) = Hypaque(R) = Diatrizoat n (Kontrastmittel n) = diatrizoate (contrast medium)

Urcgramm n	urogram

Urokon(R) = Acetrizoat n (Kontrastmittel n) = acetrizoate (contrast medium)

Uromiro(R) = Jodamid n; Iodamid n (Kontrastmittel n) = iodamide (contrast medium mixture with iodamide)

US AB n = US-Apothekerbuch n USP = United States Pharmacopoeia

U-Strassenbahn f subway trolley

Usui-Reagenz n, Usui-Reagens n (DC Entwickler m) usui reagent (TLC developer)

UT = unterer Totpunkt m = bottom dead center

UVE(R) = Urethanacrylat n = urethane acrylate

Uvinal(R) = trisubstituiertes Acrylnitril n = trisubstituted acrylonitrile

UVV = Unfallverhütungsvorschriften f pl = traffic safety regulations

UZ-Lager n = Unterzylinder-Lager n = bottom roller bearing

u.Z. = unter Zersetzung f (nach Schmelzpunkt m) = under decomposition; with decomposition; decomposition (mentioned after melting point)

* * *

VA = Art rostfreier Stahl m	= type of stainless steel
Vaccensäure f	vaccenic acid
Vakuumgasöl n	vacuum gas oil
Vakuumkalibrierung f	vacuum calibration
Vakuumkasten n	vacuum box
Vakuumtiefziehverfahren n, Vakuumformverfahren n	vacuum-forming method
Valenzstrich m	valence bond
Valerianyl n	valeryl
val/g = Austauschkapazität f	eq/g = exchange capacity
Val = Valin n (Aminosäure f)	= valine (amino acid)
valgisieren v (med)	place in valgus v (med)
Valzelli-Wert m (neurale Verträglichkeit f)	Valzelli value (neural compatibility)
Vanadia f	vanadia
Vanadinoxidchlorid n	vanadium oxychloride
Vanadinyl n	vanadyl
Vanadocen n	vanadocene
Vanillinmandelsäure f = 4-Hydroxy-3-methoxy-mandelsäure f	vanillin mandelic acid = 4-hydroxy-3-methoxy-mandelic acid

Vantoc(R) = Alkyl(C_{12-16})trimethylammoniumbromid n = alkyl(C_{12-16})trimethylammonium bromide

van Urk-Reagens n, van Urk-Reagenz n (1% Lösung von p-Dimethylaminobenzal-dehyd in Ethanol)	van Urk's reagent (1% solution of p-dimethyl-aminobenzaldehyde in ethanol)
Varactordiode f, Varaktordiode f	varactor diode
Variooptik f	vario-optic
Varioschnitt m	variety cut

Vasobrix(R) = Ioxitalamat n, Ioxithalamat n (Kontrastmittel n) = ioxithalamate (contrast medium)

Vatergewinde n — male thread

VB = Verschnittbitumen n = blended bitumen

V-Bauart f — V-type construction

VCM = Vinylchloridmonomer n = vinyl chloride monomer

V.D.Ch. = Verein Deutscher Chemiker m = German Chemical Society

VDE = Verein Deutscher Elektroingenieure m = German Electrical Engineers' Society

VDI = Verein Deutscher Ingenieure m = German Engineers' Society

VE = vollentsalzt = fully demineralized

VEB = Volkseigener Betrieb m = publicly owned enterprise, people-owned enterprise

Velcro(R)-Verschluss m = Klettenverschluss m — Velcro(R) fastener = burr fastener

Venenplexus m — venous plexus

Venerologie f — venerology

Venographie f — venography

Ventilatorenflügel m — fan blade

Ventilbalken m — valve beam

Ventilnest n — valve cavity

Ventilspiel n — valve lash

Ventilspielausgleichsvorrichtung f — valve lash adjuster

Verabreichungsart f — regimen of administration

verankern v — lock onto v

Verarbeiter m — processor

Verarbeitungsbreite f — range of workability; range of processability

Verarbeitungsrichtung f — machine direction

Verarbeitungsverhalten n — processability

Veratrinsäure f — veratric acid

Veratrumsäure f — veratric acid

verbacken v — coalesce v

Verband m	composite
verbiegen v	bend out of shape v
zum Verbleib	for your files
verblocken v	block v (form into blocks or stacks)
verbraucht (Katalysator m)	exhausted (catalyst)
Verbrennbarkeit f	combustibility
Verbrennungsapparat m	sample oxidizer (testing)
Verbrennungsverlust m	combustion loss
Verbund m	composite
Verbundstoff m	composite
Verdampfung f (durch Erhitzung f)	vaporization (by heating)
siehe Verdunstung f	see evaporation
Verdampfungskristallisator m	crystallizing evaporator
Verdauungsenzym n	digestive enzyme
Verdauungstrakt m	digestive tract
Verdrängerpumpe f	displacement pump; positive-displacement pump
Verdrehfeder f	torsion spring
verdrehte nematische Zelle f	twisted nematic cell
Verdunstung f (kann unter dem Kochpunkt stattfinden)	evaporation (can take place below boiling point)
siehe Verdampfung f	see vaporization
verdüsen v	nozzle-dose v; pass through nozzle(s) v; spray v
verecken v	cant v
Verfahrensbevollmächtigter m -te f	legal representative
verfahrenstechnische Anwendung f	industrial application
Verfettung f (med)	adiposis (med)
Verfilmungsmittel n	film-forming agent

Verflüssigungsgegenströmer m	countercurrent condenser
verfolgen v	track v
verformbar	moldable
Verformbarkeit f	workability; moldability
verformen v	press-form v (loose material)
Verformungsarbeit f	deformation energy
Verformungshilfsmittel n	shaping agent
Verfügung f (von Todes wegen)	testament
Vergiessmasse f, Vergussmasse f	filling compound
Vergiftung f (med)	intoxication (med)
vergleichen v	compare to v (= similar); compare with v (= different)
vergleichmässigen v	equalize v
Vergleichsansatz m	control run
Vergleichsvereinbarung f	settlement agreement
Vergrasung f	grass infestation
verhaken v	interlock v
verhalten v, sich...wie 1 zu 10	to be in a ratio of 1 : 10 v
verhefen v	leaven v
verhornen v	cornify v

Veritone(R) = Acetyl-HMT n = 7-Acetyl-1,1,3,4,4,6-hexamethyl-1,2,3,4-tetrahydronaphthalin n (Duftstoff m) = acetyl-HMT = 7-acetyl-1,1,3,4,4,6-hexamethyl-1,2,3,4-tetrahydronaphthalene (fragrance)

verkabeln v	wire v
verkappen v	mask v
Verkehrsrecht n	visitation rights
verkennen v	misconstrue v
Verkleidung f (Motorrad n)	cowling (motorcycle)
verkratzen v	mar by scratches v
verkremen v	cream v
Verlaubung f	transformation of flowers into leaves

Verlauf m	route; profile (curve)
Verlaufsmittel n	flow agent
Verlaufseigenschaft f	flow property
Verlaufsverhalten n	flow property
verlegen v (Leitung f)	clog v (conduit)
Verlegenheitsprodukt n	lost product; waste product
Verlegung f	inlay (= inset); obstruction (in pipes)
Verletzungsgefahr f	risk of injuries
verlustlos	lossless
Verlustwinkel m	loss angle
Vermattung f (verfilztes Tierfell oder glanzloser Anstrich)	matting (tangled coat of animal or dull coat of paint)
Vermehrung f (Virus n)	replication (virus)
Vermehrungsschub m	burst of replication

Vermicompren(R) = Piperazinadipat n (Entwurmmittel n) = piperazine adipate (dewormer)

vernadeln v	needle v
vernarben v (Kunstleder n)	provide with grain pattern v (artificial leather)
Vernehmung f	deposition (oral testimony, taken down in written form); interrogatories (written list of questions)
vernetzen v (plast)	crosslink v (plast)
Vernetzungsgrad m	level of crosslinking
Vernichter m (Vorrichtung f)	decomposer (apparatus)
verpackbar	containerizable
verpacken v	containerize v
Verpackung f	containerization
verpastbar	paste-forming
verpressen v	press-mold v (glass)
verpuffen v	deflagrate v
Verpuffung f (Explosion unterhalb Schallgeschwindigkeit)	deflagration (explosion below sonar velocity)

- - -

Verrenkung f	contortion
verrottungsfest	rotproof
Versaduct(R) = ein Imidazolinderivat n	= an imidazoline derivative
Versandhändler m	mail order house
Versäumnisurteil n	judgment by default
verschärft	stringent
Verschiebestempel m	sliding die
verschiessen v (Rakete f)	launch v (rocket)
verschlämmen v	slurry up v
verschleissfest	wearproof
verschliessen v (Tube f)	cap v (tube)
Verschluss m (Gewehr n)	breechblock (rifle)
Verschlussikterus m (Gelbsucht f)	retention icterus (jaundice)
Verschlusslamelle f	shutter blade
Verschlussplatine f	shutter baseplate
verschmelzen v	fuse together v
Verschnittbitumen n	bituminous blend
verschnittfrei geschlitzt	slotted without cutouts (= without waste of material)
verschweissen v (Fasern f pl)	fuse v (fibers)
versilbert	silvered
Versorgungsblock m	service block
Versorgungsstaat m	welfare state
verspachteln v	caulk v
verspritzen v (Anstrichfarbe f)	spray-coat v (paint)
Versprödung f	embrittlement
Verstärker m (med)	enhancer (med)
verstärkt wiedergeben v	reproduce in amplified form v
Verstärkungsmittel n (Gummi m)	reinforcing agent (rubber)
Verstauchung f (met)	crumpling (met)

Verstemmarke f	wedge point
Verstoffwechselung f	metabolic transformation
verstopfen v	plug v
verstrammen v (Gummimischung f)	stiffen v (rubber blend)
verstrecken v (Kunststoffrohr n)	size v (plastic pipe)
verstricken v	intertwine v
Versuchsansatz m	test setup
Versuchsbetrieb m	pilot plant
Versuchsperson f	experimentee; testee
Verteilungschromatographie f	partition chromatography
Verträglichkeitsvermittler m	compatibilizer
vertretbar	tolerable
vertuften v	tuft v
Verunreinigung f (Katalysator m)	fouling (catalyst)
verwahren v (Dach n)	flash v (roof)
Verweilzone f	dwell zone
verwirbeln v	fluidize v
verwirrt	entangled
verzopfen v	braid v; form braids v
verzugsarm	low-warpage
verzugstechnisch schwierig	having warpage problems
Verzwängung f	jamming

Vestinol(R) = Di-(2-ethylhexyl)-phthalat n = di(2-ethylhexyl) phthalate

Vestodur(R) B = Polybutylenterephthalat n = polybutylene terephthalate

Vestolen(R) = Polypropylenprodukt n, Polyethylenprodukt n = polypropylene and polyethylene resins

Vestolit(R) = Kunststoffe für Hart- und Weichverarbeitung = general purpose resins

Vestopal(R) = ungesättigte Polyesterharze n pl = unsaturated polyester resins

Vesturit(R) = gesättigte, hydroxylgruppenhaltige Polyesterharze n pl = saturated polyesters containing hydroxyl groups

Vestypor(R) = schäumfähige Polystyrole n pl = expandable polystyrenes

Vi = Vinyl n = vinyl

Vicat-Wert m (Temperatur, bei der eine flache Nadel von 1 mm² Querschnitt unter einer Last von 1 kg 1 mm in eine Probe eindringt)	Vicat value (temperature at which a flat needle of 1 mm² cross section penetrates under a load of 1 kg into a specimen for an extent of 1 mm)
vicinal	vicinal
Videomagnetophon n	videocassette recorder; videotape recorder
vielfach	manifold
vielfältig	many-faceted; multifaceted
vielkanalig; vielkanal-	multichannel
vielphasig	multiphase
vielsagend	suggestive
Vielschicht f	multilayer
vierbindig	quadruple-bond
vierfach substituiert	tetrasubstituted
viergliedriger Ring m	four-membered ring
Vierschichtdiode f (Halbleiter m, pnpn)	four-layer diode (semiconductor, pnpn)
vierstellige Zahl f	four-digit number
vierzigbödig (Säule f)	forty-plate (column)
Vigilanz f	attentiveness
Vigreux-Kolonne f	Vigreux column
vinilog, vinylog	vinylogous

Vinoflex(R) = Suspensions-PVC n = suspension PVC

Vinnol(R) = PVC-Harz n = PVC resin

Vinylen n	vinylene
vinyl-endgestoppt	vinyl-terminated
Vinylierung f	vinylation

Virion n (Virusteilchen n)	virion (virus particle)
Viroid n (kleiner als ein Virus n, etwa 130,000 Daltons)	viroid (smaller than a virus, about 130,000 daltons)
Virulenz f	intolerable condition
Virusbestandteil m	viral component
Virushülle f	viral envelope
Viruspartikel n, Virusteilchen n	virion
Visierbasislänge f	basic sighting distance
viskoelastisch	viscoelastic
Viskositätserniedriger m	viscosity depressant
Visualisierung f	visualization
Visus m	vision
Vitron(R) = Keramikfaser f =	ceramic fiber
VLDL = very low-density lipoprotein (auch im deutschen Sprachgebrauch)	
Vlies n	batting (loose mat); random fiber mat; random web
V-Motor m	V-type engine
Vogeltränke f	birdbath
Vogesensäure f (dl-Weinsäure f, Traubensäure f)	DL-tartaric acid
Volksgesundheit f	public health
Volkswirtschaft f	social economics
vollaufen v	choke v
Vollblut n	whole blood
Voll-Emanze f	fully emancipated woman
aus dem Vollen arbeiten v	machine from solid piece v
aus dem Vollen drehen v	turn from solid stock v
vollentsalzt	fully demineralized
vollflächig	flush
Vollgeschoss n	solid-jacket projectile
Vollschliff m	full cut (diamond, e.g.)
vollschliffig	full-cut

Volltränkverfahren n	total impregnating method (throughout entire material)
Vollwaschmittel n	all-purpose detergent
vollwellig, Vollwellen-	full-wave
vollwertig	full-fledged
Volstrom m = m^3/h	volume stream = m^3/h
Volumänderung f	volumetric change
von vornherein	at the outset
Voragglomeration f	preagglomeration
Vorauflauf m (bot)	pre-emergence (bot)
Vorbau m	frontal attachment
vorbeladen v	prefill v
vorbeugen v	forestall v
vorbohren v	predrill v
vorbrennen v	prebake v
Vorderstrammer m (Schi m)	front strap (ski)
Vordestillation f	predistillation
Vordruck m	initial pressure
voreilen v	overfeed v
Voreilung f	overfeed
voremulgieren v	pre-emulsify v
Vorentscheidung f (pat)	prior decision (pat)
Vorfaltung f	prearranged fold
Vorfermentation f	prefermentation
Vorfermenter m	prefermentor
Vorform f	parison; preform (fiber optics)
Vorformstrasse f (met)	roughing mill (met)
Vorformulierung f	preformulation
Vorgabe f	allowance
Vorgaben f pl	conditions
Vorgabewert m	given value
Vorgänge m pl - zelluläre	events at cellular level

vorgängig	predated
Vorgarn n	sliver
vorgelieren v	pre-gel v
Vorgelierung f	pre-gelling
vorgeschäumt	pre-expanded
vorglühen v	preanneal v
Vorhalt m	rebuttal
vorhärten v	preharden v
vorhydrieren v	prehydrogenate v
vorimprägnieren v	preimpregnate v
Vorinstanz f	previous stage of prosecution
Vorkammer f	precombustion chamber (engine)
Vorkommnis n	event
vorkomprimieren v	precompress v
Vorkondensat n	precondensate
vorkonfektionieren v	prefinish v
Vorkörper m	base member
vorkragen v	outjut v
Vorkristallisator m	precrystallizer
Vorkultur f	subculture
Vorlack m	size varnish
Vorlage f (Explosivstoff m) (Prozess m)	original; anti-flash bag (explosive); feed
Vorlauf m (Rad n)	negative caster (wheel)
Vorlauffettsäure f	fatty acid forerun; first-fraction fatty acid
Vorlaufleitung f	feed conduit
vormahlen v	pregrind v
vorplastifizieren v	preplasticize v
Vorpolymer n, Vorpolymeres n	prepolymer
Vorprodukt n	initial product

Vorprüfer m (pat)	Assistant Examiner (pat)
auf Vorrat halten v	keep a stored supply v
Vorratsbehälter m	holding tank
Vorratsvermögen n	inventory; inventories
vorreagieren v	prereact v
Vorrechtserklärung f (pat)	priority declaration (pat)
vorreduzieren v	prereduce v
vorreifen v	preage v
Vorreifung f	preaging
vorrichten v	precondition v
Vorrohrsicherheit f	safety provided after projectile has left gun barrel; post-barrel safety device
vorschäumen v (plast)	pre-expand v (plast)
Vorschneider m (mech)	forward taper (mech)
Vorschub m (cm/min)	rate of travel (inch/min or cm/min)
Vorschubweg m	feed path
vorsehen v	envisage v
Vorsorgeuntersuchung f	general physical
Vorspannung f	boost pressure
vorsterilisieren v	presterilize v
vorsteuern v	precontrol v
Vorstufe f	precursory stage
vortränken v	preimpregnate v
vortrennen v	preseparate v
Vortrennsäule f	preseparating column
vortrocknen v	predry v
Vortrockner m	predryer
Vorvakuum n	backing vacuum
Vorverbesserung f (pat)	preliminary amendment (pat)
vorverdichten v	precompress v
vorvergelen v	pre-gel v

Vorverlängerung f	preliminary extension
Vorveröffentlichung f (Patenthindernis n)	bar (to issuance of a patent)
Vorverstärker m	preamplifier
Vorversuch m	pilot test; pilot trial
Vorverteiler m	predistributor
Vorwäsche f	prewash
Vorwerkstück n	semifinished workpiece
Vorzeichen n	arithmetic sign; +- (plus-), — - (minus-) sign
vorzeitige Vulkanisation f	scorch

vOT = vor oberem Totpunkt m = pre top dead center

VP = Vergleichsprodukt n = comparison product

vppm = Volumenteile pro Million n pl = parts by volume per million

V-P-Reaktion f = Voges-Proskauer-Reaktion f (Bakterientest m)	V-P reaction = Voges-Proskauer reaction (test for bacteria)

VRLG = Vorsitzender Richter am Landgericht m = judge at district court, presiding

VSP = Verband Schweizerischer Patentanwälte m = Swiss Patent Attorneys' Association - ASCPI

v.u.g. = vorgelesen, unterschrieben, genehmigt = read, signed, and approved

Vulkametrie f (plast)	curemetry (plast)
Vulkanisat n	vulcanizate

Vulkanox(R) = N-Phenyl-N'-isopropyl-p-phenylendiamin n (Vulkanisationsmittel n) = N-phenyl-N'-isopropyl-p-phenylenediamine (vulcanizing agent)

Vulkacit(R) = Vulkanisationsbeschleuniger m p = vulcanization aceelerators

Vultamol(R) = Dispergiermittel n = dispersant

VZ = Verseifungszahl f = saponification number

* * *

W

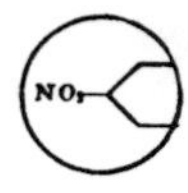

wach (Versuchstier n)	conscious (test animal); nonanesthetized
wachfrei	unmonitored
Wachssäure f	wax acid
Wachstumshormon n	growth hormone; STH = somatotropic hormone
Wächte f	overhanging mass
Wadenjeans n pl	pedal pushers
Wagging n (Atombewegung unter Bestrahlung)	wagging (atom motion under radiation)
Waldbaumzucht f	silviculture
Walnußschalenmehl n	ground walnut hulls
Walzblech n	rolled sheet metal
walzen v (Gummi m)	mill v (rubber)
Walzenauftrag m	roll coating
Walzendrehknopf m (Schreibmaschine f)	platen knob (typewriter)
Walzenhaftung f	roll adhesion
Walzenkörper m	boss
Walzenschwund m	mill shrinkage
walzfähig	millable
Walzzunder m	mill scale
wanderfähig	migratory
wanderungsbeständig	migration resistant
Wankelmotor m	piston-less engine
Wankstabilisierung f	roll stabilization
Wannenschmelzverfahren n	tank melting process
Wannen-Spray m, Wannenspray m	bathroom spray; bathtub spray cleaner; bathtub spray
Wanze f (verstecktes Mikrophon n)	bug (hidden microphone)

Wapu = Wasserpumpe f = water pump

Warenhaus n	department store
warmaushärten v	thermoset v
warmblütig	homoiothermic; homoiothermal
Wärmeabbau m	heat degradation
Wärmeabsorptionsvermögen n	heat absorption capacity
Wärmealterung f (plast)	heat aging (plast)
Wärmeatlas m	heat tables
Wärmeausdehnungskoeffizient m	coefficient of thermal expansion
Wärmeaustauscher m, gewickelter	wound heat exchanger
wärmeautark	thermally self-sufficient
Wärmeeigenschaft f	thermal property
Wärmeentwicklung f	heat buildup
Wärmeformbeständigkeit f	deflection temperature under load; heat deflection temperature; heat distortion stability
wärmehärtbar	thermosetting
Wärmeimpulsschweissen n	heat impulse welding
Wärmeinhalt m	enthalpy
wärmekaschieren v	heat-laminate v
Wärmelast f	thermal load; thermal output
Wärmeleitzahl f	coefficient of thermal conduction
Wärmelieferant m	heat supplier
Wärmerohr n	heat pipe
Wärmeschrank m	hot cabinet
Wärmespeicherung f	heat retention
Wärmestrommesser m	heat flowmeter
Wärmetönung f	heat evolution; thermal character
Wärmeträger m	heat-transport agent; heat-transfer medium
Wärmeträgeröl n	thermal oil

Wärmetransport m	thermal transport
Wärmeübergabekoeffizient m	heat transfer coefficient
Wärmeverlustkoeffizient m	thermal loss coefficient
Wärmeverlustwinkel m	heat-transfer loss angle
Warmform f	hot-forming mold
warmgelieren v	heat-gel v
Warmhalteplatte f	hot tray
Warmlaufregler m	warm-up controller
warmplastisch	thermoplastic
warmpolymerisieren v	heat-polymerize v
Wartestellung f	standby position
Wartezeit f	standby time
wartungsfreundlich	low-maintenance
wartungsunempfindlich	maintenance-free
WAS = waschaktive Substanz f	ADS = active detergent substance
Waschbeständigkeit f	wash fastness
Waschflüssigkeit f	scrubbing liquor
Waschmittel-Slurry f -ies pl	detergent slurry
Waschpulveransatz m	washing powder base
Wasserabweisung f	water repellency
Wasseraufnahme f	water absorption
Wasserauskreisung f	cyclic dehydration
Wasserball m	beach ball
Wasserdampfdichtigkeit f	water vapor impermeability
Wasserfahrzeug n	watercraft
wasserfest	water resistant
wasserfeucht	water-moist
Wassergas n	water gas
Wasserlebewesen n pl	aquatic life
wasserlöslich	hydrosoluble
Wasserschieber m	squeegee
Wasserschloss n (Flüssigkeitsbehandlung f)	water curtain (liquid treatment); water weir

Wassersorption f	water absorption
im Wasserstrahlvakuum n	by a water-jet aspirator
Wate f	cutting face; cutting surface
Wattestäbchen n	cotton swab
Wattetupfer m	cotton swab
Wb = Weber n (magnetischer Kraftfluss m)	Wb = weber (unit of magnetic flux)
WD = wirksame Dosis f (z.B. WD_{50} = 50%)	ED = effective dose, effective dosage (e.g. ED_{50} = 50%)
WE = Wärmeeinheit f = calorie	
Weatherometer(R) n (Wettertest m)	Weather-Ometer(R) (weathering test)
Webbändchen n	weaving tape
Weber n (Einheit für magnetischen Kraftfluss)	weber (unit of magnetic flux)
Web- und Wirkfolie f	film tape for weaving and knitting
wechselbar	reversible
wechseln v (Reifen m)	demount v (tire)
Wechselobjektiv n	convertible objective
Wechselspiel n	interplay
wechselwarm	cold-blooded
Weg m	course; displacement (controller)
wegdenken v	ignore v
Wegemarke f	roadmarker
Wegesteuerung f	routing
Wegeventil n	stroke valve
Wegwerfgerät n	disposable unit
Wehr n	barrier
Weiche f (Rechner m)	switch (computer)
Weichmacheröl n	plasticizer oil

Weich-PVC n = plastifiziertes (weichgemachtes) PVC n	plasticized PVC
Weichschaumstoff m	flexible foam
Weichteilinfektion f	marrow infection
Weichverarbeitung f	processing with plasticizer; soft processing
Weinsteinsäure f = alte Bezeichnung für Weinsäure f	tartaric acid
Weissbruch m (Phasentrennung zwischen elastomerer und thermoplastischer Komponente)	white fracture (phase separation of elastomeric from thermoplastic component)
Weissöl n	white oil
Weissrosenöl n	white rose oil
Weisswandreifen m	whitewall tire
weisungsfrei	voluntary
Weiterreissfestigkeit f	tear propagation resistance (film); crack propagation resistance (sheet stock); cut growth resistance
Weiterreisswiderstand m	cut growth resistance
weitmaschig sein v	leave loopholes v
Weitsichtigkeit f	foresight
Weizennachmehl n	wheat middlings
Wellenfront f	wavefront
Wellenkrone f	crest
Wellental n	trough
Wellenwiderstand m	oscillatory resistance
Wellenzahl f (Spektroskop n)	wave number (spectroscope)
Wellrohr-Kompensator m	bellows expansion joint
Wellschlauch m	corrugated hose
Wendebetrieb m	turnaround operation
Wendeplatte f	turnover plate

weniger löslich	less soluble
wenig löslich	sparingly soluble
Werferrohr n	launcher tube; mortar tube
Werkstoffpaarung f	mating materials
Werkzeughalter m	tool rack
Werkzeugtemperatur f (plast)	also: mold temperature
Wertkarte f	credit card
Wertmarke f	token
Wertstufe f	valence state
Wertübertragung f	transmittal of values
Wesen n	technology

Wetter-Nobelit(R) = Explosivstoff m = explosive

WFK = Wäschereiforschung Krefeld n (Krefeld = city in West Germany) = Laundry Research Center

WFK = whisker-verstärkter Kunststoff m = whisker-reinforced plastic

Whitlockit m	whitlockite
Wichte f (Dichte in p/cm³ (p = pond; veraltet; jetzt: Dichte = g/cm³)	specific gravity
wichten v	gauge v
Wichtetrennung f	separation by density
Wickelkissen n	swaddling clothes
Wickelkondensator m	roll-type condenser
Wickelkörper m	coil form; core member
wickeln v	wrap v
Wicket n (Bügel m)	wicket (bow)

Wicolux(R) = Kunstharzdruckfarbe f = synthetic resin printing ink

Widerspruchsmarke f (Wz)	opposer's mark (TM)
spezifischer Widerstand pro Längeneinheit m	resistivity; resistance per unit length
Widerstandskraft f (Bazillus m)	refractoriness (bacillus)
wie dem auch sein mag	however that may be

wieder anfahren v	start up v
Wiederaufbereitung f	reprocessing
wiederaufdrücken v	restore pressure v; repressurize v
wiederauflösen v	redissolve v
wiederaufschmelzen v	remelt v
Wiedereintrittskörper m	reentry vehicle
wiederformen v	reshape v
wiederhydrieren v	rehydrogenate v
wiederkomprimieren v	recompress v
wiederverarbeiten v	reprocess v
Wiederverarbeitung f	reprocessability; reprocessing
wiederverdampfen v	revaporize v
Wiederverdampfung f	revaporization
wiederverdunsten v	reevaporate v
Wiederverdunstung f	reevaporation
wiederverestern v	reesterify v
wiederverfestigen v	resolidify v
wiederwählen v	redial v
WIG = Wischimpulsgeber m	= wiper control device (aut)
Wiggler m (Lasermagnet m)	wiggler (laser magnet)(siehe Nachtr
WIG-Schweissung f (Wolfram-Inert-Gas-Schweissung f)	TIG welding process (tungsten inert gas welding process); TIG method
Willkürlichkeit f	randomness
windsichten v	air screen v
Windsichten n	air screening
Windsog m	wind suction
Winkelminute f	minute of arc

WIPO = World Intellectual Property Organization (special agency of United Nations); in Deutsch: Weltorganisation für geistiges Eigentum f

Wirbelkammer f	fluidized bed chamber
Wirbelschichtfeuerung f	fluidized bed combustion

Wirbelzelle f	fluidizing cell
Wirkkörper m	active element
Wirkort m	site of action; target site
Wirkungsbild n	spectrum of efficacy
Wirkungseintritt m	onset of activity
Wirkwaren f pl	hosiery goods
Wirtschaftsministerium n	Economics Ministry; Department of Commerce
Wirtschaftspatent n	commercial patent
Wischerblatt n	wiper blade
wischfest	smearproof
Wischfrequenz f	wiper frequency
Wischtuch n	wipe
Witterungsbeständigkeit f	weathering resistance
Wittig-Reagens n, Wittig-Reagenz n (= 4-Carboxybutyl-triphenylphosphonium-bromid n + Methyl-natriummethansulfinyl n)	Wittig reagent (= 4-carboxy-butyltriphenylphosphonium bromide + methylsodium methanesulfinyl)

WM = Weichmacher m = plasticizer

w/o, W/O = Wasser in Öl n (Emulsion f) = water-in-oil (emulsion)
w/o preferred in US

wobei	wherein (or construct secondary sentence with gerund)
wohl	presumably
Wolfatit m	wolfatite
Wolff-Kishner-Reaktion f (indirekte Aldehyd-Reduktion f)	Wolff-Kishner reaction (indirect reduction of aldehyde)
Wolkenstore m (Vorhang m)	swag drape (curtain)
Wollwachs n	degras wool wax; lanolin
Wollwachsalkohol m	wool wax alcohol
Wood'sches Metall n	Wood's alloy

wppm = parts per million based on weight = Millionenteile n pl (auch in Deutsch) auf Gewichtsbasis f

Writhing-Test m	writhing test
Wucherung f	proliferation
Wuchsstoffherbizid n	growth-promoting herbicide
Wucht f	impact
Wuchtmasse f	flyweight
Wundabstrich m	wound swab
würfelähnlich	cuboidal
Wurfgewicht n (Flugkörper m)	throw weight (missile)
Wurfscheibe f	Frisbee(R)
Würgebetrieb m	choke operation
Wurzellage f (Schweissen n)	root layer; root weld
Wüstit m	wüstite; wustite

w/w = Gewichtsprozent n = weight percent; percent by weight

* * *

X

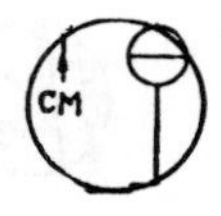

X = Durchmesser m = diameter

Xenontestgerät n xenon test apparatus

Xerogel n xerogel

XRFA = Röntgenfluoreszenzanalyse f = X-ray fluorescence analysis

XRS(R) = stark saures Ionenaustauscherharz n auf Polystyrolbasis = strong acid ion exchange resin based on polystyrene

Xylazin n xylazine

Xylee(R) = Polyamid/Polyurethan-Schichtstoff m = polyamide/polyurethane composite

Xylit n xylitol

Xylolmoschus m xylene musk

* * *

Y

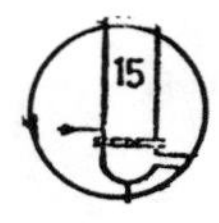

YAG = Yttrium-Aluminium-Granat (z.B. Laser m) = yttrium-aluminum-garnet (e.g. laser)

Yellometall n — yellow metal

Ylen n — ylene

Ylid n — ylide

Yxin(R) = Imidazolin n (Augenmedizin f) = imidazoline (eye medicine)

* * *

$\overline{Z}$ = mittlere Kernladungszahl f = mean charge on nucleus

Z = Zersetzung f = decomposition

Z_1, Z_2, Z_3, ... = Viskositätsmessung mit Gardner-Hold-Skala f = viscosity measured by Gardner-Hold scale

z.A. = zur Analyse f = analysenrein	p.a. = pro analysi = analysis-pure
zackig	scalloped
zähelastisch	viscoelastic
Zähigkeit f	toughness
Zahlenmittel n	arithmetic mean
Zahnbettentzündung f	dental pyorrhea
Zähnezahlverhältnis n	gear teeth ratio
Zahnholz n	dental stimulator
Zahnrichtgesperre n	directional ratchet mechanism
Zahnriemen m	gear belt
Zahnseide f	dental floss
Zapfen n (Auge n)	cone (eye)
Zapfrohr n	gasoline hose
Zaponechtgelb n	zapon fast yellow
Zarge f	rim
Zäsur f	interruption
Zearalenon n (ein Resorcylsäurelakton n)	zearalenone (a resorcylic acid lactone)
Zeichenpapier n (besondere Art f)	grafoil
Zeilendrucker m	line-at-a-time printer; line printer
Zeitablaufschema n	flow chart; operating sequence diagram; time flow diagram
Zeitfrequenz f	repetition rate
zeitliche Folge f	timetable

Zeitstandsfestigkeit f	long-term stability
Zeitstandsverhalten n (plast)	creep behavior (plast)
Zeituhr f	timer
Zelldichte f	cellular density
Zellenschleuse f	cellular charging gate
Zellglas n	cellophane; viscose film
Zellinie f	cell line
zellmembranständig	cell-membrane fixed
Zellnekrose f	cell necrosis
Zellpech n	blown asphalt
zellschädigend	cytopathic
Zellstreckungssystem n	cell elongation system
Zellteilungshemmer m	cytostatic
Zellverband m	united cell structure
Zellwolle f	cellulose-base fibers; spun rayon
zentraldepressiv	CNS-depressive
Zentralfeuer n	center fire
Zentralfeuermunition f	center fire ammunition
Zentralwert m	mean value
Zentrifugat n	centrifugate
Zentrizität f	centricity
Zerfallsperre f	flame arrester
zerfasern v	make into fibers v
zerfasert	fibrous
zerhackt (Glasfasern f pl)	bulk-chopped (glass fibers)
Zerlegung f (Elektrolyt m)	dissociation (electrolyte)
Zerlegungsluft f	air to be separated
Zerreissfestigkeit f	tear strength
Zerreissprobe f	tensile strength test
zerrüttet (Ehe f)	irretrievably broken (marriage)

zerschlagen v	disintegrate v
Zerstörungskapazität f	destructive potential
Zertrümmerung f	shattering
Zeugmatographie f (Protonenkernspin-tomographie f; veraltet)	zeugmatography (proton nuclear spin tomography; NMR tomography; obsolete)
Zibeton n	civetone
ziegelrot	brick red
Ziehklinge f	coating knife
Ziehpalette f	draw pallet
Zielführungssystem n	destination tracking system
Zielgruppe f	relevant group
Zielkreuz n	aiming graticule
Ziellosigkeit f	randomness
Zielorgan n	relevant organ; target organ
Ziffernanzeigeröhre f	digital display tube
Zinkat n	zincate
Zinkit m	zincite
Zink-Kupfer-Paar n	zinc-copper couple
Zinkschmelze f	spelter
Zinnblech n	tinplate
Zinnbronze f	tin-base bronze
Zinn(II)chlorid n	stannous chloride
Zirkonsand m ($ZrSiO_4$)	zircon sand
Zitruspulpenpulver n	pulverized citrus pulp
Zivet n (getrocknete Zibet-katzentestes m pl)	civet (dried civet cat testicles)
Z-Metall n	"Z" metal

Zoll m (altes deutsches Längenmass n) = 2.6 cm

z.P. = zur Person f = personal data

ZPO = Zivilprozessordnung f = rules of civil law (common law, civil procedure)

z.S. = zur Sache f = pertinent data	
züchten v (Bakterien f pl)	incubate v (bacteria)
Zufälligkeit f	randomness
Zufallsweg m (Molekül n)	random walk (molecule)
zufalten v	fold over v
Zufuhr f	influx
Zuführungsgeschwindig-keit f oder Zuführgeschwindigkeit f	charging rate; feeding rate
Zugband n	tension strap
Zugdehnung f (%)	tensile elongation (%)
Zug-E-Modul n	modulus of elasticity, tensile test
Zugentlastung f	tension relief
Zugfestigkeit f	tensile strength
zügig	undelayed; without delay
Zugorgan n	traction device
Zugseil n (Fallschirm m)	pull cord (parachute); rip cord (parachute, hot-air balloon)
Zugwert m	tensile value
Zuladung f	payload
Zulaufschacht m (Kolonne f)	feed downcomer (column)
Zulegestation f (met)	enclosing station (met)
Zuluftbefeuchtung f	feed air humidification
Zündbeschleuniger m	ignition promoter
Zündbrücke f	ignition bridge
Zündsatz m	igniter
Zündschloss n	ignition lock
Zündschnur f	fuse cord; fuze cord
Zündstrahl m	ignition jet
Zündversagen n	ignition failure
Zündvorgabe f (aut)	ignition setting (aut)
Zunge f (Musikinstrument n)	reed (musical instrument)
zurückführen v	trace back to v

zurücksetzen v	back up v
zurückverdampfen v	revaporize v
Zurückverdampfung f	revaporization
zurückverdunsten v	reevaporate v
Zurückverdunstung f	reevaporation
zurückwaschen v	rewash v
zusammenbacken v	cake v
zusammenhärten v	co-cure v
zusammenklappbar	knockdown
zusammenklappen v	knock down v
zusammenlegbar	knockdown
zusammenlegen v	knock down v
Zusatznummer f	suffix number
Zuschaltschalter m	connector switch
Zuschnitt m	blank
Zuschreibung f	appreciation
Zustandsform f	phase
zustellen v	adjust mutually v; align v; move toward each other v
Zustellungsbevollmächtigter m -te f	authorized forwarding address
zuteilen v	dispense v
zutropfen v	instil, instill v
zuwenig	undersupply
zu wenig	not enough
zwanglos	relaxed; unrestrained; unrestricted
Zwangsanfall m	unavoidable production; unavoidable formation
Zwangskäfig m	restraining cage
zwangsläufig	unavoidable
Zwangsverwalter m	sequester; sequestrator

Zwängung f	sticking
zweibasisch (Explosivstoff m)	double-base (explosive)
zweiblockig	diblock
zweifach methylieren v	dimethylate v
zweifach substituiert	disubstituted
zweifach ungesättigt	double-unsaturated
zweifach verzweigt	double-branched
Zweig m (el)	twig (el)
Zweikant m	dihedral
zweikantig	dihedral
zweikernig	binuclear
Zweikomponentenfaser f	bicomponent fiber
Zweikomponentensystem n	bicomponent system
zweiphasig	two-phased
Zweistoffdüse f	two-fluid nozzle
Zweitaktöl n	two-stroke oil
zweizählig	binary
zweizähnig	bidentate
Zwergwacholder m	dwarf juniper (Juniperus nana)
Zwickeinschlag m (Schuh m)	lasting margin (shoe)
Zwickelfoulard m (text)	nip padder (text); wedge padder (text)
Zwicken des Gelenkes n	lasting the shank
Zwickmaschine f	lasting machine
zwischen-	interim
zwischenatomisch	interatomic
Zwischenfall m	mishap
zwischenkühlen v	intercool v
Zwischenkühler m	intercooler
Zwischenlauf m	intermediate run; intermediate runnings
Zwischenplatz m	interstitial location
Zwischenraum m (Finger m oder Zehe f)	interdigital space

Zwischenrolle f	secondary roller
Zwischenschicht f	interlayer
zwischenständig	intermediate-positioned
Zwischensteg m	cross web
Zwischenstufe f	interstage
Zwischenumsetzung f	interconversion
zyanethylieren v	cyanoethylate v
Zyanethylierung f	cyanoethylation
Zyanwasserstoff m	hydrogen cyanide
Zykloide f	cycloidal curve
Zykloidengetriebe n	cycloid gear
Zylindereinsenkung f (aut)	cylinder cavity (aut)
Zylinderlaufbund m	cylinder liner flange
Zylindermantel m	cylinder skirt
Zylinderraum m (Spritzgiessen n)	barrel (injection molding)
Zymosan n (Hefezellenfraktion f)	zymosan (yeast cell fraction)
Zytel-ST(R) = hochfester Kunststoff m	super-tough plastic
zytoprotektiv	cytoprotective

* * *

A - ANHANG

GRIECHISCHE SYMBOLE
αααααααααααααααααααα

γ	Aktivitätsbeiwert m, molale Basis f = activity coefficient, molal basis
γ -G	Gamma-Globulin n = gamma globulin
γ	Mikrogramm n, Microgramm n (ein Millionstel Gramm n) = microgram (one millionth of a gram)
γ -phase	Eisen n: Zentral-Kubuskristallstruktur f = iron: centered cubic crystal structure
γ	Schergeschwindigkeit f = shear velocity
γ	Wichte f = specific gravity
Δ ν e	anomale Teildispersion f (opt) = anomalous partial dispersion (opt)
Δ E	Extinktionsabnahme f = reduction in exctinction
δ	Bruchdehnung f = elongation at rupture
ε	Defoelastizität f = defo elasticity
ε	Dielektrizitätskonstante f = dielectric constant
ε	Kompressionsverhältnis n = compression ratio
ε	perfekter Absorber m = perfect absorber
ε	Stauchung f = creep strain
η	Eigenviskosität f = intrinsic viscosity
η red	reduzierte Viskosität f = reduced viscosity (gemessen als 0.1 g/cc "Dekalin" bei 135° C)
η	Wirkungsgrad m = degree of efficiency

Griechische Symbole
αααααααααααααααααααα

λ	Lambda-Zahl f (zugeführte Luftmenge f versus theoretischen Luftbedarf m) = lambda number (amount of air introduced versus theoretical air demand)
λ	Lösungskoeffizient m = solubility coefficient
λ	Luft-Kraftstoffverhältnis n = air/fuel ratio
λ	Radschlupf m = wheel slip
λ	Wärmeleitfähigkeit f = thermal conductivity
μ	Dipolmoment n = dipole moment
μ	Ionenstärke f = ionic strength
μ .	Kraftschlussbeiwert m = road-holding coefficient
μ	Wasserdampfdiffusionswiderstandsfaktor m = water vapor diffusion resistance factor
μC, μCi	Mikro-Curie f; Micro-Curie f = microcurie
μm	Mikrometer n; Micrometer n = micron; micrometer; Millionstel Meter n = millionth of a meter
μmho, μS	Mikro-Siemens n; Micro-Siemens n = micro-mho, microsiemens
μs	Mikrosekunde f; Microsekunde f = microsecond; Millionstel Sekunde f = millionth of a second
$\mu mhocm^{-1}$	Micro-Siemens n pro cm = micro-mho per cm; microsiemens/cm
mμ	Millimikron n; Millimicron n = millimicron
ν	Abbé-Wert m = Abbé value
h_{ν}	Lichtenergie f = light energy
Σ	Summe f; Summierung f = sum; summation
σ	Biegefestigkeit f = bending strength

Griechische Symbole

σ	Druckspannung f = stress (compressive stress)
σ	Molekùldurchmesser m = diameter of molecule
σ	Symbol n für 1/1000 Sekunde f = symbol for 1/1000 second (Millisekunde f = millisecond)
σ	Umfangsspannung f = peripheral tension; circumferential tension; peripheral stress; circumferential stress
φ	Feuchtigkeitsindex m = humidity index

NUMERISCHE SYMBOLE

1/Q Umkehrwert m der Gleichgewichtsschwellung f (Vernetzungsgrad m) = reciprocal value of equilibrium swelling (degree of crosslinking)

2n n, normal (Lösung f, z.B. 2n-wässrig) = N, normal (solution, e.g. 2N aqueous)

2-PAM 2-Hydroxyiminomethyl-N-methylpyridiniumiodid n = 2-hydroxyiminomethyl-N-methylpyridinium iodide

C^3 Befehl m - Steuerung f - Meldung f = command - control - communication (message system)

C_4 C_4-Schnitt m (Kohlenwasserstoffmischung f) = C_4 cut (hydrocarbon mixture)

ML-4 ML-4-Wert m (Viskosität f, 4 = Rührergrösse f) = ML-4 value (viscosity, 4 = size of stirrer or rotor)

T4 T4-Gen n = T4 gene

10% 10%ig (Stärke f der Lösung f) = 10% strength (of solution)

^{13}C Kohlenstoff-13-Isotop n = carbon 13 isotope

(17β-1') nicht 17(β-1'): chemische Verbindung f; 17 und β dürfen nicht getrennt werden = chemical compound; 17 and β must not be separated

d 20/40 optische Drehung f; D_{20}^{4} = optical rotation; D_{20}^{4}

4010Na N-Isopropyl-N'-phenyl-p-phenylendiamin n = N-isopropyl-N'-phenyl-p-phenylenediamine

4030Na N,N'-Di-1,4-dimethylpentyl-p-phenylendiamin n = N,N'-di-1,4-dimethylpentyl-p-phenylenediamine

Numerische Symbole

DPI50$^{(R)}$	gleiche Teile Diphenylisophthalat n und Diphenylterephthalat n = equal parts of diphenylisophthalate and diphenylterephthalate
F_{50}	F_{50}-Wert m (fünfzigprozentiges Versagen n oder fünfzigprozentiger Fehler m) = F_{50} value (50% failure or error)
F_{50}	Fehlzeitwert bei 50° C (plast) = failure time value at 50° C (plast)
DL_{50}	Wert m für 50% tödliche Dosis f = LD_{50} value for 50% lethal dosage

MATHEMATISCHE SYMBOLE

$\sim$	proportional; proportionell = proportional
$\approx$	ungefähr = approximately
./.	gegen = versus
$\div$	bis, d.h. 10 bis 100 = to, i.e. 10 to 100

NACHTRAG

Abrechnung f als Sprechstundenbedarf m (med)	charged to normal consultation; charged as incident to professional services (med)
abschieben v	dispatch v
Absplittung f	chipping
abstürzen v (Computerprogramm n)	crash v (computer program)
achiral (adj)	achiral (adj)
Ackerschmalwand f = Arabidopsis thaliana	mouse-ear cress
Adventivwurzel f	adventitious root
Airbag m; Air-Bag m (aut)	airbag (aut)
allotyp (adj)	allotypic, -al (adj)
Allotypus m	allotype
ankreuzen v	make a check mark v
Anregung f	source of inspiration
Anzündelement n (expl)	fuze primer (expl)
Anzündladung f (expl)	initiator charge (expl)
Aufdickung f	thickened mount
aufwendig	sophisticated
AW = Anfangswert m = initial value	
Basislinie f	baseline
bedienerfreundlich	user-friendly
Benetzungsrandwinkel m	boundary wetting angle; rim wetting angle
Biomarker m (zur Verfolgung von Krankheitsvorgängen in Zellen)	biomarker (for detection of dysfunction in cells)
Biotop m	biotope
Brachytherapie f (Bestrahlung nahe am Behandlungsort)	brachytherapy (radiation close to treatment site)
Brandherd m	incendiary source; origin of a fire
Brassidinsäure f	brassidic acid
Breitenwirkung f	popular impact

Bügelpresse f	ironing press
Butzen m (Teil einer Spule) (el)	torus; core (part of a coil) (el)
Carbokation n	carbocation
Cavitat n (eine Art Einschlussverbindung f)	cavitate (cavity compound = inclusion compound)
conformativ (Molekular- struktur, Isomere n pl)	conformational (molecular structure, isomers)
dBm = Decibels n pl über 1 mW (Rauschpegel m)	dBm = decibels above 1 mW (noise level)
Dehnstoffelement n	expansion element
DIBAH-T n = Diisobutyl- aluminiumhydrid n in Toluol n	DIBAL-H T = diisobutyl- aluminum hydride in toluene
Dioxepan n	dioxepane
Disialgangliosid n	disialic ganglioside
dreharretieren v	lock against turning (twisting, rotating) v
EAN = Europäische Artikel- Numerierung f (Strichcode m)	UPC = Universal Product Code (bar code)
echogen (adj) (Echo hervorrufend; Kontrastmittel n pl)	echogenic (adj) (echo evoking; contrast media)
einbödig (Kolonne f)	single-plate (column)
einmal (am Satzanfang m)	for one thing (at beginning of a sentence)
Einwölbung f	depression
E-Isomer n (E = entgegen) (gewöhnlich, aber nicht immer ein trans- Isomer n)	E isomer (E = entgegen = opposite) (ordinarily but not always a trans isomer)
Entesterung f	deesterification
Epan n (Suffix in Namen von siebengliedrigen Heterozyklen m pl)	epane (suffix in names of 7-membered heterocycles)
Etalon n (Interferometer n)	etalon (interferometer)
Fahrvergnügen n	joy of driving
Farbstofflaser m	dye laser
Farbzentrenlaser m	color-center laser

FDY-Garn n = vollverstrecktes Garn n	FDY yarn = fully drawn yarn
Fencholsäure f	fencholic acid
Festkörperlaser m	solid-state laser
Flohband n	flea collar
Format n	stock size
FOY-Garn n = vollorientiertes Garn n	FOY yarn = fully oriented yarn
FP/m = Fixpunkte m pl pro Meter n (Garn n)	FP/m = fixed points/meter (yarn)
fs = Femtosekunde f (= 10^{-15} Sekunden f pl)	fs = femtosecond (= 10^{-15} second)

FTIR = Fourier-Transformations-Infrarot-Spektroskopie f = Fourier-transform infrared spectroscopy

Galaxis f	galaxy
geregelt (Muster n)	regular (pattern)
Glasbruch m	glass fracture
Grosstrommel f	bass drum
Guayacamin n	guaiacamine
Heizöl S n	heavy fuel oil
Homocystein n	homocysteine
Iopromid n	iopromide
isotyp (adj)	isotypic, -al (adj)
Isotypus m	isotype

kb = Kilobase f (einsträngig) oder Kilobasenpaar n (doppelsträngig), eine DNA-Grösseneinheit f = kilobase or kilobase pair (single- or double-strand), a unit of DNA size

Kinetin n	kinetin
Kobaltthiocyanat n	cobaltous thiocyanate
kontaktlos	contactless
Kopflage f	upended position
Kresotinsäure f	cresotic acid; cresotinic acid
Kuranna f (fieber- und wurmbekämpfendes Mittel n)	curangin (febrifuge, vermifuge)

Leistungssportler m -in f	high-performance athlete
LF-Zelle f = Leitfähigkeitsmesszelle f = conductimetric cell; conductometric cell	
mikroporös	microporous
Monosialgangliosid n	monosialic ganglioside
nacharbeiten v	recreate v
nasenschneiden v (Ziegel m)	nib-cut v (tile)
Objekt n (militärisch)	target (military)
OD = optische Dichte f = optical density	
Optode f (Miniatur-Sensor m) (siehe Optrode f)	optode (miniature sensor) (see optrode)
Optrode f (Miniatur-Sensor m) (wird dem Synonym "Optode" vorgezogen)	optrode (miniature sensor) (this term is preferred over "optode") (optical electrode)
Pervaporation f (Trennung f durch Permeation f)	pervaporation (separation by permeation)
Plache f	tarpaulin
Plastik f -en f pl	sculpture
POY-Garn n = vororientiertes Garn n	POY yarn = preoriented yarn
prochiral (adj)	prochiral (adj)
Progestin n	progestin
Prostin n	prostin
PVD = physikalische Abscheidung f aus der Dampfphase f (Abkürzung f auch im Deutschen gebraucht) = physical vapor deposition	
Reillex(R) = Poly-4-vinylpyridin n = poly-4-vinylpyridine	
REM = Raster-Elektronenmikroskop n	SEM = scanning electron microscope
Resonator m (Laser m)	cavity (laser)
Schattenfuge f	shadow joint
Schweresinn m	gravity response
sequenzieren v	sequence v
Singlemode-Wellenleiter m	single-mode waveguide
sinnvoll	appropriate

SNCR = selektive nichtkatalytische Reduktion f = selective noncatalytic reduction

Spoiler m (Anbauteil n zur Erhöhung f des Strömungswiderstandes m) — spoiler (structure to increase drag)

Startrohr n (Rakete f) — launch tube (rocket)

Strahlungsbündel n — also: focused beam

stromlose Abscheidung f — electroless deposition; electroless plating

Syntheseweg m — synthetic pathway

TA = technische Anleitung f (insbesondere TA Luft f = technische Anleitung zur Luftreinhaltung vom 28. 2. 1983) = industrial guidelines (e.g. on air pollution)

TAH = Thrombocytenaggregationshemmung f = inhibition of thrombocyte aggregation

TCE = Trichlorethylen n = trichloroethylene

Tetracosensäure f — tetracosenoic acid

thermolysieren v — treat by thermolysis v

Thrombolytikum n -ka n pl — thrombolytic

TMD = transmembrane Destillation f = transmembrane distillation

Tonfülle f — fullness of sound

Trisialgangliosid n — trisialic ganglioside

Ultraleicht-Flieger m — ultralight plane

Undulator m (Apparat m aus Magneten m pl zur Elektronenstrahlablenkung f) — undulator (apparatus made of magnets for deflecting electron beam)

unverlierbar — nondetachable; nonreleasable

verkrebst — cancer-riddled

verwirbeln v (Garn n) — air-bulk v (yarn)

Verzögerungsladung f (expl) — delay charge (expl)

VE-Wasser n (vollentsalztes Wasser n) — FD water (fully demineralized water)

Vincamin n — vincamine

vorinkubieren v — preincubate v

VUV = Vakuum-Ultraviolett n = vacuum-ultraviolet

Wiggler m (Apparat m aus Magneten m pl zur Elektronenstrahlablenkung f)	wiggler (apparatus made of magnets for deflecting electron beam)
Wurfmine f	ballistic mine
Z-Isomer n (Z = zusammen) (gewöhnlich, aber nicht immer ein cis-Isomer n)	Z isomer (Z = zusammen = together) (ordinarily but not always a cis isomer)
ZLI = Zytolyse-Inhibitor m	CLI = cytolysis inhibitor

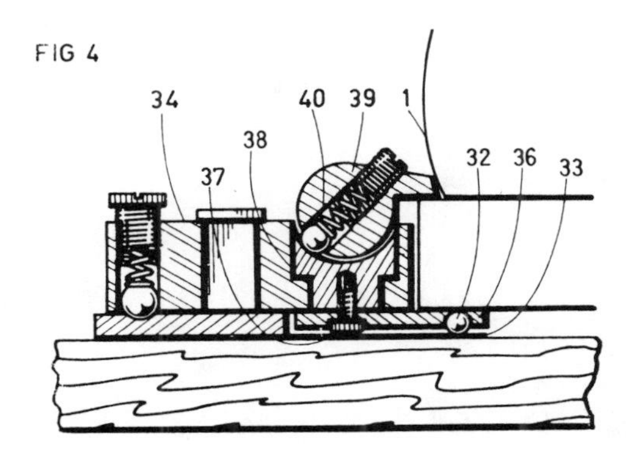
FIG 4
34
40
39
1
38
37
32
36
33

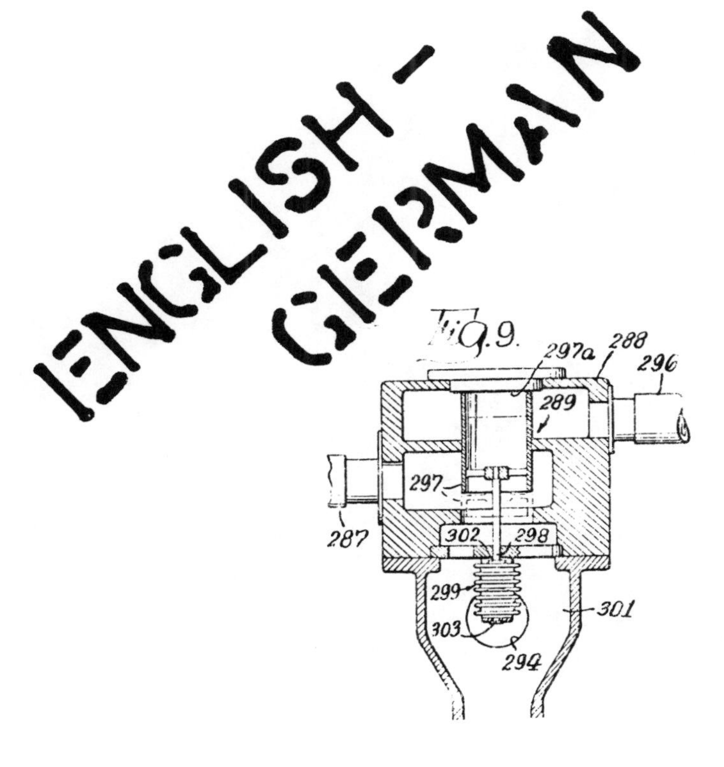
ENGLISH -
GERMAN
Fig.9.
297a
288
296
289
297
287
302
298
299
303
301
294

AAC = aminoalkylcellulose = Aminoalkylcellulose f

AAS = atomic absorption spectroscopy = Atom-absorptionsspektroskopie f

abacterial	abakteriell
Abbé number (opt)	Abbé-Zahl f (opt)

ABBN = azobisisobutyronitrile = Azoisobuttersäurenitril n

abbreviation	Kurzbezeichnung f; Kurzname m
Abel-Pensky closed cup tester	Abel-Pensky-Flammpunkt-prüfer m

ABFC = antibody-forming cell = Antikörper-bildende Zelle f

abherent (adj)	antiadhäsiv (adj)
abherent	Trennmittel n
ability to fracture under impact blow	Abklopfbarkeit f
ablation	Abtrag m
abortifacient	Abortivum n - va pl
aboveground	oberirdisch

ABPC = antibody-producing cell = Antikörper-produzierende Zelle f

abrasion	Abrieb m
abrasion characteristic	Reibempfindlichkeit f
abrasion resistance	Reibempfindlichkeit f; Scheuerfestigkeit f
abrasion resistant	scheuerfest
abrasive blast deburring	Strahlentgraten n
abrasive skin cleaner	Rubbel-Creme f

ABS = anti-lock braking system (aut) = Antiblockier-system n (aut)

absorb v (med)	resorbieren v (med)
absorbance scale	Absorptionsskala f
absorbent	Absorbens n; Absorptionsmittel n
absorption (med)	Resorption f (med)

absorption rate (med)	Resorptionsquote f (med)
abstract (pat)	Offenbarungsauszug m (pat)
abstract v (proton)	abspalten v (Proton n)
abstraction	Abspaltung f
abutment plate	Stossboden m
Ac = acetyl = Acetyl n	
ACA = 7-aminocephalosporanic acid	ACS = 7-Aminocephalosporansäure f
Acac = acetylacetonate = Acetylacetonat n	
acacia gum	Akaziengummi m
acardite = 1,1-diphenylurea = methyldiphenylurea (gunpowder stabilizer)	Akardit m = 1,1-Diphenylharnstoff m = Methyldiphenylharnstoff m (Schiesspulverstabilisator m)
acceptable	unbedenklich
acceptance (laser)	Akzeptanz f (Laser m)
acclimatization period	Eingewöhnungszeit f
according to circumstances	fallweise
according to pressure	tensionsmässig
accordion bellows	Faltenbalg m
accumulation	Kumulation f
accuracy control	Richtigkeitskontrolle f
acetabulum	Hüftpfanne f
acetalize v	acetalisieren v
acethydrazone	Acethydrazon n
acethydroxamic acid	Acethydroxamsäure f
acetic anhydride	Acetanhydrid n
acetoacetic acid	Acetessigsäure f
acetobutyrate	Acetobutyrat n
acetol = 1-hydroxy-2-propanone = hydroxyacetone	Acetol n = 1-Hydroxy-2-propanon n = Hydroxyaceton n
acetone cyanohydrin	Acetoncyanhydrin n
acetonide	Acetonid n

acetonitrile	Acetonitril n
acetophenide	Acetophenid n
acetophenone	Acetophenon n
acetylate v	acetylieren v
acetyl chloride	Acetylchlorid n
acetylenic	acetylenisch
acetyl-HMT = 7-acetyl-1,1,3,4,4,6-hexamethyl-1,2,3,4-tetrahydronaphthalene (musk fragrance)	Acetyl-HMT n = 7-Acetyl-1,1,3,4,4,6-hexamethyl-1,2,3,4-tetrahydronaphthalin n (Moschusriechstoff m)
acetylide	Acetylid n
acid gas	Sauergas n
acidimetric	acidimetrisch
acidimetry	Acidimetrie f
acid neutralizer	Säurefänger m
acid number	Säurenummer f
acidolysis	Acidolyse f
acidolytic	acidolytisch
acidproofness	Säurefestigkeit f
acid rain	Saurer Regen m
aci salt	Acisalz n; Azisalz n
aconitic acid	Aconitsäure f
acoustic chamber	Schallraum m
acoustic damping	Schallschluckwirkung f
acousto-optical	akustooptisch
acquire secondary meaning (TM)	durchsetzen (Wz)
acridic acid	Acridinsäure f
acridinic acid	Acridinsäure f

Acro Art(R) = white high-density plastic paper = weisses Papier aus Kunststoffen mit hoher Dichte

acropetal	akropetal
acrylamide	Acrylsäureamid n
acrylonitrile	Acrylnitril n
actinomycin	Actinomycin n

activate v	ansteuern v
activated carbon	A-Kohle f
activating temperature	Anspringtemperatur f
active element	Wirkkörper m
actual atomic number	effektive Ordnungszahl f
actual flow rate	Durchflussrate f
actual time of day	Uhrzeit f
actuator	Betätigungseinrichtung f
acylate	Acylat n
acylate v	acylieren v
acyl halide	Halogenacyl n
acyltransferase	Acyltransferase f
ADA = anthraquinone disulfonic acid =	Anthrachinon-disulfonsäure f
Adam's catalyst (platinum tetroxide)	Adams-Katalysator m (Platintetroxid n)
adapted to (e.g. measurement)	-bar (z.B. messbar)
adapted to rotate in unison	drehfest
adapter	Angleichvorrichtung f
adapter base (shell)	Treibspiegel m (Granate f)
ADC = analog-to-digital converter	ADU = A/D-Umsetzer m = Analog-Digital-Umsetzer m
add by polymerization v	anpolymerisieren v
addition polymer	Additions-Polymer n
add-on characteristic	Einsetzkennlinie f
adenyl cyclase	Adenylcyclase f
adhere to v (paint)	anziehen v (Lack m)
adhesion primer	Haftvermittler m
adhesion promoter	Haftvermittler m
adhesive coating paste	Haftstrichpaste f
adiabatic	adiabatisch
adipate	Adipinat n
adiposis (med)	Verfettung f (med)

adipoyl	Adipinoyl n
adjust mutually v	zustellen v
adjuvant arthritis test	Adjuvans-Arthritis-Test m
Adkins catalyst (substance with copper chromium oxide)	Adkins-Katalysator m (Substanz mit Kupfer-chromoxid)
administer by gavage v	sondieren v
administration (med) (except for topical where "application" is used)	Applikation f (med)
adonitol	Adonit n
adrenergic	adrenerg
ADS = active detergent substance	WAS = waschaktive Substanz f
adsorbate	Adsorbat n
adsorbent	Adsorptionsmittel n
adsorber	Adsorber m

ADT = agar diffusion test = Agar-Diffusionstest m

adynamia (med)	Adynamie f (med)
aequorin (= protein)	Aequorin n
aeration (wastewater)	Belebung f (Abwasser n)
aeroballistics	Aeroballistik f
aeroballistic	aeroballistisch
aerodynamically favorable (rocket)	strömungsgünstig (Rakete f)
aeroelastic	aeroelastisch
aeroelasticity	Aeroelastizität f
aerogel	Aerogel n

A/F = air/fuel (ratio) = Luft/Kraftstoff-Verhältnis n

affected organ	Erfolgsorgan n
affliction	Affektion f
aflatoxin	Aflatoxin n
afocal (focal point infinitely distant)	afokal (Brennpunkt im Unendlichen)

AFP = alpha-feto protein = alpha-Fetoprotein n

afterburning time — Nachbrennzeit f
afterimpregnation — Nachimprägnierung f
afterimpregnate v — nachimprägnieren v
aftertreatment — Nachbehandlung f
against angina pectoris — antipectanginös
agar slant — Schrägagarkultur f
age v (catalyst) — reifen v (Katalysator m)
age retarder — Alterungsschutzmittel n
AI = artificial intelligence = künstliche Intelligenz f
AIDS = acquired immune deficiency syndrome or acquired immunodeficiency syndrome = erworbene Immunschwäche f (often also Aids n in German)
age shrinkage — Nachschrumpfung f; Nachschwindung f
aggradation tank — Auflandebecken n
aggregate fruit — Sammelfrucht f
agitator chamber filling jaws — Rührkammerfüllschuh m
aglycon — Aglykon n
agmatine — Agmatin n
agonist — Agonist m
agoraphobia — Platzangst f
Ah = ampere hour = Amperestunde f
AIBN = azobisisobutyronitrile = Azoisobuttersäurenitril n
aim v — anschlagen v (Waffe f)
aiming graticule — Zielkreuz n
airbag — Luftkissen n; Luftsack m; also: Air-Bag m; Airbag m
airborne — fliegend
airborne fiber — Flugfaser f
air casing — Luftkasten m
air-condition v (room) — kühlen v (Raum m)
air cooling ring diameter — Kühlluftringdurchmesser m
aircraft industry — Flugzeugindustrie f

air dam	Luftdämmung f
air delivery	Luftleistung f
air ejector	Strahlgebläse n
air entrapment	Lufteinschluss m
air factor	Luftzahl f
air flow rate	Luftdurchsatz m
air/fuel ratio	Luft/Kraftstoffverhältnis n
air/fuel ratio detector (aut)	Lambdasonde f (aut)
air gap die to calibration	Abstand m Düse-Kalibrierung
air gun pellet	Luftgewehrkugel f
air input	Luftzufuhr f
air knife	Luftdusche f
air pollution control regulations	Luftreinhaltungsbestimmungen f pl
air scouring	Luftspülung f
air-screen v	windsichten v
air screening	Windsichten n; Windsichtung f
airstream	Luftstrom m
air to be separated	Zerlegungsluft f
air-to-surface missile	Luft-Boden-Lenkwaffe f
air-traffic controller	Fluglotse m
air volumeter	Luftmassenmesser m
Ala = alanine (amino acid) =	Alanin n (Aminosäure f)
alactic _or_ agalactic	alaktisch
alanate (metallic hydride)	Alanat n (Metallhydrid n)
alane (aluminum hydride and its derivatives)	Alan n (Aluminiumhydrid n und seine Derivate)
alapa = alanine-p-nitranilide	Alapa n = Alanin-p-nitranilid n

Alathon(R) = polyethylene-vinyl acetate copolymer = Polyethylen-Vinylacetat-Copolymer n

ALCHEM = computer language for chemical synthesis = Komputersprache für chemische Synthese f

ALD = aldolase = Aldolase f	
aldehydic acid	Aldehydsäure f
aldimine	Aldimin n
aldolization	Aldolisierung f
aldolize v	aldolisieren v
aldol reactor	Aldolisierungsapparatur f
alfin catalyst	Alfin-Katalysator m
algesimeter	Algimeter n
align v	zustellen v
aligned	aufgerichtet
(in) alignment with	(in) Linie mit
alkadiyne	Alkadiin n
alkali chloride electrolysis	Chlor-Alkali-Elektrolyse f
alkali deficiency	Alkalifehler m
alkali disulfide	Alkalihydrogensulfid n
alkaline blacken v	brünieren v
alkaline blackening	Brünierung f
alkali solution; alkaline solution	Alkalilauge f
alkaline strength	Basenstärke f
alkalinity	Basizität f
alkalinization	Alkalisierung f
alkalinize v	alkalisieren v
alkali number (mg alkali/g compound)	Alkalizahl f (mg Alkali/g Verbindung)
alkanal	Alkanal n
alkanoic acid	Alkansäure f
alkanoyl acid	Alkanoylsäure f
Alkazid(R) scrubbing step	Alkazidwäsche f (Wz)
alkene	Alken n
alkoxide	Alkoxid n
alkoxy	Alkyloxy n (veraltet) Alkoxy n (bevorzugt)

alkoxylate v	alkoxylieren v
alkoxylation	Alkoxylierung f
alkyl aromatic	Alkylaromat m
alkylate	Alkylat n
alkyl halide	Halogenalkyl n
alkylidyne	Alkylidin n
alkynol	Alkinol n
alkynyl	Alkinyl n
all-aluminum	ganz aus Aluminium n
allene = propadiene	Allen n; Propadien n
alliin	Alliin n
allose (sugar)	Allose f (Zucker m)
allosteric	allosterisch
allowance	Vorgabe f
alloy interchange	Umlegierung f
all-purpose	allzweck
all-purpose cleaner	Universalreinigungsmittel n
all-purpose detergent	Vollwaschmittel n
all the way (as in "reduce all the way")	durch (wie in "durchreduzieren")
alluvial (resin)	rezent (Harz n)
allylic	allylisch
allyloxy (not alloxy)	Alloxy n
allyl-positioned; in the allyl position	allylständig
alopecia (hairlessness)	Alopezie f (Haarlosigkeit f)
Alpha-Clan(R) = α-chloroacrylonitrile	= α-Chloracrylnitril n
alpha-positioned	alpha-ständig
ALS = amyotrophic lateral sclerosis = Lou Gehrig's disease	ALS = amyotrophe Lateralsklerose f = Lou-Gehrig-Krankheit f
Altromin(R) pressed feed	= Altromin(R) Pressfutter n
ALU = arithmetic and logic unit	= arithmetisch-logische Einheit f

alumina gel	Aluminiumgel n; Alugel n; Aluminiumoxidgel n
alumina trihydrate	Aluminiumoxidtrihydrat n
aluminize v	aluminieren v
aluminosilicate	Alumino-Silikat n; Aluminosilikat n
aluminum alkyl -s pl	Aluminiumalkyl n -e pl
aluminium foil	Alufolie f
aluminum hydride	Alanat n
aluminum hydroxide	Aluminiumoxidhydroxid n
aluminum hydroxide gel	Aluminiumgel n; Alugel n; Aluminiumoxidgel n

Am = ammonium = Ammonium n

a_M = molar absorbency = molare Absorptionsfähigkeit f

Amberlyst(R) = ion exchanger = Ionenaustauscher m

amber-type; ambroid; amberoid	ambroid; amberoid
ambiphilic (mixture lipid phase with aqueous phase) see amphiphilic	ambiphil (Mischung Fettphase mit Wasserphase); siehe amphiphil

AmCl = ammonium chloride = Ammoniumchlorid n

AM-DSB-SC = amplitude modulation - double sideband - suppressed carrier = Amplitudenmodulation - Doppelseitenband - trägerunterdrückt

ametropia	Ametropie f

AMI = acute myocardial infarction = akuter Myokardinfarkt m

amidate v	amidieren v
amidation	Amidierung f
amidine	Amidin n
amidoacetal	Amidacetal n
amidotrizoate	Amidotrizoat n
amidotrizoic acid	Amidotrizoesäure f
aminate v	aminieren v
amination	Aminierung f
amine hydrochloride	Aminhydrochlorid n

amine oxide	Aminoxid n
amine-type ester	Aminal n
amino-aciduria	Aminoacidurie f
amino-aldehyde resin	Amin-Aldehydharz n
aminoborane	Borazan n
aminocephalosporanic acid	Aminocephalosporansäure f
aminoethylsilane	Aminoethylsilan n
amino-hydrogen atom	Aminwasserstoffatom n
aminolysis	Aminolyse f
aminonitrogen	Aminstickstoff m
aminoplast (aldehyde and amino compound)	Aminoplast m (Aldehyd m und Aminoverbindung f)
aminoplast resin	Aminoplast m

AML = acute myelogenous leukemia (bone cancer) = akute myelogene Leukämie f (Knochenkrebs m)

AMMA = acrylonitrile-methyl methacrylate copolymer = Acrylnitril-Methylmethacrylat-Copolmer n

ammeline (similar to melamine)	Ammelin n (ähnlich Melamin n)
ammeter	Amperemeter n
ammoniacal	ammoniakalisch
ammonialkaline	ammonialkalisch
ammonia nitrogen	Ammoniakstickstoff m
ammonia-soda process	Ammoniaksodaprozess m
Ammo-nite(R) = blasting agent	Ammonit(R) = Sprengmittel n
ammonium salt	Ammonsalz n
ammonium soap	Ammonseife f
ammonolysis	Ammonolyse f
ammonolyze v	ammonolysieren v
amortization	Abzinsung f
amphiphilic see ambiphilic (contains hydrophilic and lipophilic moieties)	amphiphil siehe ambiphil (enthält hydrophile und lipophile Gruppen)

amplitude (oscillation)	Hub m (Schwingung f)

Amylum compositum = starch with 10% cocoa butter = Stärke f mit 10% Kokosbutter f

AN = AND-NOT (comp)

anabolism	Stoffaufbau m
analgesic; analgetic	analgetisch
analgesic action	schmerzstillende Wirkung f
analogous	sinnfällig
analog-to-digital converter	AD-Umsetzer m
analyzer	Auswertegerät n
anchoring group	Ankergruppe f
anchor nail	Nagelanker m
anellation	Anellierung f
anergy	Anergie f
anesthetize v	narkotisieren v (einschläfern v)
anethole	Anethol n
angiopathy	Gefässkrankheit f
angle of reflection	Glanzwinkel m
angle of vision	Sichtwinkel m
angler's sense	Anglergefühl n
angular deviation	Ablagewinkel m
anhydrase	Anhydratase f
anhydride interchange	Umanhydrisierung f
anhydrization	Anhydrisierung f
anhydrize v	anhydrisieren v
anhydroglucose	Anhydroglucose f
anhydrous sodium carbonate (Na_2CO_3 of high purity)	Schwersoda f
anil	Anil n
animal farming	Tierhaltung f
animal housing	Tierhaltung f
anionic	anionaktiv
anionic soap	Anionseife f

anisic acid = p-methoxybenzoic acid	Anissäure f = p-Methoxybenzoesäure f
anisic aldehyde	Anisaldehyd m
aniso-diametric	anisodiametral
annulation	Ringbildung f
anol	Anol n
anolyte compartment	Anodenkammer f
anomalous attitude	Haltungsanomalie f
anomer	Anomer n
anomeric	anomer
anorthite	Anorthit m
anta -s pl (temple front)	Anta f Anten pl (Tempelfront f)
Antabuse(R) = disulfiram = tetraethylthiuramdisulfide (against alcohol abuse)	Antabuse(R) = Disulfiram n = Tetraethylthiuramdisulfid n (Mittel gegen Alkoholsucht)
anthocyan; anthocyanin	Anthocyan n
anthracenyl	Anthracenyl n
anthraquinone	Anthrachinon n
anthropometry	Anthropometrie f
antiadhesive (adj)	antiadhäsiv (adj)
antiadhesive	Antikleber m
antiaging medium	Alterungsschutzmittel n
antiandrogen	Antiandrogen n
antiblock agent (plastic film)	Antikleber m (Kunststoffilm m)
antiblocking property (plast)	Stapelfähigkeit f (plast)
anti-caking	anbackungsverhindernd
anticholinergic	anticholinerg
anticonvulsive	antikonvulsiv
anticonvulsant	Antikonvulsivum n -va pl
anticorrosive	korrosionsfest
antidepressant	antidepressiv

antidepressive	antidepressiv
antidiarrheogenic	antidiarrhoeogen
antidote	Gegenmittel n
antifertile	antifertil
antifertility agent	Antikonzeptionsmittel n
anti-flash bag (expl)	Vorlage f (expl)
antifoam agent; anti-foaming agent	Antischaummittel n; Antischäummittel n; Schaumdämpfer m
antifouling paint	Antifouling-Anstrich m
antifreeze	Frostschutzmittel n
antifriction material	Gleitwerkstoff m
antifriction property	Gleiteigenschaft f
antifungal	antifungal
antifungal agent	Antimycoticum n -a pl; Antimykotikum n -a pl
antigenicity	Antigenität f
anti-ghosting agent	Antiausschwimmittel n
antigonadotropic	antigonadotrop
antigushing agent	sprudelnverhütendes Mittel n
antihypertensive agent	Antihypertensivum n -a pl
antihypertonic agent	Antihypertonikum n -a pl
antihypotonic	antihypoton
antiidiotype (idiotypic antibody)	Antiiodiotype f (idiotypischer Antikörper m)
antilipolytic	antilipolytisch
antimicrobic; antimicrobic agent	Antimikrobium n -a pl
antimineralocorticoid	Antimineralcorticoid n
antimineralocorticoid (adj)	antimineralcorticoid
antimonate	Antimonat n
anti-mouse (med) (adj)	anti-Maus (med) (adj)
antimycotic	antimyzetisch
antineoplastic	Antineoplastikum n -a pl

antinociceptive	antinocizeptiv
antiovulatory	ovulationshemmend
antioxidant	Antioxidans n; Antioxidant n
antiperspirant-deodorant	Regulant n
antipode	Antipode f
antipollution law	Emissionsschutzgesetz n
anti-positioned (cf. syn-positioned - opposite)	antiständig (vergl. synständig - Gegensatz m)
antiproliferative	antikonzeptiv; antiproliferativ
antipyretic (adj)	fieberheilend (adj)
antipyretic	Fieberheilmittel n
anti-reserpine test	Anti-Reserpin-Test m
antirheumatic agent	Rheumamittel n
antiseborrheic	Antischuppenmittel n
antisecretory	antisekretorisch
antiserotonin	Antiserotonin n
antiskid behavior (floor); antiskid characteristic	Trittverhalten n (Fussboden m)
antiskid cap	Gleitkappe f
antiskid device (aut)	Blockierverhinderung f (aut)
antiskinning agent (varnish)	Hautverhütungsmittel n (Lack m)
anti-slip	schlupfhindernd
antistat	Antistatikum n -a pl
antistatic	antielektrostatisch
Antron(R) = nylon, satin-like fabric	= Nylon - satinartiger Stoff m
antsy	kribblig
anxiolytic	Anxiolytikum n -a pl
anxiolytic (adj)	anxiolytisch (adj)
Ao = protein size	= Proteingrösse f
aortic valve	Aortenklappe f

AP = armor-piercing = panzerbrechend; panzerdurchschlagend

APAPA = anisylidene-p-aminophenylacetate (nematic compound) = Anisyliden-p-aminophenylacetat n (nematische Verbindung f)

apatite — Apatit m

APDS = armor-piercing discarding sabot = panzerbrechender abwerfbarer Treibspiegel m

apex seal (rotary engine) — Kolbenspitzendichtung f (Wankelmotor m)

APF = all-purpose furnace black = Allzweckruss m

APHA = American Public Health Association, color number = APHA-Farbzahl f

appeal from v — Beschwerde einlegen gegen v

appellant — Beschwerdeführer m -in f

appellee — Beschwerdegegner m -in f

application (topical only) (med) — Applikation f (med)

application-related — anwendungstechnisch

application roller (printing) — Anrollwalze f (Drucken n)

application set (med) — Applikations-Set m (med)

apply v — aufbringen v

apply foam backing v — hinterschäumen v

apportion v — portionieren v

appreciation — Zuschreibung f

apprentice — Azubi m, f = Auszubildender m, Auszubildende f; Lehrling m; Stift m

apron roller — Riemchendruckwalze f

aprotic — aprotonisch; aprotisch; nicht-protisch

aq. = water = Wasser n

aquaplane v — aquaplanen v

aquaplaning (car slides on watery surface) — Aquaplaning n (Autoräder gleiten auf Wasserfläche)

aquated compound — Aquat n

aquatic life — Wasserlebewesen n pl
aquodysprosium — Aquodysprosium n
AR = anti-aircraft = AA — Flugzeugabwehr f
AR gun = anti-aircraft gun = AAA — Flak f
arachic acid; arachidic acid — Arachinsäure f
arachidyl; arachyl — arachinyl; arachyl
arachidonic acid — Arachidonsäure f
arachis oil (med) — Erdnussöl n (med)
Araldit(R) = epoxy resin = Epoxidharz n
aramid fiber — Aramidfaser f
arbitrary name — Freibezeichnung f
arc — Bogenumfang m
arched contour of joint — Gelenkwölbung f
arc-melt v — elektroschmelzen v
arc melting — Elektroschmelzen n
Arg = arginine (amino acid) = Arginin n (Aminosäure f)
argentaffinoma (stomach tumor) — Argentaffinoma n (Magentumor m)
ARI = airborne radio installation = fliegende Funkstation f
arithmetic mean — arithmetisches Mittel n; Zahlenmittel n
arithmetic sign — Vorzeichen n
arm band — Armmanschette f
armed device — Gefechtskörper m
armhole — Armkugel f; Ärmelkugel f
armored troop carrier — Schützenpanzer m
arms-control agreement — Rüstungskontrollabkommen n
aromatase — Aromatase f
aromatic citrus substance — Citrusaromastoff m
array of forms — Formenkreis m
array of properties — Eigenschaftsbild n

arrester	Sperre f
arresting effect	Sperrwirkung f
arrhythmia	Arrhythmie f; Herzrhythmusstörung f
arrhythmic	herzrhythmusstörend
arsenic oxy (adj)	arsenoxy (adj)
arteriography (med)	Arteriographie f (med)
arthritic	arthrotisch; arthritisch
article claim (pat)	gegenständlicher Anspruch m; Gegenstandsanspruch m (pat)
articulated bus	Gelenkomnibus m
articulated tractor-trailer	Gelenkzug m
articulated vehicle	Gelenkfahrzeug n
artificial grass	Kunstrasen m
artificial lawn	Kunstrasen m
artificial respiration	Beatmung f; forcierte Beatmung f
aryl halide	Halogenaryl n
aryloxy	Aroxyl n (selten) Aryloxy n (oft)
as a rule	im Regelfall m
ascending lath belt	Steiglattenband n
ascending stream	Aufstromflüssigkeit f
aseptically transferred	steril übernommen
aseptically withdrawn	steril entnommen

ASHRAE = American Society of Heating, Refrigerating and Air-Conditioning Engineers, Inc. = Amerikanische Gesellschaft der Ingenieure für Heiz-, Kühl- und Klimatisierungstechnik f

Asn = asparagine (amino acid) = Asparagin n (Aminosäure f)

Asp = aspartic acid (amino acid) = Asparaginsäure f (Aminosäure f)

aspartate	Asparaginat n

Aspartame(R) = sweetener = Süssungsmittel n; Süssmittel n

aspect ratio (ratio of square of wing span of fins to planimetric area of fins) (airplane)	Streckung f (Verhältnis aus dem Quadrat der Spannweite der Flossen zu deren Grundrissfläche) (Flugzeug n)
assembly kit	Bausatz m
assess v	bonitieren v
assimilated into body	körpereigen
assistant (male, female)	Mitarbeiter m -in f
Assistant Examiner	Vorprüfer m
as the case may be	gegebenenfalls

ASTM = American Society for Testing and Materials = Amerikanisches Institut für Prüfung und Materialien n

astrocyte	Astrocyt m; Astrozyt m
at a point just prior to...	schon
atherovenous	atherovenös
athletic performance	Sportleistung f
at increments	rapportmässig
atm. abs. = atmosphere absolute	ata = absolute Atmosphäre f
atmospheres gauge	atü = Atmosphären f pl Überdruck m
atmospheric constituents	Atmosphärilien f pl
atomic absorption spectrometry	Atomabsorptionsspektrometrie f
atomic absorption spectroscopy	Atomabsorptionsspektroskopie f
atomizer gun	Sprühpistole f
atom percent = atom %	Atomprozent n = Atom-%
atoms on the ring	Atome n pl am Ring m

ATP = adenosine triphosphate = Adenosintriphosphat n

ATPase = adenosine triphosphatase = Adenosintriphosphatase f

at random (scatter)	flächig (streuen)
atro (liquid absorption, measured in %)	Atro n (Darrgewicht n in %)

atromid	Atromid n
attentiveness	Vigilanz f
at the outset	von vornherein
attic	Attika f; Dachboden m; Bühne f
attitude	Haltung f
attorney of record	Prozessbevollmächtigter m
attractant	Lockstoff m
attraction (magnet)	Anzug m (Magnet m)
audiometer	Audiometer n
audiometry	Audiometrie f
Auriculin (trade name) = blood pressure control agent = Blutdruckregulator m	
authorized forwarding address	Zustellungsbevollmächtigter m -te f
authorized representative	Handlungsbevollmächtigter m -te f
authorized signatory	Prokurist m -in f
autoclave v	in den Autoklaven geben v
autodeposit v (welding material)	selbstabsetzen v (Schweissgut n)
autohesion	Selbsthaftung f
autoimmune disorder	Autoimmunerkrankung f
autologous	autolog
automatic belt buckling mechanism	Gurtautomat m
automatic cashier	Selbstkassierer m
automatic coin dispenser	Hartgeldausgabeautomat m
automatic diaphragm setting	Blendenautomatik f
automatic gain control; automatic volume control	Schwundregelung f
automatic gent's watch	Herrenautomatik f; Herrenuhr f
automatic heel binding (ski)	Fersenautomat m (Schi m)
automatic homing device	Selbstsucheinrichtung f

automatic money acceptor; automatic money depository	Geldannahmeautomat m
automatic money dispenser	Geldausgabeautomat m
automatic teller	Geldausgabeautomat m; Selbstkassierer m
automatic thread rolling machine	Gewinderollautomat m
automatic titration apparatus	Autotitrator m
automobile electrotechnology	Autoelektronik f
automotive	Automobilsektor m (im)
autoradiographic	autoradiographisch
autoradiography	Autoradiographie f
autostereoscopic (three-dimensional at any angle)	autostereoskopisch (dreidimensional von jedem Winkel)
autotrophic	autotroph
autoxidation	Autoxidation f; Selbstoxidation f
autoxidize v	autoxidieren v
autumn crocus = Colchicum autumnale	Herbstzeitlose f
auxiliary dispersant	Dispergierhilfsmittel n
available ex stock	lagervorrätig
available grade	Lieferqualität f

$AVDO_2$ = atherovenous oxygen difference = atherovenöse Sauerstoff-Differenz f

average out v	mitteln v
avidin	Avidin n
axiom	Leitsatz m
axiom of conservation of angular momentum	Drehimpulserhaltungssatz m
axis of symmetry	Mittelachse f
axisymmetric	achsialsymmetrisch
axle bearing sleeve	Achstragrohr n
axle gear housing	Achsgetriebegehäuse n

azathioprin (immuno-suppressive agent)	Azathioprin n (immunsuppressives Mittel n)
azeotropic agent (distillation)	Schleppmittel n (Destillation f)
azeotropic distillation	Trägerdampfdestillation f
azepine	Azepin n
azetidine = trimethylene-imine	Azetidin n = Trimethylenimin n
azetidinole	Azetidinol n
azetine	Azetin n
azine	Azin n
azlactone (lactone of unsaturated nitrogenous hydroxy acid)	Azlacton n (Lacton n einer ungesättigten Stickstoffhydroxysäure f)
azobenzene; azobenzide ($C_{12}H_{10}N_2$)	Stickstoffbenzid n
azobisisobutyronitrile	Azobisisobuttersäurenitril n Azodiisobuttersäurenitril n
azodicarboxylic acid	Azodicarbonsäure f
azomethine	Azomethin n
azotemia	Azotemie f
AZT = azidothymidine = Retrovir(R) (anti-AIDS drug)	AZT = Azidothymidin n = Retrovir(R) (gegen Aids n)
azulenogen	Azulenogen n
azulenogenic (adj)	azulenogen (adj)

* * *

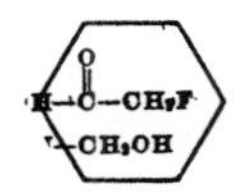

B

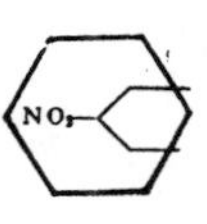

backfill welding	Auffüllungsschweissen n
backflow (heat exchanger)	Rücklauf m (Wärmetauscher m)
backing	Grundgewebe n
backing layer	Rückseitenbeschichtung f
backing paper	Mitläuferpapier n
backing plate	Bremsbelagplatte f
backing strip	Trägerband n
backing vacuum	Vorvakuum n
back mixing	Rückmischen n
back of the knee	Kniekehle f
back pressure	Gegendruck m; Hinterdruck m; Staudruck m
back rounding (book)	Rückenrunden n (Buch n)
backscatter v	rückstreuen v;
backscattering	Rückstreuung f
back-titrate v	rücktitrieren v
back up v	zurücksetzen v
backup computer	Hilfscomputer m; Hilfskomputer m
backup seal	Rückdichtung f
bacteriostat; bacteriostatic	Bakteriostatikum n -a pl
bacterizer (trade name) = bacterial compost =	bakterieller Kompost m
baffle	Anemostat m; Schikane f; Strömungsstörer m
baffle screen	Leitgitter n
bale v	tafeln v; umreifen v
baler	Tafler m
ball and socket spindle	Kugelumlaufspindel f

ball-element typewriter	Kugelkopfschreibmaschine f
ball end (mech)	Kappe f (mech)
ball game device	Ballspielgerät n
ball indentation hardness	Kugeldruckhärte f
ball mill	Rollfass m (Mischer m)
ball of foot	Ballen m (Fuss m); Fussballen m
balloon catheter	Ballonkatheter n
ball-point pen	Kuli m
ball powder	Kugelpulver n
band (NMR)	Bande f (NMR oder KMR)
band-pass filter	Durchlassfilter n
bar (candy)	Riegel m (Schokolade f)
bar (to issuance of a patent)	Vorveröffentlichung f (Patenthindernis n)
bar	Balken m (Zeichnung f)
bar code; UPC	Strichcode m; EAN f
bar-code reader; UPC reader	Strichcode – Lesegerät n
barium carbonate	kohlensaures Barium n
barrel (injection molding)	Zylinderraum m (Spritzgiessmaschine f)
barrel tap	Fasshahn m
barrel temperature	Manteltemperatur f (Extruder m)
barrier	Wehr n
barrier liquid	Sperrflüssigkeit f
baryon (a nucleon)	Baryon n (ein Nukleon n)
baseboard	Sockelleiste f
base member	Grundkörper m; Vorkörper m
basement recreation room	Partykeller m
base metal	Nichtedelmetall n
base plane	Standebene f
basicity	Basenstärke f

basic mole	Grundmol n
basic raw material	Rohstoffbasis f
basic sighting distance	Visierbasislänge f
basidiomycetes	Basidiomyceten f pl
basipetal	basipetal
basket separator	Korbscheider m
batch	Charge f; Einsatz m
batch centrifuge	Schubzentrifuge f
batch mixer	Chargenmixer m
batchwise	chargenweise; satzweise
bathroom spray	Wannenspray m; Wannen-Spray m
bathtub spray	Wannenspray m
bathtub spray cleaner	Wannenspray m
batting	(loses) Vlies n
batwing sleeve	Fledermausärmel m

Baygon(R) = 2-(1-methylethoxy)phenol methyl carbamate = 2-(1-Methylethoxy)-phenolmethylcarbamat n

bazooka	Panzerfaust f

Bé = Baume (specific gravity unit) = Baumé (Schwerkraftmass n)

beach ball	Wasserball m
bead (thickened portion)	Butzen m
bead chain (med)	Kugelkette f (med)

BEAM = brain electrical activity mapping = Aufzeichnung f der elektrischen Hirnaktivität f

beam combiner	Strahlvereiniger m
beam range	Strahllänge f
beam-splitting prism	Teilungsprisma n
bearing bronze	Lagerbronze f
bearing socket	Lageraufnahme f
beater	Stampfer m
beauty farm	Schönheitsfarm f

Beckamine(R) = crosslinking agent = Vernetzungsmittel n

becket	Knebelverschluss m
become acclimated v	eingewöhnen v
become conductive v	durchschalten v
bell (pipes)	Muffe f (Rohre n pl)
Bell (Telephone) test (tension crack formation)	Bell-Test m (Spannungsriss-bildung f)
Belleville spring (washer-like spring)	Belleville-Feder f (teller-förmige Feder mit offener Mitte)
bellows expansion joint	Wellrohr-Kompensator m
belt buckling indicator	Gurtanlegeindikator m
belted	gegurtet
belted tire	Gürtelreifen m
belt filter (chem)	Bandfilter n (chem)
belt press	Bandpresse f
belt retractor	Gurtrollvorrichtung f
belt slackness	Gurtlose f
bench scale	Labormaßstab m
bend out of shape v	verbiegen v
benoxaprofen (arthritis medicine)	Benoxaprofen n (Arthritis-medizin f)
benzalkonium	Benzalkonium n
benzazine	Benzazin n
benzene phase	Benzolphase f
benzenethiol	Benzolthiol n
benzine	Benzin n
benzimidazole	Benzimidaol n
benzodiazepine	Benzodiazepin n
benzodioxane	Benzodioxan n
benzohydrol	Benzhydrol n
benzomorphan	Benzomorphan n
benzomorpholine	Benzmorpholin n
benzosuberone	Benzosuberon n

benzothiazine	Benzthiazin n
benzothiomorpholine	Benzthiomorpholin n
benzotriazole	Benztriazol n
benzoxazine	Benzoxazin n
benzoxy; benzoyloxy	Benzoyloxy n
benzoylate v	benzoylieren v
benzylate v	benzylieren v
benzyllithium	Lithiumbenzyl n
benzyloxy (not benzoxy)	Benzyloxy n
bergamot oil	Bergamottöl n
Berlin blue = ferric hexacyanoferrate(II)	Berliner Blau n = Eisen(III)-hexacyanoferrat(II) n
Bernoulli's theorem	Bernoullische Gleichung f
beryllate	Beryllat n
beta barrel (cell)	Beta-Tonne f (Zelle f)
betaendorphin	Betaendorphin n
BET method (Brunauer, Emmett and Teller)	BET-Methode f
bevel	Abflauung f; Fase f
beverage maker	Getränkebereitungsmaschine f
bezafibrate	Bezafibrat n
BGG = bovine gamma globulin	Rinder-Gamma-Globulin n
bias v	gewichten v
bib	Essmantel m
bicomponent fiber	Bi-Komponentenfaser f; Zweikomponentenfaser f
bicomponent system	Zweikomponentensystem n
bicyclic	bicyclisch
bidentate	zweizähnig
big end of connecting rod	Pleuelfuss m
biguanide	Biguanid n
via the bile	bilär
bile duct	Gallengang m

bile excretion	Gallengängigkeit f
biliary contrast medium	Gallenkontrastmittel n
biliary elimination rate	Gallengängigkeit f

Biligram(R) (contrast medium) diglycolic acid bis(3-carboxy, 2,4,6-triiodoanilide) = (Kontrastmittel n) Diglycolsäure Bis(3-carboxy-2,4,6-triiodoanilid) n

Biliscopin(R) = iotroxic acid = Iotroxinsäure f

bimodal	bimodal
bimolecular	bimolekulär
binary	zweizählig
bind v (paint)	anziehen v (Lack m)
(knitting)	ketteln v (Stricken n)
(along edge of fabric)	rembordieren v (=einfassen v)
binding (ski)	Bindung f (Schi m)
binding rate	Bindungsquote f
binding site	Bindungsstelle f
binuclear	zweikernig
bioactive	bioaktiv
bioavailability	Bioverfügbarkeit f
biocenosis -es pl	Biocoenose f
bioceramics	Biokeramik f
biodegradability	biologische Abbaubarkeit f
bioenergetic	bioenergisch
bioengineer	Bioingenieur m
bioengineering (artificial body parts)	Biotechnologie f
biogenic	biogen
bioluminescence	Biolumineszenz f
biomass	Biomasse f
biomechanical	biomechanisch
biomolecule	Biomolekül n
biopolymer	Biopolymer n
bioprecipitation	biologische Absitzung f

Bio-Sound(R) scanner = ultrasound hand-held scanner = manueller Ultraschallabtaster m

biostability (against microorganisms)	Biostabilität f
biosynthetic	biosynthetisch
biotransformation	Biotransformation f
biphenyl	Biphenyl n
biphenylyl	Biphenylyl n
bipyridyl	Bipyridyl n
birdbath	Vögeltränke f
Bischler-Napieralski reaction (Org. Reactions VI : 74-150)	Bischler-Napieralski-Reaktion f
bisepoxide	Bisepoxyd n
bisergosterol	Bisergosterin n
bismuthine	Bismuthin n
bissilyl	Bissilyl n
bisteroid	Bisteroid n
bisulfate	Hydrogensulfat n
bisulfide	Hydrogensulfid n
bisulfite	Hydrogensulfit n
bituminous blend	Verschnittbitumen n
Bjerrum screen (part of perimeter)	Bjerrum-Schirm m (Perimeterteil m)
blackamoor (mostly theater)	Mohr m (Theater n)
blackbody source	Schwarzstrahler m
black damp (CO_2)	Nachschwaden m (CO_2)
black finish v	brünieren v
black finishing	Brünierung f
blackjack (weapon)	Totschläger m
black-level value	Schwarzwert m
black salsify	Schwarzwurzel f
blacktop pavement	Schwarzdeck n
blade shaft (turbine)	Schaufelschaft m (Turbine f)

blading (turbine)	Beschaufelung f (Turbine f)
blank	Zuschnitt m
blank cartridge	Platzpatrone f
blank cartridge pistol; blank cartridge gun	Schreckschusspistole f
blanking pulse	Austastimpuls m; Austastpuls m
blank value	Blindwert m
blasting agent	Sprengmittel n
bleached wax	Bleichwachs n
bleaching clay	Bleichton m
bleed out v	ausschwitzen v (plast) auswaschen v (Farbmittel n)
blending phase	Mischphase f
blending resin	Extender m
bleomycin	Bleomycin n
blind experiment	Blindversuch m
blind joint sawing	Schattenfugensägen n
blister card	Blasenpackung f
blister copper	Blisterkupfer n
blister pack	Blasenpackung f; Durchdrückpackung f
blister-type sheet	Luftpolsterfolie f
bloated clay	Blähton m
bloated glass	Blähglas n
bloated mica	Blähglimmer m
Blocadren(R) = beta-blocker	= Betarezeptorenblocker m
block v (chemical group)	schützen v (chemische Gruppe f)
(form into blocks)	verblocken v
blockade (med)	Blockierung f (med)
blocked	geblockt
blocking cuff	Blockermanschette f
block melting point	Block-Schmelzpunkt m
block polymer	Blockpolymer n; Segmentpolymer n

block polymerization	Blockpolymerisation f; Segmentpolymerisation f
block trial	Blockversuch m
blood-brain barrier	Blut-Hirn-Schranke f
blood cell	Blutzelle f
blood level curve	Blutspiegelverlauf m
blood level profile	Blutspiegelverlauf m
bloodstream	Blutbahn f
blood-suffused	durchblutet
bloom v (plast)	ausschwitzen v (plast)
blowing agent	Schäummittel n; Treibmittel n
blowing pin	Blasdorn m
blown asphalt	Zellpech n
blown bitumen	geblasenes Bitumen n
blown film	Blasfolie f; Folienschlauch m
blown tube	Schlauchfolie f
blowoff gas	Abblasegas n
blow-up ratio	Aufblasverhältnis n
blurred vision	Sehstörung f

BMP = bone morphogenetic protein = morphogenetisches Knochenprotein n

BN = boron nitride = Bornitrid n

board	Gremium n
board-like	brettartig
Board of Appeals	Berufungsausschuss m
boardsail v	surfsegeln v
boardsailing	Surfsegeln n
BOD = biological oxygen demand (e.g. BOD_5 = after 5 days)	BSB = biologischer Sauerstoffbedarf m (z.B. BSB_5 = nach 5 Tagen m pl)
body-centered cubic	kubisch-raumzentriert

BOF = basic oxygen furnace = basischer Konverter m (Stahl m)

boiling cooling	Siedekühlung f
boiling cut	Siedeschnitt m
boiling point analysis	Siedeanalyse f
bomblet	Bomblet n
bond angle (chem)	Bindungswinkel m (chem)
bonding agent	Haftmittel n
bonding strength	Haftfestigkeit f
bone bond	Knochenverbund m
bone cement	Knochenzement m
bone maturation	Knochenreifung f
bone regeneration	Knochenneubildung f
boost v	ankurbeln v
booster	Übertragungsladung f
booster charge	Übertragungsladung f; Sekundärladung f; Aufladung f
boost pressure	Vorspannung f
booth	Stand m
BPO = basic oxygen process =	basische Konvertermethode f (Stahl m)
boranate	Boranat n
borane (B_nH_{n+4})	Boran n
borazane	Borazan n
bordeaux mixture = copper sulfate + hydrated lime	Bordeaux-Mischung f = Kupfersulfat + hydratisierter Kalk
borine	Borin n
borohydride (generic name for BH_4 compounds)	Borhydrid n (allgemeiner Name für BH_4-Verbindungen)
boron hydride	Borwasserstoff m
boronic acid	Boronsäure f
boronize v	borieren v
boron trifluoride	Bortrifluorid n

borosilicate	Borsilikat n
boson (atomic particle)	Boson n (Atomteilchen n)
boss	Walzenkörper m
bottle crate	Flaschenkasten m
bottled nitrogen	Flaschenstickstoff m
bottom dead center	unterer Totpunkt m = UT
bottom end	Fussende n
bottom fraction	Unterlauf m
bottom half of mold	Unterstein m
bottom lining	Futterstein m
bottoms	Sumpf m (Kolonne f)
bottom stream	Unterlauf m
bound water content	Haftwassergehalt m
Bourdon spring	Bourdon-Feder f; Bourdonfeder f
bovine gamma globulin	Rinder-Gamma-Globulin n
Bowden control cable	Bowdenzugrohr n
box (drawing)	Feld n (Zeichnung f)
box dispenser	Spenderbox f
box spring	Federkasten m
box tray (column)	Kastenboden m (Kolonne f)

bp = base pairs = Basenpaare n pl (DNA)

BPH = benign prostate hyperplasia = benigne Prostatahyperplasie f

B pillar (aut)	B-Säule f (aut)

BR = boiling range = Kochbereich m; Kochpunktbereich m

BR = butadiene rubber = Butadien-Kautschuk m; Butadienelastomer n

br (in IR spectrum) = broad br (im IR-Spektrum n) = breit (e.g. broad band) (z.B. breite Bande f)

braces { }	geschweifte Klammern f pl { }
braid v	verzopfen v; klöppeln v
braided work	Sparterie f
brain dysfunction	Hirnschaden m

brain uptake (med)	Gehirnaufnahme f (med)
brake caliper	Bremszange f
brake dive	Bremsnicken n
brake pressure	Bremsdruck m
branched	seitenständig
brass band	Blasorchester n
brassicasterol	Brassicasterin n
brassylic acid = 1,11-hendecanedicarboxylic acid	Brassylsäure f = 1,11-Hendecandicarbonsäure f
breakaway seam or breakaway zone	Trennaht f; Bruchstelle f; Sollbruchstelle f Sollbruchzone f
break down v (bacteria)	aufschliessen v (Bakterien n pl)
breakdown	Stückelung f
breakdown voltage	Durchbruchsspannung f
break point (chromatography)	Durchbruchspunkt m (Chromatographie f)
break-point value	Durchbruchswert m
breakthrough (adsorption front)	Durchbruch m (Adsorptionsfront f)
breakthrough time	Durchbruchszeit f
breast carcinoma	Mammakarzinom n
breathable (artificial leather)	atmungsaktiv (Kunstleder n)
breather pipe	Entlüftungsleitung f
breather port	Schnüffelloch n
breccia (rock fragment aggregate)	Brekzie f; Breccie f (grobes Sedimentgestein n)
breathing	zeigt Atmungsaktivität f
breech (firearm)	Schloss n (Gewehr n)
breechblock (rifle)	Verschluss m (Gewehr n)

Brestan(R) = triphenyltin acetate (fungicide) = Triphenylzinnacetat n (fungizides Mittel n)

brick red	ziegelrot
bridle	Bride f
brightener	Aufheller m
brilliance	Farbkraft f; Leuchtkraft f
brimful	randvoll
brine melt	Salzschmelze f
brisance	Brisanz f
brittleness temperature	Brüchigkeitstemperatur f
brittle point (according to Fraass [proper name] measured in °C)	Brechpunkt m (nach Fraass; in ° C)
bromacetic acid	Bromessigsäure f
bromal	bromal
bromelain; bromelin	Bromelain n
bromine cyanide	Bromcyan n
bromine monochloride	Brommonochlorid n
bromine water (Br in H_2O)	Bromwasser n
bromoallyl	Bromallyl n
bromoaniline	Bromanilin n
bromocriptine = 2-bromo-α-ergocryptine or 2-bromo-α-ergokryptin (prolactin inhibitor)	Bromocriptin n = 2-Bromo-α-ergokryptin n
bromonium	Bromonium n
brompheniramine (antihistamine)	Brompheniramin n (Antihistaminikum n)
bromthalein	Bromthalein n
bronchial-antispasmodic	bronchienentkrampfend
bronchoconstrictive	bronchokonstriktorisch
bronchodilator	Bronchialdilatator m
bronchodilatory	bronchodilatatorisch; bronchialdilatatorisch
Bronsted acid; Brønsted acid	Bronsted-Säure f; Brönsted-Säure f

Bronsted base; Brønsted base	Bronsted-Base f; Brönsted-Base f

BS = British Standards (similar to ASTM) = Britische Normen (ähnlich DIN)

BSA = bovine serum albumin	RSA = Rinderserumalbumin n

BSF = B-cell stimulating factor = B-Zellen stimulierender Faktor m

bubble bath	Schaumbad n
bubble column	Blasensäule f
bubble viscometer	Blasenviskosimeter n
bucco-oral	buccooral
bucket brigade circuit	Eimerkettenschaltung f
buckle v (belt)	anlegen v (Gürtel m)
buckle	Schloss n
buckling zone	Knautschzone f
budding cell	Sprosszelle f
buffer member	Aufprallkörper m

Buformin(R) = 1-butylbiguanide (antidiabetic) = 1-Butylbiguanid n (Diabetikermedizin f)

bug (hidden microphone)	Wanze f (verstecktes Mikrophon n)
building kit	Bausatz m
building tack	Konfektionsklebrigkeit f
built-in power supply	Bordnetz n
bulging	Bauchbildung f
bulk	Sperrigkeit f
bulk-chopped (glass fibers)	zerhackt (Glasfasern f pl)
bulk cohesion	Schüttgutfestigkeit f
bulk container	Grossbehälter m
bulk density (foam)	Raumdichte f;
(plast)	Rohdichte f;
(powder)	Schüttdichte f (g/cm³)
bulk-dye v	in der Masse färben v
bulk melting point	Massenschmelzpunkt m
bulk polymerization (no extra solvent, just liquid monomer)	Substanzpolymerisation f; Massepolymerisation f (kein extra Lösemittel, nur flüssige Monomere n pl)

bulk weight	Schüttgewicht n (g/l)
bulky	massebehaftet
bullet powder	Kugelpulver n
bulletproof glass	Panzerglas n
bulwark v	abschanzen v
bumper strip	Scheuerleiste f
Bunte salt (e.g. sodium ethylthiosulfate)	Buntesches Salz n (z.B. Natriumethylthio-sulfat n)
burette	Tropfrohr n
burkeite = carbonate-sulfate double salt = $Na_6(CO_3)(SO_4)_2$	Burkeit m = Carbonat-Sulfat-Doppelsalz n
burn control agent	Abbrandregler m
burner hole	Brennerloch n
burning rate	Brenngeschwindigkeit f
burn-inhibiting	abbrandhemmend
burnoff	Abbrand m
burn pressure (in N/mm^2)	Brenndruck (in N/mm^2) m
burr-type fastener (Velcro(R) fastener)	Klettenverschluss m

BURP method = Bubble Ultrasonic Resonance Pressure method = Ultraschall-Diagnostik-Methode f

burst into flame v	entflammen v
burst of replication	Vermehrungsschub m
business field	Sparte f
busulfan	Busulfan n
butadiyne	Butadiin n
butanone acid	Butanonsäure f
butenoic acid	Butensäure f
butenyne	Butenin n
butoxy	Butyloxy n
buttress	Horst m
butylate v	butylieren v

butynediol Butindiol n
butynol Butinol n
butyramide Butyramid n
buying group Einkaufsgenossenschaft f
buzzer Summer m
by hand händisch
bypass air Mantelluftstrom m
bypass arm Überbrückungszweig m
bypass clutch Überbrückungskupplung f
bypass conduit Nebenstromleitung f
bypass ratio Nebenstromverhältnis n
by-product Nebenprodukt n
byssochlamic acid Byssochlamsäure f
bz = benzene = Benzol n

* * *

C

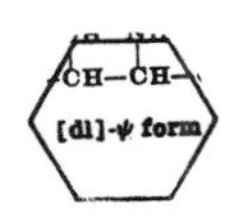

C = Curie (obsolete; better: Ci)	= Curie (veraltet; besser: Ci)
c = concentration	= Konzentration f
CAA = citraconic acid anhydride	CSA = Citraconsäure-anhydrid n
CAB = cellulose acetate butyrate	= Celluloseacetat-butyrat n
cable core	Kabelader f
cable core insulation	Aderisolierung f
cable core sheathing	Drahtummantelung f
cable sheathing	Kabelschutzrohr n
CAD = computer-aided design	(also in German)
cadaverine	Cadaverin n
CAD/CAM = computer-aided design/manufacturing	(also in German)
cadmium plate v	cadmieren v
cadmium plating	Cadmierung f
cage (reactor)	Korb m (Reaktor m)
cage compound (filling space completely enclosed)	Clathrat n (Zwischenräume formen geschlossene Kammern)
cake v	zusammenbacken v
cake frosting	Tortencreme f
caking-prone	backend
calcined alumina	gebrannte Tonerde f
calcitonin (thyroid hormone)	Calcitonin n (Schilddrüsenhormon n)
calcium ammonium nitrate (lime - ammonium nitrogen)	Grünkorn n = Calnitro(R) (Kalkammonsalpeter mit 26% Stickstoff)
calcium (channel) blocker	Kalziumblocker m
calculated (elementary analysis)	ger = ber = gerechnet oder berechnet
calender press	Rollenpresse f

calf intestine	Kalbdärme m pl
calibrate v (keep same dimension; cf size v)	kalibrieren v
calibration	Kalibrierung f
calibrating device	Kalibriereinrichtung f
call-up	Abruf m
Calrod (trade name) = heater	= Heizapparat m
campesterol	Campesterin n
camphane (hydrogenated terpene)	Camphan n
campimeter	Kampimeter n
campimetric	kampimetrisch
cam roller	Mitnehmerrolle f
cancerostatic (adj)	krebshemmend (adj)
cancerostatic	krebshemmendes Mittel n
cancerous cell	Krebszelle f
candellila wax (vegetable wax)	Candellilawachs n; Kandellilawachs n
candle stock (fatty acids)	Kerzenstock m (Fettsäuren f pl)
canned motor pump	Spaltrohrmotorpumpe f
cannula	Kannüle f
cant v	verecken v; kantieren v
canvas	Plane f; Zeltplane f
canvas backing	Planenstoff-Rückseitenbeschichtung f
cap v (tube)	verschliessen v (Tube f)
capacity condition	Füllzustand m
cape gooseberry (Physalis)	Kapstachelbeere f
capillary rheometer	Kapillarrheometer n
capital equipment costs	Auslagen f pl
capraldehyde	Caprinaldehyd m
caprate	Caprinat n
capric acid	Caprinsäure f

caprinoyl	Caprinoyl n
caproaldehyde	Capronaldehyd m
caproate	Capronat n
caproyl	Capronyl n
caprylic acid	Caprylsäure f
caprylyl	Caprylyl n
carambola (fruit)	Karambole f (Frucht f)
carapace (turtle)	Panzer m (Schildkröte f)
carbacyclinamide	Carbacyclinamid n
carbacyclin	Carbacyclin n
carbalkoxy	Carboxyalkyl n
carbamate	Carbaminat n
carbamoylate v	carbamoylieren v
carbanilic acid	Carbanilsäure f
carbenicillin	Carbenicillin n
carbenium	Carbenium n
carbethoxy	Carbäthoxy n; Carbethoxy n
carbidize v	karbidisieren v
carbidopa	Carbidopa n
carboline	Carbolin n
carbonaceous	kohlehaltig; kohlenstoffhaltig
carbonamide	Carbonamid n
carbonation	Carbonatierung f
carbonatization	Carbonatisierung f
carbon brush (el)	Schleifkohle f (el)
carbon dioxide ice	Kohlensäureschnee m
carbon fiber	Kohlefaser f
carbon halide	Halogenkohlenstoff m
carbonic anhydrase	Kohlensäureanhydrase f
carbon oxide	Kohlenstoffoxid n
carbon oxysulfide	Kohlenoxisulfid n
carbon steel	Kohlestahl m

carbon tetrachloride	Tetrachlormethan n Tetrachlorkohlenstoff m (bevorzugt)
carbonylate v	carbonylieren v
carbonyl oxygen	Carbonylsauerstoff m
carbonyl sulfide (COS)	Kohlenoxisulfid n; Kohlenoxidsulfid n; Kohlenoxysulfid n

Carbopol(R) = high-molecular carboxyvinyl polymer = hochmolekulares Carboxyvinylpolymer n

carboximidic acid	Carboximidsäure f
carboxymethylate v	carboximethylieren v
carboxymethylcellulose	Methylcarboxylcellulose f
carbyl	Carbyl n
carcass (tire)	Karkasse f (Reifen m)
card v (wool)	kratzen v (Wolle f)
cardanolide	Cardanolid n
carded wool	Streichgarn n (aus kurzen, gekräuselten Wollhärchen gesponnen)
carder	Karde f; Kratzer m
cardiac disorders	Herzbeschwerden f pl
cardiac frequency	Schlagfrequenz f
cardiac glycoside	Herzglycosid n
cardioactive	herzwirksam
cardiotomy	Kardiotomie f
cardiovascular disease	Herz-Gefässerkrankung f
cardiovascular system	Herz-Kreislaufsystem n
career criminal	Berufsverbrecher m
carob seed meal	Johannisbrotmehl n; Johannisbrotkernmehl n
car occupant	Fahrzeuginsasse m -in f
carpeting	Teppichware f
carpet sweeper	Teppichkehrmaschine f
carpet tile	Teppichfliese f

carrier dyeing	Carrierfärbung f
carrier-free	trägerfrei
carrier gas	Trägergas n
Carr-Purcell pulse sequence	Carr-Purcell-Impulsfolge f
carry bit	Übertrag m (comp)
cartridge	Kassette f
cartridge chamber	Kartuschlager n
cartridge-encased	patroniert
carvacrol	Carvacrol n
car paint	Autolack m
casamino acid (acid-hydrolyzed casein)	Casamino-Säure f (Säure-hydrolysiertes Casein n)
casement window	Kastenfenster n; Schwingflügel m
cassia flowers	Cassiaflores f pl
castable	giessfähiges Produkt n
casting	Abguss m; Modell n
casting inlet	Angiess m
castoreum (dried beaver's testicles)	Kastoreum n (getrocknete Biberdrüsen f pl)
CAT = computed axial tomography	CAT or CT (preferred) = Computer-Tomographie f
CAT scanner	CT-Scanner m
catalyst	Kontakt m
catalytic oxidation	Kontaktoxidation f
catalytic reactor	Kontaktapparat m
category	Art f
catheterize v	Katheter m einführen v
cathodoluminescence	Kathodenleuchten n
catholyte compartment	Kathodenkammer f
Cat. No. = Catalogue Number	Art. Nr. = Artikel-Nummer f

CATS = computer-aided trouble shooting = Fehlersuche f mit Computer m

catwalk	Katzengang m
caudal vein	Schwanzvene f
caulk v	verspachteln v
caulking knife	Kittmesser n
causative agent	Erreger m
causing discomfort	belastend
caustic alkalies	Ätzalkalien n pl
caustic alkaline	natronalkalisch
cave-in	Einbruch m
cavitary	cavitär
cavity mold	Hohlform f

CCD = charge-coupled device (circuit chip) = ladungsgekoppeltes Schaltelement n

CCTV = closed-circuit television = Ringleitungsfernsehnetz n

CD = curative dose = kurative Dosis f

$CDCl_3$ = deuterochloroform = Deuterochloroform n

CDT = cyclododecatriene = Cyclododecatrien n

CEA = carcinoembryonal antigen = Carcinoembryonales carcinoembryonic antigen Antigen n

cecropin (a peptide)	Cecropin n (ein Peptid n)
celery stalk	Staudensellerie m
cell elongation system	Zellstreckungssystem n
cell kinin	Cytokinin n
cell line	Zellinie f
cell-membrane-fixed	zellmembranständig
cell necrosis	Zellnekrose f
cellophane	Zellglas n

Cellosolve(R) = ethyl glycol = Ethylglycol n

cellular charging gate	Zellenschleuse f
cellular density	Zelldichte f
cellulose acetate	Acetylcellulose f; Azetylzellulose f
cellulose-base fibers	Zellwolle f

cellulosic (adj) Cellulose- (adj)
Celogen(R) = blowing agent = Schäummittel n
cemented dome (aut) Klebehimmel m (aut)
centerboard casing (boat) Schwertkasten m (Boot n)
center fire Zentralfeuer n
center fire ammunition Zentralfeuermunition f
center of tire impact Radaufstandspunkt m
central-depressant centraldepressiv
Central Europe Mitteleuropa n
centralite Centralit m
centrally positioned mittelständig
central tunnel (aut) Mitteltunnel m (aut)
centricity Zentrizität f
centrifugal disk Schleuderscheibe f
centrifugate Zentrifugat n
CEP = circular error probable (missile accuracy in nautical miles, radius of circle around target) = wahrscheinlicher Kreisfehler m
cephalexin (antibiotic) Cephalexin n (Antibiotikum n)
cephalosporanic acid Cephalosporansäure f
cephem Cephem n
ceramic glass -es pl Glaskeramik f -en f pl
ceramic wool Keramikwolle f
Ceramid(R) = wax = Wachs n
cerberin (alkaloid) Cerberin n (Alkaloid n)
cerebral palsy Cerebralparese f
cerebrospinal cerebrospinal
cerebrum Hauptnirn n
Cerenkov radiation Tscherenkow-Strahlung f
ceresin (wax); ceresine Ceresin n (Wachs n)
CERN = European Organization for Nuclear Research = Europäische Organisation f für Kernforschung f)
cerotic acid Cerotinsäure f

certificate of domicile (TM)	Domizilausweis m (Wz)
Cetiol[(R)] = oleic acid oleyl ester	= Ölsäureoleylester m
CF = competition factor (in androgen receptor test)	K_F = Kompetitionsfaktor m (im Androgen-Rezeptor-Test m)
cfh = cubic feet per hour	= Kubikfuss m pro Stunde f
CGA = common glioma antigen	= gewöhnliches Gliom-Antigen n
chain folding (chem)	Kettenfaltung f (chem)
chain of platens (mech)	Plattenband n (mech)
chain termination	Kettenabbruch m
chaise lounge (corruption of chaise longue)	Liege f
chalcedonic	chalcedonartig
chalcogenide	Chalkogenid n
chalcomycin	Chalcomycin n
chalcone	Chalkon n
chalcosis (copper in tissues)	Chalkose f (Kupfer n im Körpergewebe n)
chalk v (chalky surface due to lack of binder)	kreiden v (kreidige Oberfläche wegen ungenügendem Bindemittel n)
challenge	Aufgabe f
challenge v	belasten v
chamfered	angefast
changeover	Umschaltung f
change-speed slide valve	Geschwindigkeitswechselschieber m
channel (met)	Flussbett n (met)
(screw)	Gang m (Schraube f)
(screw)	Schneckengang m
channel member	Rahmenholm m
channel method	Channel-Verfahren n
character-at-a-time printer	Buchstabendrucker m
charge	Schüttung f
charge pellet	Treibsatzpille f

charge stratification	Ladungsschichtung f
charging efficiency	Ladewirkungsgrad m
charging rate	Zuführgeschwindigkeit f
charging valve	Füllventil n
charmazulene (oil)	Charmazulen n (Öl n)
charpie (lint)	Scharpie f (Baumwoll- oder Leinwandfasern f pl)
Charpy tester (pendulum hardness)	Charpy-Tester m (Pendelhärte f)
chaulmoogric acid	Chaulmoograsäure f
check module	Überwachungselement n
chelating agent	Chelatbildner m
chelatometric	chelatometrisch
chemical attack	aggressive Chemikalien f pl
chemical blowing	chemisches Schäumen n
chemically blown foam	Treibmittelschaum m
chemical embossing	chemisches Prägen n
chemical oxygen demand	chemischer Sauerstoffbedarf m
chemical resistance	Chemikalienbeständigkeit f
chemiluminescence	Chemilumineszenz f
chemisorption	chemische Absorption f
chemosterilant	Chemosterilant n -ien pl
chemosterilization	Chemosterilisierung f
chenodeoxycholic acid	Chenodesoxycholsäure f
cherry picker	Feuerwehrkorb m
chewable tablet	Kautablette f
chicken (cooked)	Hähnchen n
chicken comb test	Hahnenkammtest m; Kükenkammtest m
chicken salmonellosis	Hühnertyphus m
chip v	absplittern v
chipboard	Spanholz n; Spanplatte f
chip cake	Spänevlies n
chip handling system	Spanabtransporteinrichtung f

chipped stone	Gesteinssplitt m
chipping and chunking (tire)	Stollenausbruch m (Reifen m)
chiral (ability to rotate polarizing plane)	chiral (Fähigkeit zur Rotierung der Polarisationsebene f)
Chladni sonorous figures or Chladni's figures (acoustic figures)	Chladnische Klangfiguren f pl Chladni-Figuren f pl (akustische Figuren f pl)
Chlophen(R) = chlorinated biphenyl	chloriertes Diphenyl n
chloracetamide	Chloracetamid n; Chlorazetamid n
chloral	chloral
chloralose	Chloralose f
chlorambucil	Chlorambucil n
chloramphenicol	Chloramphenicol n
chloranil	Chloranil n
chlorendic acid = hexachloroendomethylenetetrahydrophthalic acid	HET-Säure f = Hexachlorendomethylentetrahydrophthalsäure f
chlorinated hydrocarbon	Chlorkohlenwasserstoff m
chlorinated paraffin	Chlorparaffin n
chlorine monofluoride	Chlormonofluorid n
chlormadinone	Chlormadinon n
chlorocholine	Chlorcholin n
chlorohydrocarbon	Chlorkohlenwasserstoff m
chloromethylate v	chlormethylieren v
chloromethylation	Chlormethylierung f
chlorophosphinate v	chlorphosphinieren v
chloroquine (antimalarial)	Chloroquin n (Mittel gegen Malaria)
chlorpromazine	Chlorpromazin n
choke v	vollaufen v
choke operation	Würgebetrieb m

cholane	Cholan n
cholecalciferol (vitamin D_3)	Cholecalciferol n (Vitamin D_3 n)
cholecystocholangiography	Cholecyst-Cholangiographie f
cholecystokinin	Cholecystokinin n
cholestane	Cholestan n
cholestene	Cholesten n
cholesteric	cholesterisch
cholestyramine	Cholestyramin n
cholic acid	Cholsäure f
choline	Cholin n
chondrosamine	Chondrosamin n
chopped glass fibers	Schnittglasfasern f pl
chorionic gonadotrophin or chorionic gonadotropin	Choriongonadotrophin n oder Choriongonadotropin n
chroma	Farbtiefe f; Sattheit f (Farbe f)
chromaticity	Farbtiefe f; Sattheit f (Farbe f)

Chromagram(R) = polyester sheets for chromatography = Polyesterbogen für Chromatographie f

chroman	Chroman n
chromanone	Chromanon n
chromatin	Chromatin n
chromatize v	chromatieren v
chromene	Chromen n
chromic catgut or chromicized catgut	Chromcatgut n
chromize v	chromieren v
chromophore	Farbträger m
chromosulfuric acid	Chromschwefelsäure f
chuggle v (aut)	schlingern v (aut)
chunk	Stollen m
Ci = curie (unit of radioactivity) (not c or C)	Ci (nicht c oder C) = Curie f (Einheit für Radioaktivität f)

cinchomeronic acid = 3,4-pyridinedicarboxylic acid	Cinchomeronsäure f = 3,4-Pyridindicarbonsäure f
cinchona	Chinarinde f
cinchonidine	Cinchonidin n
cinchoninic acid	Cinchoninsäure f
circle of customers	Käuferschicht f
circuit board	Schaltplatine f
circular blank cutter	Kreisschneider m
circular handsaw	Handkreissäge f
circulating gas water heater	Gastherme f = Umlauf-Gaswasserheizer m
circulating power	Umlaufleistung f
circulation evaporator	Umlaufverdampfer m
circulation-improving (med)	durchblutungsfördernd (med)
circulatory disorder	Kreislaufstörung f
circulatory stimulant	Kreislaufmittel n
circumferential center line	Gürtellinie f
circumstantial evidence	Indizienbeweis m
cisoid	cisförmig
cistron (DNA)	Cistron n (DNA)
citrinin	Citrinin n
citronellic acid	Citronellsäure f
citrus flavoring	Citrusaromastoff m
civet (fragrance)	Zibet m; (nicht Zivet n oder Civet n = ein Ragout n)
civetone	Zibeton n
CK-MB = muscle/brain creatine kinase	= Muskel/Gehirn-Kreatinkinase f
CLA = conjugated linoleic acid	= konjugierte Linolsäure f
cladding (lightguide)	Mantel m (Lichtleiter m)
clamp	Bride f

clamping strap	Bandklemme f
clarify v	entschlacken v
clarify by filtration v	klarfiltern v
classification of grades	Typengliederung f
classify v	sieben v
clathrate (filling space completely enclosed)	Clathrat n; Einschlussverbindung f (Zwischenräume formen geschlossene Kammern)
Claus process ($2 H_2S + SO_2 \rightleftarrows 3S + 2H_2O$)	Claus-Prozess m; Claus-Verfahren n
clause	Einschluss m
clay crock	Römertopf m
clean by annealing v	freiglühen v
clean by burning v	freibrennen v
cleansing lotion	Reinigungslotion f
clear (solution)	blank (Lösung f)
clearing point (liquid crystal)	Klärpunkt m (Flüssigkristall m)
clear melting point	Klarschmelzpunkt m
cleated belt	Baggerband n
cleavage	Dekolletage f
Cleland's reagent = dithiothreitol	Clelands Reagens n = Dithiothreitol n
Clemmensen reaction (reduction of carbonyl compounds)	Clemmensen-Reaktion f (Reduktion von Carbonylverbindungen)
cliché	Klischee n
climatize v	klimatisieren v
clindamycin	Clindamycin n
clinic	Schulung f
clinical trial	klinische Prüfung f
clinicochemical	klinisch-chemisch
clip	Klips m (Klipse m pl)
clock pulse period	Taktpause f

clocortolone	Clocortolon n
clofibrate	Clofibrat n
clofibric acid = 2-(p-chlorophenoxy)-2-methylpropionic acid	Clofibrinsäure f = 2-(p-Chlorphenoxy)-2-methylpropionsäure f
clog v (conduit)	verlegen v (Leitung f)
clomiphene citrate	Clomiphencitrat n
clone	Klon m
closed-cell	geschlossenzellig
close to	kurz vor (manchmal)
cloud (small particles)	Schleier m (kleine Teilchen n pl); Schwarm m
cloud point	Trübungspunkt m
cloud point temperature	Trübungstemperatur f
cloudwater	Nebel m
clown's cheeks	Clownwangen f pl
Clusius separating column process	Clusius'sches Trennverfahren n
clustering	Aggregation f

CMA = common meningioma antigen = gewöhnliches Meningiom-Antigen n

CMEA = Council for Mutual Economic Assistance (East European Economic Community) = Osteuropäische Wirtschaftsgemeinschaft f

CMI = Commonwealth Mycological Institute (fungi) = Britisches Mycologie-Institut n (Codenummern für Pilze)

CNC = continuous-path numerical control = numerische Stetigbahnsteuerung f

CNI = communication navigation identification (for aircraft) = Fernmeldenavigationskennung f

CNS-depressive	zentraldepressiv
coacervate	Coacervat n; Koazervat n
coagent	Coagens n
coagulant	Koagulationshilfsmittel n

coalesce v	koalisieren v ; verbacken v
coal-fired power plant	Kohlekraftwerk n
coarse-celled	groporig
coat hanger die	Kleiderbügeldüse f
coating (not plaque)	Belag m (auf Apparateteil n)
coating composition	Überzugsmittel n
coating compound (paper)	Streichfarbe f (Papier n)
coating knife	Ziehklinge f
coating weight (met)	Schichtdicke f (met)
coaxial	achsgleich
Cobb test (plast)	Cobb-Test m (plast)

COC = Cleveland open cup method (flash point) = Flammpunktprüfung f

Cocas solution (0.5 g NaCl; 0.25 g $NaHCO_3$; 0.4 g Phenol)	Cocaslösung f
cocatalyst	Cokatalysator m
coconut acid	Kokosfettsäure f
coconut acid amine	Kokosfettamin n
coconut acid first run	Cocosvorlauffettsäure f
co-cure v	mitverhärten v; zusammen härten v
cocurrent (liquid)	gleichstrom (Flüssigkeit f)
COD = chemical oxygen demand	CSB = chemischer Sauerstoffbedarf m

COD = cyclooctadiene = Cyclooctadien n

code for proteins v	Protein kodieren v
co-dimerize v	codimerisieren v
codon (amino acid code)	Codon n (Aminosäurekode m)
coefficient of friction	Gleitreibungsverhalten n
coefficient of linear expansion	Längenausdehnungskoeffizient m
coefficient of thermal conduction	Wärmeleitzahl f

coefficient of thermal expansion	Wärmeausdehnungskoeffizient m
cohesive factor	Klebefaktor m
cohydrolysis	Cohydrolyse f
coil form	Wickelkörper m
coil spring	Schlingfeder f
co-ion	Coion n
colchiceine	Colchicein n
cold balance	Kältehaushalt m
cold-blooded	wechselwarm
cold-conducting bridge	Kältebrücke f
cold gas propulsion	Kaltgasantrieb m
cold hardiness	Kältefestigkeit f
cold impact strength	Kälteschlagzähigkeit f
cold methanol scrubbing	Methanolkaltwäsche f
cold-preserve v	kältekonservieren v
cold-set v	kaltaushärten v
cold-stretch v	kaltverstrecken v
cold-work v	kaltverstrecken v
colicin	Colicin n
collaborate v	kollaborieren v
collaboration	Kollaboration f
collagen	Kollagen n
collapse v	kollabieren v
collapse	Kollaps m
collapsible detonator	Knickstabzünder m
(between, among) colleagues	kollegialiter
collidine	Collidin n; Kollidin n
Collins reagent	Collins-Reagens n; Collins-Reagenz n
collisional excitation (atom)	Stossanregung f (Atom n)
collision avoidance system	Unfallverhütungssystem n

Colombia (country)	Kolumbia n (Land n)
colonizing; colony-forming	koloniebildend; kolonienbildend
colorant	Farbmittel n; Farbstoff m
coloration (state of being colored)	Färbung f (gefärbter Zustand m)
color change	Farbumschlag m
color dispersion	Farbenstreuung f
colored	gefärbt
coloring	färbend
coloring agent (covers dyes and pigments)	Farbmittel n (umfasst Farbstoffe und Pigmente)
color matching	Farbnachstellung f
color reagent	Farbreagens n; Farbreagenz n
color stability	Farbstabilität f
color-stable	farbtonbeständig
color throughout v	in der Masse färben v
color value	Farbzahl f
color yield	Farbstoffausbeute f
column for action taken	Erledigungsrubrik f
column plate	Kolonnenboden m; Säulenboden m
combed yarn ribbon	Kammzugband n
combination product	Mischung f
combination-type sequential preparation	Stufenkombinationspräparat n
combined air oxidation	gmeinsame Luftoxidation f
combi vial	Mehrfachfläschchen n
comb-type spinning	Kämmspinnen n
combustibility	Verbrennbarkeit f
combustion loss	Verbrennungsverlust m
commercial patent	Wirtschaftspatent n
common beet	Futterrübe f

common-cold research unit	Schnupfenabteilung f
commutator	Polumschalter m
compact-disc player	CD-Plattenspieler m
compaction density	Stampfdichte f
compactor	Rüttelplatte f
compare to (= similar) v compare with (= different) v	vergleichen v (mit) (Gleichheit oder Verschiedenheit)
compatibilizer	Verträglichkeitsvermittler m
competing materials	konkurrierende Werkstoffe m pl
complaint	Schadensfall m
complexing agent	Komplexbildner m
complex pyrophosphate	Mischpyrophosphat n
component part	Teilaggregat n
composite	Mischwerkstoff m; Verband m; Verbundstoff m; Verbund m
composition (material)	Ansatz m (Material n)
compoundable with oil extenders	ölverstreckbar
compound fracture (med)	offene Fraktur f (med)
compressible ball	Druckball m
compression blower	Bremsgebläse n
compression resistance	Stauchhärte f
compression set (%)	bleibende Verformung f (%); Druckverformungsrest m
compressive shear strength	Druckscherfestigkeit f
compressive strength	Druckspannung f
computer model	Rechenmodell n
con (abbreviation) = iconoscope	= Bildaufnahmeröhre f
concave-ground object slide	Hohlschliff-Objektträger m
concavity	Schüssel f
concd.= concentrated	conc.= konzentriert konz.= konzentriert

concentrate v	einengen v
concentration	Gehalt m
concentration by saturation	Aufsättigung f
concern (business)	Konzern m (Geschäft n)
concrete form	Betonschalung f
concrete-lined	betoniert
condensability	Kondensationsfähigkeit f
condensative removal	Auskondensierung f
condensed moisture	Kondenswasser n
condenser (lens)	Kondensor m (Linse f)
condenser-evaporator	Kondensatorverdampfer m
condition v	aufbereiten v ; beeinflussen v
conditioning rinse (hair)	Pflegespülung f (Haar n)
conditioning time	Lagerzeit f
conditions	Vorgaben f pl
conduct Grignard reaction v	grignardisieren v
conducting layer	Leitschicht f
conductometric	konduktometrisch
conductor bar (el)	Leitplanke f (el)
cone (eye)	Zapfen m (Auge n)
conflict v	kollidieren v
conformal	konformativ
conformation	Konformation f
congeal v	abscheiden v
congenital	(im) Mutterleib m
Congo acid reaction	Kongosäure-Reaktion f
conical vortex	Tütenwirbel m
conjuene	Konjuen n
conjugate (conjugated compound)	Konjugat n (konjugierte Verbindung f)
conjugated ene compound (diene etc.)	Konjuen n (Dien n etc.)
connected by external force	kraftschlüssig verbunden

connected downstream of	nachgeschaltet
connecting stem	Anschlusszapfen m
connecting strip	Klemmleiste f
connector switch	Zuschaltschalter m
Conray(R) = iothalamate (radiopaque medium)	= Iothalamat n (auch: Iotalamat n) (Kontrastmittel n)
conscious (experimental animal)	wach (Versuchstier n)
conservation of quality	Qualitätserhaltung f
consolidated financial statement	Konzernabschluss m
constantan (Ni-Cu alloy)	Konstantan n (Ni-Cu-Legierung f)
constant damp heat atmosphere	Schwitzwasserkonstantklima n
constant steam atmosphere	Dauersauna f
constitution	Beschaffenheit f
consumable by burning	rückstandslos verbrennend
contact acid (sulfuric acid produced by contact catalysis)	Kontaktsäure f (Schwefelsäure f durch Kontaktkatalyse f produziert)
contact gas	Kontaktgas n
contact lug	Kontaktfahne f
contact plant (sulfuric acid)	Kontaktanlage f (Schwefelsäure f)
contact tongue	Kontaktspitze f
containerizable	verpackbar
containerization	Verpackung f
containerize v	verpacken v
contaminant	auch: Fremdstoff m
content analysis	Gehaltsbestimmung f
continuous	stufenfrei
continuous casting	Tauchvergiessung f
continuous drip	Dauertropf m
continuous length	Strang m

-	-
contortion	Verrenkung f
contour edge	Bordkante f
contoured section	Ausformung f
contraception test	Befruchtungshemmtest m
contraceptive	Antikonzeptionsmittel n
contraceptive effect	Konzeptionsschutz m
contractor	Lohnausrüster m
contrast bell (curve)	Kontrastglocke f (Kurve f)
contrast medium	Kontrastmittel n
contrive v	an den Haaaren herbeiziehen v
control v	auch: erfassen v
control arm (aut)	Führungslenker m (aut)
control balloon	Kontrollballon m
control edge	Steuerkante f
controlled foam	schaumreguliert
controlled freezing	gerichtetes Erstarren n
controlled-release medicine	Depotmedizin f
controller (pneumatic)	Regler m (pneumatischer)
controller drum	Schaltwalze f
control rack (injection pump)	Regelstange f (Einspritzpumpe f)
control run	Vergleichsansatz m
control slide	Kommandoschieber m
control slide valve	Steuerschieber m; Steuerschiebeventil n
control stem (valve)	Regelstange f (Ventil n)
continued gravity feed	Nachfallen n
contusion	Prellschlagverletzung f
convection dryer	Konvektionstrockner m
convection oven	Umluftofen m
conversion gas	Konvertgas n
conversion of matter	Stoffumsatz m
converter (aut)	Converter m; (aut) Konverter m

converter gas	Konvertgas n
convertible objective	Wechselobjektiv n
conveyance	Transporteinrichtung f
convulsive disorder	Anfallsleiden n
convulsive phase	Krampfphase f
coolant	Kältemittel n
cooling brine	Kühlsole f
cooling capacity (coolant) cooling efficiency (cooler)	Kühlleistung f
cooling interface temperature	Kühlgrenztemperatur f
cooling power	Kühlleistung f
cooling trap	Kühlfalle f
cooperative	Gemeinschaft f
copal (resin)	Kopal n (Harz n)
copemold (met)	Oberkasten-Modell n (met)
copier	Kopiergerät n
copolyester	Mischpolyester m; Polymischester m
copoly(pentene-octene)amer	Copoly(penten-octen)amer n
copper acetate arsenite; copper acetoarsenite; Schweinfurt green	Schweinfurter Grün n; Kupfer(II)-acetat-arsenat(III) n
copper chromite	Kupferchromit n
coprecipitate	Kopräzipitat n
cordage	Seilereiware f
core binder for molding sand	Formsandbindemittel n
core glass	Kernglas n
core laying station (met)	Kern-Einlegestation f (met)
core member	Wickelkörper m
core-shell type (plast)	Kern/Schale-Typ m (plast)

Corfam(R) = vapor-permeable polymer = dampfdurchlässiges Polymer n

corinth (red dye)	Corinth n (rotes Farbmittel n)

cornering ability	Kurvenwilligkeit f
cornice	Dachumfassung f
cornify v	verhornen v
corn oil	Maiskeimöl n
corn oil fatty acid	Maisfettsäure f
corn steep liquor	Maiseinweichwasser n; Maisquellflüssigkeit f; Maisquellwasser n
coronary circulation	Coronardurchfluss m
coronary heart disease	Koronarerkrankung f
corporate address	Gesellschaftssitz m; Niederlassungsort m
corpus striatum (med)	Striatum n (med)
correct v	bereinigen v
correctable ribbon	Farb-/Korrekturband n
correllogenin	Correllogenin n
corrosion-proof	korrosionsfest
corrosivity	Korrosivität f
corrugated hose	Wellschlauch m
corrugated tube	Rollrohr n
cortex	Corticalis f
cortexolone	Cortexolon n
cost accounting	Kostenerfassung f
cost-effective	kostengünstig
cottonseed oil	Baumwollsaatöl n
cotton swab	Wattestäbchen n; Wattetupfer m
Couette flow	Couette-Strömung f
coumarone resin	Cumaronharz n
coumin	Kumin n
counterbalancing means	Ausgleicher m
counterclaim	Einspruch m
countercurrent condenser	Verflüssigungsgegenströmer m

countercurrent heat exchanger	Gegenströmer m
countercurrent tube heat exchanger	Röhrengegenströmer m
countercurrent washer; countercurrent scrubber	Gegenstromwascher m
counterion	Gegenion n
counterpressure cylinder (printing)	Gegendruckzylinder m (Drucken n)
counterpressure screw	Gegendruckschnecke f
counterpressure worm	Gegendruckschnecke f
counteraction	Gegenreaktion f
course	Ablauf m (Reaktion f); Weg m
cover	Bezug m
covering power	Deckungsgrad m
cover of vegetation	Bewuchs m
cover-up cream	Abdeckcreme f
cover with sauce v (salty, sour or sweet)	napieren v
cowl	Überwurf m
cowling (motorcycle)	Verkleidung f (Motorrad n)
cowl plate	Sichtabdeckplatte f
co-worker	Mitarbeiter m -in f
cp = centipoise	Cp = Centipoise n
cp = clearing point (crystal)	Klp = Klärpunkt m (Kristall m)
CP, cp = chemically pure; commercially pure	PA, pa = pro analysi (chemisch rein)

CPU = central processing unit = Zentraleinheit f (comp)

CR = chloroprene = Chloropren n

cracked gas	Spaltgas n
cracker m	Kräcker m (Keks m); Spaltanlage f (Petroleum n)
cracking (of fuel oil, decomposition in burner nozzle)	Auskracken n (Brenstoffzerfall in Brennerdüse)

-	-
cracking feed	Spalteinsatz m
crack initiation	Rissbildung f
crack propagation resistance (sheet stock)	Weiterreissfestigkeit f
crack propagation	Risserweiterung f
crack resistance	Rißstabilität f
crank angle	Kurbelwinkel m; KW
crank axle guide arm	Kurbelachslenker m
crankcase overpressure	Gehäuseüberdruck m (aut)
cranked (lever)	abgewinkelt (Hebel m)
crash (of program) (comp)	Programmabsturz m (comp)
crashworthiness	Unfallsicherheit f
crashworthy	unfallsicher
crate pallet	Gitterboxpalette f
crater (coating)	Krater m (Überzug m)
craze-resistant (varnish)	rissunanfällig (Lack m)
cream v	aufrahmen v; verkremen v
cream cheese	Frischkäse m
cream out v	ausrahmen v
credit card	Wertkarte f
creep behavior	Zeitstandverhalten n
creep resistance	Kriechfestigkeit f (plast) Standfestigkeit f (Material n) Kriechwiderstand m (el)
creep strain	Stauchung f
cream-in lightener	Blondiercreme f
crest	Wellenkrone f
crimp	Sicke f
crimped	gekrippt
crinkle v	knittern v
crispy	kross
crisscross cut (adhesion test for coating)	Gitterschnitt m (Hafttest m für Beschichtung f)

critical flexural stress	Grenzbiegespannung f
crocodile look	Kroko-Optik f
Cromargan(R) = chromalloy steel = Chromstahllegierung f	
cromoglycate	Cromoglycat n, Cromoglicat n
cromoglycic acid	Cromoglicinsäure f
crop	Klopfpeitsche f
cross-countercurrent heat exchanger	Kreuzgegenstromwärme-austauscher m
cross-country skier, cross-country driver	Tourenfahrer m -in f (Schi m, Auto n)
crosscurrent fan	Querstromgebläse n
crosscurrent heat exchanger (if no countercurrent flow)	Gegenströmer m
crosscurrent heat exchanger (if countercurrent flow)	Kreuzgegenströmer m
crossed bar	Kreuzbein n
cross extruder head	Querspritzkopf m
cross flow	Kreuzstrom m
crosshead	Querspritzkopf m
crosslink v (plast)	vernetzen v (plast)
crosslinking agent	Netzmittel n; Quervernetzer m
cross member	Traverse f
crosspiece	Brücke f
cross pin	Querstift m
cross reaction	Kreuzreaktion f
cross-sectional area	Flächenquerschnitt m
cross-shaped disk	Scheibenkreuz n
cross stay	Querstrebe f
cross talk (telephone)	Einstreuung f (Telefon n)
cross web	Zwischensteg m
croton oil	Crotonöl n
crowd v	stauchen v
crown cap or crown cork (bottle)	Kronenkork m (Flasche f)

CRP = C-reactive protein (C = pneumococcus strain) = C-reaktives Protein n (C = Gattung Pneumococcus)

crude gas	Rohgas n
cruise control	Fahrgeschwindigkeitsbegrenzer m
cruise missile	Marschflugkörper m
cruising speed	Transportgeschwindigkeit f
cruising stage (rocket)	Marschstufe f (Rakete f)
crumb	Krume f; Krümel m (plast)
crumble at the edges v	ausbrechen v
crumpling (met)	Verstauchung f (met)
crumpling zone	Knautschzone f
crush v	breitquetschen v; knautschen v
crushed-bone zone (med)	Trümmerzone f (med)
crushing characteristic	Knautschverhalten n
crushing limit	Quetschgrenze f
cryolite = Na_3AlF_6	Kryolith m
cryoprecipitate	Kryopräzipitat n; Cryopräzipitat n
cryoscopy	Cryoscopie f; Kryoskopie f
cryostat	Kryostat m; Cryostat m
cryosurgery	Cryochirurgie f; Kryochirurgie f
cryptobiotic	cryptobiotisch
crystal habit (e.g. lamellar)	Kristallbeschaffenheit f (z.B. lamellenartig)
crystalline fiber	Kristallfaser f
crystalline melting point	kristalliner Schmelzpunkt m
crystalline product	Kristallisat n
crystalline sludge	Kristallbrei m; Maische f
crystallinity	Kristallinität f

crystallize from v	auskristallisieren v
crystallizing evaporator	Verdampfungskristallisator m
CS = commercial standard	Handelsnorm f; kommerzielle Norm f
cs = centistoke	cSt = Centistoke n
CST = critical solution temperature	kritische Lösungstemperatur f
CT scan (computerized tomography)	CT-Aufnahme f (Computer-Tomographie f)
cubical quad antenna	Quadantenne f
cuboidal	würfelähnlich
cuckoo spit; cuckoo spittle (from meadow spittle-bug)	Kuckucksspeichel m (von der Schaumzikade f, Philaenus spumaris)
Culmann line (stress line)	Culmannsche Gerade f (Spannungslinie f)
cultivated plant	Nutzpflanze f
culture v	bebrüten v
culture period	Anzucht f
cumarin	Cumarin n
cumulene	Kumulen n
cuprate	Kuprat n
cuproine	Cuproin n
cupronickel-plated fluid iron	kupfernickelplattiertes Flusseisen n
cup spring	Federtopf m
cup wall	Becherwand f
curable synthetic resin	Duromer n; Duroplast m
curative	Härtemittel n
curcuma (arrowroot)	Gelbwurz f; Kurkuma f
cure v (plast)	tempern v (plast)
cure at room temperature v	kalthärten v
curemetry (plast)	Vulkametrie f (plast)
cure rate	Heilrate f

curet v (curetted)	curettieren v
curettage	Curretage f
curing with hexamethylene-tetramine	Hexahärtung f
cursory review	Grobsichtung f
curtail v	koupieren v
Curtius rearrangement	Curtiusabbau m
curve-handling ability	Kurvenwilligkeit f
cusp (pressure wave)	Kopf m (Druckwelle f)
custom-dye v; custom-color v	selbsteinfärben v
custom dyeing; custom-coloring	Selbsteinfärbung f
cut v	kappen v
cut-away	aufgeschnitten
cut growth resistance	Weiterreisswiderstand m
cutter bar	Messerschiene f
cutting edge	Klinge f
cutting face; cutting surface	Wate f
cutting head	Scherkopf m
cutting oil	Schneidöl n
cuttle v (lay in folds v)	abtafeln v
cutoff welding	Trennschweissen n
cuvette	Küvette f

CV = coefficient of variation (yarn) = Variationskoeffizient m (Garn n)

C value = drag coefficient	C-Wert m (Luftwiderstandsbeiwert m)

CVD = chemical vapor deposition or cathode vapor deposition (meaning the same) = Aufdampfen n dünner Schichten f pl

CVD technique	CVD-Technik f

CVT = continuously variable transmission = übergangsloses Getriebe n

cyanoethylate v	zyanäthylieren v; cyanethylieren v
cyanoethylation	Zyanäthylierung f; Cyanethylierung f
cyanogen bromide	Bromzyan n
cyanogen chloride	Chlorzyan n
cyanogen iodide	Jodzyan n; Iodzyan n
cyanohydrin	Cyanhydrin n
cyanuric trichloride	Cyanurtrichlorid n
cyclase	Cyclase f
cycle rate (machine tool)	Schusszahl f (Werkzeugmaschine f)
cyclic dehydration	Wasserauskreisung f
cycloidal curve	Zykloide f
cycloid gear	Zykloidengetriebe n
cyclomonoene	Cyclomonoen n
cyclooligomerization	Cyclooligomerisierung f
cyclooligomerize v	cyclooligomerisieren v
cyclopolyene	Cyclopolyen n
cyclosteroid	Cyclosteroid n; Ringsteroid n
cyclotetramethylene-tetramine (explosive)	Oktogen n (Explosivstoff m)

Cyklosit(R) = cyclorubber = Cyclokautschuk m

cylinder cavity (aut)	Zylindereinsenkung f (aut)
cylinder liner flange	Zylinderlaufbund m
cylinder skirt	Zylindermantel m

Cymel(R) = crosslinking agent [hexa(methoxymethyl)-melamine] = Vernetzungsmittel n [Hexa-(methoxymethyl)melamin n]

cymene	Cymol n
cyproterone	Cyproteron n

CYS = cysteine (amino acid) = Cystein n (Aminosäure f)

cysteamine = 2-aminoethanethiol	Cysteamin n = 2-Aminoethanthiol n

cysticercus, -i pl (tape worm)	Finne f (Bandwurm m)
cystine calculus	Cystinstein m
cytarabine	Cytarabin n
cytofluorography	Cytofluorographie f
cytokine	Cytokin n -e pl
cytokinin	Cytokinin n
cytomegalovirus	Cytomegalie-Virus n
cytopathic	zellschädigend
cytoprotective	zytoprotektiv; cytoprotektiv
cytostatic	Zellteilungshemmer m

* * *

D = darcy (unit for porous permeability) = Darcy n (US-Einheit für Permeabilität von porösem Material)

D = diffusion coefficient = Diffusionskoeffizient m

d = day = Tag m

DABCO(R) = 1,4-diazabicyclo[2.2.2]octane or also triethylenediamine = 1,4-Diazabicyclo[2,2,2]-octan n oder auch Triethylendiamin n

DAC = digital-to-analog converter — DAU = Digitalanalogumwandler m

dactinomycin	Dactinomycin n
dagger board casing (boat) or dagger plate housing	Schwertkasten m (Boot n)
daily profile	Tagesprofil n

dalton = atomic mass unit (molecular weight of one H atom) = Dalton n = Einheit für Atommasse f (Molgewicht eines H-Atoms)

damaged	strapaziert
damage threshold value	Schadensgrenzwert m
damaging consequence	Folgeschaden m
damar; dammar (a resin)	Dammar n (Harz n); Damar n
damping liquid	Dämpfungsflüssigkeit f
damping mass	Tilgermasse f
dancer roll	Tänzerwalze f
dancer roller	Tänzerrolle f
dandruff treatment shampoo	Anti-Schuppen-Shampoo n
danger category	Gefahrklasse f

DAR = differential absorption ratio = Differentialresorptionsverhältnis n

dark-field microscope	Dunkelfeldmikroskop n
Darlington circuit	Darlington-Schaltung f

DAS = dialdehyde starch = Dialdehydstärke f

dashboard wiring network	Bordleitungsnetz n

data flow bus	Datenflusstor n
data of product as supplied	Lieferdaten n pl
date push button	Datumstaster m
daunomycin = daunorubicin = rubidomycin	Rubidomycin n; Daunomycin n; Daunorubicin n (bevorzugt)
Davis gun (recoilless)	Davis-Kanone f (rückstossfrei)

DBN = diazabicyclononene = Diazabicyclononen n

DBU = diazabicycloundecene = Diazabicycloundecen n

DCC = dicyclohexylcarbodiimide = Dicyclohexylcarbodiimid n

DDC = direct digital control = digitale Direktregelung f

DDI = Diagnostic Data, Inc. (eine Firma f)

DDQ = dichlorodicyanobenzoquinone = Dichlordicyanobenzochinon n

DDW = double-distilled water = bidestilliertes Wasser n

DE = defo elasticity = Defoelastizität f

DEAC = diethylaluminum chloride = Diethylaluminiumchlorid n

deactivator	Desaktivator m; Reaktionsunterbrecher m
deacylate v	desacylieren v; entacylieren v
deacylation	Desacylierung f; Entacylierung f

DEAI = diethylaluminum iodide = Diethylaluminiumjodid n

deaerate v	entlüften v
deaeration	Entlüftung f
dealkylate v	desalkylieren v
dealkylation	Desalkylierung f
debenzoylate v	entbenzoylieren v
debenzylate v	debenzylieren v; desbenzylieren v; entbenzylieren v
debrisoquine (hypertension drug)	Debrisoquin n (gegen Bluthochdruck)
debt consolidation	Umschuldung f

debutanize v	debutanisieren v
decalone	Decalon n
decant v	ausfliessen v
decanting centrifuge	Dekantierzentrifuge f
decarboxy	Descarboxy n
decarboxylate v	decarboxylieren v
decerebrated	apallisch
deckle (rods adjusting die flow)	Staubalken m (Extruderdüse-regulierbalken m)
declaration of an expert	Expertengutachten n
decolorization	Entfärbung f
decolorizer	Entfärbemittel n
decompose by cracking v (fuel)	auskracken v (Kraftstoff m)
decomposer (apparatus)	Vernichter m (Vorrichtung f)
decomposition promoter	Kicker m
decorative poster	Dekorationsblatt n
decorative stone	Kunststein m
decorative tile	Kunstkachel f
decoy	Täuschkörper m
decrement	Dekrement n
deduction in "bootstrap" fashion	Umkehrschluss m
deep freezer	Tiefkühlschrank m (upright); Tiefkühltruhe f (chest)
deep fryer	Friteuse f
deethanization	Entethanisierung f; Deethanisierung f
deethanize v	deethanisieren v; entethanisieren v
deethanizer	Deethanisierer m; Entethanisierer m
define v	eingrenzen v
deflagrate v	abbrennen v; verpuffen v
deflagration (explosion below sonar velocity)	Verpuffung f (Explosion unterhalb Schallgrenze f)

deflecting extruder head	Umlenkspritzkopf m
deflection range	Umkehrbereich m
deflection temperature under load; heat deflection temperature	Formbeständigkeit f in der Wärme f; Wärmeformbeständigkeit f
deflection zone	Abweisfläche f
deflector	Ablenker m; Umkehrer m
defoam v	entschäumen v
defoamer	Entschäumer m
defoaming agent	Schaumdämpfer m
defocusing	Defokussierung f
defog v	entnebeln v
deformation energy	Verformungsarbeit f
deformylate v	deformylieren v
deformylation	Deformylierung f
defrother	Antischaummittel n
degas v; degasify v	ausgasen v; entgasen v
degasser	Entgaser m
deglaze v	entglasen v
degradation	Abbau m
degrade v	abbauen v; degradieren v
degras wool wax	Wollwachs n
degree of fusion	Gelierungsgrad m
degree of polymerization	Polymerisationsgrad m
degree of purity (solution)	Feinheit f (Lösung f)
degree of utilization	Nutzungsgrad m
degression	Degressivität f
degressive	degressiv

DEHA(R) = diethylhydroxylamine = Diethylhydroxylamin n

dehalogenate v	dehalogenieren v; enthalogenieren v
dehalogenation	Dehalogenierung f; Enthalogenierung f

dehydrohalogenate v	dehydrohalogenieren v
deionize v	(also:) entsalzen v
delamination (plast)	Laminatabblätterung f (plast)
de Laval nozzle (convergent-divergent nozzle for supersonic flow)	Lavaldüse f (Düse für Überschallströmgeschwindigkeit)
delayed-action drug	Retardmedizin f
delay path	Totweg m
delead v	entbleien v
deleterious substance	Schadstoff m
delicacy	Genussmittel n
delicate cycle (washing machine)	Schonwaschgang m (Waschmaschine f)
deliquesce v	auseinanderfliessen v
delivery injunction	Liefersperre f
delivery system (depot drug)	Abgabesystem n (Depotmedizin f)
demarcated zone (screen)	Feld n (Bildschirm m)
demetalate v (remove metal atom from compound)	entmetallisieren v
demetallize v (remove metal from an article)	entmetallisieren v
demethanization	Entmethanisierung f
demethanize v	entmethanisieren v
demethanizer	Entmethanisierer m
demineralize v	entsalzen v
demonomerization	Entmonomerisierung f
demonomerize v	entmonomerisieren v
demount v (tire)	wechseln v (Reifen m)
demulsifier	Entemulgator m
dendrite	Dendrit m

denitrate v (remove nitro groups)	entsticken v; denitrieren v (Nitrogruppen entfernen)
denitrify v (reduction of nitrates or nitrites to N_2)	entsticken v; denitrifizieren v (Reduktion von Nitraten oder Nitriten zu N_2)
denitrifying agent	Denitrifikant n
dense soda (Na_2CO_3 of high purity)	Schwersoda f
density (of foam) (in g/cm³)	Raumgewicht n (Schaum m)
density (g/cm³)	Dichte f
dental floss	Zahnseide f
dental pyorrhea	Zahnbettentzündung f
dental stimulator	Zahnholz n
deodorizer	Geruchsverbesserer m
deoxidize v	entoxidieren v
Deoxo(R) nitrogen (Deoxo = trademark for nitrogen production method)	Deoxo-Stickstoff m; Deoxostickstoff m
deoxy	Desoxy n
deoxybenzoin	Desoxybenzoin n
deoxymonosaccharide	Desoxymonosaccharid n
department manager	Abteilungsdirektor m
Department of Commerce	Wirtschaftsministerium n
Department of the Treasury	Finanzministerium n
department store	Warenhaus n
deplete v	abreichern v
deploy v	entfalten v
depolymerization	Entpolymerisation f
depositing trunk	Ablegerüssel m
deposition (feeding step) (in legal proceeding)	Eintrag m; (mündliche) Vernehmung f

depository	Geldannahmeautomat m
depot steroid	Depot-Steroid n
depressant	depressiv
depression (terrain)	Tiefung f (Terrain n)
depressor	Niederhalter m
depressure v	entlasten v (Druck m)
depressurization	Druckentlastung f
depressurize v	druckentlasten v
depropanize v	depropanisieren v
deproteinize v	enteiweissen v
deprotonate v	deprotonieren v
deprotonating agent	Deprotonierungsmittel n
depth action	Tiefenwirkung f
derepress v	dereprimieren v
derivatization	Derivatisierung f
dermatopathic	hautpathogen
desalinate v	entsalzen v
desalt v	entsalzen v
descent-retarding	fallverzögernd
deschloro steroid	Deschlorsteroid n
desiccant	Trockenmittel n
design basis	Auslegungspunkt m
desk slip	Kurzmitteilung f
desmethyl steroid	Desmethylsteroid n
desmosterol	Desmosterin n
desorbate; desorbed substance	Desorbat n
desorption agent	Desorptionsmittel n
despinalize v	despinalisieren v; entmarken v
destination tracking system	Zielführungssystem n
destructive potential	Zerstörungskapazität f
desulfur v	entschwefeln v
desulfuration	Entschwefelung f

desyl	Desyl n
detackifier	Rieselhilfe f
detection limit	Erfassungsgrenze f
detent means	Arretiervorrichtung f
detent spring	Rastfeder f
detergent for fine washables	Feinwaschmittel n
detergent slurry	Waschmittel-Slurry f,-ies pl
deteriorated general condition	reduzierter Allgemeinzustand m
determined	bedingt
detonation (explosion above sonar velocity)	Detonation f (Explosion oberhalb Schallgrenze)
deuteranomalopia	Grünschwäche f
deuteranomalous	grünschwach
deuteranopia	Grünblindheit f
deuterate v; deuterize v	deuterieren v
deuterochloroform ($CDCl_3$)	Deuterochloroform n
developer	Laufmittel n
developmental disorder	Entwicklungsstörung f
deworm v	entwurmen v
dextrose	Traubenzucker m
D-galactitol	D-Galactit n

DH = defo hardness = Defohärte f

DHT = dihydrotestosterone = Dihydrotestosteron n

diacid	Disäure f
diacylapomorphine	Diacylapomorphin n
diagnostic	Diagnostikum n -ka pl
dialcohol	Dialkohol m
diallyl	Diallyl n
dialyzate	Dialysat n
diammine acetate	Diamminacetat n

dian	Dian n
dianion	Dianion n
diaphanoscopy	Diaphanoskopie f
diaphragm (battery)	Membran f (Batterie f)
diaphragm press	Membranpresse f
diarrheogenic	diarrhoeogen
diastereomer; diastereoisomer	Diastereomer n
diatrizoate	Diatrizoat n
diatrizoic acid	Diatrizoesäure f
diazabicyclooctane	Diazabicyclooctan n
diazepam	Diazepam n
diazepine	Diazepin n
diazocine	Diazocin n
diazohydrocarbon	Diazokohlenwasserstoff m
diazotization	Diazotierung f
diazotize v	diazotieren v
DIBAL-H = diisobutyl aluminum hydride	DIBAH = Diisobutylaluminium-hydrid n
DIBAL-H/T = DIBAL-H in toluene	DIBAH-T = DIBAH in Toluol n
dibasic potassium phosphate	Kaliumhydrogenphosphat n
dibenzazepine	Dibenzazepin n
dibenzothiazolyl disulfide (vulcanization accelerator)	Dibenzothiazolyldisulfid n (Vulkanisations-beschleuniger m)
diblock	zweiblockig
diborane	Diboran n
Dicalite(R) = mineral filler	= Mineralfüllmittel n
dication	Dikation n
dicoumarol	Dicoumarol n; Dicumarol n
dicyclopentadienyl iron	Dicyclopentadienyleisen n
die (extruder)	Ausformwerkzeug n (Extruder m); Düsenwerkzeug n (Extruder m)

-	-
die-casting groove	Gussformzug m
die head	Spritzkopf m
die land (extruder)	Lippe f (Extruder m); Pinole f (Extruder m)
dielectric constant	Dielektrizitätskonstante f
dielectric strength	Durchschlagsfestigkeit f
Diels-Alder adduct	Diels-Alder-Addukt n
die mandrel diameter	Düsenkerndurchmesser m
dienamine	Dienamin n
dienoic acid	Diensäure f
dieseling	Nachdieseln n; Nachlaufen n
diester	Diester m
diestrus	Dioestrus m
die temperature	Kopftemperatur f (Extruder m)
diethylborazane	Diethylborazan n

Difco(R) = brain-heart infusion broth (growth medium for microorganisms) = Hirn-Herz-Infusionslösung f (bakteriologisches Nährmedium n) (Difco = company)

differential gear cage	Ausgleichskorb m
differential lock	Differentialgesperre n
differential scanning calorimeter (DSC)	Differenzialabtast-kalorimeter n (DSC)
diffractometer	Beugungsmesser m
diffractometry	Beugungsmessung f
diffusibility	Diffusibilität f
diffusion window	Diffusionsfenster n
difunctional	bifunktionell; difunktionell
m-digallic acid	m-Digallussäure f
digest v (decompose without heating)	digerieren v
digestion sludge	Faulschlamm m
digestive enzyme	Verdauungsenzym n

digestive tract	Verdauuungstrakt m
digital display tube	Ziffernanzeigeröhre f
digitize v	digitalisieren v
digoxigenin	Digoxigenin n
dihaloalkane	Dihalogenalkan n
dihedral	Zweikant m
dihydropyran	Dihydropyran n
dihydroxycodeinone (morphine derivative)	Dihydroxycodeinon n (Morphinderivat n)
diisobutyl aluminum hydride	Aluminiumdiisobutylhydrid n
diluent	Streckmittel n
dilute v (solution)	also: reduzieren v
dilute (solution)	also: reduziert
dilute acid	Dünnsäure f
dimazole	Dimazol n
dimedone = 5,5-dimethyl-1,3-cyclohexanedione	Dimedon n = 5,5-Dimethyl-1,3-cyclohexandion n
dimeglumine salt	Dimegluminsalz n
dimensional stability	Massbeständigkeit f; Masshaltigkeit f
dimerization	Dimerisierung f
dimerize v	dimerisieren v
dimethylate v	zweifach methylieren v
dimethyldiborane (cryophore)	Dimethyldiboran n (Kältemittel n)
dimethyllithium copper	Lithiumdimethylkupfer n
dimethylsulfone	Dimethylsulfon n
dimethyl terephthalate	Terephthaldimethylester m
dimmer switch	Helligkeitsregler m
dinitrile (organic compound with 2 cyano groups)	Dinitril n (organische Verbindung mit zwei Zyangruppen)
dinitrogen monoxide	Distickstoffmonoxid n
dinitrogen tetroxide	Distickstofftetroxid n
...dioic acid	....disäure f

diol	Dialkohol m; Diol n
diosgenin	Diosgenin n
dioxazine	Dioxazin n
dioxepane	Dioxepan n
dioxolane	Dioxolan n
dioxole	Dioxol n
dip	Depression f
dip base coat	Tauchgrundierung f
dip-coat v (plast)	schichttauchen v (plast)
dip coating (varnish)	Tauchen n (Lack m)
dip-electrocoating	Elektrotauchlackierung f
diphenic acid	Diphensäure f
diphenol	Diphenol n
diphenoquinone	Diphenochinon n
diphenyl	Biphenyl n; Diphenyl n
diphenyldiimide	Stickstoffbenzid n
diphenylnitrone	Diphenylnitron n
Diphyl(R) = heat transfer agent	= Wärmeübertragungsmittel n
dipolar	dipolar
dipole-free	dipolfrei
dip pickling (met)	Tauchbeize f (met)
dip pipe; dip tube	Tauchhülse f
dipyridyl	Bipyridyl n
diquaternization	Diquaternisierung f
diquinoline	Bichinolin n
direct collision	Aufprallunfall m
direct flushing	Direktspülung f (Filter n, m)
directional flasher	Fahrtrichtungsblinkgeber m
directional locking mechanism	Richtgesperre n
directional ratchet mechanism	Zahnrichtgesperre n
directly in front of	mitten vor
direct object	Akkusativ m

dirt discharge opening	Reinigungsöffnung f
disazo dye (2 azo groups)	Disazofarbstoff m (2 Azogruppen f pl)
discharge	Entsorgung f
discharge intensely v	tiefentladen v
discharge intensity	Entladetiefe f
discharge lamp	Entladungslampe f
discharge through regulating means v; discharge via valves v	abregulieren v
discontinuity (curve)	Knick m (Kurve f)
discount	Disagio m
disengage v (clutch)	ausrücken v (Kupplung f)
"dish" = earth station	"Dish" m = Erdstation f
dishing (foam panel)	Schüsselung f (Schaumplatte f)
disilazane	Disilazan n
disilyl	Bissilyl n; Disilyl n
disilylate	Disilylate n
disinfect v	sanieren v
disintegrate v	zerschlagen v
disodium edetate	Dinatriumedetat n
disodium hydrogen phosphate	Dinatriumhydrogenphosphat n
disorder (disease)	Entgleisung f (Krankheit f)
disparlure = cis-7,8-epoxy-2-methyloctadecane (a pheromone)	Disparlure n = cis-7,8-Epoxy-2-methyloctadecan n (ein Pheromon n)
dispense v	portionieren v; zuteilen v
dispensing position	Spendstellung f
dispersant	Dispergator m; Dispergierungsmittel n
disperse v (light through prism)	streuen v (Licht durch Prisma)
dispersed	dispers
disperse dye	Dispersionsfarbstoff m
disperser	Dispergator m; Dispergiergerät n

dispersible	dispergierbar
dispersion (gun)	Streuung f (Waffe f)
dispersive	dispersiv
Dispersol(R) = dispersant = Dispersionshilfe f	
displacement (controller)	Weg m (Regler m)
displacement pump	Verdrängungspumpe f
disposable (e.g. bottle)	Einmal... (z.B. Einmalflasche f); Einweg... (z.B. Einwegflasche f)
disposable unit	Wegwerfgerät n
disproportionate	unproportioniert
disproportionate v	disproportionieren v (chem)
disproportionation	Disproportionierung f (chem)
disrupt v (flow)	abreissen v (Strömung f)
dissipation factor (tan delta -- 50 Hz)	dielektrischer Verlustfaktor m (50 Hz)
dissociation (electrolyte)	Zerlegung f (Elektrolyt m)
dissolver	Dissolver m (= schnelllaufender Mischer m)
dissolve superficially v	anlösen v
distillation capillary	Siedekapillare f
distillation route	Destillierungsweg m
distillation tar	Destillationsteer m
distillatory	destillativ
distinguish v	abgrenzen v
distributing position	Spendstellung f
disturbance-indicating signal	Störsignal n
disubstitute v	disubstituieren v
disubstituted	disubstituiert; zweifach substituiert
dithiaanthraquinone	Dithiaanthrachinon n
dithiane	Dithian n
dithiothreitol	Dithiothreitol n

dive v (braking vehicle) — tauchen v (bremsendes Fahrzeug n)

diverging lens — Negativlinse f

diversion — Umlenkung f; Umleitung f

divert v — umlenken v; umleiten v

divertor coil — Umleitungsspule f

divider plate — Trennblech n

DLS = differential light scattering (laser) = Differentiallichtstreuung f (Laser m)

dl-tartaric acid — Traubensäure f

DMAP = dimethylaminopyridine = Dimethylaminopyridin n

DMBA = dimethylbutyric acid — DMBS = Dimethylbuttersäure f

DMCM = 6,7-dimethoxy-4-ethyl-β-carboline-3-carboxylic acid methyl ester = 6,7-Dimethoxy-4-ethyl-β-carbolin-3-carbonsäuremethylester m

DME = dimethoxyethane = Dimethoxyethan n

DMI = dimethyl isophthalate = Dimethylisophthalat n

DMOE = 1,2-dimethoxyethylene = 1,2-Dimethoxyethylen n

D_N = mean number diameter = Zahlenmittel n des Teilchenradius m

DNA = deoxyribonucleic acid — DNS (obsolete; now also DNA) = Desoxyribonukleinsäure f

DNA template — DNS-Vorlage f; DNA-Vorlage f

DNP = dinitrophenyl or dinitrophenol = Dinitrophenyl n oder Dinitrophenol n

DNT = dinitrotoluene = Dinitrotoluol n

DOC = dissolved organic carbon — DOC (also used in German) = gelöster organischer Kohlenstoff m

docking — Andockung f

DOC test = dissolved organic carbon test — DOC-Test m = Test für gelösten organischen Kohlenstoff m

doctor knife spread coating — Rakelauftrag m

documentation (pat) — Prüfstoff m (pat)

dodecanoic acid	Dodecansäure f
dogbane; dog's-bane (plant)	Hundsgift n (Pflanze f)
dome (aut)	Autohimmel m
domestic service pipe	Hausanschlussleitung f
domestic sewage pipe	Hausabflussrohr n
domestic waste disposal	Hausentwässerung f
domperidone (antiemetic)	Domperidon n (Brechverhütungsmittel n)
Donarite(R) = explosive = Explosivstoff m	
donor organ	Geberorgan n
door crossbeam	Türholm m
door liner	Türfüllung f
dopamine = hydroxytyramine	Dopamin n = Hydroxytyramin n
dopaminergic	dopaminerg
dosage formulation	Dosierungsform f
dosimeter	Dosimeter n
dosimetry	Dosimetrie f
double-base (expl)	zweibasisch (expl)
double blind experiment	Doppelblindversuch m
double blind test	Doppelblindversuch m
double blind trial	Doppelblindversuch m
double-branched	zweifach verzweigt
double cone mixer	Doppelkonusmischer m
double-distilled	bidestilliert
double-distilled water	aqua bidestillata (often used in German texts - Latin for bidestilliertes Wasser n); bidestilliertes Wasser n
double-impulse rocket engine	Doppelimpulsraketenmotor m
doublet	Dublett n
double-pane window	Doppelfenster n

double-unsaturated	zweifach ungesättigt
do without v	sparen v; einsparen v
downdraft	Sturzzug m
downflow	Abwärtsstrom m
down-looper (met)	Senkschlinge f (met)
downspout	Einlauftrichter m
downstream side	Abströmseite f
doxycycline	Doxycyclin n

DP = degree of polymerization = Polymerisationsgrad m

dl p.c. = day one post coitum (animal tests) = Tag Nr. 1 nach Anpaarung f(Tierexperiment n)

DPH = diphenylhydantoin = Diphenylhydantoin n

dpm = decay per minute = Zerfall m pro Minute f

dpt = diopter (focal power) = Diopter m (Brechkraft f)

DPTA = dipropylenetriamine = Dipropylentriamin n

dragee	Lacktablette f
drag fork	Hemmgabel f
drag knife	Schlepprakel f
dragmold (met)	Unterkastenmodell n (met)
Draize test (irritant effect)	Draize-Test m (Reizwirkung f)

Dramix(R) = steel fibers for building roads = Stahlfasern f pl zum Strassenbau m

drape with sterile cloth v	steril abdecken v
draw down v (coating) (plastic film)	aufbringen v (Überzug m) ausziehen v (Folie f)
drawing ink	Ausziehtusche f
drawing-in method	Einzugsverfahren n
draw pallet	Ziehpalette f
draw ratio	Reckverhältnis n
dress v (seeds) (ore)	beizen v (Samenkörner n pl) aufschliessen v (Erz n)
dribble v	nachspritzen v
drier	Siccativ n; Sikkativ n; Trockenmittel n

drilling fluid	Bohrflüssigkeit f
drilling/hoisting platform (petr)	Bohr-/Förderinsel f (petr)
drill pipe (petr)	Getriebewelle f (petr)
drip into v	einträpfeln v
dripless	tropffrei
drips flaming particles	tropft brennend ab
drip water	Leckwasser n
drive mechanism	Fahrantrieb m; Fahrwerk n
drive whorl (spinning)	Antriebswirtel n (Spinnen n)
droppings	Tierkot m
dropping weight	Fallgewicht n
drowsiness	Benommenheit f; Schlafsucht f
Drug Act	Arzneimittelgesetz n
dry cleaning stability	Reinigungsbeständigkeit f
dry coated tablet	Manteltablette f
dry density	Trockendichte f

Dry Ice(R) = solid carbon dioxide = Trockeneis n

drying agent	Trockenmittel n
drying cabinet	Trockenschrank m
drying duct	Trockenkanal m
dryness	Trockne f
dryness of the mouth	Mundtrockenheit f
dry-screen v	trockensieben v
dry weight (unit: atro - in %)	Darrgewicht n (Einheit f: Atro n -in %)
dry weight content	Trockenmassegehalt m

DS = dextran sulfate = Dextransulfat n

DSB = double sideband — DSB = Doppelseitenband n

DSC = differential scanning calorimetry = Differential-Thermocalorimetrie f (DSC used in German)
NOTE: DSC in German also Dünnschichtchromatographie f = TLC, thin=layer chromatography.

DTA = differential thermal analysis = Differentialwärmeanalyse f; Differentialthermoanalyse f; Differential-Thermocalorimetrie f (see also DSC)

DTMA = dynamic thermomechanical analysis = dynamische thermomechanische Analyse f

dummy	Testpuppe f
dump v	deponieren v
dumping syndrome	Dumping-Syndrom n
Dunlop process (vulcanization of foamed latex)	Dunlop-Verfahren n (Vulkanisierung von Schaumlatex)
duo-bus	Duo-Bus m

Duomeen(R) = amines of fatty acids = Gruppe f von Fettsäureaminen n pl

duplicating ink	Druckpaste f
durene	Duren n
durofoam	Hartschaum m
duryl	Duryl n
dusting agent	Pudermittel n; Stäubemittel n
duty (compressor; BTU/hour)	Leistung f (Verdichter m; BTU/Stunde)
dwarf juniper (Juniperus nana)	Zwergwacholder m
dwell pressure	Nachdruck m
dwell zone	Verweilzone f
dye	Farbstoff m
dyeable	färbbar
dyeing beam	Färbebaum m
dye receptivity	Anfärbbarkeit f
dyestuff	Farbstoff m
dynamic elongation	Kraftdehnung f
dynamic scattering	dynamische Streuung f
dynamic viscosity	dynamische Zähigkeit f
dyn/cm or dynes/cm pl	dyn/cm
dysfunction (med)	Störung f (med)
dysmenorrheic, -heal	dysmenorrhöisch
dystonia	Dystonie f

* * *

E = extrusion grade (plast) = Extrusionsqualität f (plast)

EADC = ethyl aluminum dichloride = Ethylaluminium-dichlorid n

EAE = encephalomyelitis = Enzephalomyelitis f

EAROM = electrically alterable read only memory = elektrisch veränderbarer Festwertspeicher m

earpiece — Brillenbügel m

EAS = electronic air suspension = elektronische pneumatische Federung f

EASC = ethyl aluminum sesquichloride = Ethylaluminium-sesquichlorid n

easily serviceable — service-freundlich

Eastern Bloc — Ostblock m

easy to comb through — kämm-leicht

echinocyte — Echinocyt m

echo — Nachhall m

ECM = electrochemical machining = elektrochemisches Metallabtragsverfahren n

ecological — ökologisch

ecologically acceptable — umweltfreundlich

ecologically deleterious — umweltschädigend

ecology — Ökologie f

Economics Ministry — Wirtschaftsministerium n

economizer — Ekonomiser m

ECT = emission computerized tomography = Emissions-Computer-Tomographie f

eczematize v — ekzematisieren v

eczematic — ekzematisch

ED = effective dosage (ED_{50} = 50%) — WD = wirksame Dosis f (WD_{50} = 50 %)

ED_{min} = minimum effective dose — WD_{min} = minimale effektive Dose f

EDA = ethylenediamine = Ethylendiamin n

ECoG = eletrocorticogram = Elektrocorticogramm n

edestin (a protein)	Edestin n (ein Protein n)
edetate (salt of EDTA = ethylenediaminetetra-acetic acid)	Edetat n (Salz n der Ethylendiamintetra-essigsäure f)
edetic acid (ethylene-diaminetetraacetic acid)	Edetinsäure f (Ethylendiamin-tetraessigsäure f)
edge clearance	Randgängigkeit f
edge throwing power (coating)	Kantenbeschichtung f

EDM = electrical discharge machining = Bearbeiten n durch elektrische Entladung f

EDTA = edetic acid = Edetinsäure f (see above)

educt	Edukt n; Educt n

EEC = European Economic Community (Western Europe) = Westeuropäische Wirtschaftsgemeinschaft f

EENT = eye-ear-nose-throat (doctor)	HNO = Hals-Nasen-Ohren- (Arzt m)
E factor (emissivity)	E-Faktor m (Emissionskraft f)
effector	Effektor m
effervescent tablet	Brausetablette f
effluent	Ausfluss m; Überstand m (Zentrifuge f)
effluents (industrial)	Prozesswässer n pl (Industrie f)
effluent treatment	Abwasserreinigung f
efflux	Ablauf m
efflux beaker	Auslaufbecher m
efflux resistance	Durchgangswiderstand m (Viskosität f)
efflux time (viscometer)	Durchflusszeit f (Viskosimeter n)

EFI = electronic fuel injection = elektronische Kraftstoffeinspritzung f

EFTA = European Free Trade Association = Europäische Freihandelszone f

EGDN = ethylene glycol dinitrate = Ethylenglycoldinitrat n

EGF = epidermal growth factor = Hautwuchsfaktor m

egg-phosphatidylcholine	Ei-Phosphatidylcholin n
Ehrlich-Ascites tumor cells in mice	Mäuse-Ehrlich-Ascites-Tumorzellen f pl
eicosatrienoic acid	Eicosatriensäure f
eicosinic acid	Eicosinsäure f
either because .... or because....	sei es .... oder sei es....
ejection plate	Ausstossplatte f
elaeostearic acid; eleostearic acid	Eläostearinsäure f
elaeosteric acid; eleosteric acid	Eläostersäure f
elaidic acid	Elaidinsäure f
elastic behavior	Dehnungsverhalten n
elasticize v	elastifizieren v
elasticizer	Elastifizierungsmittel n
elasticizing	Elastifizieren n
elastic memory capacity	Rückstellvermögen n
elastic recovery	Rückformelastizität f
elastoresistance	elastischer Widerstand m
election requirement (pat)	Auswahlerfordernis n (pat)
electrical properties	elektrische Werte m pl
electric furnace	Elektroofen m; Lichtofen m
electric insulating varnish	Elektroinsulierlack m
electric shaver	Trockenrasierapparat m
electric traction magnet	Elektrozugmagnet m
electroacoustic	elektroakustisch
electrobalance	Elektrowaage f
eletrocatalytic	elektrokatalytisch
electrocoat v (aut)	elektrolackieren v (aut); elektrophoretisch beschichten v
electrocoating	Elektrolackierung f; elektrophoretisches Beschichten n

electrodeless	elektrodenlos
electrodeposit v	elektrobeschichten v; galvanisch ausfällen v
electrodeposition	Elektrobeschichtung f; galvanische Ausfällung f
electrodics	Elektrodentechnik f
electroelution	Elektroelution f
electroform v	elektroformen v
electrofugal (= electron-fleeing)	elektrofug (= elektronen-fliehend)
electrofugal entity; electrofugal group; electrofugal residue	Elektrofug n
electrohydraulic	elektrohydraulisch
electroless deposition	stromlose Abscheidung f
electromagnesia	Elektromagnesia f
electron exchanger (compound that can exchange electrons)	Elektronenaustauscher m (Verbindung, die Elektronen austauschen kann)
electron-optical	optoelektronisch; elektronenoptisch
electron optics	Elektronenoptik f
electron ray backscattering method	Elektronenrückstreu-verfahren n
electron-withdrawing	elektronenziehend
electrooptic; electrooptical	elektrooptisch
electroorganic	elektroorganisch
electropaint v	elektrolackieren v
electropainting	Elektrolackierung f
electrophile	Elektrophil n
electrophilic	elektrophil
electrophoretic dip coating	Elektrotauchlackierung f; Elektrotauchüberzug m
electropolish v	elektropolieren v
electrosensitive	elektrosensitiv

electrosleep	Elektroschlaf m
electrostatic mist precipitator	elektrostatischer Gasreiniger m (EGR)
electrosteel	Elektrostahl m
electrostriction	Elektrostriktion f
electrovalent	elektrovalent
elemental (e.g. Na)	elementar (z.B. Na)
elemental protection	Elementenschutz m
elevation (seen perpendicularly from horizon)	Ansicht f
elicit v (computer)	abfragen v (Computer m)
eliminate by exhaling v	abatmen v
eliminate folds by stretching v	aufziehen v (Falten f pl)
elimination rate	Ausscheidungsgeschwindigkeit f
elimination route	Ausscheidungsweg m
elixir (med)	Saft m (med)
elongation	Streckung f
elongation at break (in %)	Dehnung f beim Bruch m; Bruchdehnung f
elongation at rupture (amount of stretch before test body ruptures) (in %)	Bruchdehnung f; Reissdehnung f
elongation at yield (in %)	Bruchdehnung f
elongation at yield point (in %)	Dehnung f bei Streckspannung f; Fliessdehnung f
elongation resistance	Streckfestigkeit f

ELT = emergency locator transmitter = Notkurssender m

eluant; eluent	Elutionsmittel n
elutriate v	elutrieren v

ELV = expendable launch vehicle = entbehrlicher Abschusstreibkörper m

embargo	Liefersperre f

-	-
embedded particle	Einsprengling m
embedment	Einbettung f
embodiment	Raumform f
embonate	Embonat n
embonic acid	Embonsäure f
embossed	genarbt
embossing	Ausprägung f
embrittlement	Sprödewerden n; Versprödung f
EMC = electromagnetic compatibility	EMV = elektromagnetische Verträglichkeit f
emergency shutdown	Gefahrensabschaltung f
emission source	Emittent m
emollient	Anfettmittel n
emotional imbalance	seelische Unausgeglichenheit f
empirical value	Erfahrungswert m
emplacement (clamp)	Anlegung f (Klammer f)
emulsion polymer	E-Polymerisat n
enantiotropic	enantiotrop
enclosing station (foundry)	Zulegestation f
encode v	codieren für v
end burner (rocket fuel)	Stirnbrenner m (Raketentreibstoff m)
end diastolic	enddiastolisch
end group (chem)	Flügelgruppe f (chem)
endless belt drive	Hülltrieb m
endodontia	Endodontie f
endodontic	endodontisch
endo-expiratory	endexspiratorisch
endorphin	Endorphin n
end peel-off strength	Stirnabzugsfestigkeit f
end position switch	Endlagenschalter m
endurance vibration test	Dauerschwingversuch m
enduring	dauernd

engage v (clutch)	einrücken v (Kupplung f)
Engelhardt catalyst (Pd on Al_2O_3)	Engelhardt-Katalysator m (Pd auf Al_2O_3)
Engel's salt ($MgCO_3 \cdot KHCO_3 \cdot 4H_2O$)	Engel'sches Salz n
engine block	Triebwerkblock m
engine compartment	Maschinenraum m
engineering	Maschinenbau m
engine expansion = expansion with production of external work	arbeitsleistende Entspannung f
engine rpm	Drehzahl f
engine space	Motorraum m
engraving	Hochdruck m
enhancer	Verstärker m (med)
enkephalin (morphine receptor)	Enkephalin n (Morphin-Rezeptor m)
enkephalinergic	enkephalinerg
enlarged 100 diameters	hundertfache Vergrösserung f
enol ether	Enolether m
ensilage	Silierung f
ensilage tank	Silierbehälter m
ensile v	silieren v
entangled	verwirrt
enteral	enterisch
enthalpy	Wärmeinhalt m
entrain by suction v	ansaugen v
entraining medium	Schleppmittel n
entrap v	einfangen v
envelope glycoprotein	Hüllenglykoprotein n
envelope line	Hüllinie f
envelope-stuffing machine	Kuvertiermaschine f
environmental protection	Umweltschutz m
Environmental Protection Agency	Bundesamt n für Umweltschutz m

envisage v	vorsehen v
enzymatic defect	Enzymdefekt m
enzyme source	Enzymquelle f
enzymoimmunoassay	Enzymimmunoassay m

EO = ethylene oxide = Ethylenoxid n

EOR = enhanced (= tertiary) oil recovery = tertiäre Ölgewinnung f

eosinophile test	Eosinophilentest m

EPA = Environmental Protection Agency = US-Umweltschutzbehörde f

e.p.h.r. = equivalents per 100 parts of rubber	ephr = e.p.h.r. also used in German
epileptogenic	epileptogen
epimerization	Epimerisierung f
epimerize v	epimerisieren v
epoxide	Epoxid n
epoxide ring	Epoxidring m
epoxyanion; epoxy anion	Epoxianion n; Epoxidanion n
epoxy group	Epoxidgruppe f;
epoxy number (ratio of epoxy groups to molecular weight of epoxy compound)	Epoxyzahl f (Verhältnis der Epoxidgruppen zum Molgewicht der Epoxidverbindung)
epoxytetradecane	Tetradecanepoxid n

EPR = electron paramagnetic resonance = Elektronparamagnetresonanz f

EPR = evaporative pressure regulator = Verdampfungsdruckregler m

EPR = ethylene-propylene rubber	APK (obsolete; better:) EPK= Ethylen-Propylen-Kautschuk m

EPS = expandable polystyrene = expandierbares Polystyrol n

also:

EPS = expanded polystyrene = Polystyrolschaum m

E-PVC = emulsion-polymerized PVC = Emulsions-PVC n

eq. = equivalent	äquiv. = äquivalent
eq/g = exchange capacity	val/g = Austauschkapazität f
equal-edge	kantengleich; randgleich
equalize v	nivellieren v; vergleichmässigen v
equal-sided	kantengleich
equilenin	Equilenin n
equilibrate v	equilibrieren v
equilibrated	equilibriert
equimate (luteolytic)	Equimat n (Luteolytikum n)
equipment cost	Apparaturkosten f pl
equipment fittings	Armaturenteile m pl
equipment status	Ausrüstungsstand m
equipotent	gleichaktiv
equisignal	Gleichsignal n
equity position	Kapitalverhältnis n
ERG = electroretinogram = Elektroretinogramm n	
ergobasinine	Ergobasinin n
ergolen	Ergolen n
ergolenyl	Ergolenyl n
ergoline	Ergolin n
ergometrine	Ergometrin n
ergometrinine	Ergometrinin n
ergonomic	ergonomisch
ergonovinine	Ergonovinin n
ergotaminine	Ergotaminin n
ergotanilide	Ergotanilid n
ergotine	Ergotin n
Erichsen cupping test	Erichsen-Tiefung f; Tiefung nach Erichsen f
Erichsen impact cupping test	Schlagtiefung nach Erichsen f
erinite [$Cu_5(OH)_4(AsO_4)_2$]	Erinit m
erionite (a zeolite)	Erionit m (ein Zeolith m)

errant — nicht bestimmungsgemässs

erucic acid — Erucasäure f

erythrinane — Erythrinan n

erythrocuprein — Erythrocuprein n

ESB = electrostimulation (electrical stimulation) of the brain = elektrische Gehirnstimulierung f (Gehirnstimulation f)

esophageal probe — Schlundsonde f

ESR = electron spin resonance = Elektronenspinresonanz f

ESR spectroscopy — ESR-Spektroskopie f

ESR = erythrocyte sedimentation reaction — BSR = Blutsenkungsreaktion f

ESS = electronic switching system = elektronisches Schaltsystem n

essential, -s pl — Prinzipium n, -en pl

ester interchange — Umesterung f

ESV = erythrocyte sedimentation velocity — BSG = Blutsenkungsgeschwindigkeit f

ESV = experimental safety vehicle = experimentelles Sicherheitsfahrzeug n

ET = effective temperature = wirksame Temperatur f

ethanedithiol — Ethandithiol n

ethanization — Ethanisierung f

ethanize v — ethanisieren v

ether acid — Ethersäure f

etherate — Etherat n

ethidium bromide — Ethidiumbromid n

ethoxylate — Ethoxylat n

ethoxylate v — ethoxylieren v

ethyldiisopropylamine — Hünigbase f (Ethyldiisopropylamin n)

ethylenamino (preferred over ethyleneamino) — Ethylenamino n

ethylenimino — Ethylenimino n

ethylsulfuric chloride — Ethylschwefelchlorid n

ethynodiol	Ethynodiol n
ethynyl	Ethinyl n
etiology	Krankheitsforschung f
eukephalin (neurotransmitter)	Eukephalin n (Neurotransmitter m)
Euromatic(R) = continuous mixer = Durchlaufmischer m	
eutactic	eutaktisch
evacuate v	absaugen v
Evans solution (extraction of allergens)	Evans-Lösung f (Allergenextraktion f)
evaporate v	abziehen v
evaporation (can take place below boiling point)	Verdunstung f (kann unter dem Kochpunkt stattfinden)
event	Vorkommnis n
events at cellular level	zelluläre Vorgänge m pl
evoke v	hervorrufen v
exchange capacity	Austauschkapazität f
excipient (med)	Träger m (med)
excreted via urinary tract	harnableitend; harngängig
excretion product	Ausscheidungsprodukt n
excretory capability	Ausscheidungsvermögen n
executive	Abwickler m
exergonic property	Exergie f
exhaust v	ausgasen v
exhausted (catalyst)	verbraucht (Katalysator m)
exhaustive reaction	Abreaktion f
exhaust manifold	Abgaskanal m
exhaust port	Abströmraum m
exoelectron	Exoelektron n
exoergic loss	Exergieverlust m
exogenous protein	Fremdprotein n
exon	Exon n (Exons n pl)
expandable paste	Schaumpaste f

expanded coating	Schaumbeschichtung f
expanded hollow molding	Schaumhohlkörper m
expanded leathercloth	Schaumkunstleder n
expanded metal	Streckmetall n
expanded roller	Ausbreitwalze f
expansion	Aufschäumen n (plast)
expansion engine	Entspannungsmaschine f
expansion rivet	Spreizniet m, n
expansion seal	Quelldichtung f
expansion tunnel	Schäumkanal m
expedient	Massnahme f
expel v	ausschieben v
experimentee	Versuchsperson f
exploratory test	Suchtest m
explosive charge	Sprengladung f
explosive cladding	Explosivplattieren n; Sprengplattieren n
explosive device	Sprengkörper m
explosive element	Sprengkörper m
explosive oil	Sprengöl n
explosive release of air (pneumatic system)	Schaltstoss m (pneumatisches System n)
expose v (image)	darstellen v (Bild n)
(to stress)	belasten v
(to a gas)	beschleiern v
exposure	Exponierung f Darstellung f (Bild n)
exposure size	Belichtungsgrösse f
express v (gen)	exprimieren v (gen)
expulsion	Ausschub m
exsanguinate v	entbluten v
extender	Streckmittel n
extender oil	Stecköl n
extensibility	Reckfähigkeit f
extension (telephone)	Hausruf m

external cooling	Fremdkühlung f
external form	Aussenschalung f
external heat	Fremdwärme f
externally burning grain (rocket fuel)	Aussenbrenner m (Raketentreibstoff m)
extract	Aufguss m
extract v	ausschütteln v
extractable	ausziehbar
extractable by ether (in %)	Etherextrakt m (in %)
extractant	Ausziehmittel n; Extraktionsmittel n
extract by boiling v	auskochen v
extractive distillation	Extraktivdestillation f
extractor	Extraktor m; Schleuder f
extract with agitation v	ausrühren v
extra heavy (oil)	ES = extra schwerflüssig (Öl n)
extraneous air	Fremdluft f
extraneous protein	Fremdprotein n
extreme fiber	Randfaser f
extreme position	Umkehrstellung f
extrudate	Extrudat n
extrusible	extrudierbar
extrusion blow molding	Extrusionsblasen n
extrusion capacity	Ausstossleistung f
extrusion laminating	Extrusionsbeschichtung f
exudate	Ausscheidung f
eye ellipse	Augenellipse f
eye imperfection	Augenfehler m
eyelet	Oeillet n; Schnürloch n
eyeliner	Lidstrich m
eye shadow pencil; eye shadow stick	Lidschattenstift m
eye shadow powder compact	Lidschatten-Puderkompakt n

* * *

F = film grade (plast) = Filmqualität f (plast)

f = factor for molarity, determined by filtration = Molaritätsfaktor, durch Filtration bestimmt

F_{50} = failure time value at 50° C (plast) = Fehlzeitwert m bei 50° C (plast)

fabric base	Grundgewebe n
face-centered cubic	kubisch-flächenzentriert
face of fabric	Sichtseite f
facet (= aspect)	Gesicht n (Betrachtungsweise f)
facial tissue	Kosmetiktuch n
facing (roof)	Blende f (Dach n)
factual	sachlich
Fade-o-meter (color meter); Fade-Ometer	Fade-o-Meter n; Fadeometer n (Farbmesser m)
fair (exposition)	Messe f (Ausstellung f)
falling-film distillation	Fallfilmdestillation f
falling-weight test	Fallprüfung f
false-color image	Falschfarbenbild n
false twist	Falschdrall m
familiarization period	Eingewöhnungszeit f
family (fauna, flora) (includes several genera)	Familie f (schliesst mehrere Gattungen ein)
fan blade	Ventilatorenflügel m
fancy coloring; fancy dyeing	Effekt-Einfärbung f
far infrared	fernes Infrarot n
fasting	Nahrungskarenz f
fasting (adj)	nüchtern (adj)
fat pad	Fettpolster n
fat-restoring	auffettend; rückfettend
fatty acid forerun	Vorlauffettsäure f

fatty acid pitch	Fettpech n
fatty alcohol	Fettalkohol m
fatty substance	Fettkörper m
faujasite (type of zeolite)	Faujasit m (Art von Zeolith m)
favorable terms	Kulanz f
Fc = ferrocene [bis(η-cyclopentadienyl)iron] = Ferrocen n [Bis(η-cyclopentadienyl)eisen n]	
FCA = Freund complete adjuvant = Freunds komplettes Adjuvans n; Freundsches komplettes Adjuvans n	
FCC = fluidized catalytic cracking = katalytisches Wirbelbettkracken n	
FCS = fire control system = Schusskontrolle f (Waffe f)	
feather and groove	Feder f und Nut f
fecal pellets	Kot m
feeble-mindedness	Debilität f (= Schwachsinn m)
feed (process)	Vorlage f (Prozess m)
feed air humidification	Zuluftbefeuchtung f
feed conduit	Zulaufleitung f
feeder (coiling)	Anleger m (Aufrollen n)
feed downcomer (column)	Zulaufschacht m (Kolonne f)
feed gas	Einsatzgas n
feeding bolt	Einlegebolzen m
feeding mixture (animal feed)	Futtermischung f (Tierfutter n)
feeding rate	Zuführgeschwindigkeit f
feeding reel (text)	Kaule f (text)
feed path	Vorschubweg m
feedstock (material)	Einsatz m (Material n); Einsatzmaterial n; Eintrag m
feedstuff	Futtermittel n (Tierfutter n)
feel	Griff m
FEL = free-electron laser = Freie-Elektronen-Laser m	
felt marker	Filzstift m

FeLV = feline leukemia virus = Katzen-Leukämie-Virus n

female mold	Negativform f
feminine hygiene	Intimpflege f
femoral blockage	Schenkelblock m
femoral head	Hüftkopf m
femur	Oberschenkel m
fermentor (apparatus)	Fermenter m (Vorrichtung f)
fermi = 10^{-13} cm (atomic nucleus shell)	Fermi = 10^{-13} cm (Atomkern-schale f)
ferric ammonium sulfate	Eisenammonsulfat n
ferricinium	Ferricinium n
ferric short circuit	Eisenrückschluss m
ferrimagnetic	Ferrimagnetikum n -ka pl
ferrocene	Ferrocen n
festoon steamer (text)	Laufschlaufendämpfer m

FET = field effect transistor = Feldeffekttransistor m

Fi = fluoride ion (F atom that has gained an electron) = Fluoridion n (F-Atom plus ein Elektron n)

fiberboard	Faserplatte f
fiber-grade	faserrein
fiber-grade purity	Faserreinheit f
fiber lightguide	Lichtleitfaser f
fiber optics	Faseroptik f
fiber optical waveguide preform	Lichtwellenleiter-Preform f
fiber-optic waveguide	Lichtwellenleiter m
fiber-reinforced plastic pipe	Faserkunststoffrohr n
fiber strand	Fadenschar f
fiber weight	Titer m
fibrillate v	fibrillieren v
fibrin adhesive	Fibrinkleber m
fibrin-antibiotic gel	Fibrin-Antibiotikum-Gel n
fibrous	zerfasert

fibrous composite	Faserverbundstoff m
fibrous mat	Faservlies n

FID = flame ionization detector = Flammenionisationsdetektor m

field probe	Feldsonde f
filament	Drähtchen n (falls Metall n)
filamentary crystal	Haarkristall m
filament electromachining	Fadenerodieren n
filament group	Fadenschar f
filament winding process	Faser-Wickelverfahren n
file wrapper	Akteninhalt m
filiform corrosion	Filiformkorrosion f
fillet radius (shaft)	Übergangsradius m (Welle f)
filling	Füllgut n Mine f (im Bleistift m) Schüttung f (Kolonne f)
filling compound	Vergiessmasse f; Vergussmasse f
filling level	Füllzustand m
filling member	Füllstück n
filling point	Füllstelle f
fill orders v	beliefern v
film	Folie f (plast) (less than 1/4 mm in thickness)
film-forming agent	Verfilmungsmittel n; Filmbildner m
film substrate	Trägerfolie f
film tapes for weaving and knitting	Web- und Wirkfolien f pl
filter bag	Taschenfilter n, m
filter cake	Filterrückstand m
filter candle	Filterkerze f
final cure	Nachhärtung f
final gas	Endgas n
final shaping	endgültige Formgebung f

final urine	Endharn m
finding oneself	Selbstverwirklichung f
fine	Ordnungsgeld n (Strafe f)
finely chopped	feingeschnitten
finely dispersed	feindispers
fine motor ability	Feinmotorik f
fineness of thread	Fadenstärke f
fining agent (glass)	Läutermittel n (Glas n)
finishing line	Fertigungsstrasse f
finishing operation	Nacharbeit f
finned-agitator mixer	Rippenmischer m
finned tube	Rippenrohr n

FIR = far infrared (wavelength 25 µm - 1 mm) = fernes Infrarot n (Wellenlänge f 25 µm - 1 mm)

fire v (burner)	beaufschlagen v (Brenner m)
fireplace screen	Kaminschirm m
fire-resistant	flammwidrig; brandwidrig
fire-resistive	brandwidrig; flammwidrig
fire storm	Feuersturm m
firing channel (spark plug)	Schusskanal m (Zündkerze f)
firing control computer	Feuerleitrechner m
firing frequency	Kadenz f
firing implacement; firing emplacement	Feuerstellung f
first cost	Anfangskosten f pl
first-fraction fatty acid	Vorlauffettsäure f
(of the) first order (integral)	(erster) Ordnung f (Integral n)
first press	Kopfpresse f
fir tree root (turbine)	Tannenbaumfuss m (Turbine f)
fish crate	Fischkasten m
fisheye (plast) (imperfection)	Fischauge n (plast)

fisheye gel (plast) (imperfection)	Gelstippe f (plast)
fishtail die	Breitschlitzextrusionswerkzeug n
fissionable material (nuclear reactor)	Brennstoff m (Kernreaktor m)
fission bomb	Atombombe f
fission trigger	Kernspaltungszünder m
fistular canal	Fistelgang m
fistular system	Fistelsystem n
FITC = fluorescein isothiocyanate (dye) = Fluoresceinisothiocyanat n (Färbemittel n)	
fixative (perfume)	Fixiermittel n (Parfüm n)
fixative power	Haftfestigkeit f
fixed acid (nonvolatile)	fixe Säure f (nichtflüchtig)
fixed bearing	Festlager n
fixed boss top roller (ring spinning machine)	Festwalze f (Ringspinnmaschine f)
fixed ion	Festion n
fixed positioning	Festlegung f
fixed transmission	Standgetriebe n
fix throughout v	durchfixieren v
fizz v	prickeln v
flabby	schwabbelig
flag (fly fibers)	Haarnadel f (Flugfasern f pl)
flame arrester	Flammensperre f; Zerfallsperre f
flame bar	Flammbalken m
flame burner	Flammenbrenner m
flame front	Brennfront f
flameholder	Flammhalter m
flame laminating	Flammkaschieren n
flameproof	brandverhütend; flammfest
flameproofed	brandgeschützt
flameproofing agent	Flammschutzmittel n

flame-resistant	flammfest; flammwidrig
flame retardant	Brandschutzmittel n; Flammhemmer m
flame-retardant	schwerentflammbar; flammhemmend; feuerhemmend
flame retarder	Abbrandmoderator m
flammability	Brennbarkeit f
flammability characteristic	Brandverhalten n
flank organ	Flankenorgan n
flare	Leuchte f
flare candle	Leuchtkerze f
flash v (roof)	verwahren v (Dach n)
flashback (gun)	Nachflammen n (Kanone f)
flash charge	Stoppine f
flash dryer	Stromtrockner m
flash gas	Flaschgas n
flashgun	Blitzlichtlampe f
flash line (molding)	Gratlinie f
flashover	Flammen n
flash reducer	Flammendämpfer m
flashtube	Blitzlichtröhre f
flat conductor cable	Flachleiter m
(lay-) flat film	Flachfolie f
flathead element	Quetschkopfkörper m
flathead projectile	Quetschkopfkörper m (Granate f)
flatness	Planheit f
flat position	Strecklage f
flat press	Flachpresse f
flat printing	Flachdruck m
flat spring	Biegefeder f
flatten v (paint)	mattieren v (Anstrichfarbe f)
flatting agent	Mattierungsmittel n
flattened	fladenförmig

flavorant	Geschmacksverbesserer m
flavor-correcting agent; flavor-ameliorating agent	Geschmackskorrigens n -tien pl; Geschmacksverbesserer m
flavor protection	Aromaschutz m
flawless	lückenlos
flaying house	Tierkörperverwertungsanlage f
flexibilize v	biegsam machen v
flexible foam	Weichschaumstoff m
flexometer (flexure testing machine) (measures in minutes and degrees)	Flexometer n (Biegetest-apparat m) (misst in Minuten und Graden)
flexo press	Flexodruckmaschine f
flexurally elastic	biegungselastisch
flexural stiffness	Biegefestigkeit f
flexural strength	Biegefestigkeit f
flexural strength at break (in N/mm²)	Biegefestigkeit f (in N/mm²)
flexural stress at break	Grenzbiegespannung f
flexural tensile strength	Biegezugfestigkeit f
flexural impact test	Schlagbiegeversuch m
flight	Schneckenwendel f
flip v	klappen v
flip switch	Schalterwippe f
floating caliper brake	Schwimmsattelbremse f
float chamber	Schwimmerkammer f
floatcraft	Schwimmfahrzeug n
float needle valve	Schwimmernadelventil n
float-on-air dryer	Schwebedüsentrockner m
Flobert ammunition	Flobertmunition f
flocculant; flocculent	Flockungsmittel n
flocculant sludge	Belebtschlammflocke f
flock v	beflocken v
flock (wool)	Flocke f (Wolle f)
floor (mine)	Liegendes n (Mine f)

floor cleaner	Fussbodenreinigungsmittel n
floor heating	Bodenheizung f
flooring	Fussboden m
floor plan	Aufstellungsplan m
floor-to-floor time	Boden-zu-Boden-Zeit f (mech)
floridin earths	Floridin-Erden f pl
flow agent	Verlaufmittel n
flow cell	Durchflusszelle f
flow characteristic	Fliessfähigkeit f
flow chart	Fliessdiagramm n; Zeitablaufschema n
flow cross section	Strömungsquerschnitt m
flow direction	Durchlaufrichtung f
flow diverter; flow divertor	Stromstörer m
flow divider valve	Mengenteilerventil n
flow duct	Strömungskanal m
flow improver	Stromverbesserer m
flowing-off downcomer (column)	Ablaufschacht m (Kolonne f)
flow interruption	Abreissen n
flow molding	Intrudieren n; Intrusion f
flow momentum	Impulsstrom m
flow pipe	Strömungsrohr n
flow point (oil)	Fliesspunkt m (Öl n)
flow property	Verlaufsverhalten n (Anstrichmittel n); Verlaufseigenschaft f
flow pump	Strömungspumpe f
flow rate	Durchflusszahl f
flow splitter	Stromteiler m
flow stratum -a pl	Stromschicht f
fluate (= fluosilicate)	Fluat n (Fluorsilikat n oder Fluosilikat n)
flue baker	Hotflue m

fluid	strömungsfähig
fluid chromatography	Fluidchromatographie f
fluid dashpot	Schliessdämpfer m
fluidize v	verwirbeln v
fluidized bed chamber	Wirbelkammer f
fluidized bed combustion	Wirbelschichtfeuerung f
fluidizing cell	Wirbelzelle f
fluid logic circuit	Logistor m
fluid motor	Fluid-Motor m; Flussmotor m; Strömungsmotor m
fluid-tight	flüssigkeitsdicht
fluid velocity	Strömungsgeschwindigkeit f
fluoborate	Fluoroborat n; Fluoborat n
fluocinide (corticoid)	Fluocinid n (Corticoid n)
fluorenone	Fluorenon n
fluoride ion	Fluoridion n
fluorinated plastic	Fluorkunststoff m
fluorite = fluorspar (Ca fluoride)	Fluorit m = Flußspat m (Ca-Fluorid n)
fluorochromatize v	fluorchromieren v
fluorochrome (fluorescent compound)	Fluorchrom n; Fluorochrom n (Fluoreszenzsubstanz f)
fluoroform	Fluoroform n
fluorohydrin	Fluorhydrin n
fluorometer; fluorimeter	Fluorometer n
fluorspar = fluorite (Ca fluoride)	Flußspat m = Fluorit m (Ca-Fluorid n)
fluosilicate (salt of fluosilicic acid)	Silikofluorid n (Salz der Fluorkieselsäure f)
fluosilicic acid (preferred term for hexafluorosilicic acid = hydrofluosilicic acid = hydrogen hexafluorosilicate = hydrosilicofluoride)	Fluorkieselsäure f (bevorzugte Bezeichnung für Hexafluorkieselsäure f = Wasserstofffluorkieselsäure f = Wasserstoffhexafluorsilikat n = Wasserstoffsilikafluorid n)

fluothane (anesthetic)	Fluothan n (Anästhetikum n)
fluprednylidene	Fluprednyliden n
flush v	ausspülen v
flush	satt; vollflächig
fluted	gerillt
flux	Schweisshilfsmittel n
flux box	Flussmittelbüchse f
flux oil	Fluxöl n
flyback suppressor	Rücklaufsperre f
flying sparks	Flugfeuer n
fly sheet	Deckblatt n
flyweight	Wuchtmasse f

FMS = flexible manufacturing system = anpassungsfähiges Produktionssystem n

FMVSS = Federal Motor Vehicle Safety Standard = Bundessicherheitsstandard für Kraftfahrzeuge m

foam backing	Schaumrücken m
foam density	Schaumstoffdichte f
foam filament	Schaumfaden m
foam in mold v	formschäumen v
foam lamina	Schaumlamelle f
foam level	Schaumhöhe f
focal plane	Bildebene f
focal point	Schärfenpunkt m
foil substrate	Trägerfolie f
fold v (through 180°)	knicken v
folded (fabric lengths)	abgetafelt
fold over v	zufalten v
Foley catheter	Ballonkatheter m
folic acid = pteroylglutamic acid	Folsäure f = Pteroylglutaminsäure f
folinic acid = 5-formyl-5,6,7,8-tetrahydro-pteroyl-L-glutamic acid	Folinsäure f = 5-Formyl-5,6,7,8-tetrahydro-pteroyl-L-glutaminsäure f

food dye	Lebensmittelfarbe f
food-grade	nahrungsmittelrein
food intake	Futteraufnahme f (Tiere n pl)
Foodstuffs Act; Foodstuffs Law	Lebensmittelgesetz n
foot (column)	Fuss m (Säule f)
footpad (animals)	Pfote f
footrace	Lauf m
foot racer	Läufer m (Sport m) Läuferin f
footstep bearing	Spurlager n
footwear	Schuhwerk n
foraminous	porös
force-applying element	Krafteinleitungselement n
force-derived	kraftschlüssig
forced suction filter	Drucknutsche f
force flux meter	Kraftlaufmesser m
foreign ion	Fremdion n
foresight	Weitsichtigkeit f
forestall v	vorbeugen v
forgery-proof	fälschungssicher
forklift	Gabelstapler m
form antilogarithm v	delogarithmieren v
form braids v	verzopfen v
formative	plastisch
formed charge (expl)	Pressling m (expl)
formed integral with	einstückig
form fit	Formschluss m
forming tool	Formwerkzeug n
formoguanamine	Formoguanamin n
formulation (composition of a mixture)	Einstellung f (Mischung f); Rezeptur f; Rezepturgestaltung f
for the most part	grösstenteils

forty-plate (column) (etc.)	vierzigbödig (Kolonne f) (etc.)
forward taper	Vorschneider m (mech)
fouling (catalyst)	Verunreinigung f (Katalysator m)
foundation stone	Grundstein m
four-cycle internal combustion engine	Ottomotor m
four-digit number (etc.)	vierstellige Zahl f (etc.)
fourdrinier; Fourdrinier (paper manufacture)	Blattbildner m (Papierherstellung f)
four-membered ring (etc.)	viergliedriger Ring m (etc.)
for your files	zum Verbleib m
foundry sand	Hüttensand m
four-layer diode (pnpn) (semiconductor)	Vierschichtdiode f (pnpn) (Halbleiter m)
FP = flush point = Spültemperatur f	
fractal	Fraktal n
fractographic	fraktographisch; -grafisch
fractography	Fraktographie f; Fraktografie f
FRAC method = fracturing method (petroleum extraction)	FRAC-Verfahren n (Erdölgewinnung f)
fragmentary view	Teilansicht f
fragmentation	Sprengung f
fragmenting grenade	Splittergranate f
fragrance	Geruch m
fraise	Fräse f
franchise	Alleinverkauf m
fray v	spleissen v (= fein spalten v)
FRC = fire refined copper = feuervergütetes Kupfer n	
free-flowing	fliessfähig; giessfähig; rieselfähig
free-flow pipeline	Freispiegelleitung f

-	-
free-standing	freitragend
freewheeling diode	Freilaufdiode f
freeze fracture	Gefrierätzung f
freezer burn	Gefrierbrand m
freezer cooler	Ausfrierkühler m
freezer warehouse	Kalthaus n
freezing point	Eistemperatur f; Festpunkt m (Gas n)
freezing point depressant	Gefrierpunktserniedriger m
freight container	Frachtbehälter m
French inch (= 27.07 mm)	Französischer Zoll m
Freon (R) (refrigerant)	Frigen(R) n (Kältemittel n)
frequency of rotation	Drehfrequenz f
frequency-voltage converter	Frequenzspannungsumsetzer m
fresh air compressor	Frischluftkompressor m
fresh blood	Frischblut n
freshener	Refraichisseur m
Freund's adjuvant	Freunds Adjuvans n; Freundsches Adjuvans n

FRG = Federal Republic of Germany = Deutsche Bundesrepublik f; BRD = Bundesrepublik Deutschland f

friable	krümelig
frictional contact connection	Reibschluss m
friction bonderize v	gleitbondern v
friction disk	Reiblamelle f
friction displacement	Reibungsweg m
friction igniter	Abreisszünder m
friction pad	Reibkissen n
friction stability	Friktionsstabilität f
friction wear	Reibverschleiss m
friction weld v	reibschweissen v
friction zone	Rubbelzone f

fringe	Kante f
Frisbee(R)	Wurfscheibe f
fritted disk; fritted plate	Frittenscheibe f; Frittenplatte f; Fritte f
fritted glass tube	Glasfritte f
frontal attachment	Vorbau m
front end	Bug m (Fahrzeug n)
front end structure (aut)	Bugaufbau m (aut)
front-loading pistol	Perkussionspistole f; Vorderladepistole f
front strap (ski)	Vorderstrammer m (Schi m)
frostproof	frostfest; froststabil; gefrierbeständig
frothable paste	Schlagschaumpaste f

FRP = fiber glass reinforced plastic = glasfaserverstärkter Kunststoff m

fructamine (amine of sugar alcohol)	Fructamin n (Zuckeralkoholamin n)
fruit fly	Taufliege f
frustoconical	kegelstumpfförmig

FSH = follicle-stimulating hormone = follikelstimulierendes Hormon n

fucosterol	Fucosterin n
fuel-air ratio	Luftzahl f
fuel-conserving engine	Sparmotor m
fueling factor (rocket)	Füllungsfaktor m (Rakete f)
fuel jet (aut)	Kraftstoffstrahl m (aut)
fuel hose	Kraftstofförderschlauch m
fuel weight (rocket)	Füllungsgewicht n (Rakete f)
fugacity (oxygen activity)	Fugazität f (Sauerstoffaktivität f)
fugitive group	Fluchtgruppe f (chem)
full cut (diamond)	Vollschliff m (Diamant m)
full-cut	vollschliffig

full-fledged	vollwertig
full-term (baby)	reifgeboren
full-wave	vollwellig; Vollwellen-
fully demineralized	vollentsalzt
fully emancipated woman	Voll-Emanze f
functional	belastbar
functional diagnostic agent; functional diagnosticum	Funktionsdiagnostikum n -ka pl
fungal culture	Pilzkultur f
fungistasis	Fungistase f
fungistat	Fungistat n; Fungistatikum n -ka pl
fungistatic	fungistatisch; antifungal
fungitoxic	fungitoxisch
furancarboxylic acid = furoic acid	Furancarbonsäure f
furnace sintering (met)	Ofenerhitzung f (met)
furnace throat	Ofengicht f
furoic acid	Furancarbonsäure f
furious	gewaltig
Furol viscosity (about 1/10 Saybolt viscosity) (for oils)	Furolviskosität f (etwa 1/10 Saybolt-Viskosität) (für Öle)
fusaric acid	Fusarinsäure f
fuse v	fritten v; ausgelieren v; verschweissen v
fuse cord	Zündschnur f
fused quartz	Quartzglas n
fusel oil	Getreidesyrup m
fuse together v	verschmelzen v
fusible adhesive	Schmelzkleber m
fusidic acid	Fusidinsäure f
fusion (rings, chem)	Anellierung f (chem)

* * *

g = graft (copolymer) = Propf- (Copolymer n)

g = unit of gravity = Einheit der Schwerkraft f

gadoleic acid	Gadoleinsäure f
gaiactamine	Gaiactamin n
galactitol	Galactit n
galactomannan	Galaktomannan n
galactosamine	Galaktosamin n
galangin	Galangin n
Galen of Pergamum	Galen von Bergamon
Galilean telescope	Galileisches Fernrohr n
galingale (sedge with aromatic root)	Galingal n (aromatische Wurzel f)
gallamine	Gallamin n
gallery ammunition	Schiessmunition f
gallium arsenide phosphide (red-light emitting semiconductor)	Galliumarsenidphosphid n (rotes Licht aussendender Halbleiter m)
gallulmic acid = metagallic acid	Gallulminsäure f = Metagallussäure f
gap charge	Spaltsatz m
gap control (electromagnet)	Spaltregelung f (Elektromagnet m)
gap principle (expl)	Spaltprinzip n (expl)
Garan(R) = vinyl silane (a finish)	= Vinylsilan n (Appretur f)
Garan(R) process = fabric finishing	Garan(R)-Prozess m = Textilveredelung f
Gardner-Holdt scale (color)	Gardner-Holdt-Skala f (Farben f pl)
Gardner reading (e.g. 7)	Gardner-Farbe f (z.B. 7)
gas accumulation	Gasstau m
gas cable (aut)	Gaszug m (aut)
gas collector housing	Gassammelgehäuse n

gas convection dryer	Gaskonvektionstrockner m
gas detection apparatus	Gasspürgerät n
gaseous charge	Einsatzgas n
gas flowmeter	Gasmengenmesser m
gas flow path	Gasweg m
gas gangrene	Gasbrand m
gas generator turbine	Gaserzeugerturbine f
gas handling capacity	Gasdurchsatz m
gas leakage	Gasschlupf m
gas manifold	Gasverteiler m
gas oil cracking (not fractionation)	Gasölspaltung f
gasoline hose	Zapfrohr n
gasometer	Gasometer n
gas passage velocity	Gasdurchtritts-geschwindigkeit f
gas release	Gasabspaltung f
gas sniffer	Gasspürgerät n
gas space	Gasraum m
gas stagnation	Gasstau m
gastight	gasdicht; gasundurchlässig
gas-treat v	begasen v
gastrography	Gastrographie f
gate (mold)	Anguss m (Form f)
gate valve	Schieber m
gathered in folds	gefaltet
gating conditions	Angusstechnik f
gating pulse	Austastpuls m; Austastimpuls m
gating signal	Torsignal n
gating stage	Torstufe f
gating technique	Angusstechnik f
gauche (molecular chain with 60° twist)	gauche (Molekülkettenform mit 60° Verwindung)

gauge v	wichten v
gauge	Dicke f (eines Materials, z.B. einer Folie)
gauge	Tastgerät n
gauge pressure	Überdruck m
Gaussian distribution	Gaußsche Verteilung f
gavage (by)	Schlundsonde f (mit)
Gbps = gigabits per second	= Gigabits n pl pro Sekunde f
GC = gas chromatography	= Gaschromatographie f
Gcal = gigacalorie	Gkal = Gigakalorie f
g/den = grams/denier (text)	= Gramm/Denier (obsolete textile dimension)
GDH = glucose dehydrogenase	= Glucosedehydrogenase f
GEA = glioembryonic antigen	= glioembryonisches Antigen n
gear belt	Zahnriemen m
gearshifting plate	Schaltplatte f
gear stage	Gangstufe f
gear teeth ratio	Zähnezahlverhältnis n
Geer oven aging (plast)	Geer-Alterung f (plast)
gegenion	Gegenion n
gel (plast) (imperfection)	Stippe f (plast) (Unreinheit f)
gelatin capsule (med); gelcap	Gelatinekapsel f (med); Gelkapsel f
gel content (plast)	Stippigkeit f (plast)
gel-free	gelfrei
gelling agent	Gelbildner m; Gelierer m
gelling tunnel	Gelierkanal m
gel permeation chromatography	Gel-Permeations-Chromatographie f
gel proportion; gel	Gelanteil m
gene expression	Gen-Expression f
general physical	Vorsorgeuntersuchung f
generate v	generieren v
generic	global

generic claim (pat)	Dachanspruch m (pat)
genetic	genetisch
genetic engineering	Gentechnologie f
genetic material	Erbmaterial n
gentamicin	Gentamicin n (US-Patent 3,091,572)
genome	Genom n
genus, genera (fauna, flora)	Gattung f
geologically recent	(aus) jüngerer Erdgeschichte f
geranium oil	Geranienöl n
germ	Keim m
germanate	Germanat n
German Federal Patent Court	Bundespatentgericht n
germ count	Keimzahl f
germ count store	Keimzählager n
germ density	Keimdichte f
germfree	keimfrei
germinal epithelium (female)	Keimepithel n (weiblich)
germination culture	Anzucht f
gestational toxicosis -es pl; gestosis -es pl	Schwangerschaftstoxikose f
getter (isotopes)	Fänger m (Isotopen n pl)

GeV = giga electron volt = Gigaelektronenvolt n

GFA = glial fibrillary acidic protein = gliafibrilläres Säureprotein n

GFRP = glass-fiber reinforced plastic	GFK = glasfaserverstärkter Kunststoff m
Girard's reagent T = trimethylhydrazino-carbonylmethylammonium chloride	Girardsches Reagens T n = Trimethylhydrazino-carbonlymethylammonium-chlorid n
give v	ergeben v
given value	Vorgabewert m
glacier meal; glacial meal	Gesteinsmehl n

glandless stopfbuchslos
glare reduction Abblendung f
glass-ceramic Glaskeramik f
glass fiber-reinforced glasfaserverstärkt
glass fiber strand Glasfaserstrang m
glass foam Schaumglas n
glass injector Injektionsglas n
glass lathe Glasdrehbank f
glassmaking Glasproduktion f
glass microsphere Mikroglaskugel f
glass microspheres-filled glaskugelgefüllt
glass molding Glasleiste f
glass panel Glasbauelement n
glass pipette Glasheber m
glass point Glaspunkt m
glass solder Glaslot n
glass transition temperature Glaspunkt m; Glastemperatur f
glassy stage Glaszustand m
glaucoma Glaukom n; grüner Star m
GLC = gas-liquid chroamtography = Gas-Flüssig-Chromatographie f
GlDH = glutamic dehydrogenase = Glutamindehydrogenase f
globular kugelig
globule Kügelchen n
glomerule; glomerulus Glomerulum n
gloss by the Lange method Glanz m nach Lange
Gln = glutamine = Glutamin n
Glu = glutamic acid (amino acid) = Glutaminsäure f (Aminosäure f)
glucamine Glucamin n
glucose load Glucosebelastung f
glucose phosphate isomerase Glucosephosphatisomerase f

glue applicator	Beleimungseinrichtung f
glue gun	Klebepistole f
glued-on molding	Umleimer m
gluon (elementary particle)	Gluon n (Elementarteilchein n)
glutaconic acid	Glutaconsäure f
glutamic pyruvic transaminase	Glutamat-Pyruvat-Transaminase f
glutarimide	Glutarimid n
gluten (protein)	Kleber m (Protein n)
Gly = glycine (amino acid) =	Glycin n (Aminosäure f)
glyceric acid	Glycerinsäure f
glycide	Glycid n
glycidic acid (α,β-epoxy-propionic acid)	Glycidsäure f (α,β-Epoxy-propionsäure f)
glycidylate v	glycidylieren v
glycine	Glycin n
glycogenosis; glycogen storage disease	Glykogenspeicherkrankheit f
glycopyrrolate (anti-cholinergic drug)	Glycopyrrolat n (anti-cholinerge Medizin f)
glyoxylic acid	Glyoxylsäure f

GM-CSF = granulocyte-macrophage colony-stimulating factor (natural hormone, against AIDS) = Granulozyten-Makrophagen-Kolonie-stimulierender Faktor m (natürliches Hormon, gegen Aids)

GMP = good manufacturing practice = sinnvolle Produktionsweise f

gob (glass melt)	Gob n (Glasschmelze f); Tropfen m
godet (usually glass or plastic roller for tensioning filaments)	Galette f (Glas- oder Plastikwalze zum Spannen von Fasern)
go-fer; gopher	Handlanger m
golden hamster	Goldhamster m
golden yellow	gelbgold
gold-plated mirror	Goldspiegel m

(having) gonadotropic inhibitory activity	gonadotropinhemmend
gonane (steroid)	Gonan n (Steroid n)
gonene (steroid)	Gonen n (Steroid n)
goosefoot (Chenopodium)	Gänsefuss m

GOT = glutamate-oxalacetate transaminase = Glutamat-Oxalacetat-Transaminase f
or
glutamic oxalacetic transaminase = Glutamat-Oxalat-Transaminase f

gouge (groove)	Klanke f
governed by	(nach) Massgabe f
governing enzyme	Leitenzym n

GPC = gel permeation chromatography = Gelpermeations-chromatographie f

GPT = glutamate-pyruvate transaminase = Glutamat-Pyruvat-Transaminase f
or
glutamic pyruvic transaminase = Glutamat-Pyruvat-Transaminase f

grace period	Gnadenfrist f; Karenzzeit f
grade (goods)	Typ m (Ware f)
gradual	einschleichend; sukzessive
graduated Erlenmeyer flask	Schliff-Erlenmeyerkolben m
graduation line	Strichmarke f
grafoil	(Art f von) Zeichenpapier n
grafting branch (plast)	Pfropfreis n (plast)
grain (rocket)	Treibsatz m (Rakete f)
grain density	Korndichte f
grain size	Korngrösse f
grain size distribution	Kornverteilung f
grain titration method (glass test)	Griess-Titrations-Verfahren n (Glastest m)
grainy (leather)	flämmig (Leder n)
gram atom	Grammatom n

gram equivalent	Grammäquivalent n
gram mole	molare Masse f
granadilla; grenadilla (passion-flower fruit)	Grenadille f (Passionsfrucht f)
granulator	Granulator m
(false) grapevine mildew	(falscher) Mehltau m der Rebe f
graphitize v	graphitisieren v
Grashof number (measure of gas convection produced by gas buoyancy)	Grashof-Zahl f (Mass für Gaskonvektion durch Gasauftrieb)
grass infestation	Vergrasung f
gravely injured; gravely ill	schwerbeschädigt; schwergeschädigt
gravitational field	Schwerefeld n
gravity chute	Fallschacht m
gravity filter	Schwerkraftfilter n, m
gravity-operated separator	Schwerkraftabscheider m
gray-level value	Grauwert m
GRC = glass-reinforced cement	= glasfaserverstärkter Zement m
green blindness	Grünblindheit f
"green" sheet	Rohfolie f (plast)
green strength	Rohfestigkeit f
grid tray column	Siebbodenkolonne f
grille	Grill m
grind down v	abreiben v
gripper carriage	Greiferwagen m
grommet	Dichthülse f
gross calorific value	oberer Heizwert m
gross density (foam)	Rohdichte f (Schaum m)
gross motor ability	Grobmotorik f
ground cork	Korkmehl n
ground flare	Bodenleuchte f

ground glass fiber	Mahlglasfaser f
ground radiation	Erdstrahlung f
ground steak	Beefsteakhack n
ground walnut hulls	Walnußschalenmehl n
group indicators	Gruppenreagenzien n pl
grouping (chem)	Gruppierung f (chem)
grow into a firm bond with v	fest verwachsen v
growth area	Bewuchsfläche f
growth-promoting herbicide	Wuchsstoffherbizid n
Grundmann catalyst (silver-zinc-chromium oxide catalyst)	Grundmann-Kontakt m (Silber-Zink-Chromoxid-Katalysator m)

GT II = galactosyltransferase isoenzyme = Galaktosyl-Transferase-Isoenzym n

guanine (nacreous pigment)	Guanin n (Perlpigment n)
guar powder	Guarmehl n
guide arm	Führungslenker m
guide blade (jet)	Stützschaufel f (Triebstrahlmotor m, Jetmotor m)
guided wave optical device	Lichtwellenleiter m
guide formulation	Richtrezeptur f
guide loop	Umlenkschlaufe f
guide rail	Führungsgeländer n
guide surface	Leitfläche f
guillotine	Durchfallstanze f
gundpowder	Schwarzpulver n

g/v = gram in volume = Gramm n Aktivstoff m in 100 ml Lösung f

gypsy moth (Porthetria dispar)	Schwammspinner m
gyratory motion (suspended member)	Drehbewegung f (aufgehängter Körper m)
gyroscope	Kreiselmesser m
gyrotron	Gyrotron n

* * *

H

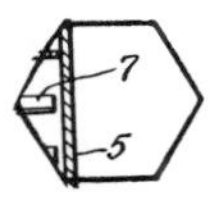

h = Planck constant = Plancksche Konstante f

h_{ν} = light energy = Lichtenergie f

HAc = acetic acid = Essigsäure f

H-acidic compound	H-acide Verbindung f
hair conditioner	Haarkur f
hairdressing gel	Frisiergel n
hairline crack	Haarfuge f
hair roller heater	Lockenwicklerheizer m
hair tonic	Haarwasser n
hai-thao fiber (alga-type fiber for sizing)	Hai-Thao-Faser f (Algenfaser für Appretur f)
halcinonide (corticoid)	Halcinonid n (Corticoid n)
half-combusted	halbverbrannt
half cone	Halbkegel m
half-saturated	halbgesättigt
half section	Halbschnitt m
half-tone printing process	Rasterdruck m
half-value point	Halbwertspunkt m
halite (NaCl)	Halit m (NaCl)
Hall generator	Hallgeber m
hallmark	charakteristisches Merkmal n
halo (bacteria)	Hof m (Bakterien n pl)
haloacetic acid	Halogenessigsäure f
haloalcohol	Halogenalkohol m
halocarboxylic acid	Halogencarbonsäure f
haloergolinyl	Halogenoergolinyl n
haloform	Haloform n
halogen acid	Halogensäure f
halogenated hydrocarbon	Halogenkohlenwasserstoff m
halogenocodide	Halogencodid n
halogenomorphide	Halogenmorphid n

halogenose (halogen sugar)	Halogenose f (Halogenzucker m)
halogenide	Halogenid n
halohydrin	Halogenhydrin n
halomethylate v	halomethylieren v
halomethylation	Halomethylierung f
halophenol	Halogenphenol n
halosubstituted	halogensubstituiert
halothane	Halothan n
hand lay-up process (plast)	Handauflegemethode f (plast)
handleability	Hantierbarkeit f
hands-free	frei
handstrap (ski)	Schlaufe f (Schistock m)
hand tool appliance	Handwerkzeugmaschine f
hanger hole	Aufhängeöse f
hang glider	Deltaflieger m (person)
hang glider	Flugdrachen m (device); Hängegleiter m
hang glide v	Drachen fliegen v
hang gliding	Drachenfliegen n
happy medium	goldene Brücke f
haptene (antigen); hapten	Hapten n (Antigen n)
hard court	Hartplatz m
hardened zone	Härtungszone f
hardener	Härtemittel n
hard-to-control	schwer zu beeinflussen
harem pants	Ballonhosen f pl; Pumphosen f pl
harmful to the environment	umweltschädigend
harmless to the environment	umweltneutral
harmonic series	Harmoniefolge f, harmonische Reihe
harsh ride	hartes Fahren n

hash browns — Rösti n pl

hatch — Klappe f; Tauchschacht m

hazardous to health — gesundheitsschädlich

hazard pay — Erschwerniszulage f

hazen unit (color value) — HZF = Hazen-Farbzahl f; Hazen-Farbwert m

HB = high-boiling component = hochsiedender Bestandteil m

HBCD = hexabromocyclododecane (flame retardant) = Hexabromcyclododecan n (Flammschutzmittel n)

HC = hydrocarbon — KW = Kohlenwasserstoff m

HCB = hexachlorobenzene (teratogen) = Hexachlorbenzol n (Teratogen n)

HDL = high-density lipoprotein = hochdichtes Lipoprotein n

HDPE = high-density polyethylene — NDPE = Niederdruckpolyethylen n

HD polyethylene — ND-Polyethylen n

H/E = hardness/elasticity (value) = Härte/Elastizitätswert m

HE = high explosive = brisanter Explosivstoff m

head (beer) — Schaumkrone f (Bier n)

header (conduit) — Header m (Leitung f)

headlight lens — Scheinwerferscheibe f

headliner; headlining — Autohimmel m; Dachhimmel m

head of cattle (singular) — Rind n

head of femur — Hüftkopf m

head-on collision — Frontalzusammenstoss m

headrest — Nackenstütze f

heads or tails — Schrift f oder Wappen n

head stream (fraction) — Oberlauf m (Fraktion f)

heal v — sanieren v

health hazard — Gesundheitsschaden m

HEAP = high-explosive armor piercing = hochexplosiv panzersprengend

heartbeat rate	Schlagfrequenz f
heart-lung preparation (testing material)	Herzlungenpräparat n (Versuchsmaterial n)
heart rate	Herzfrequenz f
heat absorption capacity	Wärmeabsorptionsvermögen n
heat aging (plast)	Wärmealterung f (plast)
heat buildup	Wärmeentwicklung f
heat-cure v	heisshärten v
heat curing	Heisshärtung f
heat-cured paint	Heissanstrichmittel n
heat deflection temperature	Wärmeformbeständigkeit f
heat degradation	Wärmeabbau m
heat distortion stability	Wärmeformbeständigkeit f
heater	Heizregister n
heat evolution	Wärmetönung f
heat flowmeter	Wärmestrommesser m
heat-foamable	hitzeschäumbar
heat-gel v	warmgelieren v
heat-generating mixture	Hitzemischung f
heat impulse welding	Wärmeimpulsschweissen n
heating cabinet	Heizschrank m
heating charge	Heizsatz m
heating coil	Heizdrahtwendel f
heating mantle	Heizmantel m
heating plate (welding)	Heizspiegel m (Schweissen n)
heat-laminate v	wärmekaschieren v
heat pipe	Wärmerohr n
heat-polymerize v	warmpolymerisieren v
heat resistance	Temperaturbeständigkeit f; Temperaturfestigkeit f
heat retention	Wärmespeicherung f
heat-seal v	schmelzverkleben v
heat sealer	Heißsiegler m

heat shock resistance	Hitzeschockfestigkeit f
heat stabilizer	Thermostabilisator m
heat supplier	Wärmelieferant m
heat tables	Wärmeatlas m
heat transfer coefficient	Wärmeübergabekoeffizient m
heat-transfer loss angle	Wärmeverlustwinkel m
heat-transfer medium	Wärmeträger m
heat-transport agent	Wärmeträger m
heat-treat v	tempern v
heavy duty	hochbelastet
heavy duty engine	Schwermotor m
heavy flint (opt)	Schwerflint m
heavy gasoline	Schwerbenzin n; Testbenzin n
heavy spar	Schwerspat m
hecogenin	Hecogenin n
hectare	Hektar m (= 2.47 acres)
heliostat (sun-tracking mirror)	Heliostat m (Spiegel m welcher der Sonne f folgt)
hematinic	hämatinisch
hematite	Hematit m; Hämatit m
hematocrit (blood value)	Hämatokrit m (Wert m für Bluttest m)
hemiamide	Halbamid n
hemiester	Halbester m
hemiformal	Halbformal n
hemihydrogenated	halbhydriert
hemimercaptal	Halbmercaptal n; Hemimercaptal n
hemin = ferriprotopor-phyrin(IX) chloride	Hemin n = Ferriprotopor-phyrin(IX)chlorid n
hemoanalysis	Hämoanalyse f
hemodynamic	hämodynamisch
hempa = hexamethyl-phosphoric triamide; HMPA	HMPT = Hexamethylphosphor-säuretriamid n

heneicosene	Heneicosen n
heparinization	Heparinisierung f
heparinize v	heparinisieren v
hepatica	Leberkraut n
hepatic duct	Leberpassage f
hepatotropic	hepatotropisch; hepatotrop
heptanoic acid	Heptansäure f
heptine; heptyne	Heptin n
herbicolin	Herbicolin n
heredodegenerative	heredo-degenerativ
hetaryl (heteroaryl)	Hetaryl n (Heteroaryl n)
hetero atom	Fremdatom n; Heteroatom n
heterocycle	Heterozyklus m
heterogeneity, molecular	Uneinheitlichkeit f (Polymer n)
heterologous	heterolog
heterolytic	heterolytisch
heterophase (adj)	andersphasig; heterophasig
heterophase	Heterophase f
heteropoly acid	Heteropolysäure f
hexadecanedioic acid	Hexadecandisäure f
hexafluorosilicic acid (see fluosilicic acid)	Hexafluorkieselsäure f
hexamethylenetetramine	Hexa n; Hexamethylentetramin n
hexamethylphosphoric triamide	Hexametapol n; HMPT n; Hexamethylphosphorsäuretriamid n
hexanal (= caproaldehyde)	Hexanal n (= Capronaldehyd m)
hexanoate	Hexanat n
hexanoic acid	Hexansäure f
hexasubstituted	sechsfach substituiert
hexenyl	Hexenyl n
hexitol	Hexit m
hexose	Hexose f
hexyne	Hexin n
hexynol	Hexinol n

HF heating (high frequency heating; radio frequency heating)	HF-Heizung f
HF welding	Hochfrequenzschweissen n
hidden rusting	Unterrosten n
high altitude probe	Höhensonde f
high blood pressure	Bluthochdruck m
high-boiler (compound)	Schwersieder m
(of) high breakdown voltage	hochsperrend
high-bulk yarn	Bauschgarn n
high-contrast	kontrastdicht
high density polyethylene	Niederdruckpolyethylen n
high-filled backing	Schwerbeschichtung f
high-filled coating	Schwerbeschichtung f
high foam	schaumaktiv
high gear ratio	Hochtrieb m
high-gloss	glänzend
high-heat resistant	hochwärmebeständig
high-melting	schwerschmelzbar
high-power agitator	Intensivrührer m
high-pressure lamp	Hochdrucklampe f
high-rise	Hochhaus n
high-solid	hochfeststoffhaltig
high-speed machine	Schnell-Läufer m
high-speed mixer	Schnellmischer m; Schnellmixer m
high-stability roller	Stabilwalze f
(at) high temperature	in Hitze f
high-tension charge	Spaltsatz m
high-test gasoline (octane number above 80)	Superbenzin n (Oktanzahl über 80)
Hilbert-Johnson reaction	Hilbert-Johnson-Reaktion f
hind leg	Hinterschenkel m
hind paw	Hinterpfote f

hindsight analysis Schluss ex post m

hip cap Hüftkappe f

HIPS = high-impact polystyrene = Hochfestpolystyrol n; schlagfestes Polystyrol n; hochschlagzähes Polystyrol n

His = histidine (amino acid) = Histidin n (Aminosäure f)

histochemical histochemisch

histologic section histologischer Schnitt m

histone Histon n

hitherto bisher

HIV = human immunodeficiency virus = menschliches Immunschwäche-Virus n; Aids-Virus n

HL-A = human leucocyte antigen; human leukocyte antigen = menschliches Leukozyten-Antigen n

HLB = hydrophile-lipophile balance = Hydrophil-Lipophil-Gleichgewicht n (in Emulsion f)
also: hydrophilic-lipophilic balance

HLDI = Highway Loss Data Institute = Institut für Automobilsicherheitsprüfung

HMDS = hexamethyldisilazane = Hexamethyldisilazan n

HMPA = hexamethylphosphoric triamide HMPT = Hexamethylphosphorsäuretriamid n

HNP = half neutralization potential = Halbneutralisationspotential n

HOAc = AcOH = acetic acid = Essigsäure f

Hock's phenol synthesis Hocksche Phenolsynthese f

hog pepsin Schweinepepsin n

hoisting tower Förderturm m

hold-down Niederhalter m

holding tank Vorratsbehälter m

hole test (plast) Lochversuch m (plast)

hollow molding Hohlkörper m; Hohlprofil n

hollow profile Hohlprofil n

holography Holographie f

home power tool Heimwerkermaschine f

homeworker Heimarbeiter m -in f

homocystinuria	Homocystinurie f
homogenate	Homogenat n
homoiothermal; homoiothermic	warmblütig
homokinetic	homokinetisch
homotropal	homöotrop
homotropous	homöotrop
hone v	honen v; ziehschleifen v
hood ornament	Kühlermarke f
Hooke's range; range within Hooke's law	Hookescher Bereich m
hoop-frame dome (aut)	Spriegelhimmel m (aut)
hopper feeder	Kastenspeiser m
hopper to nozzle	Trichter-Düse m - f
hopper truck	Silowagen m
hormone-withdrawal bleeding	Abbruchblutung f
horse chestnut extract	Rosskastanienextrakt m
hose compression pump	Schlauchquetschpumpe f
hosiery goods	Wirkwaren f pl
hot cabinet	Wärmeschrank m
hot flash	Hitzewallung f
hot-flue (series of rollers to dry fabric)	Hotflue m (Walzenreihe f zum Stofftrocknen n)
hot-fluid	heissflüssig
hot-forming mold	Warmform f
hot-galvanize v	heissgalvanisieren v
hot gas driven supply unit	Heissgasentnahmeteil m
hot-melt adhesive	Heisskleber m; Schmelzkleber m
hot plate	Kochplatte f
hot-press v	heisspressen v
hot-short range	Rotbruchlücke f
hot-spray v	heißsprühen v
hot tray	Warmhalteplatte f

hot-wire air volumeter — Hitzdrahtluftmengenmesser m
hot-wire weld v — heissdrahtschweissen v
hound — Meutehund m
houndstooth (small check pattern) — Pepita-Musterung f
household sewage pipe — Hausabflussrohr n
household service pipe — Hausanschlussleitung f
however that may be — wie dem auch sein mag

HPD = hematoporphyrin derivative = Hämatoporphyrinderivat n

HPL = human placenta lactogen = menschliches Plazentalactogen n

HPLC = high performance liquid chromatography; high pressure liquid chromatography = Hochleistungsflüssigchromatographie f; Hochdruckflüssigkeitschromatographie f
Note: HPLC abbreviation also used in German

HRC = Rockwell C hardness = Rockwell-C-Härte f

HS = high safety = höchste Sicherheit f

HSA = human serum albumin = Humanserumalbumin n

HSI = heat stress index = Wärmelastindex m

HSLA = high-strength, low-alloy (metal) = hochfestes, niedrig legiertes (Metall n)

HSV = herpes simplex virus = Herpes Simplex-Virus n

HT = high temperature = Hochtemperatur f

HTLV = human T-cell leukemia-lymphoma virus = menschliches T-Zellen-Leukämie-Lymphoma-Virus n

HTS = hexamethylcyclotrisilazane = Hexamethylcyclotrisilazan n

hubcap — Nabenblende f
hue — Farbton m
human-nonpathogenic — nicht humanpathogen
human-engineered — ergonomisch
human-pathogenic — humanpathogen
human performance — menschliche Leistung f
in human subjects — im Menschen m

humate (salt of humic acid) Humat n (Salz n der Huminsäure f)

humectant Feuchthaltemittel n

humic acid Huminsäure f

humidifier Befeuchtungsanlage f; Feuchtegeber m

humistatic activity Feuchthaltewirkung f

humoceric acid Humocerinsäure f

hurdle drying cabinet Hordentrockenschrank m

hurdle-type dryer Hordentrockenschrank m

hurdle-type reactor Hordenreaktor m

HV = horizontal-vertical (rolling stand) = horizontal-vertikal (Walzgerüst n)

HV = hypervelocity = extrem hohe Geschwindigkeit f

HV = Vickers hardness (met) = Vickers-Härte f (met)

HVA = homovanillic acid = Homovanillinsäure f

HVB = high-vacuum bitumen = Hochvakuumbitumen n

hybridoma -s pl Hybridom n

hydracrylonitrile Hydracrylnitril n

hydrate Hydrat n (old: Aquat n)

hydration Hydratation f

hydratropic acid Hydratropasäure f

hydraulic loss Strömungsverlust m

hydraulic comfortization Komforthydraulik f

hydraulic motor Hydromotor m

hydrazoic acid = azoimide = HN_3 Hydrazoesäure f = Azoimid n = HN_3

hydridoborate (= borohydride) Hydridoborat n

hydrin Hydrin n

hydrindamine Hydrindamin n

hydrindic acid = ortho-aminomandelic acid Indansäure f = Orthoamino-mandelsäure f

hydrobromide = salt of hydrogen bromide Hydrobromid n = Hydrogen-bromidsalz n

hydrochloride = hydrogen chloride salt	Hydrochlorid n = Hydrogenchloridsalz n
hydrocracking reaction	Hydrocrackreaktion f
hydrodynamically favorable	strömungsgünstig
hydrodynamics	Strömungstechnik f
hydrofluoric acid	Flußsäure f
hydrofluoride = hydrogen fluoride salt	Hydrofluorid n = Hydrogenfluoridsalz n
hydroformylate v	hydroformylieren v
hydroformylation	Hydroformylierung f
hydrogenated gasoline	hydriertes Benzin n
hydrogenate partially v	anhydrieren v
hydrogen-containing silicon compound	Hydrogensilan n
hydrogen cyanide	Zyanwasserstoff m
hydrogen silane	Hydrogensilan n
hydrogen sulfide	Hydrogensulfid n
hydrohalic acid	Halogenwasserstoffsäure f
hydrolase	Hydrolase f
hydrolysate; hydrolyzate	Hydrolysat n
hydronium (hydrated H-ion)	Hydronium n (hydratisiertes H-Ion n)
hydroperoxide	Hydroperoxid n
hydrophylizer	Hydrophylisator m
hydroponics	Flüssigkultur f
hydrosilate v	hydrosilieren v
hydrosilation	Hydrosilierung f
hydrosilicic acid	Siliziumwasserstoffsäure f
hydrosilylate v	hydrosilylieren v
hydrosilylation	Hydrosilylierung f
hydrosoluble	wasserlöslich
hydrosorbic acid	Hydrosorbinsäure f
hydrotropic	hydrotrop
hydrotropic agent	Hydrotropikum n -ka pl

hydrous compound	Aquat n
hydrous aluminum oxide	Aluminiumoxidhydroxid n
hydroxamate	Hydroxamat n
hydroxamic acid	Hydroxamsäure f
hydroxy acid	Hydroxysäure f
hydroxyamidotrizoate (radiopaque agent)	Hydroxyamidotrizoat n (Röntgenkontrastmittel n)
hydroxyethyl ester	Oxyethylester m (also Hydroxy..)
hydroxyethyl starch	Hydroxyethylstärke f
hydroxyetiocarboxylic acid	Hydroxyetiocarbonsäure f
hydroxyimino	Hydroxyimino n
hydroxylapatite	Hydroxylapatit m
hydroxylate v	hydroxylieren v
hydroxyl number	Hydroxylzahl f (in mg KOH/g)
hydroxypropionitrile	Oxypropionitril n; Hydroxypropionitril n
hygienic tissue	Intim-Waschtuch n
hyocholic acid	Hyocholsäure f
hyperemesis	Hyperemesis f
hyperfiltration (reverse osmosis)	Hyperfiltration f (Umkehrosmose f)
hyperfine	superfein; überfein
hyperglucagonemia	Hyperglucagonämie f
hyperhidrosis	Hyperhidrose f
hyperlipidemia	Hyperlipidämie f
hyperlipoproteinemia	Hyperlipoproteinämie f
hyperplasia of the prostate	Prostatahyperplasie f
hyperprolactinemia	Hyperprolaktinämie f
hyperthyroid crisis	hyperthyreole Krise f
hypervalinemia	Hypervalinämie f
hypohalous acid	Unterhalogenigesäure f
hypoiodous acid	Unteriodigesäure f; Hypoiodige Säure f
hyposulfuric acid	Unterschwefligesäure f

hypotensive (adj)	blutdrucksenkend (adj)
hypotensive	blutdrucksenkendes Mittel n
hypothermia	Hypothermie f
hypoxia	Hypoxie f

Hytrel(R) = polyester elastomer = Polyestergummi m

* * *

I^2 = isotope = Isotop n

IB = interface bus (el) = Interface-Bus m (el)

IBA = isobutyraldehyde = Isobutyraldehyd m

IC = inhibitory concentration = Inhibitionskonzentration f

IC = integrated circuit = integrierte Schaltung f (IC also used in German)

ICBM = intercontinental ballistic missile = Interkontinentalrakete f

ice cake (cryo) | Gletscher m
ice pick | Eispickel m
iceproof | eisfest; gefrierbeständig

ICN = iodine color number = Iodfarbzahl f

ICSH = interstitial cell-stimulating hormone = Interstitialzellenstimulierendes Hormon n

ICU = intensive care unit = Intensivstation f

ID = invention disclosure = Erfindungsoffenbarung f

i.d. = intraduodenal = intraduodenal

identification | Kennung f
identification reaction | Nachweisreaktion f
identifying capacitor | Kennungskondensator m
idiotypic antibody = anti-idiotype | idiotypischer Antikörper m = Antiidiotype f
idle grate | Leerrost m
i.e. | sprich

IEC = International Electrotechnic Commission; International Electrotechnical Commission = Internationales Committee der Elektrotechnik n

IGF = insulin-like growth factor = insulinähnlicher Wachstumsfaktor m

igniter | Zündsatz m
ignition (propellant) | Anbrand m (Treibmittel n)
ignition bridge | Zündbrücke f
ignition failure | Zündversagen n
ignition promoter | Zündbeschleuniger m
ignition jet | Zündstrahl m

ignition lock	Zündschloss n
ignition propagation duct	Überzündkanal m
ignition setting (aut)	Zündvorgabe f (aut)
ignorant	unkundig
ignore v	wegdenken v

IISRP = International Institute of Synthetic Rubber Producers = Internationales Institut der Kunststoffproduzenten n

Ile = isoleucine (amino acid) = Isoleucin n (Aminosäure f)

ilium	Beckenschaufel f
image (photographic)	Aufnahme f
image v	abbilden v
image converter	Bildwandler m
image displacement	Bildversatz m
imaginary	ideell
imaging	bildgebend
imaging gas	Abbildungsgas n
imidate	Imidat n
imidazole	Imidazol n
imidazoleacetic acid	Imidazolessigsäure f
imidazoline	Imidazolin n
imidic acid	Imidsäure f
imido ester	Imidester m
imine	Imin n
imino acid	Iminosäure f
imipramine	Imipramin n
immersed nutrient substrate	Eintauchnährboden m
immersed trickling filter	Tauchtropfkörper m
immune-competent	immunokompetent
immune deficiency	Immunschwäche f
immune detection	Erkennung f durch Immunsystem n
immune function	immunologische Funktion f
immune precipitate	Immunpräzipitat n

immune response	Immunantwort f
immune serum	Immunserum n
immunoassay	Immunotest m
immunobiology	Immunbiologie f
immunochemical	immunchemisch
immunodeficiency	Immunschwäche f
immunodeficiency virus	Immunschwäche-Virus n
immunodiagnosis	Immundiagnose f
immunofluorescence	Immunfluoreszenz f
immunogenetic	immunogenetisch
immunopathology	Immunpathologie f
immunopharmacology	Immunpharmakologie f
immunoprecipitate	Immunpräzipitat n
immunoprecipitation	Immunpräzipitation f
immunoprophylaxis	Immunprophylaxis f
immunoreactivity	Immunreaktivität f
immunostimulating	immunstimulierend
impact	Wucht f
impact depression (coating)	Schlagtiefung f (Überzug m)
impact-detonating explosive device	Aufschlagsprengkörper m
impact elasticity (in %; rebound upon impact)	Stosselastizität f (in %; auf Schlag zurückfedern)
impact energy	Schlagenergie f (cm·kp)
impact extensibility (varnish)	Schlagverformbarkeit f (Lack m)
impact-extensible	schlagverformbar
impact-resilient	anprallweich
impact resistance	Schlagempfindlichkeit f; Schlagzähigkeit f
impact-resistant	schlagzäh; schlagfest
impact speed	Aufprallgeschwindigkeit f
impact strength	Schlagzähigkeit f

impact tensile resistance	Schlagzugzähigkeit f
impaling effect	Spiesswirkung f
impeller (torque converter)	Pumpenrad n (Drehmomentwandler m)
impeller agitator	Impellerrührer m
impeller root	Laufradeintritt m
implantable	einpflanzbar
impreg	Imprägnat n
impregnant	Imprägniermittel n; Imprägnierungsmittel n
impregnated catalyst	Imprägnierkatalyst m
impregnated nickel catalyst	Nickelimprägnierkatalyst m
impressed alternating current	eingeprägter Wechselstrom m
impression material	Abdruckmasse f
improved storage properties (having)	lagerbeständiger
impulse conduction	Reizleitung f
impulse formation	Reizbildung f
impulse welding	Impulsschweissen n
impurity density gradient	Störstellengradient m
incendiary charge	Brandfüllung f
incendiary property	Brandverhalten n
incipient industrial country	Beinahe-Industrieland n
inclusion compound (filling space of tunnel or channel shape)	Einschlussverbindung f (Zwischenräume formen lange Tunnel)
incondensible	nicht kondensierbar
incorporated into material	stoffschlüssig
incremental transducer	Schrittgeber m
increment transmitter	Inkrementgeber m
incubate v	ankeimen v; bebrüten v; germinieren v; züchten v
incubator (animals, infants)	Kuvöse f (Tiere n pl; Säuglinge m pl)

indan	Indan n
indancarboxylic acid	Indancarbonsäure f
indefinable	undefinierbar
indentation hardness	Eindruckhärte f
independent wheel suspension	Einzelradaufhängung f
indeterminable	nicht feststellbar
indicator stick	Indikatorstäbchen n
indigenous to the system	systemeigen
indirect object (grammar)	Dativ m
indoline = 2,3-dihydro-indole	Indolin n = 2,3-Dihydro-indol n
indophenin	Indophenin n
induce v (med)	hervorrufen v (med)
inducible	induzierbar
inductest (cancer test)	Induziertest m (für Krebs m)
induction hardening	Induktionshärtung f
induction loop	Induktionsschleife f
industrial accident	Betriebsunfall m
industrial application	verfahrenstechnische Anwendung f
industrial effluents	Prozesswässer n pl
industrial hygiene	Gewerbshygiene f
industrial park	Industriegebiet n
inelastic	nicht elastisch
inert	nicht reaktiv
inert -s pl (noun)	Inert n -e pl
inert gas	Ballastgas n
inertial force	Massenkraft f
inertial-guidance system	Kreiselsystem n
infantile	frühkindlich
infection site	Infektionsherd m
inflating tube	Luftzuführungsschlauch m
influencing value	Eingriffsgrösse f

influx	Zufuhr f
informative value	Aussagewert m
infrared vidicon	Infravidicon n
infusable	infusierbar
infusible	nicht schmelzbar
ingestive poison	Frassgift n
ingredient	Inhaltsstoff m
inhalation anesthetic	Inhalationsanästhetikum n
inherent viscosity	Eigenviskosität f
inhibitor (plast)	Antikicker m (plast); Inhibitor m; Hemmer m; Passivator m
in-house test	eigener Versuch m
initials (as signature)	Paraph m; Paraphe f
initial outlay	Investitionskosten f pl
initial pressure	Vordruck m
initial product	Vorprodukt n
initiator	Initialzündstoff m
inject v	eindüsen v
injection-mold v	spritzgiessen v
injection molding	Spritzen n
injection molding	Spritzling m
injection nozzle	Spritzdüse f
injury (e.g. to liver)	Schaden m (z.B. Leber f)
ink dabber (printing)	Tampon m (Drucken n)
inkjet printing method	Strahldruckverfahren n
ink supply (ball-point pen)	Mine f (Kugelschreiber m)
inlay	Verlegung f
in-line position	Strecklage f
inner anhydride	innerer Anhydrid m
inner cone (burner)	Flammenkern m (Brenner m)
inner ester	innerer Ester m
inpatient (med)	stationär (med)

input capacity	Schluckvermögen n
input coupling end (laser)	Einkoppelende n (Laser m)
insect attack (on plants)	Insektenfrass m
insert v (a value in a control element)	einsteuern v (einen Wert m)
insert pipe (= invert pipe)	Stülprohr n
in-service invention	Diensterfindung f
inside cross section	Lumen n
insolation	Sonneneinstrahlung f
insole	Brandsohle f (Schuh m)
insolubility	Unlöslichkeit f
insolubilize v	unlöslich machen v
install v; instal v	einlaborieren v
installation	Einlaborierung f
instant determination	Schnellbestimmung f
instant non-fat dry milk	Sprühmagermilchpulver n
instant test	Schnelltest m
instill v; instil v	zutropfen v
instillation	Instillation f
insulating panel	Dämmplatte f
insulation stripping characteristic	Abisolierverhalten n
intake air heater	Flammstartanlage f
intake manifold	Ansaugrohr n
integral element	Anformung f
integrated foam material (pore size controlled in one direction)	Integralschaumstoff m (Porengrösse in einer Richtung geregelt)
intellectual property	geistiges Eigentum n
intended application	Einsatzzweck m
intensify v (feeling)	exaltieren v (Gefühl n)
intensity modulation signal	Helltastsignal n
interatomic	zwischenatomisch
interconversion	Zwischenumsetzung f

interconvertible form (tautomer)	Grenzform f (Tautomer n)
intercool v	zwischenkühlen v
intercooler	Zwischenkühler m
intercurrent	interkurrent
interdigital space	Zwischenraum m (Finger m oder Zeh m)
interesterification (broad term - acidolysis and alcoholysis)	Umesterung f
interface	Phasengrenze f
interface temperature	Grenztemperatur f
interference blocking	Störaustastung f
interference color	Interferenzfarbe f
interferential current	Interferenzstrom m
interferometer	Interferometer n
interim	zwischen-
interior decoration	Innenausbau m
interlayer	Zwischenschicht f
interleukin	Interleukin n
interlock v	verhaken v
intermediate acid	mittlere Säure f
intermediate layer (coating)	Mittelstrich m
intermediate-positioned	zwischenständig
intermediate pressure	mittlerer Druck m
intermediate run	Zwischenlauf m
intermediate runnings	Zwischenlauf m
intermediate solvent	Lösungsvermittler m
in terms of	bezogen auf
intermittent operation	Intervallbetrieb m
intermolecular crosslinking	Fremdvernetzen n
internal administration	Innendienst m
internal air pressure	Stützluft f
internal body temperature	Körperkerntemperatur f

internal grain (rocket)	Innenbrenner m (Rakete f)
internally burning grain	Innenbrenner m
internal mixer	Innenmischer m
internal rotor	Innenläufer m
internal stress	Eigenspannung f
internal stress release	Eigenspannungsauslösung f
interpenetrate v	durchdringen v
interplay	Wechselspiel n
interpolymer	Interpolymer n
interpolymerize v	interpolymerisieren v
interpretational capacity	Aussagekraft f
interrogatories	Vernehmung f (schriftliche)
interruption	Zäsur f
interspecific	interspezifisch
interstage	Zwischenstufe f
interstationary	interstationär
interstitial	interstitiell
interstitial location	Zwischenplatz m
interstitial width	Maschenweite f
intertwine v	verstricken v
intestinal lumen	Darmlumen n
intolerable condition	Virulenz f
intoxication	Vergiftung f
intraspecific	intraspezifisch
intravasal space	Intravasalraum m
intravascular region	Blutraum m
intrinsic viscosity	Eigenviskosität f; Grenzviskosität f
introduce a methylene group v	methylenieren v
introduce glycol v	glycolisieren v
introduce glycoside v	glycosidieren v
introduce via throttle valve v	eindrosseln v

intron	Intron n -s pl
intrusion	Intrudieren n (versus: Extrudieren n)
intrusion (flow molding)	Intrudieren n
intubate v	Katheter einführen v
intumescence	Intumeszierung f
intumescent	intumeszierend
inventive concept	Erfindungsgedanke m
inventor identity	Erfindungseigenschaft f
inventory; inventories	Vorratsvermögen n
inverting input	invertierender Eingang m
invert soap (cationic detergent)	Invertseife f (Kationseife f)
invoice value	Fakturenwert m
iobenzamic acid	Iobenzaminsäure f
iocarminic acid	Iocarminsäure f; Jocarminsäure f
iodamid	Iodamid n; Jodamid n
iodate v (treatment with iodine)	iodieren v (Behandlung mit Iod)
iodation	Iodierung f
iodinate v (introduce iodine)	iodieren v (Einführung eines Iod-Atoms)
iodination	Iodierung f
iodine catgut	Iodcatgut n
iodine chloride	Iodchlorid n
iodine dichlorobenzene	Iodbenzoldichlorid n
iodine monochloride (ICl)	Chloriodid n
iodine value	Iodnummer f; Iodzahl f
iodipamic acid	Iodipamsäure f
iodization (treat with iodine)	Iodierung f (Behandlung mit Iod)
iodize v	iodieren v
iodocarboxylic acid	I-Carbonsäure f; Iodcarbonsäure f

iodofluorescein	Iodfluorescein n
iodoxamic acid	Iodoxaminsäure f
ioglycamic acid	Ioglycaminsäure f
iohexol (X-ray contrast medium)	Iohexol n (Röntgenkontrastmittel n)
ion deposition	Ionenbeschichtung f
ionic cloud	Ionenschwarm m
ionic radius	Ionenradius m
ionic strength	Ionenstärke f
ionomer	Ionomer n
ionophore	Ionenträger m
ion retardation	Ionenverzögerung f
iopamidol (X-ray contrast medium)	Iopamidol n (Röntgenkontrastmittel n)
iopanic acid	Iopansäure f
iosumetic acid	Josumetsäure f
iothalamate	Iotalamat n
iothalamic acid	Iotalamsäure f
iotroxic acid	Iotroxinsäure f
ioxitalamic acid	Ioxitalamsäure f; Ioxitalaminsäure f

ip = intraperitoneal = intraperitoneal

IPA = isopentenyladenosine = Isopentenyladenosin n

IPN = interpenetrating polymer network = verknüpftes Polymernetzwerk n

ipodate [not iopodate]	Iopodate n

IR = internationally registered (TM) = international registriert (Warenzeichen n)

IR analysis	UR-Analyse f; IR-Analyse f

IRAS = infrared absorption spectrum = Infrarotabsorptionsspektrum n (veraltet: URAS = Ultrarot...)

iridescent	changierend
iris diaphragm (opt)	Irisblende f (opt)
iron-on patch	Bügelbesatzflecken m; Bügel-Flecken m

irradiation unit	Strahlungsanlage f
irreconcilable	unvereinbar
irreproducible	nicht reproduzierbar
irretrievably broken (marriage)	zerrüttet (Ehe f)
irrigation drainage	Spüldrainage f
irrigation pipe system	Regnerrohrsystem n
isatin = 2,3-indolinedione	Isatin n = 2,3-Indolindion n
ischemia	Ischämie f

ISDN = integrated services digital network = Weltweites Informationsnetzwerk n

isenthalpic	isenthalpisch
isenthalpic expansion = negative integral expansion	isenthalpe Expansion f = negative integrale Expansion f
isethionate	Isethionat n

ISF = industrial space facility = Gewerbsraum m

isinglass	Hausenblase f

ISO = International Organization for Standardization = Internationale Normenorganisation f

isochronous	isochron
isocratic	isokratisch
isoenzyme	Isoenzym n
isoeugenol	Isoeugenol n
isoflavanoid	Isoflavanoid n
isogonane	Isogonan n
isoindoline	Isoindolin n
isoindolinone	Isoindolinon n
isoindolinone pigment	Irgazinrot 2 BLT(R) n
isolate	Isolat n
isomer interchange	Umisomerisierung f
isoniazid	Isoniazid n

Isopaque(R) = metrizoate (radiopaque medium) = Metrizoat n (Kontrastmittel n)

isoperm (adj)	isoperm (adj)

isoperm character (magnetic material having a special hysteresis loop)	isoperme Eigenschaft f
isophorone	Isophoron n
isophthalamic acid	Isophthalamsäure f
isopoly acid	Isopolysäure f
isoprenylaluminum	Aluminiumisoprenyl n
isopter	Isoptere f
isoptic (curve of equal light sensitivity on retina)	isopterisch
isoptic curve	Isoptere f
isosbestic point	isosbestischer Punkt m
isosceles triangle	gleichschenkeliges Dreieck n
isospin	Isospin m
isostere	Isoster n
isotacticity	Isotaxie f
isothiazole	Isothiazol n
isothiazolylphosphorus	Isothiazolylphosphor m
isoxazole	Isoxazol n
isozyme	Isoenzym n
isozyme pattern	Isoenzymmuster n
issued list of responsibilities	Pflichtenheft n
itching powder	Juckpulver n
item on agenda	Traktand m
item to be imprinted	Druckträger m
ITO layer (indium oxide - tin oxide layer, e.g. on glass)	ITO-Schicht f (Indiumoxid-Zinnoxid-Schicht, z.B. auf Glas)
IU = international unit	IE = internationale Einheit f
I-value (melt index) (I_5 = load of 5 kg)	I-Wert m (I_5 = 5 kg Belastung)

i.v. = in vacuo = under vacuum = im Vakuum n

* * *

J = coupling constant (distance between peaks in multiplet NMR; measured in Hz = cps) = Kopplungswert m (in Hz gemessen)

J = viscosity number (measured in solution at 25° C) = Viskositätszahl f (in Lösung bei 25° C gemessen)

jackhammer	Presslufthammer m
jackknife v (aut)	knicken v (aut)
jalap	Jalape f
jam	Stau m
jamming	Verzwängung f
J-box = J-shaped box for textile wet treatment	J-Box f (jotförmiger Kasten for Textilnassbehandlung)
jerky operation	Ruckeln n
jet-blow treatment	Bedüsung f
jet compressor	Strahlverdichter m
jet of flame	Fackel f
jet spoiler	Strahlspoiler m
jet tunnel	Düsenkanal m
jogging shoe	Joggingschuh m
join v	koalisieren v
jointless	gelenklos
joint proposal (one proposal linked to another clause or stipulation)	Junktim n
Jones reagent (CrO_3+H_2SO_4 in water/acetone)	Jones-Reagens n
jounce v (aut)	einfedern v (aut)
J-T = Joule-Thomson	JT = Joule-Thomson
judgment by default	Versäumnisurteil n
julolidine (U.S. Patent 2,245,261)	Julolidin n
junction point	Mündung f
juristic person	juristische Person f
just and equitable	recht und billig

* * *

K

kaki (Japanese persimmon) — Kaki f (chinesische oder japanische Dattelpflaume f)

kanomycin — Kanomycin n

Kaposi's sarcoma (AIDS skin cancer) — Kaposi-Sarkom n (Aids-Hautkrebs m)

Kaposi's sarcomatose (metastasized) — Kaposi-Sarkomatose f (metastasiert)

kauri — Kauri n (kurz für Kaurikopal n, ein Harz n)

kb = kilobase = Kilobase n [See Addendum]

kbar = kilobar = Kilobar n

kcal = kilocalorie — Kcal = Kilokalorie f

keder (seal) — Köder m (Abdichtung f)

keep a stored supply v — auf Vorrat halten v

Kemamide(R) = 12-hydroxystearamide = 12-Hydroxystearamid n (auch ohne die 12)

Kenite(R) = a diatomite = ein Diatomit m

keratometer — Keratometer n

kernel oil (oleic acid + linoleic acid — Kernelöl n (Öl- und Linolsäure f)

Kerr cell (electrooptical shutter) — Kerrzelle f

ketal — Ketal n

ketalize v — ketalisieren v

ketamine — Ketamin n

ketene — Keten n

ketimine — Ketimin n

ketone body — Ketonkörper m

ketonic — ketonisch

ketonization — Ketonisierung f

ketonize v — ketonisieren v

kev = kilo electron volt — KeV = Kiloelektronenvolt n

Kevlar(R) = aromatic polyamide fiber = aromatische Polyamidfaser f

- - -

key and groove Feder f und Nut f

key dealer Leithändler m

K factor (BTU/sq.ft./h/°F) burning ratio for rockets = Brennwert für Raketen

kicker (decomposition promoter) Kicker m

killer cell Killerzelle f

kiln-dried condition Darrzustand m

kilobase (measure of length of DNA strand) [See Addendum] Kilobase n (Mass für Länge des DNA-Stranges n) [Siehe Nachtrag]

kinematic viscosity (in cks = centistokes) kinematische Viskosität f

kinetic energy Geschwindigkeitsenergie f; Stossenergie f

kinin Kinin n

kiss-coater roll (kiss-roll coating) Kiss-Coater-Rolle f

kit Garnitur f

kJ = kilojoule = Kilojoule n; KJoule n

Kleer-Tuff(R) = acrylic sheeting = Acrylplastikbahn f

KLH = keyhole limpet hemocyanin = ein Muschelhämocyanin n

Klucel(R) = hydroxypropylcellulose = Hydroxypropylcellulose f

kN = kilonewton = Kilonewton n

kneading bulge Knetwulst m

knee belt Kniegurt m

knife-coat v aufrakeln v

knit Gewirk n

knitted wire Drahtnetz n

knockdown faltbar; zusammenlegbar; zusammenklappbar

knock down v falten v; zusammenlegen v; zusammenklappen v

knock intensity Klopfstärke f

knot stopper (text) Knotenabsteller m (text)

knuckle pad Fingerknöchelpolster n

Kodaflex(R) = plasticizer = Weichmacher m

Kofler heating bench (rapid melting point measurement)	Koflerbank f; Kofler-Heizbank f
Kolb synthesis (nitriles from halogenides with alkali or alkaline earth cyanide)	Kolb-Synthese f (Nitrile aus Halogeniden mit Alkali- oder Erdalkalicyanid)
König oscillation test (pendulum hardness)	Pendelhärte nach König f

Kosmos(R) = type of carbon black = Kohletyp m

kpc = kiloparsec = Kiloparsec n

kraft paper	Kernpapier n
Kurrol's salt; Kurrol salt (insoluble phosphate)	Kurrolsches Salz n (unlösliches Phosphat n)
K-value (constant for inherent viscosity of a product) (also: plastomer viscosity)	K-Wert m (Konstante f der Eigenviskosität f eines Erzeugnisses n) (auch: Plastomerviskosität f)
kwh = kilowatt-hour	kWh = Kilowattstunde f
kynurenine	Kynurenin n

* * *

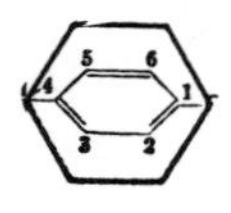

L

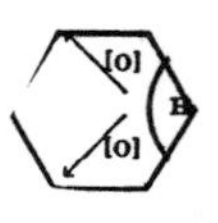

label v (radioactively)	markieren v (radioaktiv)
label	Markierung f
labial spike (bot)	Lippennagel m (bot)
laboratory-type	präparativ
labor shortage	Arbeitskräfteverknappung f
lab-test v	laborieren v
labware	Laborausstattung f
lacking pallium	apallisch
lack of drive	Antriebsmangel m; Antriebsarmut f
lack of initiative	Antriebsarmut f; Antriebsmangel m
lack of leaf formation	Blattausfall m
lack of toxicity	Ungiftigkeit f
lacquered tablet	Lacktablette f
lacquer finish	Schlusslack m
lactonization	Laktonisierung f
lactonize v	laktonisieren v
lacuna, -ae pl	Lakune f
ladder polymer	Leiterpolymer n
LAG(R) = laser device, makes circuit board pattern = Laservorrichtung f, macht Schaltungsplattenmuster n	
lag bore	Nachlaufbohrung f
laminate	Laminat n
laminate	mehrschichtig
LAN = local-area network = Ortsnetz n	
lanolin	Wollwachs n
laparotomize v	laparotomieren v
lap belt	Beckengurt m
large-sized area	Grossraumfläche f
large waste container	Müllgrossbehälter m
large-yield warhead	starker Sprengkopf m

lariat structure	Lariat-Struktur f; Lasso-Struktur f
Larmor precession	Larmorpräzession f
lase v	Laserlicht ausstrahlen v; Laser aktivieren v
laser beam	Laserstrahl m
laser burst	Laserschuss m
lasing action	Laserprozess m
last (shoe)	Leisten m (Schuh m)
lasting machine	Zwickmaschine f
lasting margin (shoe)	Zwickeinschlag m (Schuh m)
lasting the shank (shoe)	Zwicken des Gelenkes n (Schuh m)
last set of guide baffles	Nachleitgitter n
latchkey child	Schlüsselkind n
latchkey kid	Schlüsselkind n
lateral drift	Seitenabtrieb m
lateral face (prism)	Kathetenfläche f (Prisma n)
lateral tube	Seitentubus m
lath belt	Lattenband n
latticework	Sprosse f
launch v	verschiessen v
launcher	Rohrwaffe f
launcher tube	Werferrohr n
launching tube	Abschusshülse f
laurate	Laurinat n
lauryllactam	Laurinlactam n

LAV = lymphadenopathy-associated virus = mit Lymphadenopathie assoziiertes Virus n

layer	Ableger m (Pflanze f)
layer chromatography	Schichtchromatographie f
layered pigment	Schichtpigment n
lay-flat tubing	Flachfolie f
lay-flat width (film, sheet)	Liegebreite f (Plastikfolie f)

layout	Auslegung f
LCP = liquid crystalline polymer = Flüssigkristallpolymer n	
LD_{50} value (lethal toxicity value)	DL_{50}-Wert m (tödliche Dosierung f, 50% der Versuchstiere)
LDH = lactic dehydrogenase = Milchsäuredehydrogenase f	
LDL = low-density lipoprotein = niedrigdichtes Lipoprotein n (LDL also used in German)	
L-dopa (against parkinsonism)	L-Dopa n (gegen Parkinsonismus m)
LDPE = low-density polyethylene	HDPE = Hochdruckpolyethylen n
L/D ratio = length to diameter ratio (extruder screw)	Längen/Durchmesserverhältnis n (Extruderschnecke f)
LDV = laser dopper velocimeter = Laser-Doppler-Velocimeter n	
leach tank	Auslaugebehälter m
lead (EKG)	Ableitung f (EKG)
leading dealer	Leithändler m
leading surface	Führungsfläche f
lead picrate (expl)	Bleipicrat n (Explosivstoff m)
lead pointer (pencil)	Minenspitzer m (Bleistift m)
lead styphnate = trinitroresorcinate	Bleistyphnat n = Trinitrorecorcinat n
leaflet	Blättchen n
leafwork	Rankenwerk n
leak v	durchregnen v
leakage loss	Leckverlust m
leak-free	leckagenfrei
leakproof	dicht; flüssigkeitsdicht; leckdicht
leakproof status	Dichtigkeit f
lean	kraftstoffarm
leave loopholes v	weitmaschig sein v
leaven v	verhefen v

leave undefined v	offen bleiben v
leaving group (chem)	Fluchtgruppe f; Abgangsgruppe f
lectin	Lektin n
LED = light emitting diode =	Licht-emittierende Diode f; Leuchtdiode f
ledeburite	Ledeburit m
ledge	Absetzung f
left heart (med)	linkes Herz n (med)
left pull (steering wheel)	Linkszug m (Steuerrad n)
leg (right triangle)	Kathete f (rechtwinkeliges Dreieck n)
legal procedure	Rechtspraxis f
legal representative	Verfahrensbevollmächtigter m -te f
legal status	Rechtsverhältnis n
length in meters	Metrage f
length of cloth	Gewebebahn f
length of pipe	Rohrstrang m
length of fabric	Gewebebahn f; bahnförmiges Tuch n
lergotrile	Lergotril n
less blood-suffused	minderdurchblutet
less soluble	weniger löslich
LET = linear energy transfer = lineare Energieübertragung f	
let-down valve	Ablassventil n
lethality	Letalität f
let one consider only; let one just consider	man denke nur an
Leu = leucine (amino acid) =	Leucin n (Aminosäure f)
leucine aminopeptidase	Leucinaminopeptidase f
leucinosis (= maple-syrup disease)	Ahorn-Sirup-Krankheit f; Ahornsirupkrankheit f
leukapheresis	Leukapherese f
levan (a polysaccharide)	Levan n (ein Polysaccharid n); Laevan n; Lävan n

levan sulfate	Levansulfat n; Laevansulfat n; Lävansulfat n
level (bubble)	Lotlineal n
level of crosslinking	Vernetzungsgrad m
level plane	Standebene f
level with ground	bodengleich
levonorgestrel	Levonorgestrel n
levopimaric acid	Lävopimarsäure f
levorotatory	linksdrehend
levulinic acid	Lävulinsäure f

LEW = Lewis (rat strain) = Lewis (Rattenart f)

LGC = laser-generated capacitor (made of polyester film) = durch Laser erzeugter Kondensator m

LHSV = liters/hour/standard volume = Liter pro Stunde pro Normvolumen (same abbreviation in German) also: liquid hourly space velocity = stündliche Raumgeschwindigkeit einer Flüssigkeit f

liberate v (chem)	entbinden v (chem)
licensed area	Lizenzgebiet n
license fee	Lizenzsatz m

lidar = light detection and ranging (= laser radar) = optische Erkennung und Ortung f

life sciences	Lebenskunde f
lift fan	Hubgebläse n
lifting position	Lüftstellung f
lift truck	Stapler m
ligand	Ligand m
light-activate v	photoaktivieren v
light crazing	Lichtriss m
light detergent	Feinwaschmittel n
light-duty detergent	Feinwaschmittel n
light-duty engine	Leichtmotor m
light emitting diode	Lichtdiode f; Leuchtdiode f Lumineszenzdiode f
lightfast	lichtecht
lightfastness	Lichtechtheit f

light gradation	Lichtgradation f
lightguide	Lichtleiter m; Lichtwellenleiter m
lightguide fiber	Lichtleitfaser f
lightguide rod	Lichtleitstab m
light meter	Lichtwaage f
light pole	Lichtmast m; Beleuchtungsmast m
light post	Lichtmast m; Beleuchtungsmast m
lightproof	lichtdicht
light protection agent	Lichtschutzmittel n
light protective	Lichtschutzmittel n
light-stabilized	lichtstabil
light-stable	lichtstabil
light transmission	Lichtdurchlässigkeit f
lightweight	leicht (Gewicht n)
lightweight concrete	Leichtbeton m
lignoceric acid	Lignocerinsäure f
lignum vitae balls	Pockholzkugeln f pl
linalool	Linalool n
Lindlar catalyst	Lindlar-Katalysator m [Pd/$CaCO_3$ (5%) + $Pb(OAcetyl)_2$]
line (row of machines)	Strasse f (Maschinenreihe f)
linear	linienförmig
linear measuring device	Längenmessgerät n
line-at-a-time printer	Zeilendrucker m
line printer	Zeilendrucker m
line speed	Bandgeschwindigkeit f
line transformer	Netztransformator m
lingering question	offene Frage f
link	Koppel f
linkage map (gen)	Kopplungskarte f (gen)
linked to	gebunden an

linked toe (pantyhose)	gekettelte Spitze f (Strumpfhose f)
lint	Faserflug m
lint screen	Flusensieb n
lip gloss	Lippenglanzcreme f
lipogenesis	Lipogenese f
lipbrush	Lippenpinsel m
lipoic acid = thioctic acid	Liponsäure f = Lipoinsäure f = Thioctinsäure f
lipoid; lipoidal; lipid	lipidisch
lipoid; lipid	Lipoid n (obsolete); Lipid n
lipophilic	lipophil
lipstick case	Lippenstifthülse f
liquid acid cleaner	flüssig-und-sauer Reinigungsmittel n
liquid chromatography	Flüssigchromatographie f; Flüssigkeitschromatographie f
liquid-crystalline	flüssigkristallin
liquid dentifrice	Mundwasser n
liquid gas	Flüssiggas n
liquid hourly space velocity	Raumdurchsatzgeschwindigkeit f (l/l·h)
liquid impact (e.g. droplet against turbine vane)	Flüssigkeitsschlag m (z.B. Tropfen gegen Turbinenschaufel)
liquid phase	Fliesszustand m
liquid rosin	Tallharz n
liquid seal	Flüssigkeitsvorlage f
liquid-tight	flüssigkeitsdicht
liquid-vapor region	Nassdampfgebiet n
lisuride (neuropsychotropic agent) = N-(D-6-methyl-8-isoergolinyl)-N',N'-diethylurea	Lisurid n (neurotropes Mittel n) = N-(D-6-Methyl-8-isoergolinyl)-N',N'-diethylharnstoff m
litchis (fruits from the litchi tree)	Litschis n pl (Früchte des Litschibaumes = Seifennussbaumes)

lithium alanate; lithium Al hydride; lithium tetrahydro-aluminate; lithium aluminum hydride	Lithiumalanat n ($LiAlH_4$); Lithiumaluminiumhydrid n; Lithiumtetrahydridoaluminat n
lithium tri-tert-butoxyaluminohydride	Lithiumtri-tert.-butoxy-alanat n
litigious patent	Streitpatent n
litmus paper (= lacmus paper) (indicator paper)	Lakmuspapier n (Nachweis-papier n)
liver accumulation (concentration of a compound in the liver)	Leberraffung f (Konzentration einer Substanz in der Leber f)
liver function test	Leberfunktionsprüfung f
lividomycin	Lividomycin n

LMFBR = liquid metal fast breeder reactor = schneller Flüssigmetall-Brutreaktor m

load (enzyme)	Belastung f (Enzym n)
load-carrying roller	Tragrolle f
load detector	Lastfühler m
loading	Beanspruchung f
load on heat-transfer area	Heizflächenbelastung f
load stress	Auflagerkraft f
load test	Belastungstest m
load waterline (ship)	Schwimmwasserlinie f (Schiff n)
loaf	Stollen m
localized	gezielt
local passenger service	Personennahverkehr m
loc. cit. (loco citato)	ebenda
lock gate	Schleusentor n
locking hook	Sperrhaken m
lock onto v	verankern v
lock release (mechanism)	Schlossöffner m
lock-up clutch	Überbrückungskupplung f

locust bean flour | Johannisbrotmehl n
LOI = limiting oxygen index (flame retardant) = Sauerstoffindex m (Flammschutzmittel n)
long axis | Längsachse f
long-chain branching | Langkettenverzweigung f
long distance heating system | Fernwärmenetz n
long-life milk | Sterilmilch f
long-oil (higher oil content than resin in varnish) | lang-ölig (höherer Öl- als Harzgehalt im Lack)
long-range bomber | Langstreckenbomber m
long-term experiment | Dauerversuch m
long-term funds | langfristige Mittel n pl
long-term heat resistance | Dauerwärmebeständigkeit f
long-term stability | Zeitstandfestigkeit f
long-term temperature | Dauertemperatur f
long-term thermal resistance | Dauerwärmebeständigkeit f
look (fashion) | Optik f (Mode f)
looping edge | Kettelblende f
looping pile | Schlingenflor m
loop-type reactor | Schlaufenreaktor m
loop-type steamer (text) | Laufschlaufendämpfer m (text)
loose material pallet | Schüttgutpalette f
loose-textured | locker
Lopair = long-path infrared (gas detector) = Langstrecken-Infrarot n (Gasanzeiger m)
loss angle | Verlustwinkel m
lossless | verlustlos
loss of exergonic property | Exergieverlust m
lost product | Verlegenheitsprodukt n
Lovibond(R) = plastics color standard by Lovibond Tintometer = Kunststoffarbennorm f mit Lovibond Tintometer m
low -- | also: schwach --

low-boiler	Leichtsieder m
lower die (mold)	Unterstein m (Form f)
lower district court	Amtsgericht n
(of) low flexural strength	biegeschlaff; biegeweich
low-foam	schaumarm
low-foam detergent	schwachschäumendes Waschmittel n
low gear ratio	Tieftrieb m
low in solvent	lösemittelarm
low-maintenance	wartungsfreundlich
low-temperature impact resistance	Kälteschlagzähigkeit f
low-mass	massearm
low-polar	niederpolig
low-pressure steam	ND-Dampf m; Niederdruckdampf m
low-temperature	tiefkalt
low-temperature brittleness	Kältebruch m; Kältebruchtemperatur f (°C); Kälteversprödung f
low-temperature resistance	Kältefestigkeit f
low-temperature stability	Kältebelastbarkeit f
low-warpage	verzugsarm
lozenge	Lutschtablette f

LPG = liquid petroleum gas; liquefied petroleum gas = Flüssiggas n

LPN_2 = low pressure nitrogen = Niederdruckstickstoff m

LPS = lipopolysaccharide = Lipopolysaccharid n

LRF = luteinizing hormone releasing factor = Luteinisierungshormon-Releaserfaktor m

LTR = long terminal redundancy = lange Terminalwiederholung f

LTV evaporator = long-tube vertical evaporator = Langrohr-Vertikalverdampfer m

LTV = low-temperature vulcanizing = tiefkalthärtend

lubricant (wool)	Schmälzmittel n (Wolle f)

lubricate v (wool)	schmälzen v (Wolle f)
lubricating stick	Schmierstift m
lucky break	Glücksfall m
lues serology (syphilis serology)	Luesserologie f
lumazine	Lumazin n
Lumetron(R) = colorimeter = Farbmessgerät n	
luminous spot	Lichtmarke f
lump	Stollen m
lupeol	Lupeol n
Lupersol(R) = crosslinking agent = Vernetzungsmittel n	
lupine; lupin (plant)	Lupine f (Pflanze f)
lupinine	Lupinin n
lusterize v	glanzausrüsten v
luteolysis	Luteolyse f
luteolytic	luteolytisch
lychees pl (= litchis)	Litschis n pl (Früchte des Litschibaumes = Seifennussbaumes)
lymphadenopathy (swollen lymph glands due to disease)	Lymphadenopathie f (geschwollene Lymphdrüsen f pl [Krankhei
lymphangiography	Lymphangiographie f
lymphatic drainage	Lymphabfluss m
lymphatic vessel dilation	Lymphangiektasie f
lymphatic vessel tumor	Lymphangiom n -ien pl
lymphography	Lymphographie f
lymphotropic	lymphotrop
lyophilizable	lyophilisierbar
lyophilized product	Lyophilisat n
lyophilizer	Lyophilisator m
lyophobic	lyophob
Lys = lysine (amino acid) = Lysin n (Aminosäure f)	
lysergic acid	Lysergsäure f
lysogenic	lysogen

* * *

M = molar = molar

MA = maleic anhydride	MSA = Maleinsäureanhydrid n
MAC (in ppm) = maximum allowable concentration (of pollutants)	MAK (in ppm) = maximale Arbeitsplatz-Konzentration f

MAC = methallyl chloride = Methallylchlorid n

machete	Plantagenmesser n
machine cannon	Maschinenkanone f
machined from solid piece	aus dem Vollen gearbeitet
machine direction	Verarbeitungsrichtung f
Mackay test (for wool lubricant)	Mackay-Test m (auf Schmälzmittel n)
macroform	Makroform f
macropore	Makropore f
macroporous	makroporös
Maddrell's salt (insoluble sodium metaphosphate)	Maddrellsches Salz n (unlösliches Na-Metaphosphat n)
made from die cast metals	aus Metall-Druckguss m
magazine v	magazinieren v
magnetite	Magnetit m
magneto	Magnetmotor m
magnetoelastic	magnetelastisch
magnetohydrodynamic	magnetohydrodynamisch
magneto-optic; magnetooptic; magnetooptical	magneto-optisch; magnetooptisch
mahogany acids (oil-soluble petroleum sulfonates)	Mahagonisäuren f pl (öllösliche Petroleumsulfonate n pl)
mahogany soaps (salts of petroleum sulfonates; lubricants)	Mahagoniseifen f pl (Salze von Petroleumsulfonaten; Schmiermittel n pl)
maiden name	Geburtsname m
mail order house	Versandhändler m
maintenance-free	wartungsunempfindlich

maize oil	Maiskeimöl n
make v	auffüllen auf v
make heterogeneous v	heterogenisieren v
make into fibers v	zerfasern v
make whole v	sanieren v
make-ready cabinet	Bereitschaftsschrank m
maleinize v	maleinisieren v
male mold	Positivform f
male rat	Rattenmännchen n
male thread	Vatergewinde n
malignant tumor	Malignom n
mammary gland	Milchdrüse f
in man	im Menschen m
manageable (hair)	frisiergeschmeidig (Haar n)
manganometry	Manganometrie f
manifold	Sammelleitung f
manifold	vielfach
mannon (polysaccharide)	Mannon n (Polysaccharid n)
manometric	manometrisch
mantle of earth	Erdmantel m
manual	händisch
many-faceted	vielfältig

MAO = monoamine oxidase = Monoaminoxidase f

map v	kartieren v
mapping	Kartierung f

MAR = multifunction array radar = mehrfunktionelle Radaranordnung f

mar by scratches v	verkratzen v
Marchiafava anemia	Marchiafava-Anämie f
marching modulus (increase in modulus during vulcanizing)	marschierender Spannungswert m (Modulanstieg beim Vulkanisieren)
marching route	Aufmarschweg m
mare's urine	Stutenharn m

margaric acid	Margarinsäure f
margin of error	Fehlerbreite f
mariculture	Marikultur f
marine animal oil	Seetieröl n
marine bacterium	Seebakterie f
marine pipeline	Seeleitung f
marine propulsion unit	Schiffsantrieb m
marker	Marker m; Schreiber m (Stift m)
marking pen	Schreiber m
marking roller	Rollensignierer m
mar resistance	Kratzfestigkeit f
mar resistant	kratzfest
marrow infection	Weichteilinfektion f
mascon = mass concentration	= Massekonzentration f
mask v	schützen v (chemische Gruppe f); verkappen v (überdecken v)
masking medium	Abweisung f (Siebdruck m)
mass analysis	Massenanalyse f
mass flow	Massendurchsatz m
massive	massebehaftet
mass-produce v	konfektionieren v
mass ratio	Massenverhältnis n
mass-related capacity (battery)	massenbezogene Kapazität f (Batterie f)
mass stream	Massenstrom m (kg/h)
mass temperature	Massetemperatur f
mass transfer velocity	Massentransportgeschwindigkeit f
mass velocity (lb/sec·ft)	Massengeschwindigkeit f (kg/sec·m²)
masterbatch (plast)	also: Konzentrat n; Masterbatch m
masterbatch v	masterbatchen v

masticator	Kneter m
mat	Gelege n
match v	angleichen v
matching surface	Gegenfläche f
mating capsule	Steckkapsel f
mating materials	Werkstoffpaarung f
mat of random fibers	Faservlies n
matrix	Einbettung f
matted fibers	Faservlies n
matter of degree	graduell
matting (tangled coat - animal or dull coat - paint)	Vermattung f (verfilztes Fell - Tier n oder glanzloser Anstrich m - Farbe f)

mazda = methyl azelaaldehydate dimethylacetal = Methylazelaaldehydatdimethylacetal n

mazut	Masut n

mb = millibar = Millibar n

MBE = molecular beam epitaxy = Molekularstrahlepitaxie f

MBH = medial basal hypothalamus = mediale Basalhypothalamus f

Mbps = megabits per second = Megabits n pl pro Sekunde f

MBS = methyl methacrylate-butadiene-styrene copolymer = Methylmethacrylat-Butadien-Styrol-Copolymer n

MC = Mid Century method (for polyester raw materials) = MC-Methode f (für Polyesterrohmaterial n

mc = millicurie (mci preferred)	mCi = Millicurie n
m constant (enzyme efficiency)	Km = m-Konstante f (Enzymwirkung f)
McPhail scale (gestagen activity)	McPhail-Skala f (Gestagenaktivität f)
Mc/s = megacycles per second	MHz = Megahertz n

MCVD = modified chemical vapor deposition (fiber optics)= abgewandeltes Aufdampfen n (optische Faser f)

Md = megadalton (atomic mass unit)	Md = Mega-Dalton n (Atommasseneinheit f)

mD = millidarcy (permeability unit) = Millidarcy n (Permeabilitätswert m)

MDA = α-methyl-3,4-methylenedioxyphenethylamine (hallucinogen) = α-Methyl-3,4-methylendioxyphenethylamin n (Hallucinogen n)

MDH = malate dehydrogenase = Malatdehydrogenase f

mean free path	mittlere freie Weglänge f
meaningful	aussagefähig
mean value	Zentralwert m
measurement signal	Masswertsignal n
measure out v	dosieren v
measuring transducer	Messwandler m
meat-processing vat; meat-processing vessel	Fleischbottich m
MEC = maximum emission concentration (in ppm)	MIK = maximale Immissions-Konzentration f (in ppm)
mechanically blown foam	Begasungsschaum m
mechanical screwdriver	Schrauber m
mechanochemical	mechanisch-chemisch
mechlorethamine	Mechlorethamin n
medfly = mediterranean fruit fly (Ceratitis capitata)	Obstfliege f (but add Ceratitis capitata to define species!)
mediator	Mediator m
medicinal agent	Arzneimittelwirkstoff m
medium pressure chromatography	Mitteldruckchromatographie f
medium viscosity	mittelviskos
meclizine	Meclizin n
medrogestone	Medrogeston n
medroxyprogesterone	Medroxyprogesteron n
Meerwein salt = tert-oxonium salt	Meerwein-Salz n = tert.-Oxoniumsalz n
mefenamic acid	Mefenaminsäure f

MEG = magnetoencephalography = Magnetoenzephalographie f

megatonnage	Megatonnage f
megestrol	Megestrol n
meglumine = methylglucamine	Meglumin n = Methylglucamin n
meglumine salt (contrast medium)	Megluminsalz n (Kontrastmittel n)
Meili mill (for grinding rubber)	Meili-Mühle f (zum Gummimahlen n)
MEK = methyl ethyl ketone =	Methylethylketon n
melatonin = N-acetyl-5-methoxytryptamine n	Melatonin n = N-Acetyl-5-methoxytryptamin n
melengestrol	Melengestrol n
melissic acid	Melissinsäure f
mellitate	Mellithat n; Mellitat n
mellitic acid	Mellithsäure f; Mellitsäure f
melt breakthrough	Durchschmelzen n
melt fracture	Schmelzbruch m
melt index; melt flow index	Schmelzindex m
melting interval (spread-out melting point)	Schmelzintervall n
melting tank; melting trough	Schmelzwanne f
melt-seal v	abschmelzen v
melt-spin v	schmelzspinnen v
melt-spun fiber	Schmelzfaser f
MEM = Eagle's minimum essential medium (reagent) =	Eaglesches Minimal-Essentiales Medium n (Reagens n)
membrane	Hülle f (Virus n)
membrane-bound	membrangebunden
memory (plast)	Rückerinnerung f (plast)
memory board	Speicherplatine f
memory characteristic	Rückstelleigenschaft f (plast)
memory value (plast)	Memory-Wert m
mental	gedanklich
menthene	Menthen n

menthyl	Menthyl n
menthyl hydrazine (optically active ketone reagent)	Menthylhydrazin n (optisch aktives Ketonreagens n)
mentum (bot)	Mentum n (bot)
mephentoin	Mephentoin n
mepindolol	Mepindolol n
mepiprazole (psycho-pharmaceutical)	Mepiprazol n (Psycho-pharmakon n)
meg = milliequivalent	mäq = Milliäquivalent n; mVal = Milliäquivalent n mäquiv. = Milliäquivalent n
meq/g (dry exchange capacity)	mVal/g (Trockenaustausch-kapazität f)
meq/ml (wet exchange capacity)	mVal/ml (Nassaustausch-kapazität f)
mercurate v	merkurieren v
mercuration	Merkurierung f
mercury lamp	Quecksilberlampe f
meristem	Meristem n
mer unit (plast)	Mereinheit f (plast)
mesenchymal cell	Mesenchymzelle f
mesh	Gewirke n
mesh = number of screen openings/linear inch	Maschenzahl f
meshwork	Gewirke n
mesophase	Mesophase f
mesopic	mesopisch
mesotartaric acid	Antiweinsäure f
mesterolone	Mesterolon n
mesyl = methylsulfonyl	Mesyl n = Methylsulfonyl n
mesylate v	mesylieren v
mesylation	Mesylierung f

MET = metabolic unit (amount of oxygen consumed at rest, e.g. 21 ml O_2/2.2 kg body weight/minute) = metabolische Einheit f (im Ruhezustand verbrauchter Sauerstoff, z.B. 21 ml O_2/2.2 kg Körpergewicht/ Minute)

Met = methionine (amino acid) = Methionin n (Aminosäure f)

metabolic transformation	Verstoffwechselung f
metabolite pattern	Metabolitenmuster n
metadrenaline	Metadrenalin n
metakaolin = $Al_2O_3 \cdot 2SiO_2$	Metakaolin n
metalate v	metallieren v
metalation (add a metal atom)	Metallierung f (Metallatom addiere
metal carbonyl	Metallcarbonyl n
metal deactivator	Metalldesaktivator m
metal deposition	Metallabscheidung f
metal hydride	Metallhydrid n
metal insert molding	umspritztes Metallteil n
metallization (metal layer is applied)	Metallisierung f (Auflage einer Metallschicht)
metallize v	metallisieren v
metallic atom	Metallatom n
metallic compound	Metallverbindung f
metallic soap	Metallseife f
metallocene	Metallocen n
metal test sheet	Probeblech n
metal vapor laser	Metalldampflaser m
metal whisker	Metallfaden m
metanephrine	Metanephrin n
metastasizing	Metastasierung f
metenolone; methenolone (steroid)	Metenolon n; Methenolone n (Steroid n)
meter into v	eindosieren v
methadiene	Methadien n
methamphetamine	Methamphetamin n
methanesulfochloride	Methansulfonchlorid n
methane wash	Methanwäsche f
methanization	Methanisierung f
methanize v	methanisieren v

methanolysis	Methanolyse f
methiodal sodium	Methiodalnatrium n
methiodide; methoiodide	Methoiodid n; Methojodid n (veraltet)
metho- = methyl group attached to side-chain C atom	metho- = Methylgruppe f am Seitenketten-C-Atom n
methodology	Methodik f
methotrexate (anticancer drug)	Methotrexat n (Krebsmedizin f)
methriol trinitrate (explosive oil)	Methrioltrinitrat n (Sprengöl n)
methylal	Methylal n
methyl benzoate	Benzoesäuremethylester m
methyl chloride	Chlormethyl n
methyldopa	Methyldopa n
methylenamino	Methylenamino n
methylenimino	Methylenimino n
methylindanone	Methylindanon n
methyl methacrylate	Methacrylsäuremethylester m
methylol	Methylol n
methylolate v	methylolieren v
methylparaben	p-Hydroxybenzoesäuremethylester m; Methylparaben n
methylphosphonate	Methylphosphonat n
methyl tetryl = trinitromethylphenylmethylnitramine (expl)	Methyltetryl n = Trinitromethylphenylmethylnitramin n (expl)
methyl toluate	Toluylsäuremethylester m
metiamide	Metiamid n
metrizamide	Metrizamid n
metrizoic acid	Metrizoesäure f

MeV = megaelectron volt = Megaelektronenvolt n

MF = melamine formaldehyde = Melaminformaldehyd m

MF = melt flow index = Schmelzflussindex m; Schmelzindex m

MFI = melt flow index = Schmelzflussindex m; Schmelzindex m

mho (conductance, obsolete) now: siemens	Siemens n (Leitfähigkeit f, S·cm-1)
MIC = minimum inhibitory concentration	MHK = minimale Hemmkonzentration f
micellar	micellar
micelle	Micelle f
Michael addition	Michael-Addition f
miconazole	Miconazol n
microanalysis	Mikrobestimmung f
microanalyzer	Mikroanalysator m
microbalance	Mikrowaage f
microbe	Keim m
microbe granule	Mikrobenbällchen n
microbrownian movement	mikrobrownsche Beweglichkeit f
microcrystalline wax (synthetic wax of branched hydrocarbons C_{16}-C_{26})	Mikrowachs n (Synthesewachs aus verzweigten Kohlenwasserstoffen C_{16}-C_{26})
microencapsulation	Mikroverkapselung f
microenvironment	Mikroumgebung f
microfabrication	Mikrofabrikation f
micromechanics	Mikromechanik f
micrometer	Feinmessuhr f
micromho (obsolete); microsiemens	Mikrosiemens n; µS n; micro-Siemens n
micromorphology	Mikromorphologie f
micronize v	mikronisieren v
microozonolysis	Mikroozonolyse f
microphone mounting support	Mikrofonhalterung f
microphotograph (=tiny photo enlarged)	Mikrofotografie f (= winziges Foto n vergrössert)
microporous	mikroporös
microprobe	Mikrosonde f

microprocessor	Mikroprozessor m
microsomal	mikrosomal
microsome	Mikrosom n
microspectrophotometry	Mikrospektrophotometrie f
hollow glass microsphere	Mikroglasballon m
microstructure	Mikrostruktur f
microsuspension	Mikrosuspension f
microsurgery	Mikrochirurgie f
microthin wood	Mikroholz n

Microtrac(R) method = particle size analysis by laser scattering = Korngrössenanalyse f durch Laserlichtstreuung f

microtube	Mikro-Rohr n
micro-ulcer	Mikrogeschwür n
microwelding	Mikroschweissen n
middlings	Nachmehl n
MIG welding (with inert gas and metal arc)	MIG-Schweissen n (dieselbe Abkürzung im Deutschen)
migration resistant	wanderungsbeständig
migratory	wanderfähig
mil = 25.4 micron, 25.4 μm	Mil n = 25.4 Mikron n, 25.4 μm
mildewproofing agent	Schimmelschutzmittel n
military airfield	Feldflughafen m
milk shake	Milchshake m
mill v (rubber)	walzen v (Gummi m)
millable	walzfähig
millimho (admittance value) (obsolete; now:) millisiemens	Millisiemens n
mill scale	Walzzunder m
mill shrinkage	Walzenschwund m
mimic v	simulieren v
minehunt v	minensuchen v
minehunter	Minensucher m
mine mortar	Minenwerfer m

mine pressure fuze	Minendruckzünder m
mineralizing agent	Mineralisiermittel n
mineralocorticoid (adj)	mineralcorticoid
mineralocorticoid (noun)	Mineralcorticoid n
mineral spirit(s)	Testbenzin n; Lackbenzin n
minicomputer	Minicomputer m
minimine (a polypeptide)	Minimin n (ein Polypeptid n)
minimum service charge	Anfahrtspauschale f
minipig (for lab)	Mini-Schwein n (fürs Labor n)
minute bubble	Bläschen n
minute of arc	Winkelminute f

MIPS = million instructions per second (computer) = Millionen Befehle pro Sekunde (Rechner m)

mirror-coupled optic (laser)	Spiegelgelenkoptik f (Laser m)

MIRV = multiple independently targetable reentry vehicle = einzeln lenkbarer Wiedereintrittskörper m

miscellaneous	sonstig
misconstrue v	verkennen v
mishap	Zwischenfall m
missile silo	Raketensilo m
mist precipitator	Tropfenabscheider m
mithramycin	Mithramycin n
mitomycin	Mitomycin n
mix by pug mill v	auftrommeln v
mixed ester	Mischester m
mixed infection	Mischinfektion f
mixed oxide	Mischoxid n
mixed planting	Mischanbau m
mixed melting point	Mischungsfestpunkt m
mixer	Durchlaufgerät n
mix in v	einmischen v
mixing phase	Mischphase f
mixing roll mill	Mischwalzwerk n

mixture proportion Gemengesatz m

Mjoule = megajoule = Megajoule n; MJoule n

MLCC = multilayer ceramic capacitor = mehrschichtiger Keramikkondensator m

MLRS = multiple launch rocket system = Mehrfachraketenabschußsystem n

MLVSS = volatile suspended solids content (in ppm) = flüchtiger Schwebstoffgehalt m

mmol = millimole mM = Millimol n

MN = meganewton = Meganewton n

Mn = number average molecular weight = Molekülmasse f (Molgewicht, Zahlenmittel n)

$\overline{M}n$ = absolute value of Mn = absoluter Wert m von Mn

mobile fahrbar

mobile phase Fliessmittel n

mobile phase developing agent Aufsteigemittel n

mobility ratio Mobilitätsverhältnis n

Moca(R) = methylenebis-o-chloroaniline = Methylenbis-o-chloranilin n

MOCS = Multichannel Ocean Color Sensor = Mehrkanal-Meerfarbensensor m

Modaflow(R) = surface tension modifier = Mittel n zur Oberflächenspannungsänderung f

model infection Modellinfektion f

modeling clay Knetmasse f

modeling paste Knetmasse f

modifier Regler m; Modifizierungsmittel n; Modifier m (plast)

modulate v tasten v

modulation tube Taströhre f

module Baueinheit f

module system Baukastensystem n

modulus of elasticity E-Modul m

modulus of elasticity, tensile test Zug-E-Modul m

modulus of resilience (p/f in kp/cm; p = spring force; f = stroke)	Federkonstante f (spezifische Rückstellkraft f, p/f in kp/cm; p = Federkraft f f = Federweg m)
modulus of resistance	Federkonstante f (siehe oben)
moisture barrier	Dampfbremse f
moisturizer	Feuchthaltemittel n
mol-% = molar percent	Mol % = Molprozent n
molality	Molalität f
molar equivalent	Moläquivalent n
molarity	Molarität f
molar percent	Molprozent n
0.1-molar solution	0.1M Lösung f
moldability	Verformbarkeit f
moldable	verformbar
moldable composition	Pressmasse f
mold cavity	Formnest n; Formraum m; Hohlform f
mold clamping plate	Formenaufspannplatte f
molded article	Formkörper m
molded component	Formkörper m
molded-in	eingeformt
molded part	Formteil n
molding	Blende f (geformtes Profil n); Formkörper m; Formteil n
molding composition	Formmasse f
molding station (met)	Formstation f
mold profile	Formeinarbeitung f
mold shrinkage	Formschwindung f
mold temperature	Werkzeugtemperatur f (Extrusion f)
molecular chain length	Faserlänge f
molecular mass (kg/kmol)	Molmasse f (kg/kmol)
molecular mobility	Molekülbeweglichkeit f

molecular sieve	Molsieb n
molecular weight	Molmasse f; Molekülmasse f
molecular weight cutoff	molekulare Trenngrenze f
mole equivalent	Moläquivalent n
mole number (molecular mass quantity)	Molzahl f (alter Name m für Stoffmenge f)
mole percent	Molprozent n
mole ratio	Molverhältnis n
Molisch reagent	Molischreagens n
molluscicide	Molluskizid n
mol percentage	Molprozent n
molybdocene	Molybdocen n
monaxial	einachsig
monobasic potassium phosphate	Kaliumdihydrogenphosphat n
monochalcogenide	Monochalkogenid n
monoclonal	monoklon
monoculars	Fernrohr n (einfaches)
monocyclic	monozyklisch
monodisperse	monodispers
monodontal	einzähnig
monoene	Monoen n
monoester	Halbester m
monoesterified	halbverestert
monofil	Monofil n; Elementarfaden m
monofilament	Monofil n; Elementarfaden m
monoflop	Monoflop m
monograph	Monographie f
monoiodinate v	monoiodieren v
monolayer	Einzelschicht f (Zellen f pl oder Moleküle n pl)
monomer removal	Entmonomerisierung f
monomethylethoxylate (a polyglycol ether)	Monomethylethoxylat n (ein Polyglycolether m)

mononuclear	einkernig
mononucleosis (Pfeiffer's disease)	Mono-Nukleose f (Pfeiffersche Drüsenerkrankung f)
monoolefin	Monoolefin n
monopole	Einzelpol m
monoquaternization	Monoquaternierung f
monoquaternize v	monoquaternieren v
monosubstituted	einfach substituiert
monotropic	monotrop
montanic acid	Montansäure f; Montanwachssäure f
mood fluctuation	seelische Unausgeglichenheit f
Mooney scorch time	Anvulkanisationszeit f
more than canceled out	überkompensiert
morphinan	Morphinan n
morphogen (chemical messenger)	Morphogen n (chemischer Botschafter m)
morphogenesis	Formbildung f
morphogenetic process	Formbildungsvorgang m
morpholide	Morpholinid n
morpholin-3-one	Morpholin-3-on n
mortar tube	Werferrohr n

MOS = metal oxide semiconductor = Metalloxidhalbleiter m; Abkürzung auch im Deutschen gebraucht

mOsm = milliosmol	mOsm = Milliosmol n
Mössbauer effect	Mössbauer-Effekt m
mothball v	einlagern v
motion increment	Bewegungsabschnitt m
motionless condition	Bewegungsstillstand m
motion sequence	Bewegungsablauf m
motor activity (med)	Bewegungsablauf m (med)
motor coordination	Bewegungskoordination f
motor disability	Bewegungsstörung f

motoric function (med) Motorfunktion f (med); Motorik f

moustache wax Bartwichse f

mouthwash Mundwasser n

move into proper lane v einordnen v

movement (clock) Gehwerk n (Uhr f)

move to and fro v changieren v

move toward each other v zustellen v (z.B. Werkzeug n und Werkstück n)

MPa = megapascal = Megapascal n

mPa·s ; mPa s = millipascals x second (new viscosity value) = Millipascals mal Sekunde (neuer Viskositätswert m)

Mpc = megaparsec = Megaparsec n

Mrad = megarad = Megarad n

mrem = milliroentgen equivalent man (maximum radiation dose) = Milliroentgen n (menschliche Äquivalentdosis f)

MRI = magnetic resonance imaging = MR-Abbildung f

MRI technique = magnetic resonance imaging technique = MR-Aufnahmetechnik f

MR tomography MR-Tomographie f (Kernspin-Tomographie f)

MRV = multiple reentry vehicle = Mehrfachwiedereintrittskörper m

MS = mass spectroscopy = Massenspektroskopie f

MS = mass spectrum = Massenspektrum n

Ms = mesyl moiety = Mesyl n

ms = millisecond = Millisekunde f

MSF = multistage flash = mehrstufige Entspannung f; mehrstufiges Flashen n (Entsalzungsverfahren n)

MTB = methyl tert-butyl ether = Methyl-tert.-butylether m

MTF = modulation transfer function = Modulierungsübertragungsfunktion f

MTGP = mammary tumor-associated glycoprotein = Glycoprotein, mit Brusttumor assoziiert n

mU = milli-unit (1/1000 U) mE = Milli-Einheit f

mucic acid = tetrahydroxyadipic acid Mucinsäure f = Tetrahydroxyadipinsäure f

mulching film	Agrarfolie f
multichambered	mehrkammerig
multichannel	vielkanalig; Vielkanal-
multichannel valve	Mehrwegeventil n
multichip	Multichip m
multicolored	mehrfarbig
multicolumn	mehrsäulig
multicomponent	mehrgliedrig; Mehrkomponenten-
multicylinder	mehrzylindrig
multielement	Multielement n
multiene	Multien n
multifaceted	vielfältig
multifil	Multifil n
multifil column	Multifilkolonne f
multifunctional	mehrfunktionell
multihole burner	Mehrlochbrenner m
multilamellar	multilamellar
multilaminar	multilaminar (nur für Strömung f!); sonst: multilamellar
multilane	mehrbahnig
multilayer	Vielschicht f
multilayer	mehrlagig; mehrschichtig
multimember	mehrgliedrig
multimode fiber (opt)	Multimode-Faser f (opt)
multipartite	mehrteilig
multiphase	vielphasig
multipin connector	Steckerleiste f
multiple-base (expl)	mehrbasig (expl)
multiple bond	Mehrfachbindung f
multiple-chambered	mehrkammerig
multiple-floor heating	Etagenheizung f
multiple-flow	mehrflutig

multiple-layer material	Schichtstoff m
multiple olefin (polyunsaturated monomer; e.g. allene)	Mehrfacholefin n (mehrfach ungesättigtes Monomer n; z.B. Allen n)
multiple piston	Mehrfachkolben m
multiple-shaft	mehrwellig
multiplett	Multiplett n
multiple-trip use	Mehrweggebrauch m
multiplying linkage	Multiplikationsgestänge n
multiply-tritiated	mehrfach tritiiert
multipoint ram	Mehrpunktstössel m
multipurpose	Mehrzweck-
multistory	mehrstöckig
multistory building	Hochhaus n
multivial	Multivial n
multivibrator	Kippstufe f
multiwall	mehrwandig
multi-wheel steering	Mehrradlenkung f
multizone screw	Mehrzonenschnecke f
Mumetal(R) = alloy (Ni-Fe-Cu-Cr-Mn)	Mumetall(R) = Legierung f (Ni-Fe-Cu-Cr-Mn)
municipal sewage	Kommunalabwässer n pl
municipal waste disposal	Städtereinigung f
muonium (short-lived substance formed from a muon)	Muonium n (kurzlebige, aus einem Muon n stammende Substanz f)
MUP = major urinary protein	= Hauptprotein des Harns n
muscalure (trade name for housefly pheromone)	Muscalure n (Handelsname m für Hausfliegenpheromon n)
muscle relaxant	Muskelrelaxans n -tien pl
muscle-relaxant	muskel-relaxierend
mushroom v (tip of projectile)	aufpilzen v (Geschossnase f)
musical selection	Musikstück n
musk grain	Moschuskorn n

mutagenesis — Mutagenese f

mutatest — Mutationstest m

Mv = viscosity average molecular weight = Molgewicht n (Viskositätsmittel n)

$\bar{M}v$ = absolute value of Mv = absoluter Wert m von Mv

mV = millivolt = Millivolt n

MVT = moisture-vapor transmission = Feuchtdampfdurchlässigkeit f

MW = molecular weight — MG = Molgewicht n; Molekülgewicht n

Mw = weight average molecualr weight = Molgewicht n (Gewichtsmittel n)

$\bar{M}w$ = absolute value of Mw = absoluter Wert m von Mw

mycologist — Pilzforscher m

myocardial weakness — Herzmuskelschwäche f

Myrj(R) = collective name for nonionic surfactants = Sammelname m für nichtionische oberflächenaktive Mittel n pl

* * *

N = normal (concentration) = normal (Konzentration f)

^{14}N = nitrogen-14 = Stickstoff-14 m; radioaktiver Stickstoff m; N^{14}

N5, N8, N12 = rocket propellants = Raketentreibstoffe m pl

n = normal (structure) = normal (Struktur f)

$(\ )_n$, e.g. $(HF)_n$ = close bond-like association of same molecules = dichte Molekülverbindung f

NA = noradrenaline = Noradrenalin n

NA = numerical aperture = Blendenzahl f, numerische Apertur f

NAA = α-naphthaleneacetic acid = α-Naphthalinessigsäure f

NACA = National Advisory Committee for Aeronautics = Bundesraumfahrtskomitee n

nacreous pigment — Perlglanzpigment n

$NADH_2$ = dihydronicotinic acid amide adenine dinucleotide = Dihydronicotinsäureamid-Adenindinucleotid n

Nafion(R) = cation exchanger = Kationenaustauscher m

naiad — Nymphe f (Fabelwesen n und Libellenlarve f)

n-alkyl (straight chain) — n-Alkyl n (geradkettig)

naloxone (morphine antagonist) — Naloxon n (Morphin-Antagonist m)

NAND gate (comp) — NAND-Gatter n (comp)

naphtha — Benzin n

naphthazin, naphthazine — Naphthazin n

nappe — Schleier m (Wasser n)

naproxen = d-2-(6-methoxy-2-naphthyl)propionic acid = Naproxen n = d-2-(6-Methoxy-2-naphthyl)-propionsäure f

Nar = US woolen run = 1,600 yd hanks per lb. = Wollmass n (explain dimensions)

nasopharyngeal tube — Nasenrachenröhre f

native (adj) — nativ (adj)

natural convection	Naturumlauf m
natural fatty acid	native Fettsäure f
naturalize v (also plants)	einbürgern v (auch Pflanzen f pl)
NBFM = narrow band frequency modulation = Schmalbandfrequenzmodulation f	
NBS = National Bureau of Standards = Bundesnormenbüro n	
NC = numerical control = numerische Steuerung f	
NC = Nc = nitrocellulose = Nitrocellulose f	
NC lacquer = nitrocellulose lacquer	NC-Lack m = Nitrocellulose-lack m
NDA = new drug application =	Anwendung f einer neuen Droge f
neat (adj)	rein (adj)
necessitated (adj)	bedingt (adj)
necrotic	abgestorben
needle v	vernadeln v
needled mat; needle-punched web	Nadelvlies n
negative caster (wheel)	Vorlauf m (Rad n) (aut)
negative lens	Negativlinse f
nematogenic (= monotropically nematic)	nematogen (= monotrop nematisch)
neodymium	Neodym n
neohexanal (an aldehyde)	Neohexanal n (ein Aldehyd m)
neohexanol (an alcohol)	Neohexanol n (ein Alkohol m)
neophyl chloride	Neophylchlorid n
nephrography	Nephrographie f
neriifolin (cardiac glycoside)	Neriifolin n (Herzglycosid n)
nerve gas	Nervengas n
nervonic acid = 15-tetracosenoic acid	Nervonsäure f = 15-Tetracosensäure f
nervous breakdown	Nervenversagung f
nesquehonite	Nesquehonit m

nest v	ineinanderpassen v; ineinanderstecken v
nestable	ineinanderpassbar; ineinandersteckbar
net calorific value	unterer Heizwert m (H_u)
netropsin	Netropsin n
net volume discount	Umsatzrabatt m
network chain length (crosslinked polymers)	Netzbogenlänge f (vernetzte Polymere n pl)
neuraminic acid	Neuraminsäure f
neuroendocrine	neuroendokrin
neuroleptic	neuroleptisch
neuropsychopharmaceutical	Neuropsychopharmakum n -ka n pl
neuropsychotropic	neuropsychotrop
neurotoxic	neurotoxisch
neurotoxicity	Neurotoxizität f
neurotrophic	neurotroph
neurovegetative	neurovegetativ
neutral cleaner	Neutralreinigungsmittel n
neutron flux level	Neutronenflusswert m
new matter (pat)	unzulässige Erweiterung f (pat)
news in short	Kurznachricht f

NG = glycerol trinitrate = Glycerintrinitrat n

ng = nanogram = Nanogramm n

NGu = nitroguanidine = Nitroguanidin n

NHTSA = National Highway Traffic Safety Administration = US-Strassenbehörde f

Niagara filter	Niagarafilter n
nialamide	Nialamid n

Nichrome(R) = oxidation-resistant material = oxidationsbeständiges Material n

nickel ethyl acetoacetate	Nickelacetessigester m
nidation	Nidation f

nigrostriatal	nigrostriatal
NIH unit (National Institutes of Health) = NIH-Einheit f (US Staatliches Gesundheitsamt n)	
niobate (ferroelectric metal)	Niobat n (ferroelektrisches Metall n)
nip	Klemmlinie f
nip padder (text)	Zwickelfoulard m (text)
nitranilide; nitroanilide	Nitranilid n
nitrate of lime	Kalksalpeter m
nitrenes (group of compounds $R_2C:NR:CR_2$)	Nitrene n pl (Verbindungen $R_2C:NR:CR_2$)
nitride v (for hardening metals only)	nitrieren v (nur fuer Metallhärtung f)
nitroanilide; nitranilide	Nitranilid n
nitrobody	Stickstoffkörper m
nitrogen dioxide	Dioxostickstoff m
nitrogen oxide	Stickoxid n
nitroimidazole	Nitroimidazol n
nitromannitol	Nitromannit m
nitrooxy	Nitrooxy n
nitrostarch	Nitrostärke f
Nm = metric number = km/kg	
N-methyltaurine	N-Methyltaurid n
nmol = nanomole = Nanomol n	
NMP = N-methylpyrrolidone = N-Methylpyrrolidon n	
NMR imaging = nuclear resonance imaging	NMR-Aufnahmetechnik f
NMR = nuclear magnetic resonance	NMR auch in Deutsch; früher: KMR = Kernresonanz f
NMRI = Naval Medical Research Institute (mouse strain) = = Name m für eine Mäuseart f	
NMR tomograph	Kernspintomograph m; more popular: NMR-Tomograph m
NMR tomography	Kernspin-Tomographie f; better: NMR-Tomographie f

nociceptive	nozizeptiv; nociceptiv
no longer exceed v	unterschreiten v
nomifensine	Nomifensin n
nonabsorbed	nicht absorbiert; nicht aufgenommen
nonacidic	nichtsauer
nonacoustic	nicht akustisch
nonadhesive	nichthaftend
nonaflat = perfluoro-butanesulfonic acid	Nonaflat n = Perfluorbutan-sulfonsäure f
nonalkaline	nicht basisch (chem)
nonanesthetized	wach
nonanoic acid	Nonansäure f
nonappearance	Nichterscheinen n
nonaqueous	nicht wässrig
nonaromatic	nichtaromatisch
nonbacterial	abakteriell
nonchemical	nicht chemisch
non-cellulosic	nicht aus Zellulose f
nonclinical	nicht klinisch
noncoding (gen)	nicht kodierend (gen); nicht codierend (gen)
noncombustible	nicht brennbar; unbrennbar
noncondensible	nicht kondensierbar
nonconducting	nichtleitend
non-conjugated double bond	isolierte Doppelbindung f; nicht konjugierte Doppel-bindung f; nichtkonjugierte Doppel-bindung f
noncontact; noncontacting; noncontactual	berührungslos; kontaktlos; berührungsfrei
noncorrosive	nicht korrosiv
non-cratered	kraterlos
noncrystalline	nicht kristallin

noncyclic	nicht cyclisch; nicht zyklisch
nondegradable	nicht abbaubar
non-denatured	unvergällt; nicht denaturiert
nondesorbable	nicht desorbierbar
nondestructive testing	schadloses Testen n
nondetonating	nicht detonierend
nondiffusing	nicht diffundierend
nondirectional	nicht gerichtet
nondiscoloring	nichtverfärbend
nondispersive	nicht dispergierend
non-distillable	nicht destillierbar
nonelastomeric	nicht elastomer
nonelectrolyte	Nichtelektrolyt m
nonenoic acid	Nonensäure f
nonenteral	nichtenteral
nonequilibrium	aus dem Gleichtgewicht n
non-estrogenic	nicht estrogen
nonextractable	nicht extrahierbar
nonferrous metal; NF metal	Nichteisenmetall n; NE-Metall n
nonfilamentous	fadenfrei
non-fixed	unfixiert
non-flickering; not flickering (light)	ruhig (Licht n)
nonharmonious	unharmonisch
nonhazardous	nicht gefährlich
nonideal	nicht ideal
nonidentical	ungleichartig
nonindustrial	industriefrei
noninvasive	nichtoperativ
noninverting	nichtinvertierend
nonirradiated	unbestrahlt
nonlaminated	unkaschiert

nonlethal	nicht tödlich
nonluminous	entleuchtet; nichtleuchtend
nonmagnetic	nichtmagnetisch
nonopaquing	kontrastlos
nonoriented	nicht gereckt
nonoxidized	nicht oxidiert
nonplanar	nicht plan
nonplastic	unplastisch
nonplasticized PVC	Hart-PVC n
nonpoisonous	nicht giftig
nonpolar	unpolar; nicht polar
nonpolarizable	nicht polarisierbar
nonpolluting	umweltfreundlich
nonpolymeric	nicht polymer
nonporous	nicht porös; porenfrei
nonprecipitated	nicht gefällt
nonpregnant (animals)	nicht trächtig (Tiere n pl)
nonradiative	nichtstrahlend
nonradioactive	nicht radioaktiv
nonreactive	nichtreaktiv (chem); rückwirkungsfrei (el, mech)
nonrecombinant	nicht rekombiniert; nicht gekoppelt
non-redundant	nichtwiederholend
nonreflective	unverspiegelt
nonreinforced	nicht verstärkt; unbewehrt; unverstärkt
nonsaline	nicht salzartig
nonskid quality	Rutschsicherheit f
non-skipping	nicht aussetzend
non-solvent	Nichtlösemittel n; Nichtlösungsmittel n
nonspecific	unspezifisch

nonstaining	nicht befleckend; nicht färbend
nonstandard	nicht bestimmungsgemäss
nonstationary	nicht stationär
non-steroidal	nicht steroidal
nonsticky	nicht klebend; nicht klebrig
nonstoichiometric	nicht stöchiometrisch
nonsynchronous	nicht synchron
nontoxic	physiologisch unbedenklich; nicht toxisch
nontransparent	nicht transparent; undurchsichtig
nonuniformity	Uneinheitlichkeit f
nonuse	Nichteinsatz m
nonvolatile	nicht flüchtig
nonwoven fabric	Non-woven n
NOR AND gate (comp)	NAND-Gatter n (comp)
norbornene	Norbornen n
Nordel(R) = sulfur-curable terpolymers	schwefelhärtbare Terpolymere n pl
norgestrel	Norgestrel n
normal range	Normbereich m
normotonia	Normotonie f
normotonic	normoton
nose (projectile)	Kopf m (Geschoss n)
nose cone	Kopfspitze f
nostalgia	Nostalgie f
no-stick	nicht klebend; nicht anbackend
not catalyzed	unkatalysiert
notched	eingeschnitten
notched impact strength	Kerbschlagzähigkeit f
notch sensitivity	Kerbempfindlichkeit f
notch toughness	Kerbzähigkeit f

- - -

not enough	zu wenig
not esterified	unverestert
not fitted with agitators	rührerlos
not pivotable	nicht verschwenkbar
not readily observable	unübersichtlich
not tacky when handled	griffest
nozzle area ratio (rocket)	Klemmung f (Rakete f)
nozzle-dose v	verdüsen v
nozzle-feed v	eindüsen v
nozzle socket	Düsenstock m
nozzle-type separator	Düsenseparator m

NPG = neopentyl glycol = Neopentylglycol n

NPT = Nuclear Proliferation Treaty = Atomenergie-Produktivitäts-Abkommen n

NR = natural rubber = Naturkautschuk m (NR auch im deutschen Sprachgebrauch)

NRC = National Research Council = US-Forschungsrat m

NRDC = Natural Resources Defense Council = Naturschutzrat m

ns = nanosecond = Nanosekunde f

NTP = normal temperature and pressure = Normaltemperatur f und -druck m

nub	Nocke f; Noppe f
nuclear device	nuklearer Sprengsatz m
nuclear fuel (reactor)	Brennstoff m (Kernreaktor m)
nuclear membrane	Kernmembran f
nuclear-positioned	kernständig
nuclear radius	Kernradius m
nuclear weapon	Kernwaffe f
nucleator (crystal)	Keimbildner m (Kristall m)
nucleating agent	Nukleierungsmittel n; Keimbildungsmittel n
nucleocapsid	Nucleocapsid n
nucleofugal entity; nucleofugal group	Nucleofug n

nucleophilicity	Nucleophilie f; Nukleophilie f; Nucleophilität f; Nukleophilität f
number 13 C atom	Kohlenstoffatom 13 n
number of charges; number of batches (e.g. injection molding)	Schusszahl f (z.B. Spritzgiessen n)
nutrient allergy	Nahrungsallergie f
nutrient broth	Nährbouillon f
nymph	Nymphe f (mythische Figur f und Insektenlarve f)

* * *

oakmoss (fragrance)	Eichenmoss n (Riechstoff m)
objectify v	objektivieren v
objectives	Fragestellung f
obscuration figure	Dunkelziffer f
obstruction	Verlegung f
obstruction of justice	Beweisvereitelung f
obtaining of data	Indizieren n
OC = oral contraceptive = Oral-Contraceptivum n -va n pl	
OCA = ovarian tumor-specific antigen = ovarialtumor-spezifisches Antigen n	
occlude v	okkludieren v
occupational therapy	Beschäftigungstherapie f
occurrence (of products)	Anfall m (von Produkten n pl)
occurring naturally in the body	körpereigen
OCR = optical character recognition = optische Zeichenerkennung f	
octadienoic acid	Oktadiensäure f
octanoate	Octanoat n
octogen (cyclotetra-methylenetetranitramine)	Octogen n (Cyclotetra-methylentetranitramin n) (Oktogen n - veraltet)
octynol	Oktinol n
ocular insert	Augeneinlage f
Ocusert(R) = eye insert medicine = Augendepotmedizin f	
odorant	Odorierungsstoff m
OE = oil-extended = ölverstreckt	
offensive	unangenehm
officer	Bediensteter m
office work	Innendienst m
official fee	Prozessgebühr f
offset portion (mech)	Andrehung f (mech)

O/F test = oxidation/fermentation test (bacilli) — O/F-Test m = Oxidations/Fermentationstest m (Bazillen m pl)

ogive (rocket nose design) — Ogive f (Raketennasenform f)

OH number — Laugenzahl f; OH-Zahl f

OHP = overhead projection = Overhead-Projektion f

oil bank (petr) — Ölbank f (petr)

oil extraction — Entölung f

oil-resistant — ölfest

oil-restoring (cosmetics) — rückfettend (Hautcreme f)

oil spill — Ölpest f

oil-spray cooling — Ölspritzkühlung f

oil sump — Ölsumpf m

OIP = oil in place (= Petroleum n in der Lagerstätte f, auch im deutschen Sprachgebrauch)

OK-line (assembly belt) — IO-Linie f (in Ordnung Linie f, Fliessband n)

olefinic — olefinisch

olefin oxide — Olefinoxid n

olefin-forming reaction; olefin-yielding reaction — Olefinierung f

olfactometer — Geruchsmesser m

oligomerize v — oligomerisieren v

oligomerized product — Oligomerisat n

on a daily basis — tagesmässig

oncologist (tumor specialist) — Onkologe m (Facharzt m für Geschwulstkrankheiten f pl)

oncoming flow — Anströmung f

one hundredfold — hundertfach

one may imagine — man kann sich denken

one-night stand — Eine-Nacht-Beziehung f

one-way cock — Einwegehahn m

onset of activity — Wirkungseintritt m

on-the-job safety — Arbeitssicherheit f

OP = oil-extended polymer = ölverstrecktes Polymer n

opacification (contrast medium)	Sichtbarwerden n (Kontrastmittel n)
opacifier	schattengebendes Mittel n
opacifying	schattengebend
opacity	Schattendichte f
opaquing	schattengebend

OPEC = Organization of Petroleum Exporting Countries = Organisation der Erdölexportierenden Staaten f

open	offenkundig
open air	Freiland n
open-cell	offenzellig
open-chest dog (med)	Offenthorax-Hund m (med)
opener (text)	Öffner m (text)
opening roller	Auflösewalze f
offenporig	open-pore
open-shut valve	Auf-Zu-Ventil n
open terrain	Freiland n
open to public inspection	offengelegt
open tower (reactor)	Leerturm m (Reaktor m)
operability	Funktionsfähigkeit f
operating ability	Funktionsfähigkeit f
operating medium	Arbeitsmittel n
operating sequence diagram	Zeitablaufschema n
operating stroke	Funktionshub m
operational amplifier	Operationsverstärker m
operator's cab	Steuerkabine f
operon (gen)	Operon n (gen)
opiate agonist	Opiat-Agonist m
opinion, widely held	Ansicht f, weit verbreitet
Oppenauer process (oxidation of hydroxy group)	Oppenauer-Methode f (Oxidation f der Hydroxylgruppe f)
opposer's mark (TM)	Widerspruchsmarke f (TM)
optical fiber	Lichtleiter m

optically coupled isolator	optischer Insulator m
optical wavelength shifter	Lichtwellenumwandler m
option	Sonderzubehör n, m
optionally	allenfalls; gegebenenfalls
optocoupler	Optokoppler m
opto-electric; optoelectric	optoelektrisch
optoelectronic	optoelektronisch
opto-isolator	optischer Insulator m
optometer	Optometer n
optometry	Sehschärfenbestimmung f
optrode (fiber tip inserted in sample, analogous to electrode)	Optrode f (Faserende n in der Probe f , analog zur Elektrode f)
orange-peel effect (coating)	Orangenschalen-Effekt m (Überzug m)
orbit (atom)	Bahn f (Atom n)
order (fauna, flora)	Ordnung f
order to show cause	Beweisbeschluss m
orderedness (structure)	Ordnung f
organic chemical (s)	Organikum n -ka n pl
organism (living)	Lebewesen n
organoaluminum (adj)	alorgan (adj)
organ-specific	organspezifisch
orgotein	Orgotein n
original	Vorlage f
original essay	Originalarbeit f
O ring (high-pressure gasket)	O-Ring m (Hochdruck-dichtung f)
Orn = ornithine (amino acid)	= Ornithin n (Aminosäure f)
orographic printing (electrostatic system)	orographisches Drucken n
oropharyngeal tube	Rachentubus m
orotate	Orotat n
orotic acid	Orotsäure f

ORP = oxidation reduction potential; redox potential = Redoxpotential n

orthanilic acid	Orthanilsäure f
ortho ester	Orthoester m

OSB = oriented structural board (building) = Richtbauplatte f

oscillatory circuit	Oszillatorschaltung f
oscillatory elastometer	Schwingelastometer n
oscillatory resistance	Wellenwiderstand m

OSHA = Occupational Safety and Health Act Board = US-Arbeitsgesundheitsamt n

Osm = osmol (standard unit of osmotic pressure, based on ion concentration in solution)	Osm = Osmol n (Einheit f für osmotischen Druck m, Ionenkonzentration f in Lösung f)
osmate	Osmiat n
osmic acid = osmium tetroxide	Osmiumsäure f = Osmiumtetroxid n
osmolality	Osmolalität f
osmometry	Osmometrie f
ostensible	anscheinend; scheinbar
osteogenetic	osteogenetisch
osteosynthesis	Osteosynthese f

OSW = Office of Saline Water = US-Salzwasseramt n

others	sonstige

OTR = oxygen transfer rate = Sauerstoffübertragungsrate f

ouricury wax (vegetable wax)	Ouricury-Wachs n (aus Pflanzen f pl)
outer shroud	Aussenschale f
outjut v	vorkragen v
outline	Kantenform f
outpatient	ambulant
output bevel gear	Abtriebskegelrad n
output coupling end (laser)	Auskoppelende n (Laser m)
output per minute (heart)	Minutenvolumen n (Herz n)
output turbine	Nutzleistungsturbine f

outrival v	ausstechen v
outside mirror	Aussenspiegel m
ovariectomize v	ovariektomieren v
ovary	Ovar m
OVD = outside vapor deposition = äusserliches Aufdampfen n	
hot air oven	Heissluftofen m
oven cleaner	Backofenreiniger m
overall control group	Basiskontrolle f
over-all definition	Gattungsbegriff m
over-all sales contract	Kaufrahmenvertrag m
overalls	Latzhose f
over-dry v	übertrocknen v
over-enrichment (fuel)	Überfettung f
overestimate v	überbewerten v
overexpansion	Überschäumung f
overfeed v	aufdämmen v; stauchen v; voreilen v
overfeed (conveyor)	Stauchung f (Transportmittel n); Voreilung f
overfertilization	Überdüngung f
overfill protection	Überfüllschutz m
overflow (centrifuge)	Überstand m (Zentrifuge f)
overhanging mass	Wächte f
overhead gas	Kopfgas n
overhead ignition	Überkopfzündung f
overhead nitrogen	Kopfstickstoff m
overhead projection (image is reproduced on wall by projector)	Overhead-Projektion f (Bild n wird durch Projektor m auf Wandfläche f projiziert)
overhead projection pen	Overheadschreiber m
overkill	Overkill m
overlay (transparent stencil)	Bildträger m (transparente Schablone f)
overlay v	überschichten v

overlaying seam	Übernaht f
overlay welding	Auftragsschweissen n
overleaf	Rückseite f
overload valve	Kurzschlussventil n
overly great	überhöht
overmodulate v	übersteuern v
overproportional	überproportional
override v	überspielen v; übersteuern v
override clutch	Überholkupplung f
overrun safety mechanism	Überdrehsicherung f
overshadow v	überlagern v
oversized seat occupant	Sitzriese m
overstimulation	Reizüberflutung f
overstoichiometric	überstöchiometrisch
overstove v (varnish)	überbrennen v (Lack m)
overstress	Überbeanspruchung f
overstroke	Überhub m
overtemperature	Übertemperatur f
overturned	gewendet
o/w emulsion = oil in water emulsion	O/W-Emulsion f = Öl n in Wasser n -Emulsion f
ownership of inventive idea	geistiges Eigentum n
oxadecanolide	Oxadecanolid n
oxalacetate	Oxalacetat n
oxalacetic acid	Oxalessigsäure f
oxalkyl (e.g. oxethyl)	Oxalkyl n (z.B. Oxethyl n)
oxalkylate	Oxalkylat n
oxalkylate v	oxalkylieren v
oxamyl	Oxamyl n
oxanilic acid = oxalic acid N-phenylmonoamide	Oxanilsäure f = Oxalsäure-N-phenylmonoamid n
oxathiolane	Oxathiolan n

oxethyl	Oxethyl n
oxethylate	Oxethylat n
oxethylate v	oxethylieren v
oxidate	Oxidat n
oxidation product	Oxidat n
oxidation reactor	Oxidator m; Oxideur m
oxidative	oxidativ
oxide (adj)	oxidisch (adj)
oxide-rotor motor	Oxidmagnetmotor m
oxidic	oxidisch
oxidizer	Oxidator m; Oxideur m
oxido reduction = redox reaction	Oxidoreduktion f; Oxydoreduktion f (veraltet)
oxido ring	Oxidoring m
oxime	Oxim n
oxindole	Oxindol n
oxirane	Oxiran n
oxodecenoic acid	Oxodecensäure f
oxolinic acid (antimicrobial agent)	Oxolinsäure f (Antimikrobenmittel n)
oxygenation	Belebung f
oxygen-free	sauerstofflos
oxygen partial pressure	Sauerstoffpartialdruck m
oxyhalogenide	Oxyhalogenid n
oxypolygelatin	Oxypolygelatine f
oxytetracycline	Oxytetracyclin n
oxytocic (labor-inducing)	tokolytisch (ruft Wehen f pl hervor)
ozocerite; ozokerite	Ozokerit m; Ozocerit m
ozonate v	ozonieren v
ozonation	Ozonierung f
ozone protective	Ozonschutzmittel n
ozone resistance	Ozonbeständigkeit f

* * *

p = poise (viscosity)	Poise n (Viskosität f)
P-33 = FT carbon black = Kohletyp m	
PA = polyamide = Polyamid n	
PA = phthalic anhydride	PSA = Phthalsäureanhydrid n
PAC fiber (synthetic fiber of polyacrylonitrile)	PAC-Faser f (Chemiefaser f aus Polyacrylnitril n)
packing (column) (regenerator)	Füllmasse f (Säule f) Speichermasse f (Regenerator m)
padded armrest	Armpolster n
padded roller	Fellrolle f
padder (bath and immersed guide roller)	Foulard m (Bad n mit Tauchrolle f)
padding (carpet)	Unterlage f (Teppich m)
pail	Kübel m
pain model	Schmerzmodell n
paint	Anstrichmittel n
painter's naphtha	Lackbenzin n
paints and varnishes	Lackierung f
pain upon percussion	Klopfschmerzhaftigkeit f
palladinize v; palladize v	palladinieren v
pallet (flat support)	Palette f (Trägerplatte f)
palmitoleic acid	Palmitoleinsäure f
palmitylamine = hexadecylamine	Palmitylamin n = Hexadecylamin n
palm kernel oil	Palmkernöl n
palm oil (hydrogenated)	Palmöl n (gehärtet)
PAN = polyacrylonitrile = Polyacrylnitril n	
pan dryer	Tellertrockner m
panel heating pipe	Flächenheizungsrohr n
panoramic sculpture	Rundskulptur f
pantiliners	Slip-Einlagen f pl
pantograph (trolley)	Schere f (Strassenbahn f)

pant skirt	Rockhosen f pl
pantyhose	Strumpfhose f
panty-shield	Slip-Einlage f
paper coating paint	Papierstreichfarbe f
paper jam	Papierstau m
paper towel	Küchenkrepp m
paraglider	Paragleiter m
Paraloid(R) acrylic resin =	Acrylharz n
parameter	Grösse f; Masszahl f
paramount importance	Schlüsselbedeutung f
parathyroidal hormone	Parathormon n
pargyline	Pargylin n
parinaric acid	Parinarsäure f
parison	Vorform f
Paris white	Schlämmkreide f
parking heater (aut)	Standheizung f (aut)
parsec (3.257 light years)	Parsec n (3,257 Lichtjahre n pl)
part by weight *also*:	Massenteil m, n (new); Gewichtsteil m,
partial agonist	Partialagonist m
partial ester	Partialester m; Teilester m
partial glyceride	Partialglycerid n
partial load	Teilleistung f
partially overlapping	geschuppt
partial neutralization	Teilneutralisation f
partial oxidation furnace	Spaltofen m
particle detector	Teilchendetektor m
particle-free	teilchenfrei
particle size distribution	Kornverteilung f
parting agent (reduces adhesion between two surfaces)	Antikleber m (verringert Adhäsion f zwischen zwei Oberflächen f pl)
parting strength (layer)	Trennfestigkeit f (Schicht f)
partition	Blende f

partition chromatography	Verteilungschromatographie f
partition welding	Trennschweissen n
parts list	Stückliste f

Pa·s ; Pa s = pascals times second (dynamic viscosity) = Pascal n mal Sekunde f (dynamische Viskosität f)

pass	Durchlauf m
passed-through material	Permeat n
passionflower	Passiaflora f
pass-through	Durchreiche f
pass through nozzle(s) v	verdüsen v
pass wave range	Durchlassfrequenzbereich m
past dead center	Übertotlage f
paste v	anreiben v
paste foaming method	Pasten-Schäumverfahren n
paste-forming	verpastbar
pasty	pastös
patentability	Erfindungsqualität f
(having) patentable weight	patentbegründend
patent nullity suit	Patentnichtigkeitssache f
path (el)	Strang m (el)
pathogen	Erreger m
pathogenic germ	Krankheitserreger m
pathogenic organism	Krankheitserreger m
patterned	gemustert
paving slab	Pflasterplatte f
paw edema test	Pfotenödemtest m
payload	Zuladung f
pay-off device	Abspulvorrichtung f

PBG = pregnancy beta-globulin = Schwangerschafts-Beta-Globulin n

PBI = protein-based iodine	PBJ oder PBI = Jod oder Iod n auf Eiweissbasis f

PBS = phosphate-buffered saline solution = Phosphat-gepufferte Salzlösung f

PBTP = polybutylene glycol terephthalate = Polybutylen-glycolterephthalat n

pc = parsec = Parsec n; Parsek n

PC = polycarbonate = Polycarbonat n

PC = post-chlorinated polyvinyl chloride = nachchloriertes Polyvinylchlorid n

PCA = passive cutaneous anaphylaxis = passive kutane Anaphylaxie f

PCB = polychlorinated biphenyl = polychloriertes Diphenyl n

PCC = prematurely condensed chromosomes (leukemia test) = vorzeitig kondensierte Chromosomen n pl

PCM = pulse code modulation = Pulscodemodulation f

PCP = Pneumocystis carinii pneumonia (AIDS-related disease) = Pneymocystis carinii-Pneumonie f (AIDS-Krankheit f)

PCV = positive crankcase ventilation = Kurbelgehäuse-entlüftung f

PCV valve — Kurbelgehäuseentlüftungs-ventil n

PCVD process = plasma chemical vapor deposition process = Plasma-Aufdampfungsverfahren n; auch PCVD-Verfahren n im Deutschen

PD = paralyzing dose — DP = lähmende Dose f

PDP = parallel data processor = Paralleldaten-verarbeiter m

peak — Pik m

peak load — Spitzenkraft f

peak-tailing (chem) — Peaktailing n (chem)

peanut oil fatty acid — Erdnussfettsäure f

peanutty — erdnussig

pearl glue — Perlleim m

pearl lustre pigment — Perlglanzpigment n

peat fiber — Torfmull m

PEBAB = p-ethoxybenzylidene-p'-aminobenzonitrile (liquid crystal) = p-Ethoxybenzyliden-p'-aminobenzonitril n (Flüssigkristall m)

pectoral-anginoid	pektangiös
pedal pushers	Wadenjeans f pl
pediment cornice	Giebelsima f, -en pl
peeler centrifuge	Schälschleuder f
peeling force	Schälkraft f
peeling resistance (coatings; measured in N/mm)	Schälfestigkeit f (Überzüge m pl, gemessen als N/mm)
peel off v	abplatzen v
peephole	Sichtöffnung f
pegboard	Steckplatte f
PEI = polyethylenimine = Polyethylenimin n	
Pelletex(R) = SRF carbon black = Kohletyp m	
pelletizing drum	Dragiertrommel f
pellets (e.g. KOH)	Plätzchen n pl (z.B. KOH)
pellicle-preventing agent	Antihautbildungsmittel n
pellicle preventive (paint)	Hautverhütungsmittel n
pencil scratch hardness	Bleistifthärte f; Bleistiftritzhärte f
pendant (adj) (chem)	hängend (chem)
penetration (plast)	Durchschlag m; Durchschlagfestigkeit f; Durchstossfestigkeit f;
(test, with needle:)	Penetration f (mit Nadel f)
penetration enhancer	penetrationsverstärkendes Mittel n
penetrometer (measures semisolid materials)	Penetrometer n (misst plastischen oder fluiden Zustand m)
penicillanic acid	Penicillansäure f
penicillic acid	Penicillinsäure f
penniclavine	Penniclavin n
pentadecylic acid	Pentadecylsäure f
pentaerythritol tetranitrate	Nitropenta n
pentanenitrile	Pentannitril n
pentanoic acid	Pentansäure f

pentapeptide	Pentapeptid n
pentaprism	Pentaprisma n
pentene	Penten n
pentenic acid; pentenoic acid	Pentensäure f
pentetrazole	Pentetrazol n
pentosan sulfate	Pentosansulfat n
pentyne	Pentin n
pentynol	Pentinol n
peptone	Pepton n
percent (adj)	prozentual (adj)
percentage elongation at break	Reissdehnung f
percentage elongation at yield	Dehnung f bei Streckspannung f
percentagewise	prozentual
percent by weight	Massenprozent n
percent mortality	prozentuale Mortalität f
percent per unit area	Flächenprozent n
perchlorinate v	überchloren v
perchlorination	Überchlorung f
percussion (physical examination)	Klopfen n (ärztliche Untersuchung f)
perforated edge (movie film)	Filmsteg m
perforated rim	Lochkranz m
perform v	funktionieren v
performance graph	Kennfeld n
perfumer	Parfumeur m
perhydroazepine	Perhydroazepin n

Perhydrol(R) = 30% solution of hydrogen peroxide = 30%ige Wasserstoffperoxidlösung f

pericardial cavity	Herzhöhle f (= Herzbeutelhöhle f)
perimetry	Perimetrie f
periodic table	Periodensystem n
perioperative	perioperativ

periplasmatic	periplasmatisch
peristaltic pump	Peristaltikpumpe f
permanent elongation	bleibende Dehnung f
permanently wired	festverdrahtet
permanent ventilator	Dauerlüfter m
permeability	Permeation f
permeate v	permeieren v
permeative growth	Durchwachsung f
permselectivity	Permselektivität f
peroxide (adj)	peroxidisch
peroxydicarbonate	Peroxydicarbonat n
peroxydisulfate	Peroxydisulfat n
perpetual corrugation	Umlaufsicke f
perselenic acid	Perselensäure f
persistent	andauernd
persorption	Persorption f
perspective	räumlich
peruvoside (a glycoside from Thevetia neriifolia Juss.)	Peruvosid n (ein Glycosid n aus Thevetia neriifolia Juss.)
perylene	Perylen n
pest control	Schädlingsbekämpfung f

PET = positron emission tomography = Positronen-Emissions-Tomographie f

PETN (pentaerythritol tetranitrate; penthrite)	Nitropenta n

PETP = polyethylene terephthalate = Polyethylenterephthalat n

petri dish	Petrischale f
petrochemistry	Petrochemie f
petroleum benzin	Petroleumbenzin n
petroleum deposit	ölführende Lagerstätte f
petroleum ether	Benzin n (Lösungsmittel n); Normalbenzin n

petroleum extraction — Erdölförderung f
petroselinic acid — Petroselinsäure f
petrostatic — petrostatisch
PFC = plaque-forming cell = Plaque-bildende Zelle f
pg = picogram = Picogramm n
PGC = pyrolysis gas chromatography = Pyrolysegas-chromatographie f
PHA = phytohemoagglutinin; phytohemagglutinin = Phytohämagglutinin n
pharmaceutical — Pharmakon n -ka n pl
pharmacon, -ca pl — Pharmakon n -ka n pl
pharmacopsychiatry — Pharmakopsychiatrie f
phase — Zustandsform f
phase inversion temperature — Phasen-Inversions-Temperatur f
phase out v — ausmustern v
phase separation — Entmischung f
Phe = phenylalanine (amino acid) = Phenylalanin n (Aminosäure f)
Phe-deaminase — Phe-desaminase f
phenantoin — Phenantoin n
phenate — Phenat n
phenformin (antidiabetic agent) — Phenformin n
phenmetrazine — Phenmetrazin n
phenocryst — Einsprengling m
phenolcarboxylic acid — Phenolcarbonsäure f
phenol-formaldehyde resin — Phenoplast m
phenol-resol resin — Phenolresolharz n
phenone — Phenon n
phenosafranine (dye) — Phenosafranin n (Färbemittel n)
phenoxathiin — Phenoxathiin n
phenoxy — Phenyloxy n
phenprocoumon — Phenprocumon n

phenylalanine	Phenylalanin n
phenylbenzoate (nematic compound)	Phenylbenzoat n (nematische Verbindung f)
phenylbutazone	Phenylbutazon n
phenylephrine	Phenylephrin n
phenylpyruvic acid	Phenylbrenztraubensäure f
phenytoin	Phenytoin n
pherogram	Pherogramm n

pHi = isoelectric point = isoelektrischer Punkt m

Philblack(R) = carbon black = Kohletyp m

Phillips catalyst = chromium oxide catalyst	Phillips-Katalysator m = Chromoxidkatalysator m
phosphate v	phosphatieren v
phosphoester	Phosphoester m
pholpholine	Phospholin n
phosphomolybdic acid	Phosphormolybdänsäure f
phosphonic acid [hypothetical acid = $HP(O)(OH)_2$]	Phosphonsäure f [hypothetische Säure f = $HP(O)(OH)_2$]
phosphorane	Phosphoran n
phosphorylate v	phosphorylieren v
phosphorylation	Phosphorylierung f
photoactivate v	photoaktivieren v; photoinitiieren v
photoactivator	Photoaktivator m; Photoinitiator m
photoactivation	Photoaktivierung f; Photoinitiierung f
photocell	Lichtauge n
photochlorination	Lichtchlorierung f
photochromic	photochrom
photocrosslink v	lichtvernetzen v
photodetector	Photodetektor m
photodissociation	Photodissoziation f

photoelectric detector	Photodetektor m
photoelectric sanning head	Photokopf m
photoelectronics	Lichtelektronik f
photoengraving	Lichtpause f
Photopapier n	photographic paper
Photogray(R) = photochromic glass = photochromes Glas n	
photolability	Photolabilität f
photolysis	Photolyse f
photomicrography (photo of magnified image)	Fotomikrographie f (Aufnahme f eines vergrösserten Bildes n)
photooxidation	Lichtoxidierung f
photooxidize v	lichtoxidieren v
photopheresis (treatment with light-activated medicines)	Photopherese f (Behandlung f mit Licht-aktivierten Medikamenten n pl)
photopia	Photopie f
photopic	photopisch
photopolymerization	Photopolymerisation f
photoprinting method	Photodruckverfahren n
photoreceptor	Photoempfänger m
photosensitive	lichtempfindlich; photosensibel
photosensitizer	Photosensibilisator m
phototransistor	Phototransistor m
photovoltaic	photovoltaisch
phr = per hundred parts of resin or rubber = pro hundert Teile n pl Harz n oder Gummi m	
phthalan = isocoumaran	Phthalan n = Isocumaran n
phthalide (a lactone)	Phthalid n (ein Lakton n)
phthalocyanine	Phthalocyanin n; Phthalozyanin n (veraltet)
Physalis	Kapstachelbeere f
physical constant	Stoffwert m
physical location	räumliche Lage f
physical therapy	Krankengymnastik f

physicochemical	physikalisch-chemisch; physikochemisch
physiologically compatible	körperverträglich
physiologically harmful	gesundheitsschädlich
phytopathogenic	pflanzenpathogen
phytopreparation	Phyto-Präparat n; Pflanzenpräparat n

p.i. = post injectionem (after injection) = nach Injektion f

p.i. = pro injectione (for injection) = zur Injektion f

PIB = polyisobutylene = Polyisobutylen n

Piccolyte(R) = β-pinene (thermoplastic terpene resin) = β-Pinen n (thermoplastisches Terpenharz n)

picein = p-hydroxyacetophenone-D-glycoside	Picein n = p-Hydroxyacetophenon-D-glycosid n
picker (text)	Stösser m (text)
picker stick (loom)	Schlagstift m (Webstuhl m)
picket fence teeth	Staketenzähne m pl
pick out v	selektieren v
pick resistance	Rupffestigkeit f
pickup truck	Nutzkraftfahrzeug n
picrate	Pikrat n
picric acid	Pikrinsäure f
picture screen material	Bildschirmmaterial n
PICVD process = plasma-pulse-induced chemical vapor deposition	PICVD-Verfahren n = plasmaimpulsinduzierte chemische Dampfphasenabscheidung f
PID controller (proportional-integral-derivative controller)	PID-Regler m (Proportional-Integral-Derivativ-Regler m)
piece of mail	Postgut n
piezo crystal	Piezokristall m
piezo-optic	piezooptisch
pig brain	Schweinehirn n
pigeonite (mineral)	Pigeonit m (Mineral n)

pig iron	Roheisen n
pigment black	Farbruss m
pileup	Stau m
pilling effect	Pillingeffekt m
pilot plant	Versuchsbetrieb m
pilot trial; pilot test	Vorversuch m

PIMS = programmable implantable medication system = programmierbares und implantierbares Medikamentensystem n

pinacol	Pinakol n
pinane (hydrogenated terpene)	Pinan n (hydriertes Terpen n)
pinch	Prise f; Spatelspitze f
pinched-head element	Quetschkopfkörper m
ping v (aut)	klingeln v (aut)
pinpoint gel (plastic film)	Stippe f (Plastikfolie f)
pin-studded wheel	Stiftrad n

PIP = particle identity point (plastic particles having reached their ultimate size) = Teilchengrössen-Endpunkt m

PIP = polyisoprene = Polyisopren n

pipecoline	Pipecolin n
piperidinol	Piperidinol n
piperidone	Piperidon n
piperoxan	Piperoxan n
pipe take-off	Rohrabzug m
piston cap	Kolbenboden m
piston groove	Kolbenschlitz m
piston internal combustion engine	Kolbenbrennkraftmaschine f
piston-less engine	Wankelmotor m

PIT = phase inversion temperature = Phasen-Inversions-Temperatur f

pitman	Lenkhebel m

PIV = peak inverse voltage = Spitzeninversionsspannung f

PIV = positive infinitely variable = positiv - stufenlos variierbar

pivalaldehyde	Pivalinaldehyd m
pivalolactone = α,α-dimethyl-β-propiolactone	Pivalolacton n = α,α-Dimethyl-β-propiolacton n
pivotal position indicator	Schwenklagengeber m
pivot bearing	Schwenklager n

pK_B = base exponent (pK value) = Basenexponent m

pK value = negative logarithm of dissociation constant (electrolysis)	pK-Wert m = negativer Logarithmus m der Dissoziationskonstante f (Elektrolyse f)
placebo capsule	Leerkapsel f
placebo tablet	Leertablette f
placenta lactogen	Placentalactogen n
place in valgus v (med)	valgisieren v (med)
place on stream v	einweihen v (Fabrik f)
placing on stream	erstes Anfahren n
plagioclase (mineral)	Plagioklase f (Mineral n)
plain carbon steel	unlegierter Stahl m
planarity	Ebenheit f; Planheit f
planar projection (drawing)	Abwicklung f (Zeichnung f)
planar section	Pegelschnitt m
plane of symmetry	Mittelebene f
planetary mixer	Planetenmischer m
planetary transmission	Umlaufgetriebe n
planet carrier (aut)	Planetenräderträger m; Planetenträger m
plank	Bohle f
plant investment costs	Apparaturkosten f pl
plant-pathogenic	pflanzenpathogen
plan view	Ansicht f; Grundriss m
plaque	Plaque f (Fleck m)

Plaskon(R) = crosslinking agent = Vernetzungsmittel n

plasma extender	Plasma-Expander m
plasma gun	Plasmapistole f
plasmalogen	Plasmalogen n
plasma pulse	Plasmaimpuls m
plasma sheet	Plasmaschicht f
plasma spark plug	Plasmazündkerze f
plasma-spray v	plasmaspritzen v
plasmid	Plasmid n
plasminogen	Plasminogen n
plasterboard	Gips-Pappeschicht f
plasterwork ducting	Putzverlegung f
plastic bubble package	Klarsichtpackung f
plasticized PVC	Weich-PVC n
plasticizer oil	Weichmacheröl n
plasticizing nozzle	Kleberdüse f
plastics drum	Kunststoff-Fass n
plastic wood	Steinholz n
plastisol	Plastisol n
plastoelastic	plasto-elastisch
plastomer	Plastomer n
plate (column)	Boden m (Kolonne f)
plate (illustration)	Tafel f (Bild n)
plate casting method	Plattengussverfahren n
plate cylinder (printing)	Druckformzylinder m
plate dilution text	Plattenverdünnungstest m
platen knob (typewriter)	Walzendrehknopf m (Schreibmaschine f)
plate-equipped column	Bodenkolonne f
plate fin heat exchanger	Plattenwärmeaustauscher m
plate level (column)	Bodenhöhe f (Kolonne f)
plate-out (of PVC on apparatus parts)	Ablagen f pl (PVC auf Apparaturteilen n pl); Plateout m; Ablagerung f; Abscheidung f

plate out v (bacteria)	ausplattieren v (Bakterien n pl)
plate test (microbes)	Blättchentest m (Mikroben f pl)
plating	Plattierauflage f
platinize v	platinieren v
platinum black	Platinschwarz n
play of colors	Farbenspiel n
plenum chamber	Plenumkammer f
plethysmographic	plethysmographisch
plethysmography	Plethysmographie f

Plex(R) = emulsifier = Emulgator m

plot v	markieren v
plowshare mixer	Pflugscharmischer m
plow-type Lancaster mixer	Pflugbettmischer m
plug v	verstopfen v
plug flow	Kolbenströmung f; Propfenströmung f
pluggable	einsteckbar
plug valve	Kolbenventil n
plumb line base	Lotfusspunkt m
plume of smoke	Rauchwolke f
plunger pump	Tauchpumpe f
plunger-type kneader	Stempelkneter m
plunger-type syringe	Kolbenspritze f
pluriaxial (bot)	mehrachsig (bot)
ply, plies	Lage f, Lagen f pl

PMMA = polymethyl methacrylate = Polymethylmethacrylat n

pmol = picomole = Picomol n

PMP = polymethylpentene = Polymethylpenten n

pneumatically supported tent	Traglufthalle f
pneumatic piston	Luftkolben m

pneumatic spring	Gasfeder f
PO = purchase order = Kaufauftrag m	
POA = pancreatic oncofetal antigen = pankreas-onkofetales Antigen n	
Pockels cell (electrooptical shutter)	Pockelszelle f (elektrooptische Blende f)
pocket (gas pedal)	Loch n (Gaspedal n)
pocket-like	sackförmig
point (lowest end of screw, not the head)	Kuppe f (Schraubenende n)
pointed	angespitzt
point of irradiation	Einstrahlungspunkt m
polarizability	Polarisierbarkeit f
polar point	Polstelle f
polar repulsion	polare Abstosskraft f
polishing agent	Glättemittel n
polling	Befragung f
pollutant	Schadstoff m
pollutant burden	Umweltbelastung f
pollution	Umweltbelastung f
polyalkenamer (open-chain or cyclic cycloolefin polymer)	Polyalkenamer n (offenkettiges oder zyklisches Cycloolefinpolymer n)
polyallomer	Polyallomer n
polyaminoamide	Polyaminoamid n
polyblend	Mehrkomponentenpolymermischung f; Polyblend f
polybutenamer	Polybutenamer n
poly chip = multiple-circuit chip = Mehrfachschaltungschip m	
polycotyledonous	mehrblättrig
polycrystalline	polykristallin
polycyclic	multizyklisch; polyzyklisch
polydecenamer	Polydecenamer n

polydisperse	polydispers
polyelectrolyte	Polyelektrolyt m
polyene	Polyen n; Multien n
polyenic	polyenisch
polyepoxide	Polyepoxid n
polyfluorinated hydrocarbon	Polyfluorkohlenwasserstoff m
polyfunctional	polyfunktionell
polyglycerol	Polyglycerin n
polyglycide (= polyfunctional epoxide)	Polyglycid n (= polyfunktionelles Epoxid n)
polygonal	mehreckig
polyhydric alcohol	Polyol n
polymeric hydrocarbon	Polykohlenwasserstoff m
polymericular weight	Polymergewicht n
polymerization reactivity	Polymerisationsfreudigkeit f
polymerize completely v	auspolymerisieren v
polymerize onto v	aufpolymerisieren v
polymerize partially v	anpolymerisieren v
polymethyl methacrylate	Polymethylmethacrylat n
polymethylsiloxane (implant material)	Polymethylsiloxan n (Implantationsmaterial n)
polymorphonuclear	polymorphkernig
polyoctenamer	Polyoctenamer n
polyol	Polyol n
polyolefin (polymerized olefin)	Polyolefin n (= polmerisiertes Olefin n); Multiolefin n
polyoxetane	Polyoxetan n
polyoxy ether	Polyoxidether m
polyoxymethylene	Polyoxymethylen n
polypentenamer	Polypentenamer n
polysome	Polysom n
polystyrene bead	Polystyrolperle f
polysubstituted	mehrfach substituiert

POM = polyoxymethylene = Polyoxymethylen n

Ponstel(R) = mefenamic acid (analgesic) = Mefenaminsäure f (Schmerzmittel n)

pool v (blood)	poolen v (Blut n)
pool-care chemical	Pflegemittel n (Schwimmbecken n)
population inversion (atom)	Besetzungsinversion f (Atom n)
pore characteristic	Porung f
pore regulator	Porenregler m
pore volume (ml/g)	Porenvolumen n (ml/g, nach Mottlau)
porous plate	Fritte f
porous sole	Porensohle f
porphyrin	Porphyrin n
portable	tragbar
portrayal	Darstellung f
position-variable	lageveränderlich
positive caster (aut)	Nachlauf m (aut) (Rad n)
positive-displacement pump	Verdrängerpumpe f

POSM = pure oil standard method (chemical testing) = Test m für Ölreinheit f

postanneal v	nachglühen v
post barrel safety	Vorrohrsicherheit f
post-emergence (bot)	Nachauflauf m (bot)
postform v	nachträglich verformen v
post hardening	Nachhärtung f
post-impregnate v	nachimprägnieren v
post-impregnation	Nachimprägnierung f
post-reaction	Nachreaktion f
post-shrinkage	Nachschrumpfung f; Nachschwindung f
post-traumatic	posttraumatisch
posture defect	Fehlhaltung f
potassium dihydrogen phosphate	Kaliumdihydrogenphosphat n

potassium hydrogen phosphate	Kaliumhydrogenphosphat n
potassium nonaflat (salt of perfluorobutanesulfonic acid)	Kaliumnonaflat n (Salz n der Perfluorbutansulfonsäure f)
potassium pyrrole	Pyrrolpotassium n
potassium rhodanate; potassium rhodanide; potassium thiocyanate	Kaliumrhodanid n; Kaliumthiocyanat n (bevorzugt)
potency (med)	Gehalt m (med)
potentiate v (med)	potenzieren v (med)
potting (encapsulate by plastic)	Eintopfen n (Einkapselung f in Kunststoff m)
potting agent	Einbettungsmittel n
potting press	Topfpresse f
pour v (glass)	giessen v (Glas n)
pourable state	Fliesszustand m
pour point (oil)	Fliesspunkt m (Öl n)
pourable	fliessfähig; rieselfähig
pour concrete v	betonieren v
pour point	Stockpunkt m; Tropfpunkt m (Öl n)
pour point depressor	Stockpunkterniedriger m
powder coat v	pulverlackieren v
powder coating	Pulverlackierung f; Pulverbeschichtung f
powder coating agent	pulverförmiges Überzugsmittel n
powder coating composition	Pulverlack m
powdered iron	Eisenpulver n
powdering agent	Pudermittel n
powder mixer with rotor	Henschelmischer m
power control member	Leistungsregelglied n
power flow	Kraftfluss m

power of expression	Aussagekraft f
power output	Leistungsabgabe f
power train	Kraftweg m; Triebstrang m

PP = polypropylene = Polypropylen n

ppb = parts per billion = Teile m pl pro Milliarde f

PPD = postponed = aufgeschoben

pphr = parts per hundred parts of rubber = Teile m pl pro hundert Teile Gummi m (auch im deutschen Sprachgebrauch)

Pr = propyl = Propyl n

practical	sinnvoll
practical application test	anwendungstechnische Prüfung f
practical usage test	anwendungstechnische Prüfung f
practice ammunition	Übungsmunition f
Prandtl number	Prandtlzahl f
preage v	vorreifen v
preaging	Vorreifung f
preagglomeration	Voragglomeration f
pre-AIDS (adj)	prä-Aids (adj)
preamble (pat)	Gattungsteil m (pat) (Anspruch m)
preamplifier	Vorverstärker m
preanneal v	vorglühen v
prearranged fold	Vorfaltung f
prebake v (coating)	vorbrennen v (Überzug m)
precirrhotic	präcirrhotisch
precision level	Richtwaage f
precoat v	anpflatschen v (Überzug m)
precoated TLC plate	DC-Fertigplatte f
precombustion chamber (engine)	Vorkammer f (Motor m)
precompress v	vorkomprimieren v; vorverdichten v

precondensate	Vorkondensat n
precondition v	vorrichten v
precontrol v	vorsteuern v
precursory stage	Vorstufe f
precrystallizer	Vorkristallisator m
predated	vorgängig
predetermined	gezielt
prediabetes	Prädiabetes f
predispersion	Prädispersion f
predistillation	Vordestillation f
predistributor	Vorverteiler m
predose	Predose f (Schmelze f)
predrill v	vorbohren v
predry v	vortrocknen v
predryer	Vortrockner m
pre-emergence (bot)	Vorauflauf m (bot)
pre-emulsify v	voremulgieren v
pre-expand v (plast)	vorschäumen v (plast)
prefabricated part	Fertigelement n
prefermentation	Vorfermentation f
prefermentor	Vorfermenter m
prefill v	vorbeladen v
prefilt (before separation)	Filtergut n (vor Trennung f)
prefinish v	vorkonfektionieren v
preform	Vorform f
preformulation	Vorformulierung f
pre-gel v	angelieren v; vorgelieren v
pre-gelation	Prägelierung f; Vorgelierung f; Angelierung f
pregnadien-21-oic acid	Pregnadien-21-säure f
pregnanoic acid	Pregnansäure f
pregnan-21-oic acid	Pregnan-21-säure f

pregrind v	vormahlen v
preharden v	vorhärten v
prehydrogenate v	vorhydrieren v
preimpregnate v	vorimprägnieren v; vortränken v
preliminary amendment (pat)	Vorverbesserung f (pat)
premedication	Prämedikation f
premix v	anmischen v
premix	Rohmischung f
prepacked column	Fertigsäule f
preparation (=batch, charge)	Ansatz m
preparation cabinet	Bereitschaftsschrank m
preparative	präparativ
prepatent period (parasite)	Präpatenz f (Parasit m)
preplasticize v	vorplastifizieren v
prepolymer	Präpolymer n; Vorpolymer n
prepreg (reinforcing material impregnated with plastics)	Prepreg n (kunststoffimprägniertes Verstärkungsmaterial n)
prereact v	vorreagieren v
prereduce v	vorreduzieren v
preseparate v	vortrennen v
preseparating column	Vortrennsäule f
preserved foodstuffs	Konserven f pl
pressboard	Pressplatte f
pressed sheeting	Pressplatte f
press-form v	verformen v (loses Material n)
press line	Pressenstrasse f
press-mold v	pressen v (= formen v); verpressen v
press release	Notiz f; Presseaussendung f

pressure application	Druckaufprägung f
pressure bag molding process (plast)	Drucksackmethode f (plast)
pressure bottle	Druckflasche f
pressure chamber; dynamic pressure chamber	Stauraum m
pressure chromatography	Druckchromatographie f
pressure creep resistance	Druckstandsfestigkeit f
pressure cushion	Druckkissen n
pressure development	Druckverlauf m
pressure distributor	Druckteiler m
pressure filter	Druckfilter n
pressure ink dabber	Tampondruckmaschine f
pressureless	drucklos
pressure-maintaining valve	Druckhalteventil n
pressure modulator	Druckmodulator m
pressure pickup	Druckaufnehmer m; Druckmessdose f
pressure profile	Druckverlauf m
pressure-resistant	drucksteif
pressure roller	Anpressrolle f
pressure sensitive adhesive	Andrückklebstoff m; druckempfindlicher Klebstoff m
pressure-sensitive bond	Andrückverbindung f
pressure-sensitive label	Andrücketikett n; Haftetikett n
pressure shock	Druckstoss m
pressure swing	Druckwechsel m
pressurize v	bespannen v; spannen v (Dampf m)
pressurized	druckführend; gespannt (Dampf m)
pressurized effluent pipe	Druckabwasserleitung f
pressurized sewage pipe	Druckentwässerungsleitung f
pressurized sludge pipe	Schlammdruckleitung f

presswork v (metal)	pressen v (Metall n)
presterilize v	vorsterilisieren v
presumably	wohl
preliminary extension	Vorverlängerung f
previous stage of prosecution (court)	Vorinstanz f (Gericht n)
prewash	Vorwäsche f
PRI = plasticity retention index = Plastizitätsbeibehaltungs-Index m	
prill (granule)	Prill n (Granulat n)
primary car	Primärwagen m (aut)
primary color	Grundfarbe f
primary detonating composition	Initialzündstoff m
primary planetary gear	Hauptplanet m
prime (1')	Index m (1')
prime mover (heat converted into mechanical work)	Kraftmaschine f (Hitze f wird in mechanische Arbeit f umgewandelt)
priming coat	Grundschicht f
priming stroke	Förderhub m
Principal Register (TM)	Hauptregister n (Warenzeichen n pl)
Prins reaction (aldehyde + olefin = alcohol)	Prins-Reaktion f (Aldehyd m + Olefin n = Alkohol m)
print-carrying substrate	Druckträger m
printed circuit pattern	Leiterbild n
printing cylinder	Druckzylinder m
printing platen	Druckbalken m
printout (comp)	Ausdruck m (comp)
printwheel	Typenrad n
prion (pathogen)	Prion n (neuentdecktes Pathogen n)
prior decision (pat)	Vorentscheidung f (pat)
priority declaration	Vorrechtserklärung f
prism effect	Keileffekt m

prism lens	Keilglas n
private (adj)	intern (adj)
Pro = proline (amino acid) =	Prolin n (Aminosäure f)
proazulene	Proazulen n
proband (test subject)	Proband m (Versuchsperson f)
probit analysis	Probit-Analyse f
procarbazine	Procarbazin n
Procardia(R) = nifedipine =	Nifedipin n
processability	Verarbeitungsverhalten n
processing rate	Durchsatz m
processing speed (factory)	Fahrgeschwindigkeit f (Fabrik f)
processing without plasticizer (plast)	Hartverarbeitung f (plast)
processing with plasticizer (plast)	Weichverarbeitung f
processor	Verarbeiter m
procurator	Prokurist m -tin f
pro-drug	Prodroge f; Prodrug f
produce v	generieren v
production entity	Betriebsgrösse f
product sales	Absatz m
production well (oil)	Produktionsbohrung f (Öl n)
product stream	Stoffstrom m
profile (curve)	Verlauf m
profit situation	Ertragslage f
progestational	gestagen
progestogen	Gestagen n
projection film	Projektionsfolie f
projection surface	Darbietungsfläche f
projection welding	Projektionsschweissung f
prolactin	Prolactin n
prolactinoma -as pl	Prolactinom n -a n pl
proliferation	Wucherung f

pro mille	Promille n
prone position	Bauchlage f
prop	Gegenhalt m
propadiene	Propadien n; Allen n
1,2-propanediol	Propandiol-(1,2) n
propargylic acid	Propiolsäure f
propellant cartridge	Triebling m; Treibkartusche f
propellant powder	Treibladungspulver n
propenoic acid	Propensäure f
properties chart	Typenblatt n
propiolic acid	Propiolsäure f
propionehydroxamic acid	Propionhydroxamsäure f
proportional bellows	Balgwaage f
proportional navigation	proportionelle Navigation f
propoxylate	Propxylat n
propoxylate v	propoxylieren v
propoxyphene	Propoxyphen n
propranolol = propanolol	Propranolol n = Propanolol n
propylbaraben	Propylparaben n = p-Hydroxybenzoesäurepropylester m
propyne	Propin n
propynyl	Propinyl n
prostacyclin	Prostacyclin n
prostadienoic acid	Prostadiensäure f
prostaglandin acid	Prostaglandinsäure f
prostane	Prostan n
prostanoic acid = 7-(2-octylcyclopentyl)-heptanoic acid	Prostansäure f = 7-(2-Octylcyclopentyl)-heptansäure f
prostan-18-ynoic acid	Prostan-18-insäure f
prostatic cancer	Prostatakrebs m
prostatic hyperplasia	Prostatahyperplasie f
prostenoic acid	Prostensäure f

-	-
protamine	Protamin n
protanomalopia	Rotschwachheit f
protanomalous	rotschwach
protective order	Schutzanordnung f; Schutzverordnung f
~~protective twist~~	Schutzdrall m (text)
protector	Protektor m
protein binding	Proteinbindung f
protein coat (cell)	Proteinhülle f (Zelle f)
protein depletion	Eiweissverarmung f
proteinic	proteinisch
protein shell	Proteinhülle f
proteohormone	Proteohormon n
proteolytisch	eiweissabbauend
protest proceedings	Einspruchsverfahren n
protic	protisch
protium	Protium n
proton acceptor	Protonenakzeptor m
proton-active	protonenaktiv
protonate v	protonieren v; protonisieren v
protonation	Protonierung f
protone (hydrolyzed product of protamines)	Proton n (hydrolysiertes Produkt n aus Protaminen n pl)
proton sponge (absorbs protons)	Protonenschwamm m (saugt Protonen n pl auf)
prototroph	Prototroph n
prototrophic	prototroph
protozoan	Einzeller m
protracted	protrahiert
proving grounds	Prüfgelände n
proxy	Prokurist m -tin f
pruritus senilis	Alterspruritus m

PS = polystyrene = Polystyrol n

PSA = pressure swing adsorption = Druckwechseladsorption f
pseudocholinesterase Pseudocholinesterase f
psia = pounds per square inch absolute = Newton/m^2 im Deutschen
psig = pounds per square inch gauge = Newton/m^2 im Deutschen
psoralen Psoralen n
psychopharmaceutical Psychopharmakon n -ka pl
psychotropic psychotrop
PTC = positive temperature coefficient = positiver Temperaturkoeffizient m
PTLC = preparative thin-layer chromatography PDC = präparative Dünnschichtchromatographie f
PTMT = polytetramethylene terephthalate = Polytetramethylenterephthalat n
p-tolil p-Tolil n
ptosis Ptosis f
pts = parts Tle. = Teile m pl
PU = polyurethane (rigid) = Polyurethan n (hart)
public health Volksgesundheit f
public relations Öffentlichkeitsarbeit f
puff of smoke Rauchstoss m
pull cord (parachute) Zugseil n (Fallschirm m)
pulley Seilzug m
pull pin (injection molding) Ausziehschieber m (Spritzgiessen n)
Pullularia pullulans (fungus) Bläuepilz m; Pullularia pullulans
pulsating frequency Stotterfrequenz f
pulsator engine Pulso-Triebwerk n
pulsed oil burner Impulsölbrenner m
pulse train Pulszug m
pulverized asbestos Asbestmehl n
pulverized citrus pulp Zitruspulpenpulver n
pulverized laminaria Laminariapulver n
pummel adhesion value (adhesion glass-film) Pummelwert m (Glas-Folien-Adhäsion f)

pump energy (laser)	Pumpenergie f (Laser m)
pump volute (centrifugal pump)	Pumpenspirale f (Kreiselpume f)
puncture	Punktion f (med)
puncture strength	Durchschlagsfestigkeit f
puncture-type primer cap	Anstichzündhütchen n

PUR = polyurethane = Polyurethan n

pure diphenyl blue	Diphenylreinblau n
purge gas	Spülgas n
purging with nitrogen stream	Stickstoffdurchleitung f
purinergic	purinerg
purposeful	gezielt
push button	Taster m
push-button switch	Tastschalter m
pusher member (knitting machine)	Aufstossglied n (Strickmaschine f)
push rod	Druckstange f
putrescine	Putrescin n

PV = pore volume = Porenvolumen n

PVAC = polyvinyl acetate = Polyvinylacetat n

PVAL = polyvinyl alcohol = Polyvinylalkohol m

PVDC = polyvinylidene chloride = Polyvinylidenchlorid n

PVF = polyvinyl fluoride = Polyvinylfluorid n

PVFO = polyvinyl formal = Polyvinylformal n

PWB = printed wiring board = Leiterplatte f

PWR = pressurized water reactor = Druckwasserreaktor m

pyran	Pyran n
pyrazolanthrone	Pyrazolanthron n
pyrazolone	Pyrazolon n
pyrazolyloxyacetic acid	Pyrazolyloxyessigsäure f
pyrethroid	Pyrethroid n
pyridazine	Pyridazin n

pyridoin	Pyridoin n
pyridone	Pyridon n
pyridoneacetic acid	Pyridonessigsäure f
pyridoxine hydrochloride	Pyridoxolhydrochlorid n
pyrimethamine	Pyrimethamin n
pyrimidinyl = pyrimidyl	Pyrimidinyl n = Pyrimidyl n
pyrithioxin (obsolete; now:) pyritinol	Pyrithioxin n (veraltet; jetzt:) Pyritinol n
pyrocarbonate (= dicarbonate)	Pyrocarbonat n (= Dicarbonat n)
pyrocinchonic acid	Pyrocinchonsäure f
pyrolysis benzine	Pyrolysebenzin n
pyrolysis oil	Pyrolyseöl n
pyromellitic acid	Pyromellithsäure f; Pyromellitsäure f
pyrometal	Pyrometall n
pyrophoric	pyrophorisch
pyrophyllite	Pyrophyllit m
pyrylium salt	Pyryliumsalz n

* * *

Q = equilibrium swelling (weight ratio swelling agent/dry matter in swelled substance) = Gleichgewichtsschwellung f (Gewichtsverhältnis n Schwellmittel n / Trockensubstanz f in geschwollener Masse f)

quadraphonic	quadrophonisch
quadraphony	Quadrophonie f
quadratic acid = 1,2-dihydroxy-3,4-cyclobutenedione	Quadratsäure f = 1,2-Dihydroxy-3,4-cyclobutendion n
quadruple-bond	vierbindig
quality (product)	Einstellung f (Produkt n)
quantification	Quantifizierung f
quantitate v	quantitieren v
quantitation	Quantitierung f
quantity applied	Auflage f
quantometer	Quantometer n
quark (elementary particle)	Quark m (Elementarteilchen n)
quartz glass	Quarzglas n
quasibinary	quasi-binär
quasimetallic	quasimetallisch
quasi-round	falschrund
quaternization	Quaternierung f
quaternize v	quaternieren v
quercetin; quercitin	Quercetin n
quercitol	Quercitol n
quercitrin	Quercitrin n
quicklime	Branntkalk m
quilted	genadelt
quinacridone	Chinacridon n
quinaldic acid; quinaldinic acid (= 2-quinolinecarboxylic acid)	Chinaldinsäure f (= 2-Chinolincarbonsäure f)

quinazoline	Chinazolin n
quingestanol	Quingestanol n

Quinitol(R) = 1,4-cyclohexanediol = 1,4-Cyclohexandiol n

quinol	Chinol n
quinolinic acid = 2,3-pyridinedicarboxylic acid	Chinolinsäure f = 2,3-Pyridindicarbonsäure f
quinolone	Chinolon n
quinophthalone	Chinophthalon n
quotation	Angebotspreis m

QPA = quantum-paramagnetic amplifier = quantumparamagnetischer Verstärker m

q.s. = quantum sufficit (as much as suffices) = genügende Menge f

Q-switch (optical switch; normally opaque, but opens briefly)	Q-Schalter (opt) (gewöhnlich lichtundurchlässig, aber für kurze Zeit offen)

* * *

R = degrees Rankine (absolute temperature based on Fahrenheit; R = F + 460°) = Grad Rankine n

R = roentgen (unit of radiation) (now obsolete) = Roentgen n; Röntgen n (Strahlungseinheit f)

R = Reynolds number (flow property) = Reynolds-Zahl f (Fliessfähigkeit f)

R = heat conductivity (Watt divided by Kelvin times meter) = Wärmeleitfähigkeit f (Watt durch Kelvin · Meter)

rabbit start; jackrabbiting	Kavalierstart m (aut)
rack press	Reckpresse f
radar deception	Radartäuschung f
radial carbon bearing	Kohleringlager n
radial wobble	Radialschlag m
radiant emittance	Anstrahlung f
radiant field (opt)	Leuchtfeld n (opt)
radiant loss	Abstrahlverlust m
radiation belt	Strahlungsgürtel m
radiationless	strahlungslos
radiation transmittance	Strahlendurchlässigkeit f
radiator frame grille (aut)	Kühlerzargengrill m (aut)
radiator grille (aut)	Kühlergrill m (aut)
radical-forming agent	Radikalbildner m (chem)
radiocontrast agent	Radiokontrastmittel n
radiographic	röntgenographisch
radioimmune	radioimmun
radioimmunoassay	Radioimmunoassay m; Radioimmuntest m
radioiodine = radioactive iodine	Radio-Iod n = radioaktives Iod n
radiolabel v	radioaktiv markieren v
radiolarian (genus Radiolaria) -a pl	Strahlentierchen n
radiological	radiologisch; röntgenologisch

radiolucent	strahlendurchlässig
radiopacity	Kontrastierung f
radiopaque agent; radiopaque medium	Radiokontrastmittel n; Kontrastmittel n; Strahlenkontrastmittel n
radiopharmacokinetics	Radiopharmakokinetik f
radiotracer	Radioindikator m
radwaste = radioactive waste	radioaktiver Abfall m oder radioaktive Abfälle m pl
railing	Handlauf m
railless	schienenlos
rail tank car	Eisenbahnkesselwagen m
rainwater	Regenwasser n
raise acid number v	aufsäuern v
raised printing	Hochdruck m
ram pressure	Staudruck m
ramset (pressure operated stud driver)	Druckbolzensetzer m
random	nicht ausgesucht; stochastisch
random fiber mat	Vlies n
random fiber structure	Gelege n
randomization	Randomisierung f
randomness	Willkürlichkeit f; Ziellosigkeit f; Zufälligkeit f
random polymer (contrasted to block polymer)	statistisches Polymer n (Gegenteil n: Block-polymer n)
random selection	Randomisierung f
random walk (molecules)	Zufallsweg m (Moleküle n pl)
random web (text)	Vlies n (text)
range of grades	Typenübersicht f
range of rays	Strahlenlänge f
range of workability; range of processability	Verarbeitungsbreite f
rank-order v	einreihen v

rapid diazo-type coupler (coatings for light-sensitive paper) — schnellkuppelnde Diazoverbindung f (Beschichtung f für lichtempfindliches Papier n)

Rapidol(R) = chloride-free concrete setting accelerator = chloridfreier Betonverfestigungsbeschleuniger m

rapid-throughflow evaporator — Schnelldurchlaufverdampfer m

rapper — Abklopfeinrichtung f

raster (TV) — Raster n (Fernseher m)

Rast method (molecular weight measurement) — Rast-Methode f (Molgewichtsbestimmung f)

rated operating point — Auslegungspunkt m

rated temperature — Solltemperatur f

rate of travel (distance/time) — Vorschub m (Weglänge f/Zeit f)

rate per unit volume — Raumgeschwindigkeit f

(being) in a ratio of 1:10 — sich verhalten wie 1:10

ration — Futtermenge f

rationale — Prinzip n

rat's kidney — Rattenniere f

rattan — Peddig n; Rotang m

Ravingeau gear train (2-speed) — Ravingeau-Übersetzung f (2-Gang m)

raw carpeting — Teppich-Rohware f

raw gas (well) — Rohgas n

raw sausage meat — Brät n (rohe Wurstmasse f)

Rayleigh scattering (in optical fibers) — Rayleigh-Streuung f (in Lichtleitern m pl) not "Raleigh"

razor-sharp — messerscharf

RBA = relative binding affinity = relative Bindungsaffinität f

RBE = relative biological effectiveness (e.g. neutrons) = relative biologische Wirkung f (z.B. Neutronen n pl)

RD_{80} = repellent dosage 80% (80% of pests avoid repellent substance) = Abwehrdosis f 80% (80% der Schädlinge m pl werden abgewehrt)

reabsorb v	rückabsorbieren v
reacetylate v	nachazetylieren v
reacetylation	Nachazetylierung f
reaction member	Stützglied n
reaction procedure	Reaktionsführung f
reaction product	Austrag m; Reaktionsaustrag m
reactive thinner (solvent in coating media, chemically incorporated during baking)	Reaktivverdünner m (Lösemittel in Überzugsmitteln, chemisch inkorporiert beim Einbrennen)
reactivity, of low	reaktionsträge
read in v (comp)	einspeichern v (comp)
read out v (comp)	ausspeichern v (comp)
realistic under practical conditions	praxisnah
rear-end collision	Auffahrunfall m
rear end structure (vehicle)	Heckaufbau m (Fahrzeug n)
rear-engined	mit Heckmotor m ausgerüstet
rearward taper	Nachschneider m
rebend v	rückbiegen v
reboil v	nachläutern v
rebound v (aut)	ausfedern v (aut)
rebound elasticity; rebound resilience	Rückprallelastizität f
rebuttal	Vorhalt m
receive a doctorate v	promovieren v
recenter v	nachzentrieren v
receptor	Rezeptor m
receptor blocker	Rezeptorblocker m
receptor-mediated	rezeptorgekoppelt
recharge v	nachbeladen v
recipe (polymer)	Rezeptur f (Polymer n)
reciprocating compressor	Kolbenkompressor m
reciprocating engine	Kolbenmotor m

reciprocating movement	Hubbewegung f
reciprocating unit	Changiervorrichtung f
reclean v	nachreinigen v
recoagulate v	erneut koagulieren v
recoil atom	Rückstossatom n
recoil lever	Prellhebel m
recombinant	rekombinant
recommended practice	Richtlinien f pl
recompress v	nachverdichten v; wiederkomprimieren v
recompressor	Nachverdichter m
recondense v	rückkondensieren v
recondensation	Rückkondensierung f
reconfigure v	umkonstruieren v
reconstitute v (med)	auffüllen v (med); rückbilden v
recopy v	umkopieren v
recording	Aufzeichnung f
recorrect v	nachkorrigieren v
have recourse to v	Rückgriff nehmen v (auf)
take recourse against v	Rückgriff nehmen v (gegen)
recovery	Rückstellelastizität f
recreation	Kurzweil f
recross examination	Gegenkreuzverhör n
recyclable; resource-preserving	ressourcenschonend
recycle medium (reactor)	Kreislaufmittel n (Reaktor m)
recycling	Recycling n
reddish brown	rotbraun
reddish purple	rotviolett
redial v	wiederwählen v
redissolve v	wiederauflösen v
red mud (bauxite mining); red sludge	Roter Schlamm m (Bauxitgewinnung f)
reduce v (in scope)	raffen v

reduce to practice v	praktisch verwirklichen v; in der Praxis f verwirklichen v
reducing flange	Flanschübergang m
reduction (in scope)	Raffung f
reed (musical instrument)	Zunge f (Musikinstrument n)
reed glass (for encapsulating reed switches)	Reedglas n (Einkapselmaterial n für Reed-Schalter m pl)
reentry vehicle	Wiedereintrittskörper m
reepoxidation	Umepoxidierung f
reepoxidize v	umepoxidieren v
reequip v	umrüsten v
reesterification (repeated ester interchange)	Umesterung f
reesterify v	wiederverestern v
reevaporate v	wiederverdunsten v; rückverdunsten v; zurückverdunsten v
reevaporation	Wiederverdunstung f; Rückverdunstung f; Zurückverdunstung f
reference (pat)	Fundstelle f (pat); Gegenmaterial n (pat)
reference grating	Bezugsraster n
reflected-light microscopy	Spiegelmikroskopie f
reflecting splitter	Teilerspiegel m
reflux subcooling heat exchanger	Refluxunterkühlungsgegenströmer m
Reformatsky reagent = $BrZnCH_2COOC_2H_5$	Reformatsky-Reagens n
reformer (apparatus)	Reformer m (Apparatur f)
refractive index	Refraktionswert m
refractoriness (bacillus)	Widerstandskraft f (Keim m)
refrigerated truck	Thermolaster m
refrigeration output	Kälteleistung f

refrigerant	Kältemittel n
refuel v	befüllen v
refurbish v	umrüsten v
refuse dump	Mülldeponie f
regardless	ohne Rücksicht f auf
regenerant	Regeneriermittel n
regenerate	Regenerat n
regenerate v	rückspülen v
regenerate catalyst	Regeneratkatalysator m
regenerating column	Rückwaschsäule f
regenerative filter flushing	Filterrückspülung f
regenerator	Kältespeicher m; Regenerativ-Wärmetauscher m
regimen of administration	Verabreichungsart f
regional	bereichsweise
regioselective (selective reaction of specific group, leaving identical groups at other locations of the molecule unaffected)	regioselektiv (selektive Reaktion einer bestimmten Gruppe, während dieselben Gruppen anderswo am Molekül nicht angegriffen werden)
register v	anzeigen v
register pin (camera)	Raststift m (Kamera f)
regrind v	rückschleifen v
regular order	Stammauftrag m
regulator (plast)	Regler m (plast)
reheat v	nacherhitzen v
reheater	Nacherhitzer m
rehydrogenate v	nachhydrieren v; wiederhydrieren v
Reichstein's substance S	Reichstein S n
reinforcing agent (plast)	Verstärkungsmittel n (plast)
relative molecular mass	Molmasse f
relative permittivity	Dielektrizitätszahl f
relax v	relaxieren v

relaxed	zwanglos
release v (ions)	abgeben v (Ionen n pl)
release agent (adhesives)	Antikleber m (Klebstoffe m pl);
(molding)	Entformungshilfe f
release paper; release liner	Trägerpapier n; Trennpapier n
releasing factor	Releaserfaktor m
relevance	Bedeutung f
be relevant v	in Betracht kommen v
relevant group	Zielgruppe f
relevant organ	Zielorgan n
reluctance motor	Reluktanzmotor m
remelt v	wiederaufschmelzen v
remill v	nachfräsen v
remineralization	Remineralisierung f
remineralize v	remineralisieren v
remission (brightening of fabrics after laundering)	Remission f (Aufhellung f von Textilien f pl nach dem Waschen n)
remix v	rückmischen v
remove azeotropically v	abschleppen v
remove from circulation v	auskreisen v
remove from system v	ausschleusen v
renal insufficiency	Niereninsuffizienz f
render heterogeneous v	heterogenisieren v
render inert v	inertisieren v
render superfluous v	einsparen v
renewed (TM)	Schutzdauer f verlängert (Warenzeichen n)
renovate v	sanieren v
reoxidation	Reoxidation f; Rückoxidation f
reoxidize v	reoxidieren v; rückoxidieren v

repair v (= restore v)	sanieren v
repeating firearm	Repetierwaffe f
repetition rate	Zeitfrequenz f
repipet v	rückpipettieren v
replenish v (liquid)	nachlaufen lassen v
replication	Replikation f; Vermehrung f (Virus n)
representative	Repräsentant m
repressurize v	wiederaufdrücken v
reprise v	aufschwingen v
reprocess v	wiederverarbeiten v
reprocessability	Wiederverarbeitung f (= Fähigkeit f)
reprocessing	Wiederverarbeitung f (= Prozess m); Wiederaufbereitung f
reproduce v	nacharbeiten v
reproduced in amplified form	verstärkt wiedergegeben
repulsive state (laser)	Abstossungsterm m (Laser m)
repurge v (gas)	nachspülen v
rescrubber	Nachwascher m
rescrubbing column	Rückwaschsäule f
resect v	reserzieren v
reserpine	Reserpin n
reserve	Rückstellung f (Geld n)
reserves, set up v	Rückstellungen f pl vornehmen v
reshape v	wiederformen v
residue from boiling	Siederückstand m
resilience	Rückstellvermögen n

Resimene(R) = melamine resin = Melaminharz n

Resimine(R) = crosslinking agent = Vernetzungsmittel n

resin-impregnated paper	Harzpapier n
resinogenous agent; resin precursor	Harzbildner m
resist (e.g. resistant coating)	Abweisung f
resistance to crack growth upon flexing	Biegerissbeständigkeit f
resistance to creep rupture	Dauerstandswert m
resistance to flex-fatigue	Biege-Wechselfestigkeit f
resistance to low-temperature flexion	Kältebiegefestigkeit f
resistance to low-temperature impact rupture	Kältebruchfestigkeit f
resistivity (chem)	Beständigkeit f (chemische)
resistivity = resistance per unit length	spezifischer Widerstand m pro Längeneinheit f
resolidify v	wiederverfestigen v
resorptive capacity	Resorbierbarkeit f
respiration pump	Beatmungspumpe f
respiration rate	Atmungsfrequenz f
restoration	Rückstellung f
restore pressure v	wiederaufdrücken v
restrain v	rückstrammen v
restraining cage	Zwangskäfig m
restraining system	Rückhaltesystem n
restricted passage	Drosselstelle f
restrictor (hydraulic)	Blende f (hydraulisch)
resublimation	Rücksublimation f
reswell v	nachschwellen v
resynthesis	Nachsynthese f
retained material (filter)	Retentat n (Filter m, n)
retarded growth	Minderwuchs m
retaining bin	Stützbehälter m

retention icterus (jaundice)	Verschlussikterus m (Gelbsucht f)
retest v	nachprüfen v
reticular ossification	Geflechtknochen m
retinoic acid (vitamin A acid)	Retinoesäure f (Vitamin-A-Säure f)
retinometer	Retinometer n
retrace v	nachvollziehen v
retractive force	Rückziehkraft f
retractor (seat belt)	Rückstrammer m (Sicherheitsgurt m)
retrieval (e.g. retrieval cable)	Rückhol- (+ Hauptwort n) (z.B. Rückholseil n)
retrigger v	nachtriggern v
retriggerable	nachtriggerbar
retrofit v	umrüsten v
retrofitting	Umrüstung f
Retrol(R) = activated clay =	Aktiverde f
retrovirology	Retrovirenwissenschaft f
retrovirus	Retrovirus n
returnable bottle	Pfandwertflasche f
return leg	Rücklauf m
return line	Rückführung f
revaporization	Wiederverdampfung f; Rückverdampfung f
revaporize v	wiederverdampfen v; rückverdampfen v
reverberate v	nachschwingen v
reversed	gestürzt
reverse flow combustion chamber	Umkehrbrennkammer f
reverse impact	Schlagverformbarkeit f
reverse impact hardness (coatings)	Kugeldruckhärte f (Überzüge m pl)
reversible	wechselbar
reversing exchanger	Revex m (pl.: Revex)

reverse roll coater	Umkehrwalzenbeschichter m
revertant	revertierend
reverse transcriptase	Reverse Transkriptase f
review (book)	Besprechung f (Buch n)
revive v (text)	avivieren v (text)
rewash v	zurückwaschen v; rückwaschen v
rewash column	Rückwaschsäule f

Rezo(R) = wax = ein Wachs n

R_f, R_f = ratio of movement of band to solvent front in chromatography = Verhältnis n der Bandbewegung f zur Lösemittelfront f in der Chromatographie f

RFF = remote fiber fluorimetry = ferngesteuerte Faser-fluorimetrie f

rhe = 1/poise = fluidity (reciprocal value of viscosity - cgs system) = Fliessvermögen n (reziproker Wert m der Viskosität f - cgs-System n)

rhamnose (sugar)	Rhamnose f (Zucker m)

RHC = rat hepatoma cells = Rattenhepatoma-Zellen f pl (abbreviation also in German)

rheometer	Rheometer n
rhinitis-type	rhinitisch
rhodanic acid	Rhodanwasserstoffsäure f

RI = refractive index = Brechungsindex m

RIA = radioimmunoassay = Radioimmunoassay m

ribitol	Ribit n
riboside	Ribosid n
rich red (disazo dye)	Fettrot n (Disazofarbstoff m)
riddle v	durchlöchern v
rifamycin	Rifamycin n
rifle (not shotgun)	Büchse f
rifle association	Schützengilde f; Schützenverein m
rifle grenade	Gewehrgranate f
right cone	gerader Kegel m

right-handed	rechtswendig
right heart (med)	rechtes Herz n (med)
righting reflex (mouse)	Stellreflex m (Maus f)
right pull (steering wheel)	Rechtszug m (Steuerrad n)
rigid foam	Hartschaum m
Rilsan(R) = coating powder =	pulverförmiges Überzugsmittel n
rim	Zarge f
rinse v	abspülen v; nachwaschen v
rip cord (parachute)	Zugseil n (Fallschirm m)
riser	Giesskopf m
riser bore	Steigbohrung f
risk of injuries	Verletzungsgefahr f
ristocetin	Ristocetin n
RNA = RNA (no longer RNS)	
roadmarker	Wegemarke f
road splash	Spritzwasser n; Strassenspritzer m pl
road tanker	Strassentankwagen m
rocker arm	Kipphebel m
roasting pan	Bräter m
robot train (factory)	Geisterbahn f (Fabrik f)
rocket launcher	Raketenwerfer m
rock flour	Gesteinsmehl n
rock wool	Schlackenwolle f; Steinwolle f
rod (plast)	Strang m (plast)
rodent	Nager m
rod extrudate	Strang m
rod pusher (met)	Stabdrücker m (met)
roentgenologic	röntgenologisch
roll adhesion	Walzenhaftung f
roll bar	Rollbügel m
roll cage	Rollkäfig m

roll coat v	aufwalzen v
roll coating	Walzenauftrag m
roll down shutter	Rolladen m
rolled sheet metal	Walzblech n
rolled spring	Rollfeder f
roller bearing	Abrollager n (= Wälzlager n)
roller cell pump	Rollenzellenpumpe f
roller clutch	Freilaufkupplung f
roller conveyor	Rollengang m
roller marker	Rollensignierer m
roller shutter box	Rolladenkasten m
roller window shade	Rolladen m
roll frame (aut)	Rollbügel m (aut)
rolling flow	Strömungswalze f
rolling-lobe type spring	Rollbalgfeder f
rolling stock	Rollmaterial n
roll stabilization	Wankstabilisierung f
roll-type condenser	Wickelkondensator m
roll-up window	Hubfenster n
roll yoke (aut)	Rollbügel m (aut)
RON = research octane number	ROZ = Research-Octanzahl f
roofline	Dachlinie f
roof spar	Dachholm m
room freshener	Geruchsverbesserer m
root layer; root weld	Wurzellage f (Schweissen n)

ROSE = Residuum Oil Supercritical Extraction = hochempfindliche Restölgewinnung f

rose oil	Rosenöl n
rotarod test	Laufrad-Test m
rotary aerator	Belüftungskreisel m
rotary cellular filter	Drehzellenfilter n, m
rotary dialing system	Drehwählsystem n
rotary disk shutter	Sektorblende f

-	-
rotary drum filter	Trommelfilter n, m
rotary evaporator	Rotationsverdampfer m
rotary position indicator	Drehlagengeber m
rotary power element	Rotationskraftelement n
rotary shaker	Rotationschüttler m
rotary shears	Rollenschere f
rotary shutter	Umlaufblende f
rotate v (twist v)	tordieren v (verdrehen v)
rotational casting	Schleuderguss m
rotational molding (plast)	Rotationsverfahren n (plast); Rotationsschmelzen n; Rotationssintern n
rotation reversal	Drehumkehr f
rotor (pump) (rotary piston engine)	Drehkolben m (Pumpe f) Scheibe f (Wankelmotor m)
rotproof	verrottungsfest
rough engine	harter Gang m
roughing mill (met)	Vorformstrasse f (met)
rough screening	Grobsichtung f
rough sketch	Handskizze f
round bar	Rundbolzen m
rounded crest	Kuppel f
round filter	Rundfilter n, m
roundworm	Rundwurm m
route v	einweisen v
routing	Einweisen n; Einweisung f; Wegesteuerung f

RP = reinforced plastics = verstärkte Kunststoffe m pl

PRIM = reinforced reaction injection molding = verstärktes Reaktionsspritzgiessen n

RSI = repetitive stress injury = Verletzung f durch wiederholte Belastung f

RS flip-flop = reset flip-flop = Rücksetzkippschaltung f

RSV = reduced specific viscosity = reduzierte spezifische Viskosität f

RT = room temperature = Raumtemperatur f

RTV = room temperature vulcanizing = Raumtemperaturvulkanisation f

RTV elastomer	Kaltelastomer n
rubberlike	gummiartig
rubbing crown	Anlaufkrone f
rubeanic acid = dithiooxamide	Rubeanwasserstoffsäure f; Rubeanwasserstoff m; Rubeansäure f
rubidomycin	Rubidomycin n
ruled grating (opt)	Furchengitter n (opt)
rule of reason	Maßstab m der Angemessenheit f
rumpus room	Partykeller m
run (belt)	Trum n (Band n)
run (factory), short	Stückzahl f, kleine
runner (mold)	Fliessweg m (Form f)
runner (carpet)	Läufer m (Teppich m)
running time (chromatography)	Laufzeit f (Chromatographie f)
runny	dünnflüssig
run-off plate	Ablaufplatte f
ruptural strength	Reissfestigkeit f
rupture load	Bruchlast f
rush of air (pneumatic installation)	Schaltstoss m (pneumatische Anlage f)
rustproof	nichtrostend
rustproofing agent	Rostschutzmittel n
ruthenocene	Ruthenocen n

RV = recreational vehicle = Campingfahrzeug n

RV = reentry vehicle = Wiedereintrittskörper m

RW control = right-wrong control = Richtig-Falsch-Kontrolle f

* * *

S = selectivity = Selektivität f

/s/ = signed	e.h. = eigenhändig signiert

s^{-1} = shear rate = Schergeschwindigkeit f (= per second, sec^{-1})

$S_{20,w}$ value = sedimentation velocity	$S_{20,w}$-Wert m = Sedimentationsgeschwindigkeit f
SA = sulfuric acid	= Schwefelsäure f

SAAC = succinylated aminoalkylcellulose = succinylierte Aminoalkylcellulose f

Saboraud's dextrose broth = Saborauds Dextrosebrühe f

sabot (shell)	Treibspiegel m (Granate f)
sacrifice v	töten v (Versuchstiere n pl)
at the sacrifice of	auf Kosten von
saddlebag (motorcycle)	Tanktasche f (Motorrad n)
saddle collar	Bundachse f
safe from radiation leakage	strahlensicher
safety catch	Fangnase f
safety lever (hand grenade)	Bügel m (Handgranate f); Sicherheitsbügel m
safety margin	Sicherheitsmarge f; Sicherheitsreserve f
safety strap	Fangriemen m
safflower oil	Safflaröl n
sailboard	Surfsegelbrett n
sailboarder	Surfsegler m, -in f
for the sake of	zu Lasten von
salad dressing	Salatcreme f
sales force	Aussendienst m
salicyl alcohol	Salicylalkohol m
saline solution (physiological)	Kochsalzlösung f (physiologische)
salt spray resistant	salzsprühfest
saluretic (diuretic)	Saluretikum n -a pl (Diuretikum n -a pl)

sample oxidizer	Verbrennungsapparat m
sample taken at intervals	Intervallprobe f

SAN = styrene-acrylonitrile copolymer = Styrol-Acryl-nitrilcopolymer n

sand abrasive	Sand-Abrasivum n -va pl
sandblast v	sandstrahlen v
sandblasted	gesandstrahlt
sanitary landfill	Deponie f
sanitization	Sanierung f
sanitize v	sanieren v

Santomox(R) = age retarder = Alterungsschutzmittel n

sarcosine anhydride	Sarkosinanhydrid n
sarin = isopropoxymethyl-phosphoryl fluoride	Sarin n = Isopropoxymethyl-phosphorylfluorid n
sarocycline	Sarocyclin n
sashless (window)	rahmenlos (Fenster n)
satin white = calcium sulfoaluminate (paper coat)	Satinweiss n = Calcium-sulfoaluminat n (Papierbeschichtung f)
saturable reactor	Drossel f
saturated at room temperature	kaltgesättigt
saturated liquid line	Flüssigkeitsgrenze f
saturated mode	Sättigungsprinzip n
saving (our) resources	ressourcenschonend

SC = superconductor = Supraleiter m

SC = suppressed carrier = unterdrückter Träger m

SCA = subsidiary communication authorization = Hilfs-übertragungsbefehl m

scale	Plättchen n
scaling law	Skalierungsgesetz n
scallop v (edge)	ausmuscheln v (Kante f)
scalloped	zackig
scalp lotion	Kopfwasser n
scan (tomography)	Aufnahme f (Tomographie f)

scanning beam	Beobachtungsstrahl m
scavenging process	Spülakt m
scented bubble bath	Duft-Schaumbad n

scfm = standard cubic feet per minute = Normalkubikfuss pro Minute

schedule	Ablaufschema n
scheduled	festgesetzt
schlieric	schlierig
Schmerling method = synthesis of 1-chloro-3,3-dimethylbutane at -60° C or -40° C	Schmerlings Methode f = Synthese von 1-Chlor-3,3-dimethylbutan bei -60° C oder -40° C
Schottky barrier diode	Schottky-Sperrdiode f

Scientific American (US periodical) published in Germany as "Spektrum der Wissenschaft"

Scientific Design Process = SD-Verfahren n (U.S. Patent 2,833,816)

scintigram	Szintigramm n
scintigraphic	szintigraphisch
scintigraphy	Szintigraphie f
scintillator	Szintillator m
scission (reduction of polymer chain length)	Abbruch m (Polymerkettenlänge f wird reduziert)
sclerogenous; sclerogenic	gerüstbildend
scorch	vorzeitige Vulkanisation f
score	Beurteilungsnote f

SCP = single cell protein = einzelliges Eiweiss n

SCR = silicon-controlled rectifier = ein Typ m von Thyristor m

scraper	Rakel f
scrap pit	Schrottgrube f
scratch resistance	Kratzfestigkeit f
scratch resistant	kratzfest
screen	Bildauffangfläche f

screening air	Sichtluft f
screening basket	Fangkorb m
screen pack	Siebpaket n
screen stereograph	Stereobildschirmaufnahme f
screen printing method	Siebdruckverfahren n
screen roll	Rasterwalze f
screw cap	Schraubverschluss m
screw flight	Schneckengang m
screw nail	Schraubnagel m
screw pump	Schneckenpumpe f
screw speed	Schneckendrehzahl f
screw-type extruder	Schneckenextruder m
screw-type preplasticizing	Schneckenvorplastifizierung f
scroop (silk)	Knirschen n (Seide f)
scrub v (gases)	auswaschen v (Gase n pl)
scrubbing liquor	Waschflüssigkeit f
scuff resistant	scheuerfest

SDA = The Soap and Detergent Association (founded in 1926) = Seifen- und Waschmittelverein m (gegründet 1926)

SDI = Strategic Defense Initiative ("Star Wars" program) = SDI-Programm n

SE = sheep erythrocyte	HE = Hammelerythrozyt m

SE = standard error = Normalfehler m

sealant	Abdichtung f
seal gastight v	lidern v
sealing air	Sperrluft f
sealing glass	Glaslot n
sealing sleeve	Dichtungsstulpe f
sea sand	Seesand m
sebacate	Sebazat n
sebum	Sebum n
secondary car	Sekundärwagen m
secondary crosslinking	Nachvernetzung f

secondary esterification	Nachveresterung f
secondary exhaustive dyeing	Nachzugfärbung f
secondary explosive	Sekundärsprengstoff m
secondary hit (mines)	Nebeneinschlag m (Minen f pl)
secondary oil recovery	sekundäre Ölgewinnung f
secondary reaction	Nachreaktion f
secondary roller	Zwischenrolle f
secondary wave	Nebenwelle f
second order transition point (thermoelastic condition to vitrified condition)	sekundärer Übergangspunkt m (vom thermoelastischen zum glasähnlichen Zustand m)
second-guess v	im Nachhinein ausfinden v
secrecy classification	Geheimhaltungsgrad m; Geheimhaltungsstufe f
sedimentation centrifuge	Dekantierzentrifuge f
sedimentation inhibitor	Anti-Absetzmittel n
sedimentation velocity	Sedimentationsgeschwindigkeit f
sediment separator	Trübscheider m
seed v (crystal)	animpfen v (Kristall m)
seed latex	Saatlatex m
seepage	Undichtigkeit f
segmented	unterbrochen
segmented polymer	Segmentpolymer n
selectivity coefficient	Selektivitätskoeffizient m
seismic event	Erderschütterung f
selector shaft	Schaltwelle f
self-augment v	selbstverstärken v
self-crosslinking	Selbstvernetzung f
self-cutting	selbsteinschneidend
self-extinguishing grade	selbstverlöschende Einstellung f
self-loading	selbstladend
self-polishing floor wax	Fussbodenselbstglanzwachs n

selvage	Selfkante f
SEM = scanning electron microscope	REM = Raster-Elektronen-mikroskop n
semi (truck)	Brummer m (Lastwagen m)
semidione	Semidion n
semidull	halbmatt
semidrying	halbtrocknend
semifinished workpiece	Vorwerkstück n
semihard	halbhart
semiliquid	halbflüssig
semiluxury item	Genussmittel n
seminal epithelium (male)	Keimepithel n (männlich)
seminal vesicle	Samenblase f
semi-sashless (window)	halb rahmenlos (Fenster n)
semisaturated	halbgesättigt
semisolid	halbfest
semisteel	Halbstahl m
semisynthetic	halbsynthetisch
semi-telechelic (polymer terminally reactive at one end)	endständig reaktiv (Polymer, das an einem Ende reaktiv ist)
semitombac (alloy: 66-69% Cu, remainder Zn)	Halbtombak m (Legierung f; 66-69% Cu, Rest Zn)
semitrailer (truck)	Brummer m (Lastwagen m)
semiworks level	halbtechnisch
senior party (pat)	älterer Anmelder m (pat)
in the (a) broader sense	im weiteren Sinne
in a dual sense	im doppelten Sinne
in the broadest sense	im weitesten Sinne
sensible heat	fühlbare Wärme f
sensor	Sensor m
sensory game (e.g. for the blind)	Sinnesspiel n (z.B. für Blinde m pl)
separate	nachgeschaltet (sometimes)
separate by cracking v	auskracken v (petr)

separating agent (chromatography)	Trennmittel n (Chromatographie f)
separating clutch	Trennkupplung f
separating rivet	Trenniet m, n
separation by density	Wichtetrennung f

Sepharose(R) = absorbent = Absorptionsmittel n

SEPS = solar electric propulsion stage = solare elektrische Treibstufe f

sequence length (plast)	Sequenzlänge f
sequence type	Sequenztyp m
sequential contraceptive	Sequentialkontrazeptivum n -va pl
sequential preparation	Stufenpräparat n
sequester (court-appointed reveiver); sequestrator	Sequester m (Zwangsverwalter m)

Ser = serine (amino acid) = Serin n (Aminosäure f)

series branch	Längszweig m
serine	Serin n
serotoninergic	serotoninerg
serve v (e.g. work stations)	erfassen v (z.B. Arbeitsstationen f pl)
service-amenable	service-freundlich
service block	Versorgungsblock m
servo spool valve	Steuerschiebeventil n
set v (adhesive)	anziehen v (Leim m)
set v (brake)	anziehen v (Parkbremse f)
set	Garnitur f

SETI = Search for Extraterrestrial Intelligence = Suche f nach ausserirdischer Intelligenz f

setpoint (controller)	Sollwert m (Regler m)
set range	Einstellung f
setting (rubber; dye)	Fixierung f (Gummi m; Farbe f)
setting agent	Fixiermittel n
setting gel (hair)	Einlegemittel n (Haare n pl)

setting knob	Stellzeiger m
setting lotion (hair)	Einlegemittel n (Haare n pl)
settlement agreement	Vergleichsvereinbarung f
settlement request	Schlichtungsantrag m
settle out v (plast)	ausfallen v (plast)
settler	Absetzer m
settling out	Absetzen n
settling vessel	Beruhigungsgefäss n
severe	stark
sewage pipe	also: Entwässerungsleitung f
sew-on patch	Besatz-Flecken m
sew to prevent raveling v	umnähen v
sex-linked	geschlechtsgebunden
sex pheromone	Sexualpheromon n

SGOT = serum glutamate oxalate transaminase = Serum-Glutamat-Oxalacetat-Transaminase f

SGPT = serum glutamate pyruvate transaminase = Serum-Glutamat-Pyruvat-Transaminase f

shade	Farbnuance f
shaded pole motor	Spaltpolmotor m
shake flask	Schüttelente f; Schüttelkolben m
shaken culture	Schüttelkultur f
shaker vessel	Schlenkgefäss n
with (of) shallow channel depth (screw)	flachgeschnitten (Schnecke f)
shank lasting machine (shoes)	Gelenkzwickmaschine f (Schuhe m pl)
shape-mated	formschlüssig verbunden
shape retention	Formwiedergabe f
shaping agent	Verformungshilfsmittel n
sharp (curve)	eng (Kurve f)
sharply defined	kontrastreich
shattering	Zertrümmerung f

shave	Rasur f
SHBG = sex hormone binding globulin = spezifisches Transportprotein n für Steroide n pl	
shear force	Abscherkraft f
shear gradient	Schergefälle n
shear modulus	Schubmodul m
shear rate (sec^{-1})(s^{-1})	Schergeschwindigkeit f (sec^{-1}) (s^{-1})
shear-resistant	scherfest
sheathing speed	Vermantelungsgeschwindigkeit f
sheath of myelin	Markscheide f
shed v (galvanic cell)	abschlammen v (galvanisches Element n)
sheep erythrocyte	Hammelerythrozyt m
sheep's blood	Hammelblut n
sheet (liquid)	Film m (Flüssigkeit f)
sheet (plast) (thicker than 1/4 mm); sheeting	Folie f (plast)
sheeting die	Schlitzdüse f
sheet-like	flächig
sheeting roll	Folienwickel m
sheet-metal blank	Blechzuschnitt m
sheet-metal forming	Blechumformung f
shell-core type (plast)	Kern/Schale-Typ m (plast)
SH group = sulfhydryl group	SH-Gruppe f = Sulfhydrylgruppe f
shifting sleeve (aut)	Schaltmuffe f (aut)
shikimic acid	Shikimisäure f
ship v	spedieren v
shock cooling	Schockkühlung f
shock resistance	Stossfestigkeit f
shock sensitivity	Schlagempfindlichkeit f
shock wave	Detonationswelle f; Druckwelle f

shopping cart	Einkaufswagen m
shop right	Mitbenutzungsrecht n
short crown (opt)	Kurzkron m (opt)
short flint (opt)	Kurzflint m (opt)
short-oil (varnish; less oil than resin)	kurzölig (Lack m; weniger Öl n als Harz n)
short-range	kurzreichend
short-range projectile	Kurzbahngeschoss n
shortstop v (plast)	stoppen v (plast)
shortstop agent (interrupts polymerization)	Short-Stoppmittel n (unterbricht Polymerisation f)
shortstop vessel	Abstoppgefäss n
short take-off	Kurzstart m
short-term funds	kurzfristige Mittel n pl
short-term weathering test	Kurzbewitterungstest m
shot cartridge	Schrotpatrone f
shotgun	Flinte f; Schrotflinte f
shoulder (curve)	Schulter f (Kurve f)
shoulder weapon	Schulterwaffe f
show affinity for v (parasite)	befallen v (Parasit m)
show up v	anfallen v
shredder	Aktenwolf m; Schredder m
shrink v	krumpfen v
shroud (torque converter)	Schale f (Drehmomentwandler m)
shroud line	Fesselschnur f
shrubbery	Bewuchs m
shunt arm	Querzweig m
shutter baseplate	Verschlussplatine f
shutter blade	Verschlusslamelle f

SI = silicone = Silikon n; Silicon n

sialic acid	Sialinsäure f

sibylation	Sibylierung f
sickle cell anemia	Sichelzellenanämie f
sickness rate	Krankenstand m
side face	Seitenhaupt n
side stream	Nebenstrom m
sidetrack	Nebenstrecke f
sidewall (tire)	Reifenflanke f; Seitenwand f
sieve shaker	Siebschüttler m
sifting air	Sichtluft f
Sigma test for Cu rod (electric resistance value)	Sigmatest m für Cu-Draht m (elektrischer Widerstands-test m)
sign (+/-)	Vorzeichen n (+/-)
signal power	Signalleistung f
signature (= characteristic)	Erscheinungsbild n
silanize v	silanisieren v
silazane	Silazan n
silica (hydrated)	Kieselsäure f
silica glass	Kieselglas n; Quarzglas n; Silikatglas n; Silikaglas n
Silica Plus(R) = silica + oxides of Na, Fe, Ca + Mg	Stuttgarter Masse f = Silikat n + Oxide n pl des Na, Fe, Ca + Mg
silicate glass	Kieselglas n; Quarzglas n; Silikatglas n; Silikaglas n
silicate of sodium	Kieselwasserglas n
silica-xerogel	Kiesel-Xerogel n
silicic acid sol	Kieselsäuresol n
silicide v	silicidieren v
siliconate = silicone	Silikonat n = Silikon n; Silicon n
silicon dioxide	Siliciumdioxid n
silicon hydride	Hydrogensilan n
silicon oxide	Siliciumoxid n
siloxy	Siloxy n

Notiz: Neuerdings werden "Silika", "Silikat", "Silikon", "Silikonat" mit "c" anstatt "k" geschrieben. bmw

silton clay	Silton-Ton m
silvered	versilbert
silver engraving	Silberstich m
silverware (embossing) press	Besteckpresse f
silviculture	Waldbaumzucht f
silylate	Silylat n
silylate v	silylieren v
simmer v	köcheln v
simple pyrophosphate	Einfachpyrophosphat n
simplicity	Schlichtheit f
Simpson planetary gar (3-speed)	Simpson-Planetenräder-getriebe n (3-gängig)
simulation accuracy	Simulationstreue f
single, -s pl (unmarried person)	Single m -s pl (Unverheirateter m,-te f)
single-base (explosive)	einbasig (Schiesspulver n); einbasisch
single-jointed shaft	Eingelenkwelle f
single-medicine therapy	Monotherapie f
single-membered	eingliedrig
single mode	einmodig
single mode	Einzelmodus m (opt)
single-pane window	Einfachfenster n
single-screw (extruder)	einwellig (Extruder m)
singlet	Singulett n
single thread	Einfaden m
sinker (text)	Platine f (text)
sinter v	fritten v
sintered aluminum oxide	Sinterrubin m
(having a) sintered coating	besintert
sintered corundum	Sinterkorund m; Sinterrubin m
siphon; siphon pipe	also: Düker m

sisomycin	Sisomycin n
site of action	Wirkort m
sitting furniture	Sitzmöbel n
SIW = self-inflicted wound =	selbst angetane Wunde f
six-membered B ring	B-Sechsring m
size v (change size) (stretch)	kalibrieren v verstrecken v
size resin	Leimharz n
size varnish	Vorlack m
sizing device (plast)	Kalibriervorrichtung f (plast)
sizing machine (text)	Appreturmaschine f (text)
skatole	Skatol n
skeletal muscle	Skelettmuskel m
skeletal oscillation (molecule)	Gerüstschwingung f (Molekül n)
skid v	rutschen v
skid resistance	Rutschfestigkeit f; Schleuderfestigkeit f (aut)
skim v (chem)	ankratzen v (chem)
skimmer	Abstreifer m
skin-compatible	dermatophil
skin effect	Skineffekt m
skin moisturizing value (cream)	Hautspreitwert m (Creme f)
skin-nourishing lotion	Hautnährmilch f
skin suture (med)	Hautverschluss m (med)
ski pole	Schistock m
ski safety binding	Sicherheitsschibindung f
ski slope	Piste f
ski staff	Schistock m
ski stick	Schistock m
ski-tourer	Tourenfahrer m (Schi m)
skylight	Lichtdach n
slab (plast)	Rohfell n (plast)

slack (adj)	lose (adj)
slack	Stauung f
slag stone	Schaumstein m
slam-free (valve)	stossfrei (Ventil n)
slant (agar)	Schrägkultur f (Agar n)
slanted-aperture tray (column)	Schräglochboden m (Kolonne f)
sled	Gleitschlitten m
slenderizing diet	Schlankheitsdiät f
slick	gleitfähig
slidecraft	Gleitfahrzeug n
slide fastener	Gleitverschluss m
sliding block	Gleitschuh m
sliding die	Verschiebestempel m
sliding member	Schleifkörper m
gel slightly v	angelieren v
slight swelling	Anquellung f
slip	Gleitfähigkeit f
slip agent	Gleitmittel n
slippage (tire)	Schlupf m (Reifen m)
slipper animalcule	Pantoffeltierchen n
slipper bedpan	Stechbecken n; Steckbecken n
slip ratio	Rutschverhältnis n
slit lamp	Spaltleuchte f
sliver (text)	Vorgarn n (text)
(rocket grain)	Karotte f (Raketentreibstoff m)
slot-pin guide	Schlitz-Bolzenführung f
slotted diaphragm	Blende f
slotted nut	Nutmutter f
slotted without cutouts (without waste or loss of material)	verschnittfrei geschlitzt
slotting roll	Schlitzwalze f

sloven	unsauber
slow fire	Schwelbrand m
slowly applied stress	langsame Beanspruchung f
slubbing	Lunte f
sludge basin	Schlammbecken n
sludge digestion tower	Faulturm m
sludge floccule	Schlammflocke f
sludge polder	Schlammpolder m
sluggish	schwergängig
slurry v	anschlämmen v; aufschlämmen v
slurry	Trübe f
slurry up v	verschlämmen v
slush-mold v (plast)	giessen v (plast)
small appliance	Kleingerät n
small end of connecting rod	Pleuelkopf m
small-scale liquefier	Kleinverflüssiger m

SMC = sheet molding compound (lightweight panel of resin + powder + fibers) = Formplatte f

smearproof	wischfest
Smith lens (field lens directly before image plane of optical system)	Smith-Linse f (Feldlinse f genau vor Bildebene f eines optischen Systems n)
smokeless explosive	Schießstoff m
smoke limiter	Rauchbegrenzer m
smooth v (text)	avivieren v (text)
smoothing agent	Avivage f
smooth-muscular	glattmuskulär

SMS = styrene - α-methylstyrene copolymers = Styrol-α-Methylstyrol-Copolymere n pl

snack	Snack m
snack bar	Erfrischungsdienst m
snap into v	einsprengen v

SNG = substitute natural gas = Erdaustauschgas n; Erdgasersatz m

snow-free — aper

snowless — aper

SNR = signal-to-noise ratio = Signal-Rauschverhältnis n

Snurps = SnRNP's = small nuclear ribonucleoproteins = kleine Zellkern-Ribonucleoproteine n pl

soar v (in the air) — segeln v (in der Luft f)

soap stock — Seifenstock m

social economics — Volkswirtschaft f

socket (med) — Pfanne f (med)

socket joint — Gelenkpfanne f

soda ash (Na_2CO_3 of high purity) — Schwersoda f

sodium bisulfate — Natriumhydrogensulfat n

sodium bisulfide — Natriumhydrogensulfid n

sodium bisulfite — Natriumhydrogensulfit n

sodium bitartrate — Natriumhydrogentartrat n

sodium borohydride ($NaBH_4$) — Natriumboranat n

sodium carbonate solution — Sodalösung f

sodium edetate — Natriumedetat n

sodium hydroxide solution — Natriumlauge f

sodium ion error — Alkalifehler m

sodium laurate — Natriumlaurinat n

sodium n-dodecylbenzene-sulfonate — n-Dodecylbenzolnatrium-sulfonat n

sodium pentadecyl sulfonate — pentadecylsulfonsaures Natrium n

sodium petroleum sulfonate — Natriumpetrolsulfonat n

sodium saccharin — Saccharin-Natrium n

sodium salt of iodophenyl-acetic acid — iodphenylessigsaures Natrium n

sodium tetraphenylaluminum — Natriumaluminiumtetraphenyl n

sodium trisulfonate	trisulfonsaures Natrium n
soft processing	Weichverarbeitung f
soft shoulders (road)	Schulter f nicht befahrbar (Strasse f)
soil physics	Bodenphysik f
solar wind	Sonnenwind m
solder glass; soldering glass	Lotglas n
sole edge milling machine	Sohlenkantenfräsmaschine f
solenoid valve	Magnetventil n
solid (line)	durchgezogen (Linie f)
solid bed	Fixbett n
solid carbon dioxide	Hartgas n
solid carbon dioxide, compressed	Trockeneis n
solid electrolyte	Festelektrolyt m
solid-jacket projectile	Vollgeschoss n
solid rubber	Massivgummi m
solids content	Feststoffgehalt m
solids proportion	Feststoffanteil m
solids ratio	Feststoffverhältnis n
solubilizer	Lösungsvermittler m
solute (substance to be dissolved)	zu lösende Substanz f oder gelöste Substanz f
solution bond	Quellverschweissung f
solution bonding	Quellverschweissen n
solution equilibrium	Lösungsgleichgewicht n
solvate	Solvat n
solvent activity	Lösewirkung f
solvent-free; solventless	lösemittelfrei
solvent naphtha	Naphthabenzin n
solvolyze v	solvolysieren v
somatomedin	Somatomedin n

somatotropic hormone (growth hormone)	somatotropes Hormon n (Wachstumshormon n)
Somel(R) = thermoplastic elastomer = Thermoplast n	
sonography	Sonographie f
sorbent	Sorbens n
sorbitol anhydride; sorbitan	Sorbitanhydrid n
sorbitan monolaurate	Sorbitmonolaurat n; Sorbitanmonolaurat n
sorbitol hexanitrate (explosive)	Sorbithexanitrat n (Explosivstoff m)
sound-absorbing mat	Schallschluckmatte f
source	Fundstelle f; Standort m
source electrode	Quellelektrode f
sour gas (hydrogen sulfide + carbon dioxide)	Sauergas n (Schwefelwasserstoff m + Kohlendioxid n)
sow bug	Kellerassel f
soybean meal	Sojabohnenmehl n
soybean oil	Sojabohnenöl n
soybean powder	Sojabohnenpuder m
soybean sprouts	Sojabohnensprossen m pl
s.p. = specific gravity	d, D = Wichte f
space-dye v (yarn; various shades)	teilfärben v (vielfarbiges Garn n)
space for components	Bauraum m
spacing element	Distanzorgan n
space-time curve	Orts-Zeit-Kurve f
spalling hammer	Schieferhammer m
spare (adj)	reserve (adj)
sparging	Gaseinperlung f
sparingly soluble	wenig löslich
spark erosion	Funkenerosion f
spark gap detonator	Spaltzünder m
spark gap principle (explosive)	Spaltprinzip n (Explosivstoff m)

sparkover	Funkenschlag m
spasmogenic	krampfauslösend
spatial formula	Raumformel f
spatial resolution	räumliche Auflösung f
spatula	Streichgerät n
special medicinal agent	Arzneimittelspezialität f
special report	Sondermeldung f
specialty drug	Arzneimittelspezialität f
species	Art f
specific gravity	relative Dichte f
specific surface area (surface to volume ratio - m^2/m^3)	spezifische Oberfläche f
specific to rescue actions	rettungsspezifisch
specific volume (molecule)	Sperrigkeit f (Molekül n)

SPECT = single photon emission computer tomography = Single Photon Emissions-Computer-Tomographie f

spectrofluorometry; spectrofluorimetry	Spektrofluorimetrie f
spectrofluorometric; spectrofluorimetric	spektrofluorimetrisch
spectrum of efficay	Wirkungsbild n
speed interval	Stufensprung m
spelter	Zinkschmelze f
spent	ausgelaugt

SPF = sun protection factor (suntan lotion) = Sonnenschutzfaktor m (Sonnenöl n)

SPF rat = specific pathogen free rat	SPF-Ratte f (same abbreviation)
sphalerite	Sphalerit m
spherical joint	Gelenkkopf m
spheroidal graphite cast iron	Sphäroguss m

Spheron(R) = carbon black = Kohlentyp m

sphingolipid	Sphingolipid n -e pl
spigoted container	Spundbehälter m

spillway	Überfallwehr n
spinal cord	Spinalkanal m
spinal tap	Knochenmarkpunktion f
spinal trouble	Rückenleiden n
spin-brake v	drallbremsen v
spin-dry v	schleudern v
spin echo sequence	Spin-Echo-Sequenz f
spinning-in	Anspinnen n
spinning pump	Spinnpumpe f
spinning shop	Spinnsaal m
spinning unit	Spinnaggregat n
spin projectile	Drallgeschoss n
spin resonance	Spinresonanz f
spiran; spirane	Spiran n
spirit level	Lotlineal n
spirooxirane	Spiro-oxiran n
spirostane	Spirostan n
splash labor (motor oil)	Panscharbeit f (Motoröl n)
splash wall	Spritzwand f
splash water	Schwallwasser n
splat	Fladen m
splice v (e.g. join sections of RNA)	spleissen v (z.B. Zusammenflicken n von RNA-Abschnitten m pl); ligieren v
spliceosome (gen)	Spleissosom n (gen)
splice site	Spleißstelle f
spline gearing	Keilverzahnung f
split-field microscope	Doppelmikroskop n
split shaft	Halbwelle f
splitter (opt)	Teiler m (opt)
splitting layer	Teilerschicht f
split up v	aufspleissen v; spleissen v (fein spalten v)

spongy plastic	Spongiosaplastik f
spontaneous condensation	Selbstkondensation f
spontaneous reaction	Eigenreaktion f
spot v (bacterial culture)	abimpfen v (Bakterienkultur f)
spot coating	Punktbeschichtung f
spot-test paper	Tüpfelpapier n
spot-test plate	Tüpfelplatte f
spotting (med)	Schmierblutung f (med)
spot-type lining (brake)	Teilbelag m (Bremse f)
spot-weld v	anpunkten v
spotwise powder applicator	Pulverpunktmaschine f
spout	Einstich m
spray v	verdüsen v
sprayable powder	Sprühpulver n
spray adsorber	Berieselungsadsorber m
spray base coat	Spritzgrundlackierung f
spray can	Sprühdose f
spray-coat v (paint)	verspritzen v (Anstrichfarbe f)
spray-dry v	sprühtrocknen v
spray gun	Pistolenspritze f; Spritzpistole f
spray primer	Spritzgrund m
spray tower	Sprühturm m
spray trap	Spritzertopf m
spread-coating machine	Streichmaschine f
spread-coating method (plast)	Streichverfahren n (plast)
spread flat v	ausplatten v
spring clip	Federbügel m
springless	federlos
spring-loaded	angefedert
spring rate	Federrate f
spring seat disk	Federteller m
spring set	Federpaket n

sprinkler box	Rieselkasten m
sprinkler system	Regnerrohrsystem n
sprinkling	Beregnung f
sprue	Anguss m; Ausgusskanal m
sprue scrap	Angussabfälle m pl
spun glass fibers	Glasseide f
spun rayon	Zellwolle f

S-PVC = suspension-polymerized PVC = Suspensions-PVC n

SQ(R) record (quadraphonic disk record)	SQ(R)-Platte f (quadrophonische Schallplatte f)
squalene	Squalen n
square acid (also: quadratic acid); squaric acid	Quadratsäure f
squash v	breitquetschen v
squeegee	Wasserschieber m

SQUID = superconducting quantum interference device = supraleitendes Quantenstörgerät n

squish gap	Quetschspalte f

SRBC = sheep red blood cells = Hammelerythrozyten m pl

SR carbon black (semi-reinforcing black) = Kohlentyp m

SRS = supplemental restraint system = Extragurtsystem n

stabilize v	beruhigen v
stabilizer (airplane)	Leitwerk n (Flugzeug n)
stabilizer leg	Standbein n
stabilizing moment	Standmoment n
stab wound	Stosswunde f
stack gas	Rauchgas n
stacking crate	Stapelkasten m
stack up v	stauchen v
staff of life	tägliches Brot n
staggered dose	Dosisabstufung f
staining	Anfärbung f

staking	Reifenflanke f
stalking rifle	Pirschbüchse f
stall v	auflaufen v
stamina	Nerv m
standard cartridge	Einheitspatrone f
standard color chips	Farbmusterkette f
standard day (sea level)	Normaltag m (Meeresspiegel m)
standardized red dye of alizarin (or alizarine) series	Kernechtrot m
standard lead (pencil)	normale Mine f (Bleistift m)
standard operating procedure (laboratory)	also: Untersuchungsverfahren n (Labor n)
standby position	Wartestellung f
standby time	Wartezeit f
standing test	Standtest m
stannous chloride	Zinn(II)chlorid n
staple	Klammer f
start boost	Startanhebung f
starter (chem)	Starter m (chem)
starting site of rupture	Bruchausgangsstelle f
starting turn	Anfangswindung f
start up v	(wieder)anfahren v
startup dive	Anfahrtauchen n
startup pitching	Anfahrnicken n
state (laser)	Term m (Laser m)
statement (invoice)	Sammelrechnung f
state of order	Ordnungszustand m
Statex(R) = furnace black =	Russ m, Kohle f
static element	Ruheteil n
static friction	Standreibung f
static mixer	statischer Mixer m
stator (torque converter)	Leitrad n (Drehmomentenwandler m)
stator moment	Standmoment n

stator stack	Ständerblechpaket n
statutory order	Rechtsverordnung f
status (value, factor)	Einstellung f (Wert m, Faktor m)

STD = sexually transmitted disease = Geschlechtskrankheit f

steady	ruhig
steady-state (condition of reaction)	stationär (Zustand m einer Reaktion f)
steam-jet ejector	Dampfstrahlverdichter m
steam reforming	Dampfreformierung f
steam saturator	Dampfsättiger m
steam trap	Kondensattopf m
stearin; stearine	Stearin n
steel shot (met)	Stahlsand m (met)
steep v	anquellen v
steep liquor	Aufguss m
steerability	Lenkfähigkeit f
steering damper	Lenkungsdämpfer m
steering deflection	Lenkausschlag m
steering nut	Lenkmutter f
steering wheel angle	Steuerradeinschlag m
stem	Ansatz m
stem seal	Spindelabdichtung f

stenop. = stenopeic = stenopäisch

step-down transformer	Tiefsetzwandler m; Abwärtstransformator
step-growth	schrittweises Wachsen n
stepping mechanism	Gangmechanismus m
step-up transformer	Hochsetzwandler m; Aufwärtstransformator
stereopair	stereoskopisches Bildpaar n
stereoselective	stereoselektiv
sterilant	Sterilisierungsmittel n

Sterling V$^{(R)}$ = GPF (general purpose furnace) black = Kohlentyp m

STH = somatotropic hormone (growth hormone) = somatotropes Hormon n (Wachstumshormon n)

stibine	Stibin n
stick (cosmetic)	Stift m (Kosmetik f)
sticking	Zwängung f
stick-on label	Haftetikett n
stick-slip effect (valve)	Kleb-Gleit-Effekt m (Ventil n)
stiffen v (plast; rubber mixture)	verstrammen v (plast; Gummimischung f)
stigmastane	Stigmastan n
stigmasterol	Stigmasterin n
still	Destillationsapparatur f
still catalyst	Spritkontakt m
still moist from centrifuging	schleuderfeucht
stimulant	Stimulator m
stimulus formation	Reizbildung f
stimulus conduction	Reizleitung f
stirred autoclave	Rührautoklav m
stirrer flask	Rührkolben m
stitched	genadelt
stitched felt	Nadelfilz m
stitching zone	Einstechbereich m
St.-John's-bread flour	Johannisbrot(kern)mehl n
stochastic	stochastisch
stocked	besetzt
stocking density (fish farming)	Besatzdichte f (Fischzüchtung f)
stoichiometric quantity (chem)	berechnete Menge f (chem)
stomach tube	Magensonde f
stool receptacle	Kothalter m
stop bar	Anschlagleiste f
stop brake	Haltebremse f
stop lever	Rasthebel m
stop lug	Fangnase f

stopping medium	Abweisung f
storage-battery acid	Akkusäure f
storage cell	Akkumulator m
storage disease	Speicherkrankheit f
storage modulus	Lagermodul n
storage time	Lagerzeit f
stove v (varnish)	einbrennen v (Lack m)
stoving paint; stoving varnish	Einbrennlack m
stoving residue	Einbrennrückstand m

STP = standard temperature and pressure = Normaltemperatur f und -druck m

STP = 2,5-dimethoxy-4-methylamphetamine (hallucinogen) = 2,5-Dimethoxy-4-methylamphetamin n (Hallucinogen n)

STR = stirred tank reactor = Rührreaktor m

strain (mice; microorganism)	Stamm m (Mäuse f pl; Mikroorganismus m)
strain equalizer	Dehnungsausgleicher m
strap (ski)	Strammer m (Schi m)
strategic capability	strategische Qualität f
stratified material	Schichtstoff m
stray fiber	Störfaser f
streak of light	Lichtspalt m
streamline v	straffen v
streamlined	stromförmig; strömungsgünstig
strength	Festigkeit f
streptonigrin	Streptonigrin n
stress condition (med)	Spannungszustand m (med)
stress-crack formation	Spannungsrissbildung f
stress crack resistance	Spannungsrissbeständigkeit f
stress-free	belastungssicher
stress per unit area	Flächenpressung f
stress-whitening	Spannungsweissfärbung f
stretched	gereckt

stretch elongation (in %)	Streckdehnung f; Dehnung f bei Streckspannung f (in %); Reckbelastungsfähigkeit f
stretch-form v	abstrecken v
Stretford process (desulfurization or removal of hydrogen sulfide)	Stretfordprozess m (Entschwefelung f oder Entfernung f von Schwefelwasserstoff m)
strike v (primer)	anstechen v (Zünder m)
striker mechanism	Schlagmechanismus m
striker pin	Anstichnadel f
strikes per minute	Anschläge m pl
strike through v	durchschlagen v
striking (primer)	Anstich m (Zünder m)
stringent	verschärft
stringy	strähnig
strip v	also: andestillieren v
stripping pipe	Schälrohr n
stroke of luck	Glücksfall m
stroke valve	Wegeventil n
structural component	Bauelement n
structural glass	Bauglas n
structural stage	Aufbauschritt m
stud driving tool	Bolzensetzgerät n
stunted	kümmerlich
stupor	Benommenheit f
STV = suction throttling valve = Saugdrosselventil n	
styling gel	Frisiergel n
styphnic acid	Styphninsäure f
styrene elastomer	Styrolelastomer n
SU = structural unit	SE = Struktureinheit f
subabortive	subabortiv
subatmospheric pressure	Unterdruck m
subazeotropic	unterazeotrop

subchain	Nebenkette f
subcool v	unterkühlen v
subcooling heat exchanger	Unterkühlungsgegenströmer m
subcritical	unterkritisch
subculture	Vorkultur f
subdermal	subdermal
subdivide v	aufgliedern v
subdivided	aufgegliedert
subgenus	Untergattung f
subgroup	Nebengruppe f; Untergruppe f
subinterval	Sub-Intervall n
subjacent	darunterliegend
subject to ether interchange v	umethern v
subject to obligatory marking	kennzeichnungspflichtig
subject to oxo process v	oxieren v
sublimate trap	Sublimatfänger m
sublimator	Sublimator m
submerged cluture	Submerskultur f
submerged fermentation	Submersfermentation f
submunition	Submunition f
suboptimal	suboptimal
subplantar	subplantar
subpopulation	Subpopulation f
subsidiary heating	Begleitheizung f
substantially	merklich
substitute natural gas	Erdaustauschgas n; Erdgasersatz m
substrate material	Trägermaterial n
substruction (building support structure)	Unterbau m (Gebäudestützwerk n)
substructure (building foundation)	Unterkonstruktion f (Fundament n)

subtilisin (enzyme)	Subtilisin n (Enzym n)
subtracter (comp)	Subtrahierer m (comp)
subunit	Untereinheit f
subway trolley	U-Strassenbahn f
suction cup	Saugfuss m; Saugteller m
suction off v	absaugen v
suffix number	Zusatznummer f
suggestive	vielsagend
sulfamate	Sulfamat n
sulfamation	Sulfamierung f
sulfate (e.g. sodium sulfate)	schwefelsaures ... (z.B. schwefelsaures Natrium n)
sulfenamide	Sulfenamid n
sulfenic acid	Sulfensäure f
sulfhydryl	Sulfhydryl n
sulfide ore	Sulfiderz n
sulfidic	sulfidisch
sulfilimine	Sulfilimin n
sulfinyl	Sulfinyl n
sulfochloride	Sulfochlorid n
sulfofatty acid	Sulfofettsäure f
sulfonate v	sulfonieren v
sulfonephthalein; sulfonphthalein	Sulfonphthalein n
sulfonic acid	Sulfonsäure f; Sulfosäure f
sulfonium [$H_3S^{(+)}$]	Sulfonium n
sulfoxonium	Sulfoxonium n
sulfur chloride; sulfur monochloride (S_2Cl_2)	Dischwefeldichlorid n
sulfur halide	Halogenschwefel m
sulfurize v	sulfieren v
sulfur of the sulfate	Sulfatschwefel m

Sulindac(R) = arthritis drug = Arthritismedizin f

sultone (inner ester of hydroxysulfonic acid)	Sulton n (innerer Ester m der Hydroxysulfonsäure f)
sum signal	Summensignal n
sun gear	Sonnenrad n
sunlight	Sonnenstrahlung f
sun protective	Sonnenschutzmittel n
superacid; superacidic	übersäuert
superalloy	Superlegierung f
superatmospheric pressure	Überdruck m
superazeotropic	überazeotrop
supercharger housing (aut)	Ladergehäuse n (aut)
superchlorinate v	überchlorieren v
superchlorination	Überchlorierung f
super-cold	superkalt
superconductivity	Supraleitfähigkeit f
supercool v (liquid is instantly solidified, vapor is cooled below condensation point)	suprakühlen v (Flüssigkeit f wird sofort Feststoff m, Dampf m wird unter den Kondensationspunkt m abgekühlt)
supercritical	überkritisch
superfatting (skin cream)	Überfettung f; Auffettung f
superfatting agent	Auffettungsmittel n
superficies (geometry)	Mantel m (Geometrie f)
superfluid	Supraflüssigkeit f
superinfect v	superinfizieren v
superinfection	Superinfektion f
superinsulating	superisolierend
superior number	hochgestellte Nummer f
superjacent	darüberliegend
superlinear	überlinear

Superlite(R) = perlite = Perlit m

supermarket	Supermarkt m

supernatant	Überstand m
supernatant	überstehend
supernatant broth	Abschwemmung f
supernatant phase	Oberphase f
superordinate	übergeordnet
superoxide (obsolete for peroxide)	Superoxid n (veraltet für Peroxid n)
superpressure lamp	H-Lampe f (= Hochdrucklampe f)
superpower	Grossmacht f; Supermacht f
superpure	superrein; suprarein
superseded	gegenstandslos
supine position	Rückenlage f
Supplemental Register (TM)	Nebenregister n (Warenzeichen n)
supported catalyst	Trägerkatalysator m
support hose	Stütz-Strümpfe m pl
supporting trestle	Ausbaubock m
suppression of motor activity	Immobilität f
suppurative	eitrig
supralinear	überlinear
surface-active	oberflächenaktiv
surface-active agent	Tensid n
surfactant	Oberflächenaktivstoff m; Tensid n
surfboard	Surfbrett n

Surfynol(R) = surfactant = oberflächenaktives Mittel n

surge guard (el)	Durchpendelsperre f (el)

Surlyn(R) = resin lubricant = Kunstharzgleitmittel n

surplus	Mehr n
survival time	Überlebensdauer f
suspended loop	Hängeschlaufe f
suspended matter	Trübstoff m
suspension agent	Suspensionsmittel n

suspension file	Einhänger m
suspension of precipitate	Fällsuspension f
suspension tab	Aufhängelasche f
sustained-release medicine	Depotmedizin f
sustainer stage (rocket)	Marschstufe f (Rakete f)
swaddling clothes	Wickelkissen n
swag drape (curtain)	Wolkenstore m (Vorhang m)
swage v (met)	einziehen v (met)
Sward hardness (enamel)	Sward-Härte f (Emaille f)
swarf-produced frequency (troublesome oscillations during detaching of turnings)	Spanschuppenfrequenz f (Störschwingungen f pl beim Lösen n der Schälspäne m pl)
S-wave = shear wave	S-Welle f = Scherwelle f
sweeping (adj)	pauschal (adj)
sweetener	Süssungsmittel n; Süßstoff m
swelling agent	Quellmittel n
swelling volume (measured in liquid in ml/g)	Schwellvolumen n (in ml/g in Flüssigkeit f gemessen)
swerve v (trailer)	ausschwingen v (Anhänger m)
swiggle strip	flexibler Abstandshalter m (für Isolierglasscheiben f pl)
swing arm	Schwinghebel m
swing axis	Schwingungsachse f
swing-out lever	Ausstellhebel m
swirl	Drall m
switch (comp)	Weiche f (comp)
sylvite (KCl)	Sylvit m
symbol	Kurzzeichen n
synchronizer	Taktgeber m
synchronizer ring (aut)	Gleichlaufring m (aut)
syndet (synthetic detergent)	Syndet n (synthetisches Detergens n)

syndet soap	Syndetseife f
synergist	Synergist m
synocarpous fruit	Sammelfrucht f
Synpol(R) = SBR rubber = SBR-Kautschuk m	
syn-positioned (cf. anti-positioned)	synständig (vgl. antiständig)
synthetase	Synthetase f
synthesize v; synthetize v	synthetisieren v
synthetic resins	Plaste m pl = Kunststoffe m pl

* * *

T4 helper cell — T4-Helfer-Zelle f

T8 suppressor cell — T8-Suppressor-Zelle f

T = tesla (unit for magnetic flux density) = Tesla n (Einheit f für Magnetflussdichte f) 1 T = 10,000 gauss (Gauss n)

t_{90} value (vulcanizing) period to attain 90% crosslinking) — t_{90}-Wert m (Vulkanisationszeit f, um 90% Vernetzung f zu erreichen)

t/a = tons annually — Jato f = Tonnen f pl pro Jahr n

Taber abraser (measures abrasion resistance); Taber abrasion wheel — Taber-Abriebsmesser m (misst Abriebsfestigkeit f)

table linen — Tischwäsche f

tabletop appliance — Tischgerät n

tablet press — Tablettenpresse f

tack — Abheftung f

tack-free — klebfrei; nicht klebrig; nicht verklebend

tackifier (internal) — Haftvermittler m (wird eingemischt)

tackifying resin — Klebeharz n

tackiness — Eigenklebrigkeit f; Klebeverhalten n

tackiness-preventing agent — Antiklebmittel n

TAF = tumor angiogenesis factor = Tumor-Angiogenese-Faktor m

tail flick test — Schwanzzucken-Test m

tailored to — gezielt

take-off speed (length of material) — Abzugsgeschwindigkeit f (Materialbahn f)

take recourse against or to v — Rückgriff m nehmen v gegen oder auf

take up (spinning) — Abzug m (Spinnen n)

Talalay process = foam rubber production by whipping latex and vacuum expansion = Schaumgummiproduktion f durch Schlagen n des Latex m und Vakuumschäumen n)

tall drink	Longdrink m
tallol	Tallharz n
tall rosin	Tallharz n
tambour v	ketteln v
tamped (covered with a lining)	bestampft (ausgelegt mit einer Schicht f)
tamper	Stampfer m
tank (liquid)	Bunker m (Flüssigkeit f)
tank excavation	Tanktasse f
tank melting process	Wannenschmelzverfahren n
tanning agent	Beizmittel n
tantalate (ferroelectric compound)	Tantalat n (ferroelektrische Verbindung f)
tantamount (adv)	im Gleichstand (adv)
tantamount (adj)	nebengeordnet (adj)
tap conduit	Stichleitung f
target length	Targetlänge f
target organ	Erfolgsorgan n; Zielorgan n
target site	Wirkort m
tartramic acid	Tartramidsäure f
task-oriented	pflichtgemäss

TAT = tyrosine aminotransferase = Tyrosinaminotransferase f

taurine = 2-aminoethane-sulfonic acid	Taurin n - 2-Aminoethan-sulfonsäure f
tauride	Taurid n

TBP = true boiling point = wahrer Kochpunkt m

TBPO = tributylphosphine oxide = Tributylphosphinoxid n

TBS = trimethylbromosilane = Trimethylbromsilan n

TC = crystallizing temperature; temperature of crystallization = Kristallisationspunkt m; Kristallisationstemperatur f

TCC = Tag. closed cup method (to determine flash point) = Tag.-Flammpunktbestimmungsmethode f (Tag.=Tagliabue)

TCC = transmission converter clutch = Getriebeumwandlungs-kupplung f

TCS = trimethylchlorosilane = Trimethylchlorsilan n

TDR = twin diaphragm relay DMR = Doppelmembranrelais n

TDRS = tracking and data relay satellite = Beobachtungs- und Datenübertragungs-Satellit m

TEA = triethanolamine Tram = Triethanolamin n

TEAL = triethylaluminum = Triethylaluminium n; Aluminiumtriethyl n

team	Arbeitsgruppe f
tear propagation resistance	Weiterreissfestigkeit f
tear resistance (thread)	Strukturfestigkeit f (Faden m)
tear strength	Reissfestigkeit f; Zerreissfestigkeit f
teaseed oil	Teesamenöl n
technicalization	Technisierung f
technicalize v	technisieren v
technology	Wesen n (technisches)

TEL = tetraethyllead = Tetraethylblei n

telechelic (polymer containing reactive end groups)	telechelisch (Polymer n mit reaktiven Endgruppen f pl)
telescoping capsule	Steckkapsel f
telestimulator (implantable)	Telestimulierapparat m (zur Implantation f)
teller (bank)	Schalterbeamte m -tin f (Bank f)
tellers' area	Schalterraum m
teller's window	Schalter m
telling	aufschlussreich
telogen (chain tansfer agent)	Telogen n (Kettenübertragungsmittel n)
telomer	Telomer n; Telomerisat n
telomerize v	telomerisieren v

TEM = transmission electron microscope = Transmissions-Elektronenmikroskop n

TEM mode = by transmission electron microscope = durch Transmissions-Elektronenmikroskop n	
temperature-control v	temperieren v
temperature differential	Temperaturintervall n
temperature profile	Temperaturverlauf m
temperature resistance	Temperaturfestigkeit f
temperature-responsive circuit breaker	Temperaturschutzschalter m
temperature sensor	Thermofühler m
temperature stability	Temperaturbeständigkeit f
tendency toward stress cracking	Neigung f zu Spannungsrissen m pl
tendential	tendenziell
tenside	Tensid n
tensile elongation	Dehnspannung f (in Pa) Zugspannung f (in %)
tensile impact strength	Bruchfestigkeit f; Schlagzugzähigkeit f
tensile strength	Zugfestigkeit f
tensile strength at break	Reissfestigkeit f
tensile strength in the pure gum condition	Rohfestigkeit f
tensile strength test	Zerreissprobe f
tensile stress at break	Reissfestigkeit f; Reißspannung f
tensile stress at 3.5% strain	Biegespannung f (3.5%)
tensile stress at yield	Streckspannung f
tensile value	Zugwert m
tensioning chain	Spannkette f
tension relief	Zugentlastung f
tension strap	Zugband n
tensor (stretching muscle)	Tensor m (Spannmuskel m)
tentering zone (text)	Spannfeld n (text)
tent sheeting	Plane f

terephthalaldehydic acid = 4-formylbenzoic acid	Terephthalaldehydsäure f = 4-Formylbenzoesäure f
term (laser)	Term m (Laser m)
terminally reactive	endreaktiv
termination (circuit board)	Kontakt m (gedruckte Schaltung f)
ternary	trinär
ternary component	Terkomponente f
ternary mixture	Dreistoffgemisch n
ternary monomer	Termonomer n
terpolymer	Terpolymer n
tert- (chem)	tert.- (chem)
tesla (unit of magnetic flux density)	Tesla n (Einheit der Magnetflussdichte f)
testee	Prüfling m; Versuchsperson f
testicular function	Hodenfunktion f
testolactone	Testolacton n
test setup	Versuchsansatz m
test site (large area)	Testgelände n
test specimen	Probeteil m
test strip	Teststäbchen n
tetrabenazine	Tetrabenazin n
tetrazene, tetracene (expl)	Tetrazen n; Tetracen n (expl)
tetracosanoic acid	Tetracosansäure f
tetraenoic acid	Tetraensäure f
tetrahydroindan	Tetrahydroindan n
tetralol = tetrahydronaphthol	Tetralol n = Tetrahydronaphthol n
tetralone	Tetralon n
tetramethylsilane = $Si(CH_3)_4$ (internal reference, NMR spectroscopy)	Tetramethylsilan n = $Si(CH_3)_4$ (interner Standard m bei der NMR-Spektroskopie f)

tetramethylurea	Tetramethylharnstoff m
tetrasialic ganglioside	Tetrasialgangliosid n
tetrasubstituted	vierfach substituiert
tetrazole	Tetrazol n
tetrol	Tetrol n
tetroxide	Tetroxid n
tetrytol (75% tetryl + 25% TNT)	Tetrytol n
Teutonic (e.g. Teutonic thoroughness)	deutsch (z.B. deutsche Gründlichkeit f); germanisch
TE wave = transverse electric wave	TE-Welle f = elektrische Transversalwelle f
textile assistant	Textilhilfsmittel n
texture v	texturieren v
textured (e.g. leather)	flämmig (z.B. Leder n)
texturized (yarn)	texturiert (Garn n)
TFA = trifluoroacetic acid	TFS = Trifluoressigsäure f
TFA = trifluoroacetyl	TFA = trifluoracetyl
Tg = glass transition point	= Glasübergangstemperatur f; Glaspunkt m
TGA = thermogravimetric analysis	= Thermogravimetrieanalyse f
T_{gel} = gelatinizing temperature	= Gelatinierungstemperatur f
thalamic	thalamisch
thenoyl	Thenoyl n
thenyl	Thenyl n
thenylidene	Thenyliden n
therapeutical systematics	Behandlungssystematik f
therapeutic eurhythmics	Heileurhythmie f
therapeutic spectrum, width of	therapeutische Breite f
therapy with each drug separately	Monotherapie f
thermal	kalorisch

thermal calorimetry	Thermocalorimetrie f
thermal character	Wärmetönung f
thermal cracking (hydrocarbons)	thermische Spaltung f (Kohlenwasserstoffe m pl)
thermal dissociation	thermische Spaltung f (chem)
thermal load	Wärmelast f
thermal loss coefficient	Wärmeverlustkoeffizient m
thermally self-sufficient	wärmeautark
thermally stable	temperaturbeständig
thermal oil	Hitzeöl n; Hitzeträgeröl n; Wärmeträgeröl n
thermal output	Wärmelast f
thermal oxidation	Thermooxidation f
thermal probe	Thermofühler m
thermal property	Wärmeeigenschaft f
thermal regeneration	Heissregenerierung f
thermal relay	Thermorelais n
thermal stability	Temperaturbeständigkeit f
thermal transport	Wärmetransport m

Thermax(R) = carbon black = Kohletyp m

thermistor	Thermistor m
thermoanalysis	Thermoanalyse f
thermobalance	Thermowaage f
thermoduric (bacteria survive pasteurization)	hitzebeständig
thermoelastic	thermoelastisch
thermofix v	hitzefixieren v
thermoform v (plast)	tiefziehen v (plast)
thermogravimeter	Thermogravimeter n
thermogravimetric	thermogravimetrisch

Thermoleastic(R) = thermoplastic elastomers = thermoplastische Elastomere n pl

Thermolite(R) = igniter cord = Zündschnur f

thermolyze v	thermolysieren v
thermomechanical	thermomechanisch
thermonuclear	thermonuklear
thermoreactive	thermoreaktiv
thermoregulator oil	Thermostatenöl n
thermosensitive	thermosensibel
thermosensitize v	thermosensibilisieren v
thermoset	Duromer n; Duroplast m; Thermoset m
thermoset v	warmaushärten v
thermosetting	hitzehärtbar; wärmehärtbar
thermosetting foam	Hartschaum m
thermosetting polymer	Duromer n; Duroplast m
thermosol process (hot-air setting)	Thermosolverfahren n (Heissluftfixieren n)
thermosol v	thermosolieren v
thermostability	Thermostabilität f
thermostabilizer	Thermostabilisator m
thermostatable	thermostatisierbar
thermostat v	thermostatieren v
thexyl	Thexyl n
Th.I. = therapeutic index =	therapeutischer Index m
thianthrene	Thianthren n
thiaprostaglandin	Thiaprostaglandin n
thiate v	Thiagruppe einführen v
thiation	Einführung der Thiagruppe f
thick-layer chromatography	Dickschichtchromatographie f
thienamycin	Thienamycin n
thiepinyl	Thiepinyl n
thin-drawn film	Ausstrich m
thin-film evaporator	Dünnschichtverdampfer m
thin-gage strip (met)	Feinband n (met)

thiocarbamic acid	Thiokarbamidsäure f; Thiocarbamidsäure f
thiocarbonic acid	Thiokohlensäure f
thioctic acid = lipoic acid	Thioctsäure f; Thioctinsäure f = Liponsäure f; Lipoinsäure f
thiocyanate	Rhodanat n; Rhodanid n; Thiocyanat n (most preferred)
thiocyanic acid	Rhodanwasserstoffsäure f; Thiocyansäure f (preferred)
thioether	Thioether m
thioindigo	Thioindigo m
thiol	Thiol m
thiolactic acid = mercaptopropionic acid	Thiomilchsäure f = Mercaptopropionsäure f
thiolate	Thiolat n
thiolate v	thiolieren v
thiomalic acid = mercaptosuccinic acid	Thioäpfelsäure f = Mercaptobernsteinsäure f
thione	Thion n
thioxanthene	Thioxanthen n
thiuram	Thiuram n
thixotropic	selbstverdickend
thixotropy-producing agent	Thixotropiermittel n
thoroughbred corticoid	Edelcorticoid n
THP = tetrahydropyranyl =	Tetrahydropyranyl n
Thr = threonine (amino acid) =	Threonin n (Aminosäure f)
thread (screw)	Gang m (Schraube f)
thread density	Fadendichte f
thread eccentricity	Gewindeschlag m
thread-forming	fadenbildend
threadless	gewindelos
three-armed lever	dreiarmiger Hebel m
three-necked flask	Dreihalskolben m
three-roll mill	Dreiwalzenstuhl m

threitol	Threitol n
thromboxane	Thromboxan n
throttle phase	Drosselzustand m
throttle pin	Drosselzapfen m
through (1 through 3)	mit (1 mit 3)
throughgoing (all the way through)	durchgehend
through hole	Durchgangsloch n
throughout	durchgehend
throughput	Durchsatz m
throwing power (binder)	Umgriff m (Bindemittel n)
throw weight (missile)	Wurfgewicht n (Flugkörper m)
thrust shaft engine	Druckwellenmaschine f
thrust stage (rocket)	Schubphase f (Rakete f)
thrust washer	Druckteller m
thymol	Thymol n
thymoleptic	thymoleptisch
thyreocalcitonin	Thyreocalcitonin n
thyristor	Thyristor m

TIA = transient ischemic attack (small stroke) = Transientischämie f (Schlaganfall m ohne dauernden Schaden m)

TIBAL = triisobutylaluminum = Aluminiumtriisobutyl n

ticarcillin	Ticarcillin n
tight shutoff	Dichthalten n
TIG process (tungsten inert gas welding process)	WIG-Methode f (Wolfram-Inert-Gas-Verfahren n)
tilted agar culture	Schrägagarkultur f
timed release	retardierte Freisetzung f
timed release drug	Retardmedizin f; Depotmedizin f; Medizin f mit verzögerter Wirkstoffreigabe f
time lag	Standzeit f
time of relapse (med)	Schubdauer f (med)

time flow diagram — Zeitablaufschema n
timer — Zeituhr f
timetable — zeitliche Folge f
timing pulse generator — Taktgenerator m
tin-base bronze — Zinnbronze f
tinned — in Büchsen
tinplate — Zinnblech n
tire slippage — Radschlupf m
tire test stand — Reifenprüfstand m
tire to road contact — Bodenhaftung f
tissue section (med) — Gewebeschnitt m (med)
titanium tower — Titanturm m
titrator — Titriervorrichtung f
titrimetry — Titrimetrie f
TLC = thin-layer chromatography — DC = Dünnschicht-chromatographie f
TLC cellulose — DC-Cellulose f
T_m = crystallite melting point = Kristallitschmelzpunkt m
TMME = monomethyl ester of trimellitic acid = Trimellithsäuremonomethyl ester m
TMOS = tetramethoxysilane = Tetramethoxysilan n
TMS = tetramethylsilane (internal reference for NMR spectroscopy) = Tetramethylsilan n (interner Standard m für NMR-Spektroskopie f)
TM wave = transverse magnetic wave — TM-Welle f = magnetische Transversalwelle f
TNF = tumor necrous factor; tumor necrosis factor (a protein) = Tumor-Nekrose-Faktor m (ein Protein n)
tobramycin — Tobramycin n
TOC = Tagliabue open cup method (flash point); Tag. open cup method = Tagliabue-Flammpunktbestimmungsmethode f; Tag.-Flammpunktbestimmungsmethode f
TOC = total organic carbon = gesamter organischer Kohlenstoff m
TOD = total oxygen demand — TSB = totaler Sauerstoffbedarf m

toe lasting machine	Spitzenzwickmaschine f
token	Wertmarke f
tolerable	vertretbar
Tollens reagent	Tollensreagens n
toluenamide	Toluolamid n
toluenate v	toluolieren v
toluenesulfonic acid	Toluolsulfonsäure f
toluic acid	Toluolsäure f; Toluylsäure f (preferred); Tolylsäure f
toluic aldehyde	Tolylaldehyd m; Tolualdehyd m
tolusafranine (dye)	Tolusafranin n (Färbemittel n)
toluyl	Toluyl n (= H_3C-ring-C=O)
toluylate; tolylate	Toluylat n; Tolylat n
tolyl	Tolyl n (= H_3C-ring-)
tombac (copper-base zinc alloy or red brass)	Tombak m (Zinklegierung f auf Kupfergrundlage f; Art f von Messing n)
tomogram	Tomogramm n
tomograph	Tomograph m
tomography	Tomographie f
tomography scan	Schichtaufnahme f; Tomogramm n
tonsil = aluminum hydrosilicate = acidic siliceous clay	Tonsil n = Aluminiumhydrosilikat n = saure Kieselerde f
tooling	Bearbeitung f
tool rack	Werkzeughalter m
top apron (spinning machine)	Oberriemchen n (Spinnmaschine f)
top base surface (prism)	Deckfläche f (Prisma n)
top coat	Deckschicht f
top half of mold	Oberstein m
topographometer	Topometer n
topology (molecule)	Struktur f (Molekül n)

toponium = theoretical substance with new kind of quark	Toponium n = theoretische Substanz f mit neuer Art f von Quark m
top stream (fraction)	Oberlauf m (Fraktion f)
top surface (piston)	Bodenfläche f (Kolben m)
torch v	fackeln v
torch	Heizkerze f
torque indicator	Messnabe f
torquemeter	Momentenmesser m
torque output	Drehmomentabgabe f
torsional strength	Drehhärte f
torsion bar	Drehfederstange f
torsion pendulum test	Torsionsschwingversuch m
torsion rod stabilizer	Torsionsstabilisator m
torsion spring	Verdrehfeder f
tosylate v	tosylieren v
total assets	Bilanzsumme f
total impregnating method (penetrate entire material)	Volltränkverfahren n
to the best of anyone's knowledge	nach menschlichem Ermessen n
touchdown point	Aufsetzpunkt m
tourniquet	Staubinde f
town gas	Stadtgas n
toxic (generally:)	gesundheitsschädlich
TPA = terephthalic acid	TPS = Terephthalsäure f

TPA = tissue plasminogen activator = Gewebeplasminogen-Aktivator m
t-PA= "

TPA = tissue polypeptide antigen = Gewebepolypeptid-Antigen n

T_{paste} = pasting temperature (starch)	T_{vkl} = Verkleisterungstemperatur f (Stärke f)

TPE = thermoplastic elastomer = thermoplastisches Elastomer n; Thermoplast-Kautschuk m

TPR = thermoplastic recording = thermoplastische Aufzeichnung f

trace v	nachführen v
trace back to v	zurückführen v
track v	verfolgen v
tracking resistance	Kriechstromfestigkeit f
trackless	spurfrei
traction (tire)	Haftfestigkeit f
traction	Rutschverhalten n
traction battery	Traktionsbatterie f
traction coefficient	Kraftschlussbeiwert m
traction device	Zugorgan n
trade journal	Fachblatt n
traffic safety	Unfallverhütung f
traffic sound insulation	Trittschalldämmung f
trailing edge	Austrittskante f
train (sequence of devices)	Strasse f (Reihenfolge f verschiedener Maschinen f pl)
trainee	Azubi m = Auszubildender m, Auszubildende f
TRAM buffer = triethanolamine buffer	TRAM-Puffer m = Triethanolaminpuffer m
trample v (car tires)	trampeln v (Autoreifen m)
trampling	Trampeln n
tranquilizer	Tranquillantium n -tia pl
transacetalate v	umacetalisieren v
transacetalation	Umacetalisierung f
transacetalization	Umacetalisierung f
transacetalize v	umacetalisieren v
transalkylate v	umalkylieren v
transalkylation	Umalkylierung f
transceiver	S/E-Gerät n = Sende- und Empfangsgerät n
transcontainer	Transcontainer m

transcribe v (RNA)	transkribieren v; umschreiben v (RNA)
transcription	Transkription f; Umschreibung f
transdermal	transdermal
trans-dihydrolisuride	Trans-Dihydro-Lisurid n
transesterification (reaction of ester + ester)	Umesterung f
transetherify v	umäthern v; umethern v (preferred)
transfer function	Übertragungsfunktion f
transfer gripper	Übergabeklemme f
transfer hose	Anleitungsschlauch m
transfer molding	Transfermolding n; Transfermoulding n
transfer out v	abregulieren v; ausschleusen v
transfer station	Übersetzstation f
transformation of flowers into leaves	Verlaubung f
transglutaminase	Transglutaminase f
transient conductivity (el)	Übergangsleitfähigkeit f
transit container	Transportbehälter m
transit time period	Laufzeitperiode f
translation (cell)	Translation f (Zelle f)
translucent	hellmatt
transmetalation	Ummetallierung f
transmission	Geschwindigkeitswechsel-getriebe n
transmission electron microscopy	Transmissions-Elektronen-mikroskopie f
transmission hump (aut)	Kardantunnel m (aut)
transmittal of values	Wertübertragung f
transmittance (UV light)	Durchlässigkeitsfaktor m (UV-Licht n)

transmitter	Geberorgan n
transoid	transförmig
transparency	Diaphanium n -nia pl
transparent packaging	Klarsichtpackung f
trans-polypentenamer	Transpolypentenamer n
transverse-flow fan	Querstromgebläse n
trans-vinylation	Umvinylierung f
trapdoor	Bodenplatte f
trapped air (bubbles)	Lufteinschlüsse m pl
traveling loop steamer	Laufschlaufendämpfer m; Laufschleifendämpfer m
traverse bogie	Traversenwagen m
traversing mechanism	Changiereinrichtung f
tray (drying cabinet)	Schrage f
tray-type tabletop	Rahmentischplatte f
tread	Abrollfläche f; Laufsohle f
treadmill test	Laufrad-Test m
tread strip (tire)	Laufstreifen m (Reifen m)
treat to complete condensation v	auskondensieren v
treat with silyl v	silylieren v
trench v	graben v
trenching sled	Grabenausheber m

TRF = T-cell replacing factor = T-Zellen f pl ersetzender Faktor m

TRH = thyrotropin releasing hormone = Thyroliberin n

TRIAC = 5-layer npnpn switching device = Zweirichtungs-thyristor m

triacetin	Triacetin n
trial compound	Prüfsubstanz f
trialkyl -s pl	Trialkyl n -e pl
trial run	Probelauf m
trial substance	Prüfsubstanz f

trial voluntary protest program	Einspruchstestprogramm n
triannulate	von Dreiringstruktur f
triasterane	Triasteran n
triazene = diazoamine	Triazen n = Diazoamin n
triazinyl	Triazinyl n
triblock	dreiblöckig
triboelectric	triboelektrisch
tricarballylic acid	Tricarballylsäure f
trichromatic	farbtüchtig; farbentüchtig
tricinate = trinitroresorcinate (expl)	Trizinat n; Tricinat n = Trinitroresorcinat n (expl)
trickling surface	Rieselfläche f
tricky	skurril
9-tricosene	Tricosen-(9) n
tricot	Trikot n
tridentate (ligand)	dreizähnig (Ligand m)
tridymite	Tridymit m
trienoic acid	Triensäure f
trifunctional	trifunktionell
trigermyl	Trigermyl n
trigger	Schwellwertschalter m
trigger nozzle	Pistolenspitze f
triglyme = triethylene glycol dimethyl ether	Triglyme n = Triethylenglycoldimethylether m
triiodinate v	triiodieren v (preferred); trijodieren v
triketone	Triketon n
trimeric	trimerisch
trimerize v	trimerisieren v
trimer propene	Trimerpropen n
trimethylborazane = $(CH_3)_3-N \cdot BH_3$	Trimethylborazan n

trinaphthyl phosphite (shelf stabilizer)	Trinaphthylphosphit n (lagerstabilitäts-verlängerndes Mittel n)
trinitrophloroglucin; trinitrophloroglucine; trinitrophloroglucinol	Trinitrophloroglucin n
trinitroresorcinate (salt of trinitro-resorcinol)	Trinitroresorcinat n (Salz n des Trinitroresorcins n)
triosereductone	Trioseredukton n
trip cam	Schaltnocken m
triple-base (propellant)	dreibasig (Treibmittel n)
triple jump	Dreisprung m
triplet	Tripel n; Triplett n
triple-unsaturated	dreifach ungesättigt
tripod leg	Stativbein n
triprolidine	Triprolidin n
tris (buffer)	Tris n (Puffer m)
trisubstitute v	dreifach substituieren v
Tri-Sweet(R) = artificial sweetener = Süßstoff m	
triturate v	mörsern v
triturated	gemörsert
trityl = triphenylmethyl	Trityl n = Triphenylmethyl n
trivalent	dreiwertig
Trp = tryptophan (amino acid) = Tryptophan n (Aminosäure f)	
trochanter prominence (med)	Trochanterhochstand m (med)
trochoid construction	Trochoidenbauart f
trolley wire	Fahrdraht m
trometamol = tromethamine = tris(hydroxymethyl)amino-methane	Trometamol n = Tromethamin n = Trishydroxymethylamino-methan n
trona = $Na_2CO_3 \cdot NaHCO_3 \cdot 2H_2O$ (sodium sesquicarbonate)	Trona n (Natriumsesqui-carbonat n)
tropa alkaloid	Tropaalkaloid n

tropical condition test	Tropentest m
tropinone	Tropinon n
trouble indicator lamp	Störfallampe f
trouble-prone	störanfällig
trough (wave)	Wellental n
trumpet guide	Trichterführung f
trypan blue	Trypanblau n
tryptamine	Tryptamin n
trypticase	Trypticase f

TS = temperature of solution = Lösungstemperatur f

TTBT = Threshold Test Ban Treaty = Anfangs-Teststoppvertrag m

TTS = transdermal therapeutic system = transdermales therapeutisches System n

T-type die	T-Düse f
T-type section	T-Glied n
tub	Bottich m
tube bundle (heat exchanger)	Rohrbündel n (Wärmetauscher m)
tube dilution technique	Röhrenverdünnungsmethode f
tubelet	Röhrchen n
tube pan	Gugelhupfform f
tube-pan cake	Gugelhupf m
tuberculinization	Tuberkulinisierung f; Tuberculinisierung f
tuberculinize v	tuberkulinisieren v; tuberculinisieren v
tuberculostearic acid = 1,10-methylstearic acid	Tuberculostearinsäure f = 1,10-Methylstearinsäure f
tubular grain (rocket)	Rohrbrenner m (Rakete f)
tubular pleat	Rohrfalte f
tubular reactor	Reaktionsrohr n; Rohrreaktor m
tubule	Röhrchen n
tuck v	abnähen v
tuck	Abnäher m

Tuff (volcanic rock)	Tuff m (Vulkangestein n)
TUF[(R)] pulp = pulp + copper wire for insulation = Papierstoff m + Kupferdraht m für Isolierung f	
tuft	Flor m
tuft v	vertuften v
tufted	getuftet
tumbling autoclave	Rollautoklav m
tumbling bomb	Rollbombe f
tumbling dryer; tumbler dryer	Taumeltrockner m
tungsten inert gas welding = TIG welding	WIG-Schweissung f = Wolfram-Inert-Gas-Schweissung f
tunnel oven	Tunnelofen m
turbine wheel (torque converter)	Turbinenrad n (Drehmomentenwandler m)
turbogenerator	Turbogenerator m
turbomachine	Turbomaschine f
turbomixer	Mischsirene f
turbomotor	Turbomaschine f
turbulator	Turbulator m
turkey (food)	Puter m; Pute f (Geflügel n)
turkey leg	Putenkeule f
turkey thigh	Putenoberkeule f
Turk's cap lily (Lilium superbum)	Türkenbund m (Blume f)
turmeric	Gelbwurz f = Kurkuma f; Kurkumin n (als Gewürz n)
turnaround operation	Wendebetrieb m
turned inside out	gewendet
turn from solid stock v	aus dem Vollen n drehen v
turning center	Drehbankspitze f
turning rate (steering wheel)	Lenkgeschwindigkeit f
turnings (metal)	Späne m pl
turning tool	Abdrehstahl m

- - -

turn-off time — Abstellzeit f

turn on v — anschalten v; anstellen v

turn-on time — Anstellzeit f

turn outside in v — einstülpen v

turnover plate — Wendeplatte f

T_v = equiviscosity temperature (in ° C) = Gleichviskositätstemperatur f (in ° C)

TVPP = Trial Voluntary Protest Program (pat) = Einspruchstestprogramm n

TV presentation — Fernsehspiel n

TWC = three way catalyst — TWC-Katalysator m (auch im Deutschen n)

twig (el) — Zweig m (el)

twilight myopia — Dämmerungsmyopie f

twin blade — Tandemklinge f

twin screw (extruder) — Doppelschnecke f (Extruder m)

twist v (fiber into yarn) — nitscheln v (Faser f zu Garn n zwirnen)

twist v — tordieren v

twisted nematic cell — verdrehte nematische Zelle f; verdrillte nematische Zelle f

twisting test (met) — Twistprobe f (met)

two-door vehicle — Eintürfahrzeug n

two-fluid nozzle — Zweistoffdüse f

two-phased — zweiphasig

two-way telephone — Hör-Sprech-Telefon n

type number (goods) — Kurzzeichen n (Waren f pl)

Tyr = tyrosine (amino acid) = Tyrosin n (Aminosäure f)

* * *

U = international enzyme unit (photometry; amount of enzyme converting 1 µmol of substrate in one minute under standard conditions) = internationale Enzymeinheit f (Photometrie f; Enzymmenge f , die in einer Minute f unter normalen Bedingungen f pl 1 µmol Substrat n umsetzt)

UD = unidirectional (fibers) = kettenstark (Fasern f pl)

Udenfriend reagent (chromatogram dye)	Udenfriend-Reagens n (Chromatogramm-Farbe f)

UDPGA = uridine diphosphate glucuronic acid = Uridindiphosphatglucuronsäure f

UF = urea formaldehyde = Harnstoff-Formaldehyd m

U_{GPC} = molecular weight distribution, determined by gel permeation chromatography = Molekulargewichtsverteilung f, ermittelt durch Gelpermeationschromatographie f

UHV = ultrahigh vacuum = Ultrahochvakuum n

UHV = ultrahigh volume = ultrahohes Volumen n

ultimate elongation (%)	Reissdehnung f (%)
ultrafiltration	Ultrafiltration f
ultrapure	suprarein; reinst; superrein
ultrasonic B-scan image	Ultraschall-B-Bild n
ultrasonic diagnostics	Ultraschalldiagnostik f
ultrasonification	Ultraschallbehandlung f
ultrastructural	superstrukturell
ultra-transparent	ultratransparent
ultrathin	superdünn
ultrathinning	superverdünnend
ULV = ultra-low volume =	ultraniedriges Volumen n
unabsorbed	nicht absorbiert; nicht aufgenommen
unacceptability; unacceptableness	Nichtannehmbarkeit f
unadsorbed	nicht adsorbiert

-	-
unaged	nicht gealtert
unambiguous	eindeutig
unannealed	ungeglüht
unarched	ungewölbt
unassociated	nicht zugehörig
unavoidable	zwangsläufig
unavoidable production; unavoidable formation	Zwangsanfall m
unbaked (bricks)	ungebrannt (Ziegelsteine m pl)
unblock v	deblockieren v; entblockieren v
unbound	nicht gebunden; ungebunden
unbranched	nicht verzweigt
unbrominated	unbromiert
unburned	nicht verbrannt
unbutton v	ausknöpfen v
uncaked	rieselfähig
uncatalyzed	nicht katalysiert
uncertified	unbeglaubigt
uncharged	unbeladen
uncolored	nicht gefärbt
uncompensated	nicht kompensiert
uncompressed	unverdichtet
uncondensed	nicht kondensiert
unconformable	nicht anpassbar
unconjugated	nicht konjugiert; unkonjugiert
unconnected	nicht verbunden
uncontrolled urine	Spontanurin m
uncooled	nicht abgekühlt; ungekühlt
uncritical	nicht kritisch
uncrosslinked	nicht vernetzt; unvernetzt

uncrystallizable	nicht kristallisierbar
uncured	ungehärtet
undamped	nicht gedämpft; ungedämpft
undecanoic acid	Undecansäure f
undecylate (salt of undecylic acid)	Undecylat n (Salz n der Undecylsäure f)
undecylenate (salt of undecylenic acid)	Undecylenat n (Salz n der Undecylensäure f)
undecylenic acid	Undecylensäure f
undecylic acid	Undecylsäure f
undeformed	undeformiert
undelayed	zügig
underground irrigation	Unterflurbewässerung f
underpour outlet (met)	Syphon-Ausguss m (met)
underprivileged	unterprivilegiert
undersized seat occupant	Sitzzwerg m
understructure (support for roof)	Unterbau m (Dachstütze f)
undersupply	Unterschuss m; zu wenig
undetectable	nicht feststellbar
undissolved	nicht gelöst
undistillable	nicht destillierbar
undrawn	nicht gestreckt
undyed	nicht gefärbt
unexamined laid-open application (pat)	Offenlegungsschrift f (pat)
unfired	nicht abgeschossen
unflushed	ungespült
unfoamed	ungeschäumt
unfoldable	aufklappbar
unformed	ungeformt
ungelled	unvergelt
ungraveled	unbekiest
unguided	nicht geführt; ungelenkt

unhardened	ungehärtet; unverhärtet
unharmonious	unharmonisch
unheated	nicht beheizt
unicellular	einzellig
unicolored	einfarbig
unideal	nicht ideal
unilamellar	unilamellar
unimolecular	einmolekulär
uninduced	nicht induziert
uninsulated	nicht isoliert
unintermittent	durchgehend
unit area	Flächeneinheit f
united cell structure	Zellverband m
unitize v	normen v
unitized	genormt
unit mass	Masseneinheit f
unit stress	spezifische Belastung f
universal joint	Gleichlaufgelenk n
universal product code, UPC	Strichcode m, EAN
universal shaft well, tunnel	Kardantunnel m
unlabeled	unmarkiert
unlimited partner (company)	Komplementär m (Firma f)
unmethylolated	nicht methyloliert
unmix v	entmischen v
unmixing	Entmischung f
unmixing inhibitor	Antiausschwimmittel n
unmodified	nicht modifiziert; unverändert
unmolten	ungeschmolzen
unmonitored	überwachungsfrei; wachfrei
unobviousness	erfinderische Leistung f
unoriented	nicht gerichtet; nicht orientiert

unoxidized	nicht oxidiert
unphysiologic; unphysiological	unphysiologisch
unpigmented	nicht pigmentiert; unpigmentiert
unpolarized	unpolarisiert
unpolymerized	nicht polymerisiert
unpowered	nicht angetrieben
unpowdered	ungepudert
unprecipitated	nicht gefällt
unproblematic	unproblematisch
unproportionate; unproportional	unproportional
unquiet	nicht ruhig
unreacted product	Rückprodukt n
unreactive	nicht reaktiv
unreconcilable	unvereinbar
unrecovered (petroleum)	nicht gefördert (Petroleum n)
unreduced	nicht reduziert
unreducible	nicht reduzierbar
unrestrained	zwanglos
unrestricted	zwanglos
unrifled (barrel)	uneingezogen (Gewehrlauf m)
unsalable	nicht verkäuflich
unsaturated bond	Lückenbindung f
unsealed	offen
unsharp (melting point)	unscharf (Schmelzpunkt m)
unslotted	nicht geschlitzt; ungeschlitzt
unsmoothed	ungeglättet
unspecific	nichtspezifisch; unspezifisch
unspecificness	Nichtspezifität f
unstabilized	nicht stabilisert
unstationary	instationär

unsterile	nichtsteril
unstressed	ungespannt
unstretched	nicht gereckt; ungereckt
unsystematic	nicht systematisch; unsystematisch
untangential	nicht tangential
untempered (met)	nicht gehärtet (met)
unthreaded (screw)	ganglos (Schraube f)
unthrottled	nicht gedrosselt; ungedrosselt
untreated (met)	blank (met)
unturbid	ungetrübt
unturn v	rückdrehen v
unvaporized	nicht verdampft
unvulcanized	nicht vulkanisiert; unvulkanisiert
unwinding drum (text)	Kaule f (text)
unwinding frame	Abzugsgatter n
unzipping effect (polymer)	Reissverschlussreaktion f (Polymer n)
UP = unsaturated polyester =	ungesättigter Polyester m
up- and downhill driving	Bergefahrt f
updraft	Steigzug m
upflow	Aufwärtsstrom m
up-looper (met)	Steigeschlinge f (met)
upper die (press)	Oberwerkzeug n (Presse f)
upper district court	Landesgericht n
upper foot surface (dorsum pedis)	Fussrücken m; Rist m
upper garment	Oberbekleidungsstück n
UP resin = unsaturated polyester resin	UP-Harz n = ungesättigtes Polyesterharz n
upshift v	hochschalten v
upstream side	Anströmseite f
up to (dose)	ad (Latin) = bis auf (Dosis f)

upwardly extended	hochgezogen
upwardly mobile phase	Steigmittel n
urate	harnsaures Salz n
ureide	Ureid n
urethra	Harnröhre f
uricase	Uricase f
uricosuric	urikosurisch
uric salt	Harnsalz n
uridylate	Uridylat n
urinary system	Harnapparat m
urinary tract	Harngang m; Harnweg m
urogram	Urogramm n
urographic medium	Urographikum n -ka pl; Urografikum n -ka pl (preferred)

Urokon(R) = acetrizoate (contrast medium) = Acetrizoat n (Kontrastmedium n)

Uromiro(R) = iodamide (radiopaque medium) = Jodamid n; Iodamid n (Kontrastmittel n)

uropathogenic	harnpathogen
useful capacity	Nutzinhalt m
useful discharge	Nutzentladung f
use out of doors	Ausseneinsatz m
user-friendly	service-freundlich
use temperature	Gebrauchstemperatur f

USP = United States Pharmacopeia = US-Apothekerbuch n

usui reagent (TLC developer)	Usui-Reagens n (DC-Entwickler m)
utensils	auch: Geschirr n
utility property	Gebrauchseigenschaft f

Uversol(R) = cobalt naphthenate drier = Kobalt-naphthenat-Trockenmittel n

* * *

VAB = vehicle assembly building = Raketenzusammenbauhalle f

vaccenic acid	Vaccensäure f
vacuum box	Vakuumkasten m
vacuum calibration	Vakuumkalibrierung f
vacuum-forming method	Vakuumtiefziehverfahren n; Vakuumformverfahren n
vacuum gas oil	Vakuumgasöl n

VAD = vapor axial deposition (fiber optics) = axiale Gasphasenabscheidung f (Faseroptik f)

Val = valine (amino acid) = Valin n (Aminosäure f)

valance (curtain)	Schabracke f (Vorhang m)
valence bond	Valenzstrich m
valence state	Wertstufe f
valeryl	Valerianyl n
value-added tax	Mehrwertsteuer f
value of transaction	Geschäftswert m
valve beam	Ventilbalken m
valve cavity	Ventilnest n
valve guard	Hubfänger m
valve lash	Ventilspiel n
valve lash adjuster	Ventilspielausgleichsvorrichtung f
Valzelli value (neural compatibility)	Valzelli-Wert m (neurale Verträglichkeit f)
vanadia	Vanadia f
vanadium oxychloride	Vanadinoxidchlorid n
vanadocene	Vanadocen n
vanadyl	Vanadinyl n
vane	Drehflügel m
vanillin mandelic acid = 4-hydroxy-3-methoxymandelic acid	Vanillinmandelsäure f = 4-Hydroxy-3-methoxymandelsäure f

van Urk's reagent (1% solution of p-dimethylaminobenzaldehyde in ethanol)	van Urk-Reagens n (1% Lösung f von p-Dimethylaminobenzaldehyd m in Ethanol n)
vaporization (by heating)	Verdampfung f (durch Erhitzen n)
vapor lock	Luftblasen f pl
vapor outlet	Brüdenabgang m
vapor phase deposition	Gasphasenabscheidung f
vapor phase oxidation	Gasphasenoxidation f
vapor pressure osmosis	Dampfdruckosmose f
by vapor pressure osmometer	durch Dampfdruckosmose f
vapors	Schwaden f pl; Brüden f pl
varactor diode	Varactordiode f; Varaktordiode f
variant	Abart f
variety cut	Varioschnitt m
vario-optic	Variooptik f
varnish flattening agent	Lackmattierungsmittel n
varnish-making linseed oil	Lackleinöl n
vascularization	Gefässeinsprossung f
V-blade heat sealing	Heizkeilschweissen n

VCM = vinyl chloride monomer = Vinylchloridmonomer n

VCO = voltage-controlled oscillator = spannungsgeregelter Oszillator m

VDT = video display terminal = Videoanzeigeanschluss m

vegetable fatty acid	Pflanzenfettsäure f
vehicle battery	Bordnetzbatterie f
vehicle handling characteristic	Fahreigenschaft f
vehicle ID number	Fahrzeugkennummer f
vehicle-mounted	fahrzeugfest
vehicle power supply	Bordnetz n
vehicle superstructure	Fahrzeugoberbau m

vein (metal surface)	Aufrankung f (Metalloberfläche f)
Velcro(R) fastener = burr fastener	Velcro(R)-Verschluss m = Klettenverschluss m
velocity per unit volume (liter of feed per liter of catalyst and per hour)	Raumgeschwindigkeit f (Liter m Zugabe f pro Liter Katalysator m und pro Stunde f)
venerology	Venerologie f
venography	Venographie f
venous plexus	Venenplexus m
veratric acid	Veratrinsäure f; Veratrumsäure f
vertical rotation	Überkopfrotation f
vesicle	Bläschen n
vibrator	Schüttelmaschine f
Vicat value (temperature at which a flat needle of 1 mm² cross section penetrates under a load of 1 kg into a specimen for a distance of 1 mm)	Vicat-Wert m (Temperatur f, bei der eine flache Nadel f von 1 mm² Querschnitt m unter einer Last f von 1 kg 1 mm in eine Probe f eindringt)
vicinal	vicinal
videocassette recorder	Videomagnetophon n
video tape recorder	Videomagnetophon n
vigor	Lebenskraft f
Vigreux column	Vigreux-Kolonne f
vinegar fly (Drosophila melanogaster)	Taufliege f
vintage	antiquiert
vinylation	Vinylierung f
vinylene	Vinylen n
Vinylite(R) = a vinyl copolymer	Vinylcopolymer n
vinylogous	vinylog
vinyl-terminated	vinyl-endgestoppt
viral component	Virusbestandteil m
viral envelope	Virushülle f

virion	Viruspartikel n; Virusteilchen n
viroid (smaller than virus, approx. 130,000 daltons)	Viroid n (kleiner als ein Virus n, etwa 130,000 Daltons)
virtual	praktisch
virtual image	Luftbild n
virus particle	Viruspartikel n; Virusteilchen n
viscoelastic	viskoelastisch; zähelastisch
viscose film	Zellglas n
viscosity stability	Eindickverhalten n
vision	Visus m
visitation rights	Verkehrsrecht n
visual acuity	Sehschärfe f
for visual effects	aus optischen Gründen m pl
visualization	Visualisierung f; Darstellung f
visualize v	visualisieren v; darstellen v
visual sense	Lichtsinn m
visual stimulus (vision tester)	Lichtmarke f (Augenprüfung f)
vital power	Lebenskraft f
vitreous silica	Quarzglas n

Vitron(R) = ceramic fiber = Keramikfaser f

VLDL = very low-density lipoprotein (also in German)

voice channel	Sprachkanal m
void (plast)	Lunker m (plast)
void volume	Lückenvolumen n
voltage-to-digital converter	Spannungszahlenwandler m
volume coefficient of expansion	kubischer Ausdehnungskoeffizient m
volume distributor	Mengenteiler m

volume per unit weight	Schüttvolumen n
volume resistivity (° C/ ohm cm)	spezifischer Durchgangswiderstand m
volume stream (m^3/h)	Volstrom m
volumetric change	Volumänderung f; Volumenänderung f
volumetric flow rate	Durchsatz m
voluntary	weisungsfrei; selbst

VP = vapor pressure = Dampfdruck m

vppm = parts by volume per million = Volumenteile n pl pro Million f

V-P reaction (test for bacteria)	V-P-Reaktion f = Voges-Proskauer-Reaktion f (Bakterientest m)
V-shaped	gepfeilt

VTE = vertical-tube evaporator = Senkrechtrohrverdampfer m

V-type construction	V-Bauart f
V-type engine	V-Motor m
vulcanizate	Vulkanisat n
vulnerability	Anfälligkeit f

* * *

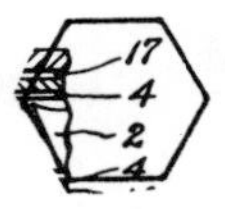

W

wad (shotgun)	Pfropfen m (Gewehr n)
wafer	Plättchen n
wagging (atom motion under radiation)	Wagging n (Atombewegung f unter Bestrahlung f)
warhead	Gefechtskopf m
warmed up for operation	betriebswarm
warm-up controller	Warmlaufregler m
ward	Krankenstation f
washer	Beilagscheibe f
wash fastness	Waschbeständigkeit f
washing powder base	Waschpulveransatz m
waste disposal	Entsorgung f
waste gas cooler	Abgaskühler m
waste product	Verlegenheitsprodukt n
waste stream	Bergestrom m
waste treatment employee	Entsorger m, Entsorgerin f
wastewater quality standards	Abwasserrichtlinien f pl
wasteweir	Überfallwehr n
water absorption	Wassersorption f
watercraft	Wasserfahrzeug n
water curtain (liquid treatment)	Wasserschloss n (Flüssigkeitsbehandlung f)
water gas	Wassergas n
water-insoluble	nicht wasserlöslich
by water-jet aspirator	im Wasserstrahlvakuum n
water jetting method	Einspülverfahren n
water-moist	wasserfeucht
water repellency	Wasserabweisung f
water resistant	wasserfest
water spot	Kalkfleck m
water weir	Wasserschloss n
wavefront	Wellenfront f
wave number (spectroscope)	Wellenzahl f (Spektroskop n)

wavy edge	Flatterkante f
wax acid	Wachssäure f
wb = Weber (magnetic flux unit)	Wb = Weber m (magnetischer Kraftfluss m)
weaken v (strength, e.g.)	reduce v (Kraft f, z.B.)
weakness in script writing	Legasthenie f
we all	jeder von uns
wearing ability (tire)	Laufleistung f (Reifen m)
wearproof	verschleissfest
weatherability	Witterungsbeständigkeit f
weathering resistance	Witterungsbeständigkeit f
WeatherOmeter(R) (weathering test)	Weatherometer(R) n (Witterungstest m)
wedge padder (text)	Zwickelfoulard m (text)
wedge point	Verstemmarke f
weeping (column)	Durchregnen n (Kolonne f)
weeping tray	Regenboden m
weft warpage	Schussfadenverzug m
weight v	gewichten v
weight of final product	Auswaage f
weight percent	Massenprozent n
weight per unit area	Flächengewicht n
weight reduction diet	Schlankheitsdiät f
weld v (also for plastics, using a bonding agent or just heat and pressure)	schweissen v
welding factor	Schweissfaktor m
welding globule	Schweissperle f
welding wad	Schweisswatte f
weld strength	Schweissfestigkeit f
welfare state	Versorgungsstaat m
wellbore	Bohrloch n
well-contrasting	kontrastreich
well-defined	markant

wet-look suit (clothing)	Lackanzug m (Kleidungsstück n)
wet-mop v	feuchtwischen v
wet-on-wet	Nass-in-Nass
wet pick resistance	Nassrupffestigkeit f
wheal	Quaddel f
wheat middlings	Weizennachmehl n
wheel box	Radkasten m
wheel carrier (aut)	Radträger m (aut)
wheel cover	Radblende f
wheel turning angle	Radeinschlag m
whey powder	Molkepulver n
whimsical	neckisch
whipped foam (plast)	Schlagschaum m (plast)
whisker	Barthaar n
whisk in v (foam)	einschlagen v (Schaum m)
white fracture (phase separation of elastomeric from thermoplastic component)	Weissbruch m (Phasentrennung f zwischen elastomerer und thermoplastischer Komponente f)
white oil	Weissöl n
white rose oil	Weissrosenöl n
white spirit	Kristallöl n
whitewall tire	Weisswandreifen m
whitlockite	Whitlockit m
whole-area	ganzflächig
whole blood	Vollblut n
wickerwork	Sparterie f
wicket (bow)	Wicket n (Bügel m)
wide variety of	der verschiedensten Art f
wiggler (laser magnet)	Wiggler m (Lasermagnet m) (see Addenda)
willower (text)	Öffner m (text)
windfall	Glücksfall m

wind suction	Windsog m
windsurfer	Surfsegler m, -in f
windsurfing board	Surfsegelbrett n

Wing-Tack(R) = tackifier resin = Klebeharz n

wipe	Wischtuch n
wiper	Überschieber m
wiper blade	Wischerblatt n
wiper frequency	Wischfrequenz f

WIPO = World Intellectual Property Organization = Weltorganisation f für geistiges Eigentum n (special agency of United Nations)

wire v	verkabeln v
withdrawal	Abstinenz f
without delay	zügig
without time limit	unbefristet
Wittig reagent (= 4-carboxybutyltriphenylphosphonium bromide + methylsodium methanesulfinyl)	Wittig-Reagens n; Wittig-Reagenz n (= 4-Carboxybutyltriphenylphosphoniumbromid n + Methylnatriummethansulfinyl n)
w/o = water in oil (emulsion)	w/o - Wasser n in Öl n (Emulsion f); also: W/O
wolfatite	Wolfatit m
Wolff-Kishner reaction (indirect reduction of aldehyde)	Wolff-Kishner-Reaktion f (indirekte Aldehydreduktion f)
wolfsbane (plant: Aconitum)	Eisenhut m
women's lib	Frauenbefreiungsbewegung f
wood rosin	Kolophonium n
Wood's alloy	Wood'sches Metall n
woodsy (fragrance)	holzartig (Duft m)
wood veneer	Holzfolie f
wool wax alcohol	Wollwachsalkohol m
workability	Verformbarkeit f

working engine	Arbeitsmaschine f; Kraftmaschine f (mechanische Arbeit f wird in Wärme f umgewandelt)
at working face of mine	vor Ort
working fluid	Arbeitsflüssigkeit f
working surface (cylinder)	Laufbahn f (Zylinder m)
workman	Arbeiter m

WOT = wide open throttle = Vollgas n

wound heat exchanger	gewickelter Wärmetauscher m
wound swab	Wundabstrich m

wppm = parts per million based on weight = Millionenteile m pl auf Gewichtsbasis f (auch im Deutschen)

wrap v	wickeln v
wraparound	herumgezogen
wrapped yarn	Umwindegarn n
wrapping paper	Packpapier n
wringer roll (wet fabric treatment)	Presswalze f (Textilien-Nassbehandlung f)
writhing test	Schleiftest m; Writhing-Test m
wrong size grain	Fehlkorn n
wustite; wüstite	Wüstit m

w/w = weight percent = Gewichtsprozent n

* * *

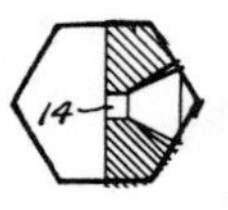

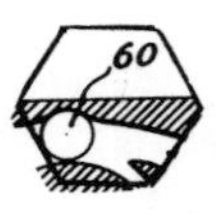

xenon test apparatus   Xenontestgerät n

xerogel   Xerogel n

X-ray contrast medium   Röntgenkontrastmittel n

X-ray crystallography   Röntgenstrukturanalyse f

X-ray diffraction   Röntgenbeugung f

X-ray exposure   Röntgenbild n

X-ray laser   Röntgenlaser m

X-ray mirror   Röntgenspiegel m

XRFA = X-ray fluorescence analysis = Röntgenfluoreszenzanalyse f

XRS(R) = strong acid ion exchange resin based on polystyrene = stark saures Ionenaustauscherharz n auf Polystyrolbasis f

xylazine   Xylazin n

xylene musk   Xylolmoschus m

xylitol   Xylit n

* * *

YAG = yttrium-aluminum-garnet (e.g. laser) = Yttrium-Aluminium-Granat (z.B. Laser m)

yard goods	Meterware f
yarn package	Garnpackung f
year-round	ganzjährig
yellowing resistance	Gilbungsbeständigkeit f
yield (expl)	Sprengkraft f (expl)
yield v	einordnen v
yield of explosion	Explosionsstärke f
yield point (specimen is pulled)	Fliessfestigkeit f (Probe f wird langgezogen); Streckspannung f
yield stress	Streckspannung f

yellow cake = U_3O_8 + other U oxides = Mischung f von Uranoxiden n pl

yellow metal	Yellometall n
ylene	Ylen n
ylide	Ylid n
-ynoic acid	-insäure f
YTD = year to date =	vom Jahresbeginn m; von ... bis heute

* * *

$Z_1, Z_2, Z_3, \ldots$ = viscosity measured by Gardner-Hold scale
= Viskositätsmessung f mit Gardner-Hold-Skala f

zapon fast yellow — Zaponechtgelb n

zearalenone (resorcylic acid lactone) — Zearalenon n (ein Resorcylsäurelakton n)

zero-contact — berührungslos

zero intensity — Nullintensität f

zeugmatography (proton nuclear spin tomography; NMR tomography) (obsolete) — Zeugmatographie f (Protonenkernspintomographie f) (veraltet)

zincate — Zinkat n

zinc-copper couple — Zink-Kupfer-Paar n

zincite — Zinkit m

zipper — Gleitverschluss m

ziron sand ($ZrSiO_4$) — Zirkonsand m

"Z" metal — Z-Metall n

zone (machine) — Strecke f (Maschine f)

ZPD = zero dispersion point (laser) = Nulldispersionspunkt m (Laser m)
or ZDP

zymosan (yeast cell fraction) — Zymosan n (Hefezellenfraktion f)

* * *

A - APPENDIX

GREEK SYMBOLS
αααααααααααααα

γ	activity coefficient, molal basis = Aktivitätsbeiwert m, molale Basis f
γ -G	gamma globulin = Gamma-Globulin n
γ	microgram (one millionth of a gram) = Mikrogramm n; Microgramm n (ein Millionstel Gramm n)
γ -phase	iron: centered cubic crystal structure = Eisen n: Zentral-Kubuskristallstruktur f
γ	shear velocity = Schergeschwindigkeit f
γ	specific gravity = Wichte f
Δ ν e	anomalous partial dispersion (opt) = anomale Teildispersion f (opt)
Δ E	reduction in extinction = Extinktionsabnahme f
δ	elongation at rupture = Bruchdehnung f
ε	defo elasticity = Defoelastizität f
ε	dielectric constant = Dielektrizitätskonstante f
ε	compression ratio = Kompressionsverhältnis n
ε	perfect absorber = perfekter Absorber m
ε	creep strain = Stauchung f
η	intrinsic viscosity = Eigenviskosität f
η red	reduced viscosity = reduzierte Viskosität (measured as a 0.1 g/cc "Decalin" solution at 135° C)
η	degree of efficiency = Wirkungsgrad m

Greek Symbols
αααααααααααααα

λ	lambda number (amount of air introduced versus theoretical air demand) = Lambda-Zahl f (zugeführte Luftmenge f versus theoretischen Luftbedarf m)
λ	solubility coefficient = Lösungskoeffizient m
λ	air/fuel ratio = Luft/Kraftstoffverhältnis n
λ	wheel slip = Radschlupf m
λ	thermal conductivity = Wärmeleitfähigkeit f
μ	dipole moment = Dipolmoment n
μ	ionic strength = Ionenstärke f
μ	road-holding coefficient = Kraftschlussbeiwert m
μ	water vapor diffusion resistance factor = Wasserdampfdiffusionswiderstandsfaktor m
μC, μCi	microcurie = Mikro-Curie f; Micro-Curie f
μm	m[illegible]n; micrometer (millionth of a meter) = Mi[illegible]meter n; Micrometer n (ein Millionstel Me[illegible]m)
μmho, μS	micro-mho, microsiemens = Mikro-, Micro-Siemens n
μs	microsecond = Mikrosekunde f; Microsekunde f millionth of a second = Millionstel Sekunde f
$\mu mho cm^{-1}$	micro-mho per cm = Micro-Siemens n pro cm
mμ	millimicron = Millimikron n; Millimicron n
ν	Abbé value = Abbé-Wert m
$h\nu$	light energy = Lichtenergie f
Σ	sum; summation = Summe f; Summierung f
σ	bending strength = Biegefestigkeit f

Greek Symbols
αααααααααααα

σ stress (compressive stress) = Druckspannung f

σ diameter of molecule = Moleküldurchmesser m

σ symbol for 1/1000 second = Symbol n für 1/1000 Sekunde f

σ peripheral tension; circumferential tension; peripheral stress; circumferential stress = Umfangsspannung f

φ humidity index = Feuchtigkeitsindex m

NUMERICAL SYMBOLS

1/Q — reciprocal value of equilibrium swelling (degree of crosslinking) = Umkehrwert m der Gleichgewichtsschwellung f (Vernetzungsgrad m)

2N — N, normal (solution, e.g. 2N aqueous) = n, normal (Lösung f, z.B. 2n-wässrig)

2-PAM — 2-hydroxyiminomethyl-N-methylpyridinium iodide = 2-Hydroxyiminomethyl-N-methylpyridiniumiodid n

C^3 — command - control - communication (message system) = Befehl m - Steuerung f - Meldung f

C_4 — C_4 cut (hydrocarbon mixture) = C_4-Schnitt m (Kohlenwasserstoffmischung f)

ML-4 — ML-4 value (viscosity, 4 = size of stirrer or rotor) = ML-4-Wert m (Viskosität f, 4 = Rührergrösse f)

T4 — T4 gene = T4-Gen n

10% — 10% strength (of solution) = 10%ig (Stärke f der Lösung f)

^{13}C — carbon 13 isotope = Kohlenstoff-13-Isotop n

(17β-1') — not 17(β-1'): chemical compound; 17 and β must not be separated = chemische Verbindung f; 17 und β dürfen nicht getrennt werden

D^4_{20} — d 20/40; optical rotation = optische Drehung f

4010Na — N-isopropyl-N'-phenyl-p-phenylenediamine = N-Isopropyl-N'-phenyl-p-phenylendiamin n

4030Na — N,N'-di-1,4-dimethylpentyl-p-phenylenediamine = N,N'-Di-1,4-dimethylpentyl-p-phenylendiamin n

Numerical Symbols

DPI50(R)	equal parts of diphenylisophthalate and diphenylterephthalate = gleiche Teile Diphenylisophthalat n und Diphenylterephthalat n
F_{50}	F_{50} value (50% failure or error) = F_{50}-Wert m (fünfzigprozentiges Versagen n oder fünfzigprozentiger Fehler m)
F_{50}	failure time value at 50° C (plast) = Fehlzeitwert m bei 50° C (plast)
LD_{50}	value for 50% lethal dosage = DL_{50}-Wert m für 50% tödliche Dosis f

MATHEMATICAL SYMBOLS

$\sim$ proportional = proportional; proportionell

$\approx$ approximately = ungefähr

./. versus = gegen

$\div$ to, i.e. 10 to 100; bis, d.h. 10 bis 100

ADDENDA

achiral (adj)	achiral (adj)
adventitious root	Adventivwurzel f
air-bulk v (yarn)	verwirbeln v (Garn n)
allotype	Allotypus m
allotypic, -al (adj)	allotyp (adj)
appropriate	sinnvoll
ballistic mine	Wurfmine f
baseline	Basislinie f
bass drum	Grosstrommel f
biomarker (for detection of dysfunction in cells)	Biomarker m (zur Verfolgung f von Krankheitsvorgängen m pl in Zellen f pl)
biotope	Biotop m
boardsailor	Surfsegler m, -in f
boundary wetting angle	Benetzungsrandwinkel m
brachytherapy (radiation close to treatment site)	Brachytherapie f (Bestrahlung f nahe am Behandlungsort m)
brassidic acid	Brassidinsäure f
carbocation	Carbokation n
cavitate (cavity compound; inclusion compound)	Cavitat n (Art f Einschluss-verbindung f)
cavity (laser)	Resonator m (Laser m)
cancer-riddled	verkrebst
cDNA = cellular DNA = zellulare DNA f	
charged to normal consultation; charged as incident to professional services (med)	Abrechnung f als Sprechstundenbedarf m (med)
chipping	Absplittung f
CLI = cytolysis inhibitor	ZLI = Zytolyse-Inhibitor m
cobaltous thiocyanate	Kobaltthiocyanat n
color-center laser	Farbzentrenlaser m
conformational (molecular structure, isomers)	conformativ (Molekular-struktur f, Isomere n pl)
contactless	kontaktlos
crash v (computer program)	abstürzen v (Computer-programm n)

cresotic acid; cresotinic acid	Kresotinsäure f
curangin (febrifuge, vermifuge)	Kuranna f (fieber- und wurmbekämpfendes Mittel n)
dBm = decibels above 1 mW (noise level)	dBm = Decibels n pl über 1 mW (Rauschpegel m)
deesterification	Entesterung f
delay charge (expl)	Verzögerungsladung f (expl)
depression	Einwölbung f
DIBAL-H T = diisobutyl-aluminum hydride in toluene	DIBAH-T = Diisobutylaluminium-hydrid n in Toluol n
dioxepane	Dioxepan n
disialic ganglioside	Disialgangliosid n
dispatch v	abschieben v
dye laser	Farbstofflaser m
Dynacote(R) = coating cure unit	= Lackhärtungs-einrichtung f
echogenic (adj) (echo evoking; contrast media)	echogen (adj) (Echo hervor-rufend; Kontrastmittel n pl)
EGF = epidermal growth factor	(also used in German)
E isomer (E = entgegen = opposite) (usually but not always trans isomer)	E-Isomer n (E = entgegen) gewöhnlich, aber nicht immer ein trans-Isomer n)
electroless deposition; electroless plating	stromlose Abscheidung f
epane (suffix in names of 7-membered heterocycles)	Epan n (Suffix n in Namen m pl von siebengliedrigen Heterozyklen m pl)
etalon (interferometer)	Etalon n (Interferometer n)
expansion element	Dehnstoffelement n
FD water (fully demineral-ized water)	VE-Wasser n (vollent-salztes Wasser n)
FDY yarn = fully drawn yarn	FDY-Garn n = vollverstreck-tes Garn n
fencholic acid	Fencholsäure f
flea collar	Flohband n
focused beam	Strahlenbündel n
for one thing (at beginning of a sentence)	einmal (am Satzanfang m)

FOY yarn = fully oriented yarn — FOY-Garn n = vollorientiertes Garn n

FP/m = fixed points/meter (yarn) — FP/m = Fixpunkte m pl pro Meter n (Garn n)

fs = femtosecond (= 10^{-15} second) — fs = Femtosekunde f (= 10^{-15} Sekunden f pl)

FTIR = Fourier-transform infrared spectroscopy = Fourier-Transformations-Infrarot-Spektroskopie f

fullness of sound	Tonfülle f
fuze primer (expl)	Anzündelement n (expl)
galaxy	Galaxis f
glass fracture	Glasbruch m
gravity response	Schweresinn m
guaiacamine	Guayacamin n
high-performance athlete	Leistungssportler m, -in f
homocysteine	Homocystein n
incendiary source	Brandherd m
initiator charge (expl)	Anzündladung f (expl)
iopromide	Iopromid n
ironing press	Bügelpresse f
isotype	Isotypus m
isotypic, -al (adj)	isotyp (adj)
joy of driving	Fahrvergnügen n

kb = kilobase or kilobase pair (single- or double-strand), a unit of DNA size = Kilobase f (einsträngig) oder Kilobasenpaar n (doppelsträngig), eine DNA-Grösseneinheit f

kinetin	Kinetin n
launch tube (rocket)	Startrohr n (Rakete f)

LDP = long-day plant = Langtagpflanze f

LFM = laser force microscope = Laser-Kraftmikroskop n

lock against turning (twisting, rotating) v — dreharretieren v

LSM = laser surface melting (to improve metal hardness) = Laser-Oberflächenschmelzen n (zur Erhöhung f der Metallhärte f)

make a check mark v — ankreuzen v

MCLA = micro-clot-lysis assay = Mikrogerinnsel-Lysis-Analyse f

microporous	mikroporös
monosialic ganglioside	Monosialgangliosid n
mouse-ear cress	Ackerschmalwand f = Arabidopsis thaliana

MW_{th} = thermal power in megawatts = Heizleistung f in Megawatt n

nib-cut v (tile)	nasenschneiden v (Ziegel m)
nondetachable	unverlierbar
nonreleasable	unverlierbar

OD = optical density = optische Dichte f

optode (miniature sensor) (see optrode)	Optode f (Miniatur-Sensor m) (siehe Optrode f)
optrode (miniature sensor) (this term is preferred over "optode")	Optrode f (Miniatur-Sensor m) (wird dem Synonym "Optode" vorgezogen) (optische Elektrode f)
origin of a fire	Brandherd m

PBX = plastic-bonded explosive = plastischer Verbund-explosivstoff m

PCR = polymerase chain reaction = Polymerase-Kettenreaktion f

pervaporation (separation by permeation)	Pervaporation f (Trennung f durch Permeation f)

Polytrip(R) bottle = multiple trip bottle = Flasche f zum Mehrweggebrauch m

popular impact	Breitenwirkung f
POY yarn = preoriented yarn	POY-Garn n = vororientiertes Garn n
prochiral (adj)	prochiral (adj)
progestin	Progestin n
prostin	Prostin n

ppi = particles per inch = Teilchen n pl pro Zoll m

preincubate v	vorinkubieren v

PVD = physical vapor deposition = physikalische Abscheidung f (abbreviation also used in German)

recreate v	nacharbeiten v
regular (pattern)	geregelt (Muster n)

Reillex(R) = poly-4-vinylpyridine = Poly-4-vinylpyridin n

RHC = rat hepatoma cells = Ratten-Hepatomazellen f pl	
rim wetting angle	Benetzungswinkel m
sculpture	Plastik f -en f pl
SDP = short-day plant = Kurztagpflanze f	
SEM = scanning electron microscope	REM = Raster-Elektronen-mikroskop n
sequence v	sequenzieren v
shadow joint	Schattenfuge f
single-mode waveguide	Singlemode-Wellenleiter m
single-plate (column)	einbödig (Kolonne f)
SNCR = selective noncatalytic reduction = selektive nichtkatalytische Reduktion f	
solid-state laser	Festkörperlaser m
sophisticated	aufwendig
source of inspiration	Anregung f
spoiler (structure to increase drag)	Spoiler m (Anbauteil n zur Erhöhung f des Strömungs-widerstandes m)
STM = scanning tunneling microscope = Raster-Tunnel-mikroskop n	
stock size	Format n
synthetic pathway	Syntheseweg m
target (military)	Objekt n (militärisch)
TCE = trichloroethylene = Trichlorethylen n	
tetracosenoic acid	Tetracosensäure f
thickened mount	Aufdickung f
thrombolytic	Thrombolytikum n -ka pl
TMD = transmembrane distillation = transmembrane Destillation f	
torus (= core) (el)	Butzen m (Teil m einer Spule f) (el)
treat by thermolysis v	thermolysieren v
trisialic ganglioside	Trisialgangliosid n
ultralight plane	Ultraleicht-Flieger m
undulator (apparatus made of magnets for deflecting electron beam)	Undulator m (Apparat m aus Magneten m pl zur Elektronenstrahl-ablenkung f)

UPC = Universal Product Code (bar code)	EAN = Europäische Artikel-Numerierung f (Strichcode m)
upended position	Kopflage f
user-friendly	bedienerfreundlich
vincamine	Vincamin n
VUV = vacuum-ultraviolet	= Vakuum-Ultraviolett n
wiggler (apparatus made of magnets for deflecting electron beam)	Wiggler m (Apparat m aus Magneten m pl zur Elektronenstrahl-ablenkung f)
Z isomer (Z = zusammen = together) (usually but not always a cis isomer)	Z-Isomer n (Z = zusammen) (gewöhnlich, aber nicht immer ein cis-Isomer n)

QUELLENNACHWEIS

++++++++++++++

[1] Advanced Bacterial Genetics, R.W. Davis et al., Cold Spring Harbor Laboratory, 1980

[2] Advanced Organic Chemistry, J. March, 1985

[3] Cassell's German-English/English-German Dictionary, H.T. Betteridge, Macmillan Publishing Company, 1978

[4] Das grosse Fremdwoerterbuch, E.F. Kuri, Herder KG, 1969

[5] Der Grosse Knaur, 1-4, 1969

[6] Römpps Chemie Lexikon, 1-6, 1988

[7] The Condensed Chemical Dictionary, Van Nostrand-Reinhold Co., 1977

[8] The Merck Index, Merck and Co. Inc., 1976

[9] Webster's Third New International Dictionary, Merriam-Webster, Inc., 1986

[10] Privatsammlung der Autorin: wissenschaftliche Literatur und über 1000 US-Patente

[11] Spektrum der Wissenschaft von 1985 bis 1990

++++++++++

BIBLIOGRAPHY

[1] Advanced Bacterial Genetics, R.W. Davis et al., Cold Spring Harbor Laboratory, 1980

[2] Advanced Organic Chemistry, J. March, 1985

[3] Cassell's German-English/English-German Dictionary, H.T. Betteridge, Macmillan Publishing Company, 1978

[4] Das grosse Fremdwoerterbuch, E.F. Kuri, Herder KG, 1969

[5] Der Grosse Knaur, 1-4, 1969

[6] Römpps Chemie Lexikon, 1-6, 1988

[7] The Condensed Chemical Dictionary, Van Nostrand-Reinhold Co., 1977

[8] The Merck Index, Merck and Co. Inc., 1976

[9] Webster's Third New International Dictionary, Merriam-Webster, Inc., 1986

[10] Author's private collection of scientific articles and over 1,000 U.S. patents.

[11] Scientific American, 1968 to date

========

Brigitte M. Walker

Brigitte Walker ist gebürtige Deutsche. Nach Abschluss ihres Universitätsstudiums kam sie 1957 nach den Vereinigten Staaten. Sie war mehrere Jahre lang als Patentübersetzerin für verschiedene Patentanwälte in Washington, DC, tätig und eröffnete dann ihr eigenes Büro. Als sie 1968 Florida als ihren neuen Wohnsitz wählte, blieben ihre Kunden ihr treu. Über dreissig Jahre lang wirkt sie nun schon als sachkundige Übersetzerin in allen erdenklichen Wissensgebieten.

* * * * * * * *

Brigitte Walker is a native of Germany. She received her formal education in Germany before coming to the United States in 1957. She began her translating career in Washington, DC, working for several years in patent law offices and then establishing her own technical translating business. When she moved to Florida in 1968, her clients remained faithful to her. Scientific and patent translations covering every conceivable field of art have been her lifework in America for more than thirty years.

N O T I Z E N